AutoCAD 2018 使用与精通

（配视频教程）

肖　扬　唐鎏磊　黄志强　编著

電子工業出版社
Publishing House of Electronics Industry
北京 • BEIJING

内 容 简 介

本书以最新版 AutoCAD 2018 为平台，全面、系统地介绍了 AutoCAD 2018 软件系统的相关概念、内容以及使用它进行工程设计绘图的方法，并对版本升级带来的新功能进行了介绍。

全书共 17 章，从基本的 AutoCAD 2018 简介、安装和使用方法开始，循序渐进地讲解了 AutoCAD 2018 的二维图形对象的绘制、图层与对象特征、高效精确的绘图方法、图形的显示与控制、图形的修改、尺寸文字标注与表格的生成、图块与外部参考、设计中心和图形数据的查询与共享、参数化绘图、轴测图的绘制、三维造型与渲染、设计共享，以及综合应用实例、常见工程图的绘制、新增功能介绍等内容。

本书含有大量的综合应用和实际工程应用案例，并通过机械图、建筑图、电气图和化工图的绘制实例，介绍 AutoCAD 广泛的应用场景和应用技巧。随书资源包含书中例子与综合应用案例的操作视频。通过观看这些视频，读者可以快速了解和掌握需要的内容。

本书可作为工程技术人员掌握 AutoCAD 应用技术的参考书籍和学习指导，也可供高等院校工程设计、机械设计等相关专业师生参考。

图书在版编目（CIP）数据

AutoCAD 2018 使用与精通 ：配视频教程 / 肖扬，唐鋆磊，黄志强编著. —北京 ：电子工业出版社，2019.1

ISBN 978-7-121-35879-1

Ⅰ. ①A… Ⅱ. ①肖… ②唐… ③黄… Ⅲ. ①AutoCAD 软件—教材 Ⅳ. ①TP391.72

中国版本图书馆 CIP 数据核字（2019）第 004290 号

策划编辑：管晓伟
责任编辑：秦 聪
印 刷：涿州市京南印刷厂
装 订：涿州市京南印刷厂
出版发行：电子工业出版社
北京市海淀区万寿路 173 信箱 邮编：100036
开 本：787×1 092 1/16 印张：22 字数：563 千字
版 次：2019 年 1 月第 1 版
印 次：2019 年 1 月第 1 次印刷
定 价：60.00 元

凡所购买电子工业出版社图书有缺损问题，请向购买书店调换。若书店售缺，请与本社发行部联系，联系及邮购电话：（010）88254888，88258888。

质量投诉请发邮件至 zlts@phei.com.cn，盗版侵权举报请发邮件至 dbqq@phei.com.cn。

本书咨询联系方式：（010）88254460；guanphei@163.com。

AutoCAD 工程设计绘图软件是美国 Autodesk 公司于 1982 年开发的在微机上运行的交互式通用计算机辅助设计绘图软件。由于它操作方便、功能强大、体系结构开放、二次开发方法方便多样、能适应各种软硬件平台等优点而得到广泛的应用，已经成为当今世界上最为流行的计算机设计绘图软件和事实上的工程制图工业标准，广泛应用在机械、航空航天、建筑、化工、电子、服装设计、家庭装修、广告设计等不同的工程设计领域。

AutoCAD 具有良好的用户界面，操作简单方便。它的多文档设计环境和功能区的设置，使使用者在操作软件时与使用 Windows 应用程序和 Office 办公软件的使用观感一致，效率非常高。AutoCAD 自推出以来，经历了 30 多年的发展，功能已经非常强大了。现在每年更新软件版本一次，最新版本是 AutoCAD 2018。随着软件的不断升级，功能也不断地增强和完善。

本书主要为帮助读者学会使用和精通 AutoCAD 2018 的各种功能为目的而编写。其特色如下：

内容全面。涵盖了 AutoCAD 软件的安装、设置、绘图、修改、标注、三维造型、打印输出、设计共享等主要功能，而且注意了对一些版本升级所带来的新功能的介绍。

叙述清楚，条理清晰。对于 CAD 软件的一些基本常识、基本术语和基本概念进行了准确清晰的说明。行文图文并茂，使读者能够方便地独立学习和运用 AutoCAD 软件。

应用领域介绍全面。本书不仅介绍了 AutoCAD 软件的功能和应用技术，还通过实例介绍了 AutoCAD 在机械、建筑、电气、化工等典型工程设计领域的应用。

附加值高。本书附带视频资源，包含了本书所有综合实例的操作视频和与其相关的素材。通过观看这些视频，可以帮助读者轻松、高效地掌握需要的内容。读者可以登录百度网盘下载资源（地址：https://pan.baidu.com/s/17bEU224epQjVLn4ifqFcsA，密码：iqip）。

微信扫码下载
本书配套视频

本书由肖扬、唐鋆磊、黄志强编著，参加编写的人员还有陈振、金凡尧、王易、张婷婷。在此书完成之际，衷心感谢电子工业出版社的编辑们和合作者们，我们一起完成了本书的创作，谢谢大家的辛勤劳动。

由于作者水平有限，书中难免会有不足和疏漏之处，衷心希望读者批评指正。

编　者

AutoCAD 2018 中文版简介

Note

1.1 AutoCAD 简介

AutoCAD是美国Autodesk公司于1982年开发的在微机上应用CAD（Computer Aided Design）技术的工程设计绘图软件包，经过不断地完善，现已经成为国际上广为流行的工程设计绘图工具。

AutoCAD具有良好的用户界面，可以通过交互菜单、命令行或工具条方式进行各种操作。它的多文档设计环境，让非计算机专业人员也能很快地学会使用，并且在不断实践的过程中更好地掌握它的各种应用和开发技巧，不断提高工作效率。

AutoCAD具有广泛的适应性，它可以在各种操作系统支持的微型计算机和工作站上运行，并支持分辨率由320×200到2048×1024的各种图形显示设备40多种，数字化仪和鼠标器30多种，以及绘图仪和打印机数十种。

AutoCAD软件具有如下特点：

（1）具有完善的图形绘制功能。

（2）强大的图形编辑功能。

（3）可以采用多种方式进行二次开发或用户定制。

（4）可以进行多种图形格式的转换，具有较强的数据交换能力。

（5）支持多种硬件设备。

（6）支持多种操作平台。

（7）具有通用性、易用性，适用于各类用户。

此外，从AutoCAD 2000开始，该系统又增添了许多强大的功能，如AutoCAD设计中心（ADC）、多文档设计环境（MDE）、Internet驱动、新的对象捕捉功能、增强的标注功能，以及局部打开和局部加载的功能。

自1982年正式推出以来，AutoCAD绘图软件已多次更新版本。现在每年更新一次，最新版本是2018版。每版的更新都会修正前版的错误并增加新的功能。随着版本的更新，功能也越发强大。从2010版开始，界面引入功能区。随着功能区的使用，人机界面也越来越友好，从而使AutoCAD更加完善。而且以AutoCAD为基础，Autodesk公司在其上开发了一系列面向机械、建筑、电气等行业的应用软件，形成了一个庞大的工程设计软件群体。

它广泛应用于土木建筑、装饰装潢、城市规划、园林设计、电子电路、机械设计、服装鞋帽、航空航天、轻工化工等诸多领域，用于产品的设计与分析。到目前为止，AutoCAD已成为工业上使用最为广泛的计算机设计绘图软件之一，已经成为事实上的工业设计制图标准。

本书将以最新版本AutoCAD 2018（中文版）为基础，介绍相关的知识和操作。

1.2 AutoCAD 2018 中文版的运行

Note

1.2.1 软件的安装、运行与退出

（一）AutoCAD 2018 软件安装的硬、软件要求

- ✧ 操作系统：推荐使用 Windows 7、Windows Vista、Windows 8 或 Windows 10 系统。
- ✧ 说明：要安装 AutoCAD，用户必须具有管理员权限或由系统管理员授予更高权限。
- ✧ CPU 类型：Intel Pentium 4 或 AMD 64 以上的处理器。
- ✧ 内存：512MB 以上。
- ✧ 显卡：最低 1024×768 VGA 真彩色。
- ✧ 硬盘：安装占用空间 3GB。

（二）AutoCAD 2018 软件的安装过程

对于单机中文版的 AutoCAD 2018，在各种操作系统下的安装过程基本相同，下面仅以 Windows 10 系统为例说明安装过程。

Step 01 将 AutoCAD 2018 的安装光盘放入电脑光驱中（如果已将系统安装文件复制到硬盘上，可直接双击系统安装目录下的 setup.exe 文件）。

Step 02 系统显示“安装初始化”界面。等待数秒后，在系统弹出如图 1-1 所示的 AutoCAD 2018 安装界面中，单击“安装”按钮。

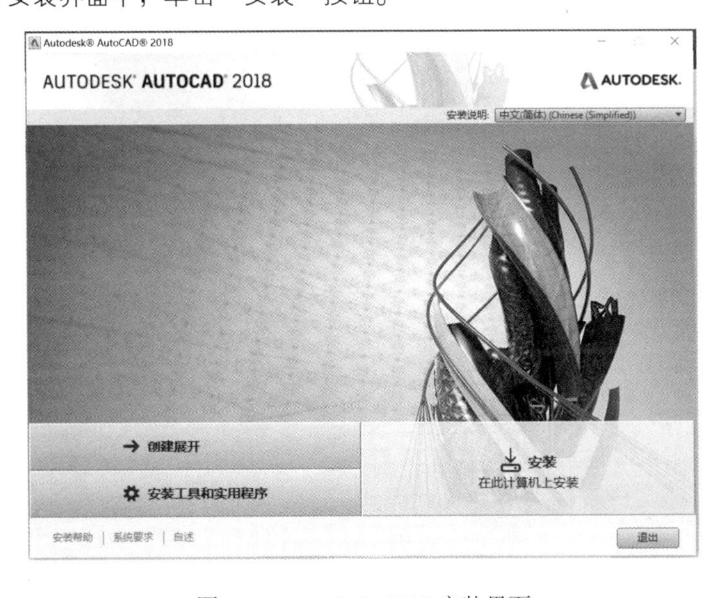

图 1-1　AutoCAD 2018 安装界面

Note

Step 03 系统弹出 AutoCAD 2018 安装界面 2（见图 1–2），在“国家或地区：”下拉列表中选择“China”选项，然后选中“我接受”单选项，单击对话框中的“下一步”按钮。

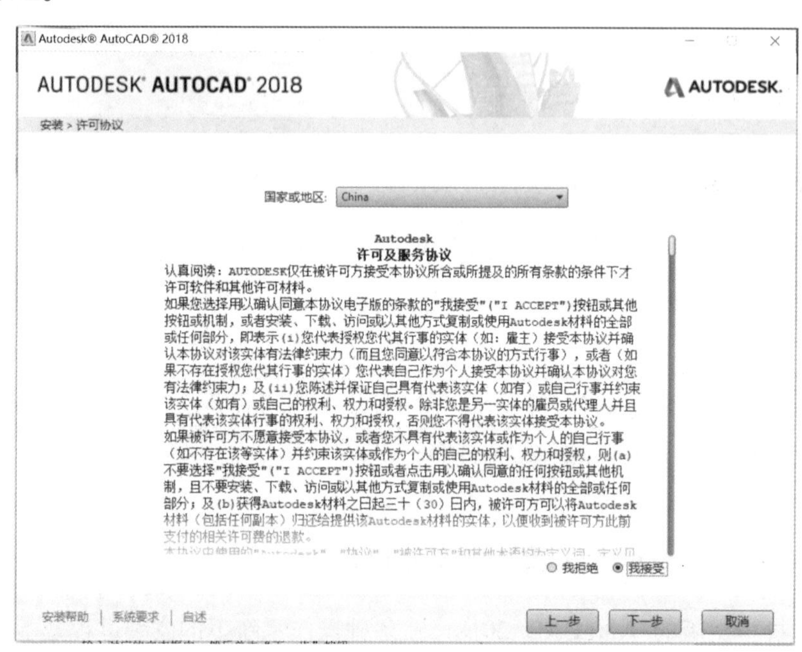

图 1-2　AutoCAD 2018 安装界面 2

Step 04 系统弹出 AutoCAD 2018 安装界面 3（见图 1–3），选择相应的产品类型并将序列号和产品密钥输入对应的文本框中，然后单击“下一步”按钮。

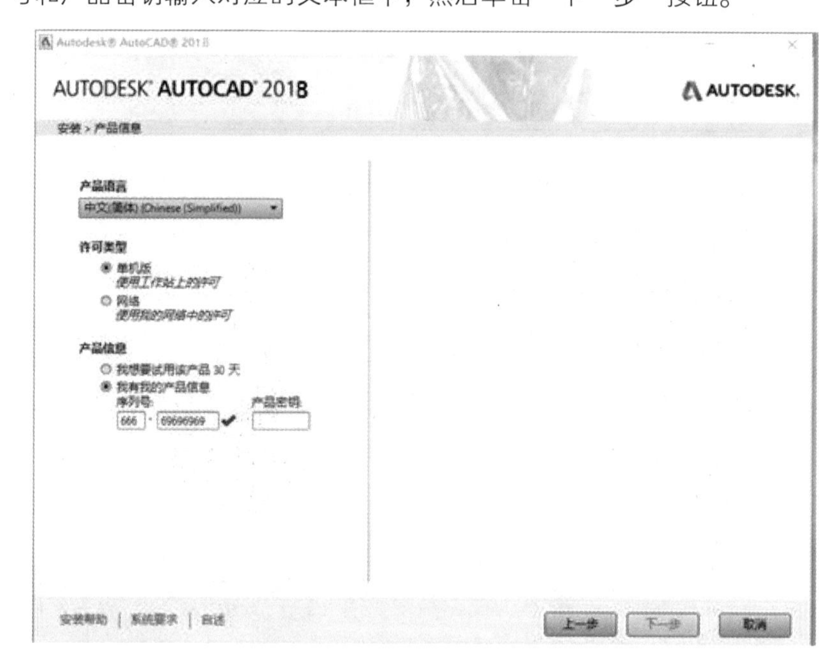

图 1-3　AutoCAD 2018 安装界面 3

Step 05 系统弹出 AutoCAD 2018 安装界面 4（见图 1–4），采用系统默认的安装配置，单击对话框中的“安装”按钮，此时系统显示“安装进度”界面。

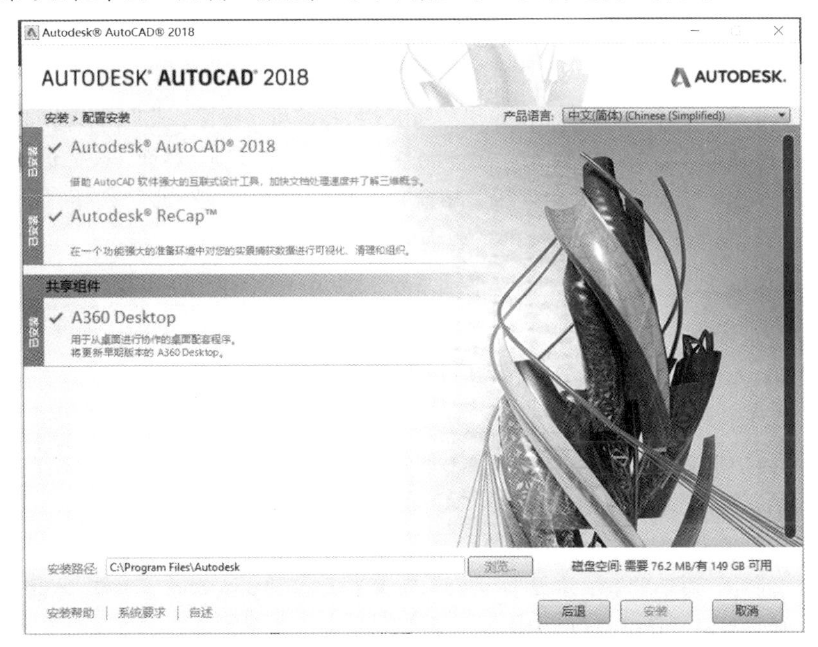

图 1-4　AutoCAD 2018 安装界面 4

Step 06 系统继续安装 AutoCAD 2018 软件（见图 1–5），经过几分钟后，AutoCAD 2018 软件安装完成，系统弹出“安装完成”界面，单击该对话框中的“完成”按钮。

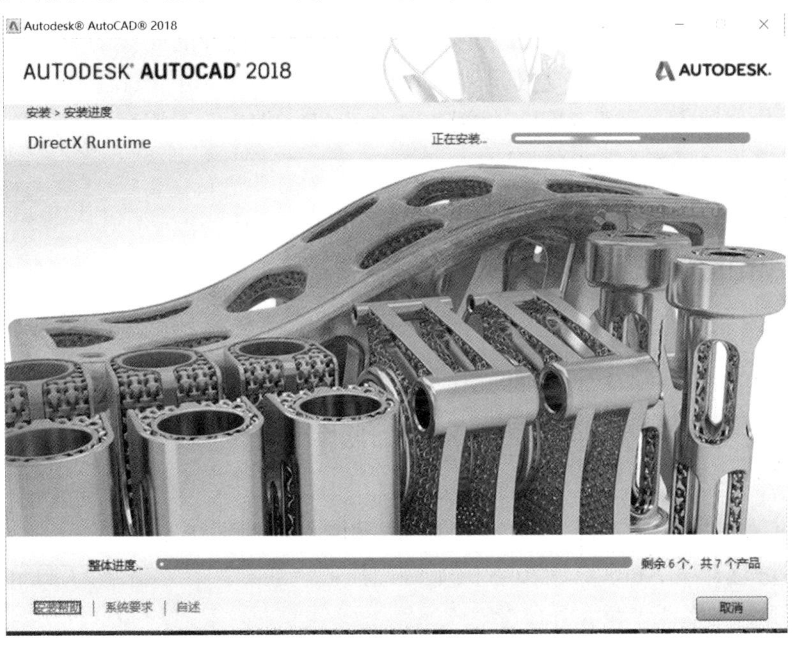

图 1-5　AutoCAD 2018 安装界面 5

Note

Step 07 启动中文版 AutoCAD 2018。在 AutoCAD 安装完成后，系统将在 Windows 的“开始”菜单中创建一个菜单项，并在桌面上创建一个快捷图标。当第一次启动 AutoCAD 2018 时，系统要求进行初始设置，具体操作如下。

双击桌面上的 AutoCAD 2018 软件快捷方式启动软件，或者从开始菜单中启动软件。等待一段时间后系统将弹出“Autodesk 许可”界面，此时在该界面中单击“激活”按钮，随即系统便弹出“Autodesk 许可-激活选项”界面，选择该界面中的“我具有 Autodesk 提供的激活码”单选项，然后单击“下一步”按钮，此时系统弹出“Autodesk 许可 激活选项”界面。

Step 08 按要求输入激活码，激活中文版 AutoCAD 2018。

（三）AutoCAD 2018 的启动与退出

启动 AutoCAD 2018 的方法一般有如下几种。

- ✧ 鼠标左键双击桌面上的 AutoCAD 2018 快捷方式直接启动。
- ✧ 鼠标左键双击现有的 AutoCAD 图形文件。
- ✧ 从“开始”菜单中，依次选择菜单“所有程序”“Autodesk”，选择“AutoCAD 2018”选项，启动 AutoCAD 2018。

退出 AutoCAD 2018 的方法一般有如下几种。

- ✧ 在 AutoCAD 程序主标题栏中，单击“关闭”按钮。
- ✧ 从“文件”下拉菜单中，选择“退出”命令。
- ✧ 在命令行中输入命令“EXIT”或“QUIT”，然后按 Enter 键或者空格键。

在退出 AutoCAD 2018 时，如果用户此时没有对打开的图样的更改操作进行最终的保存，系统将提示是否将更改保存到当前的图形中，单击“是”按钮将退出 AutoCAD 2018 并保存更改；单击“否”按钮，将退出 AutoCAD 2018 但不保存更改；单击“取消”按钮，将不退出 AutoCAD 2018。

1.2.2 AutoCAD 2018 用户界面

中文版的 AutoCAD 2018 的工作界面如图 1-6 所示，该工作界面中包括标题栏、菜单浏览器、快速访问工具栏、功能区、命令行、绘图区、状态栏等几个部分。

1. 快速访问工具栏

AutoCAD 2018 具有快捷访问工具栏的功能，其位置如图 1-6 所示。通过快速访问工具栏能够进行一些 AutoCAD 2018 的基础操作，一般默认有“新建”“打开”“保存”“另存为”“打印”及“放弃”等命令。

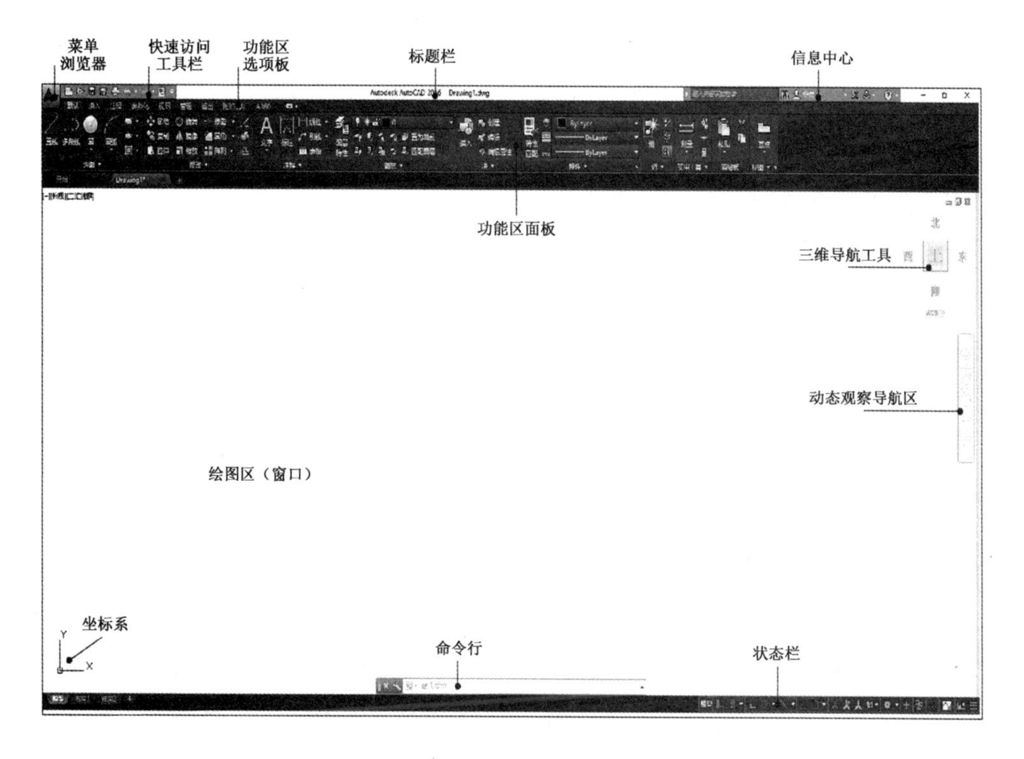

图 1-6　中文版 AutoCAD 2018 的工作界面

用户也可以为快速访问工具栏添加命令按钮。在快速访问工具栏上右击鼠标，在系统弹出如图 1-7 所示的快捷菜单中选择“自定义快速访问工具栏”选项，系统将弹出“自定义用户界面”对话框，如图 1-8 所示。在该对话框的“命令”列表框中找到要添加的命令后将其拖到“快速访问工具栏”，即可为该工具栏添加对应的命令按钮。

从快速访问工具栏中删除(R)
添加分隔符(A)
自定义快速访问工具栏(C)
在功能区下方显示快速访问工具栏

图 1-7　快捷菜单

自定义用户界面
所有文件中的自定义设置
要添加命令，请将命令从“命令列表”窗格拖动到快速访问工具栏、工具栏或工具选项板中。
命令列表:
仅所有命令

命令	源
3D Studio...	ACAD
3DDWF	ACAD
ACIS 文件...	ACAD
Arx	ACAD
ATTIPEDIT	ACAD
AutoCAD 360	ACAD
Autodesk 国际用户组	ACAD
Bezier 拟合网格	ACAD
CAD 标准，检查...	ACAD
CAD 标准，配置...	ACAD
CAD 标准，图层转换器...	ACAD
Chprop	ACAD
Content Explorer	CONTENTEXPLORER
Ctrl + Home	ACAD
CTRL+H	ACAD
CTRL+R	ACAD
dbConnect	ACAD

确定(O)　取消(C)　应用(A)　帮助(H)

图 1-8　“自定义用户界面”对话框

Note

2．标题栏

AutoCAD 2018 的标题栏位于工作界面的最上方，其功能是显示 AutoCAD 2018 的程序图标及当前操作文件的名称。还可以通过单击标题栏最右侧按钮，以实现 AutoCAD 2018 窗口的最大化、最小化和退出操作。

3．信息中心

信息中心位于标题栏上右侧，如图 1-9 所示。信息中心提供了一种便捷的方法，可以在“帮助”系统中搜索主题、登录到 Autodesk 360、打开 Autodesk Exchange 或保持连接，并显示“帮助”菜单的选项。它还可以显示产品通告、更新和通知。

图 1-9　信息中心

4．功能区选项卡与功能区面板

功能区选项卡是一种特殊的选项卡，位于标题栏的下面，用于显示与基于任务的工作空间关联的按钮和控件。功能选项卡样式是一种 Windows 下现在流行的界面风格，利用这种功能组合可以使软件的操作简单容易。在 AutoCAD 2018 的二维草绘状态下有 10 个功能选项卡：“默认”“插入”“注释”“参数化”“视图”“管理”“输出”“附加模块”“A360”及“精选应用”。每个选项卡都包含了若干个面板，每个面板又包含了多个命令按钮，如图 1-10 所示。

图 1-10　功能区选项卡和面板

有的面板中没有足够空间显示所有按钮，用户在使用时可以单击下方的三角按钮，展开折叠区域，显示其他相关的命令按钮。如果某个按钮后面还有三角按钮，则表明该按钮下面还有其他的命令按钮。

此外，单击选项卡右侧的按钮，系统将弹出如图 1-11 所示的快捷菜单。分别单击该快捷菜单中的“最小化为选项卡”“最小化为面板标题”“最小化为面板按钮”命令，选项卡将分别做出如图 1-12、图 1-13 及图 1-14 的变化。

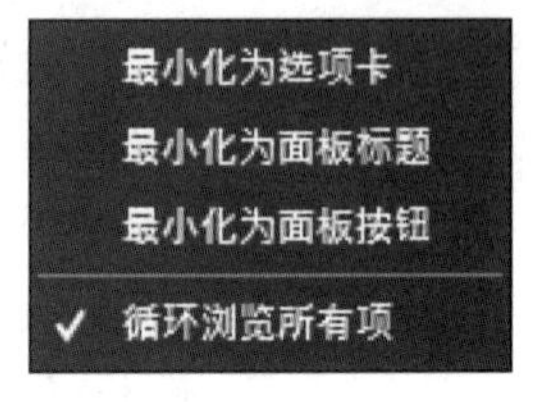

图 1-11　快捷菜单

图 1-12 最小化为选项卡

图 1-13 最小化为面板标题

图 1-14 最小化为面板按钮

若选择"循环浏览所有项"命令后，连续单击按钮，将在图 1-12、图 1-13 以及图 1-14 所显示的样式之间切换。

功能区是 AutoCAD 在 2010 版以后增加的界面。其风格与 Windows 7 和 Office 2007 及以后版本的应用程序界面类似。这种界面的设计是考虑了人机操作的方便快捷来设计的一种优化的界面，使用起来是很方便的。

5．绘图区

绘图区是用户绘图的工作区域，它占据了屏幕的绝大部分空间，用户绘制的任何内容都将显示在这个区域中。用户可以根据需要关闭一些工具栏或缩小界面中的其他窗口，以增大绘图区。如果图纸比较大，用户可以按住鼠标中键平移图纸或者转动滚轮来放大缩小图纸。

绘图区中除了显示当前的绘图结果外，还可显示当前坐标系的图标。该图标可表示坐标系的类型、坐标原点及 *X*、*Y* 和 *Z* 轴方向。在 AutoCAD 绘图区中，平面的坐标系是这样规定的：绘图区的左下角为原点，*X* 的正方向为从原点向右，*Y* 的正方向为从原点向上。在绘图区域下部有一系列选项卡的标签，这些标签可引导用户查看图形的布局视图。

6．命令行与文字窗口

如图 1-15 所示，命令行用于输入 AutoCAD 命令或者查看命令提示和消息，它位于绘图区的下面。

命令行通常显示三行信息，拖动位于命令行左边的滚动条可查看以前的提示信息。用户可以根据需要改变命令行的大小，还可以将命令行拖移至其他位置，使其由固定状态变为浮动状态。当命令行处于浮动状态时，可调整其宽度。

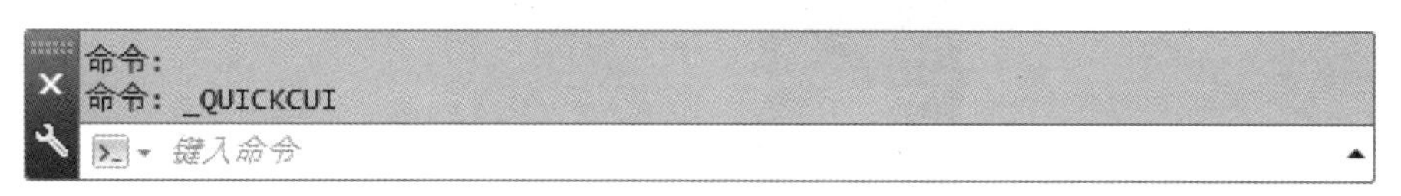

图 1-15 命令行

文字窗口是记录 AutoCAD 命令的窗口，是放大的"命令行窗口"，它记录了已执行的命令，也可以在其中输入新的命令。该窗口的打开可以通过在功能区中选择“视图”选项卡，然后单击“选项板”后方的三角形按钮，选择“文字窗口”，或者直接在命令行中输入命令 TEXTSCR 来实现。

Note

7．状态栏

状态栏位于屏幕底部，它用于显示当前鼠标光标的坐标位置，以及控制与切换各种 AutoCAD 模式的状态按钮，如图 1-16 所示。

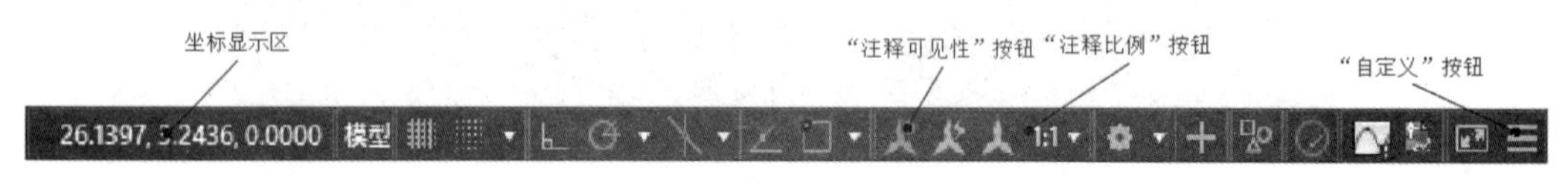

图 1-16　状态栏

坐标显示区可显示当前光标的 *X*、*Y*、*Z* 坐标，当移动鼠标光标时，坐标值也会随之更新。单击坐标显示区，可切换坐标显示的打开与关闭状态。

注释是指用于对图形加以注释特性，注释比例是与模型空间、布局视口和模型视图一起保存的设置，用户可以根据比例的设置对注释内容进行相应的缩放。单击“注释比例”按钮，可以从系统弹出的菜单中选择需要的注释比例，也可以自定义注释比例。

单击“注释可见性”按钮，当显示为，将显示所有比例的注释性对象；当显示为时，仅显示当前比例的注释性对象。

单击“切换工作空间”按钮，可以设置设计绘图的工作空间，可选的有“草图与注释”“三维基础”“三维建模”等。

单击“自定义”按钮，系统将弹出如图 1-17 所示的菜单，在该菜单中可以设置在状态栏中显示的快捷按钮命令，单击菜单中的某个命令使其前面有显示，表示该命令在状态栏中处于显示状态，再次单击即可取消显示。

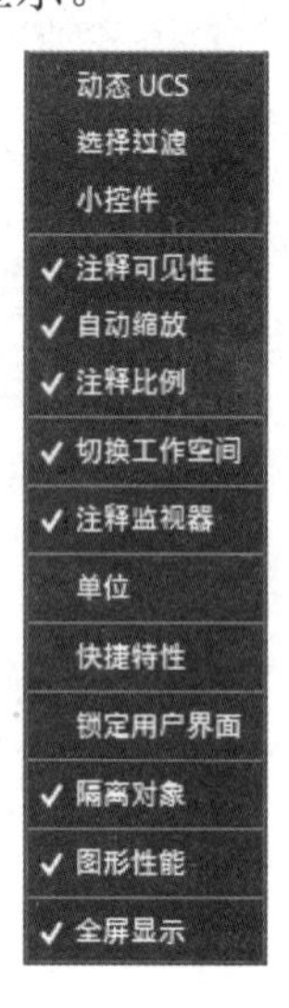

图 1-17　“自定义”菜单

1.2.3 命令的输入

命令是用户与 AutoCAD 软件系统进行交流操作的基本载体。用户通过输入命令，引导系统完成绘制或编辑图形等功能。命令输入包括命令名及命令所需参数的输入。

（一）命令的输入方法

AutoCAD 命令的输入一般有以下几种方法。

1．使用下拉菜单

直接用鼠标单击相应的下拉菜单项执行命令。菜单按照功能组织，并且分级组织。

2．使用功能区

用鼠标在相应的功能区按钮上单击执行命令。功能区的组织按照操作的方便性规划，所以使用起来效率很高。现在版本的 AutoCAD 趋向于使用这种方式输入命令完成操作。

3．使用工具条

在已打开的工具条上直接单击所需输入的命令按钮。这种方法形象、直观便于鼠标操作，也是常见的命令输入方法之一。

4．命令行输入

直接从键盘上键入命令名，并按空格键或者 Enter 键完成命令输入。该输入方法一般采用的命令名为快捷命令，常用的快捷命令如表 1-1 所示。

表 1-1 常用快捷命令

命令名	快捷命令	命令名	快捷命令
直线	L	多段线	PL
圆	C	构造线	XL
圆弧	A	阵列	AR
缩放	Z	延伸	EX
移动	M	旋转	RO
复制	CO	缩放（按比例）	SC
重画	R	倒角	CHA
删除	E	分解	X
偏移	O	多行文字	T
圆角	F	图案填充	H
镜像	MI	样式（尺寸）	D
正多边形	POL	创建（块）	B
修建	TR	写（块）	W
拉伸	S	块（输入）	I

Note

5．使用历史命令

在命令行右侧有一个三角形按钮，单击该按钮即可查看命令历史记录。找到需要的命令记录用鼠标选中并右击，在弹出的菜单中选择“粘贴到命令行”便可以直接使用该命令。

（二）参数的输入方法

命令输入后，AutoCAD 系统一般要求用户输入一些执行该命令所需的参数，如一个点的坐标、一个数值、一个字符或字符串等。参数输入常采用以下方法。

1．输入直角坐标

直角坐标分为绝对直角坐标和相对直角坐标两种。绝对坐标是指当前点相对于世界坐标系原点（0，0）的坐标增量。二维坐标输入时，直接键入 X、Y 的坐标值，两数值之间用逗号隔开，如“125，64”。注意输入坐标数据时必须在英文输入方式下进行。

而相对直角坐标则是指目标点相对于上一个点的坐标增量。输入时，相对坐标值前必须加符号“@”作为前缀，否则会被系统读作绝对直角坐标值。其方向沿世界坐标系的正方向为正，反之为负。相对直角坐标的输入形如“@ 125，64”。

2．输入极坐标

同样地，极坐标分为绝对极坐标和相对极坐标两种。绝对极坐标是输入当前点到坐标原点的极坐标增量值，如“125 < 65”，其中“125”是增量半径而“65”是增量角度。与直角坐标类似，相对极坐标的输入形如“@ 125 < 65”。

3．定向输入距离

该方法操作最简单，也是使用最多的一种方式。当命令提示输入一个点时，移动光标，则光标与刚刚输入的点之间形成一条射线以表示方向，此时再用键盘输入距离值即可。

4．利用鼠标直接拾取点

移动鼠标的光标到所需位置，单击即可。该方法虽然操作方便，但是若在不开启“对象捕捉”辅助工具的情况下，是不能做到精确作图的，因此，一般该方法都是采用与“对象捕捉”辅助工具配合使用的方式进行的。

1.2.4 文件操作

对于图形文件的操作主要有新建文件、保存文件和打开文件三种。同时，在 AutoCAD 2018 以及最近的几个版本中，AutoCAD 还为用户提供了修复文件的功能，主要用于修复因为操作异常而损坏的文件，或者恢复因为在异常关闭 AutoCAD 系统时还未来得及保存的 CAD 文件。

（一）新建文件

开始一个新的 AutoCAD 图形的绘制，其命令操作一般有如下几种方法：

✧ 快速访问工具栏：单击[新建图标]，然后选择所需模板进行绘制。

✧ 菜单浏览器：单击“新建”，同样地选择所需模板进行绘制。

✧ 开始界面：直接点击“开始绘制”（如图 1-18 所示），打开空白模板进行绘制。

✧ 键盘输入：输入“NEW”命令。

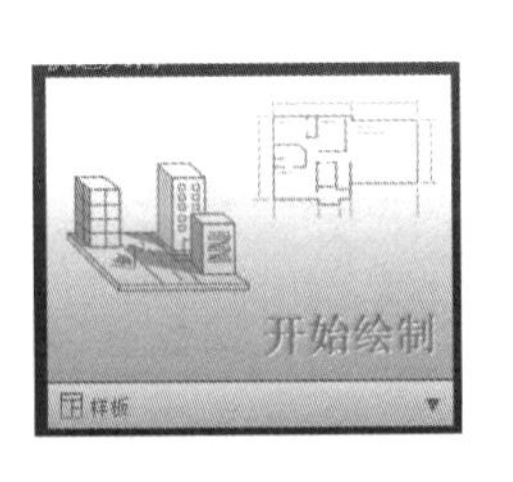

图 1-18　开始绘制

（二）保存文件

保存文件主要有当前文件名保存和另起文件名保存两种方法。前者用于绘图过程中的临时存盘或图形文件修改后的存盘；后者主要用于采用样板图方式绘图或借助某一旧图绘图的存盘。其命令操作有如下几种方法：

✧ 快速访问工具栏：单击[保存图标]，当图形未命名时，该操作等同于另存为。

✧ 菜单浏览器：单击[菜单浏览器图标]，选择“保存”或“另存为”命令（根据用户需求选择）。

✧ 键盘输入：输入“SAVE”或“SAVEAS”命令。

当用户进行的是“另存为”操作时，系统将弹出如图 1-19 所示对话框。在该对话框中，用户可以自行选择保存路径、修改文件名及文件类型，其中文件类型包括如图 1-20 所示的类型等。选择不同版本的文件类型保存以后，就可以用于在其他版本的 AutoCAD 上打开图形文件。需要说明的是，在 AutoCAD 中高版本的软件是可以打开低版本格式的 CAD 文件的，反之不行。要在低版本的软件中打开高版本格式的文件，必须经过转换。

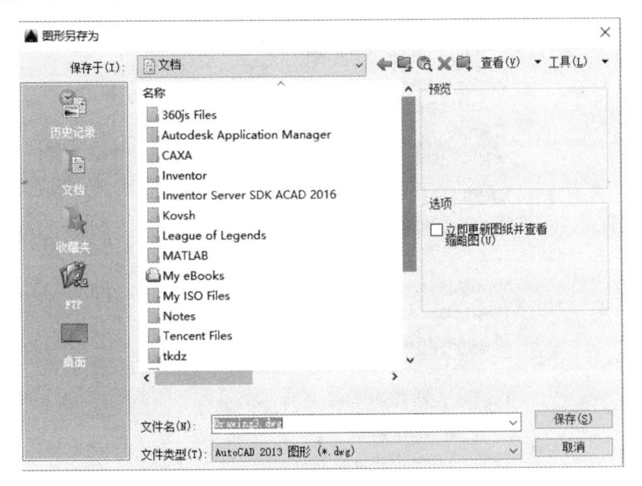

图 1-19　“图形另存为”对话框

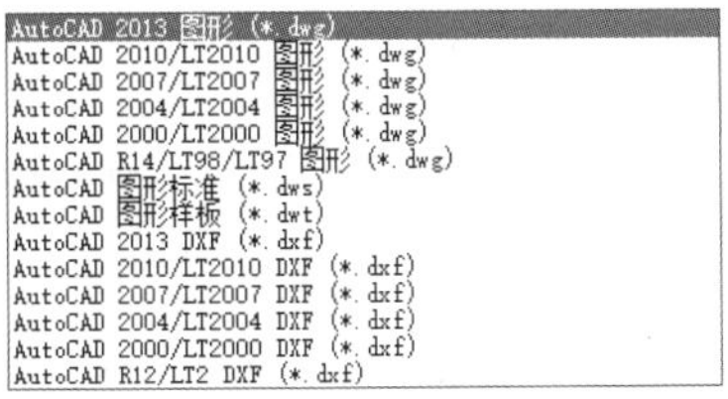

AutoCAD 2013 图形 (*.dwg)
AutoCAD 2010/LT2010 图形 (*.dwg)
AutoCAD 2007/LT2007 图形 (*.dwg)
AutoCAD 2004/LT2004 图形 (*.dwg)
AutoCAD 2000/LT2000 图形 (*.dwg)
AutoCAD R14/LT98/LT97 图形 (*.dwg)
AutoCAD 图形标准 (*.dws)
AutoCAD 图形样板 (*.dwt)
AutoCAD 2013 DXF (*.dxf)
AutoCAD 2010/LT2010 DXF (*.dxf)
AutoCAD 2007/LT2007 DXF (*.dxf)
AutoCAD 2004/LT2004 DXF (*.dxf)
AutoCAD 2000/LT2000 DXF (*.dxf)
AutoCAD R12/LT2 DXF (*.dxf)

图 1-20　文件类型

Note

（三）打开文件

打开一个存盘的图形文件，其命令操作一般有以下几种方法：

✧ 快速访问工具栏：单击📂。

✧ 菜单浏览器：单击▲，选择“打开”，然后选择文件。

✧ 键盘输入：输入“OPEN”命令。

✧ 直接鼠标左键双击需要打开的文件。

1.3 AutoCAD 2018 中文版的常用设置

1.3.1 界面设置

AutoCAD 2018 的用户界面可以根据用户的喜好进行一定的设置改变。常见的界面设置有：修改界面各组成部分的背景颜色、调整字体及其大小、改变光标大小等。

（一）设置绘图窗口背景颜色

AutoCAD 界面组成部分的颜色可以随意改变，但是在实际操作中，往往只需要改变绘图窗口的颜色，而其余部分的配色也会自动做出一定的改变。一般用户只需要将绘图区在黑白两色之间变换。具体操作步骤如下：

Step 01 单击菜单浏览器按钮▲，在弹出的下拉菜单中单击“选项”按钮，此时界面上弹出“选项”对话框，如图 1-21 所示。

图 1-21 “选项”对话框

Step 02　选择 显示 选项卡，此时该对话框变成如图 1–22 所示的界面，单击 颜色(C)... 按钮，将弹出如图 1–23 所示“图形窗口颜色”对话框。

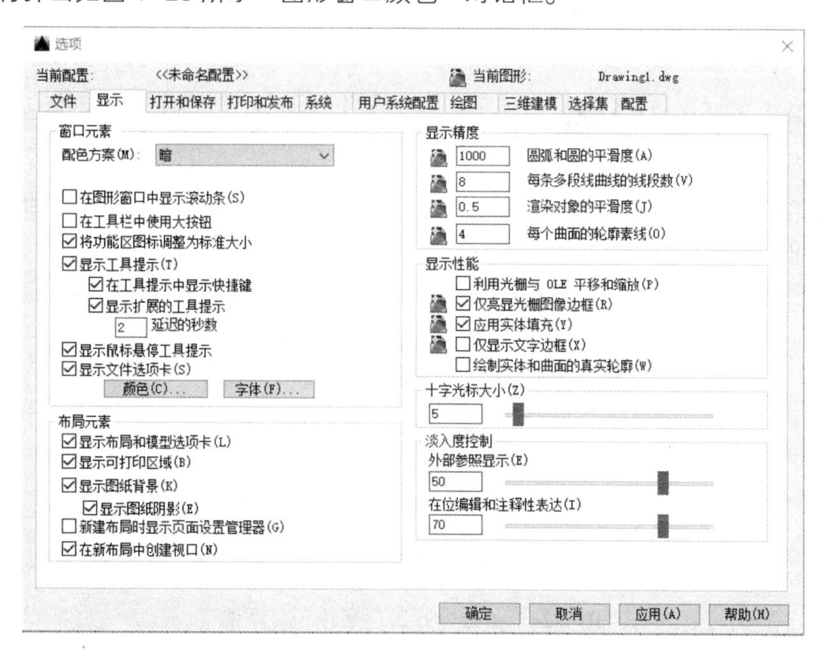

图 1-22　“选项”对话框（显示选项卡）

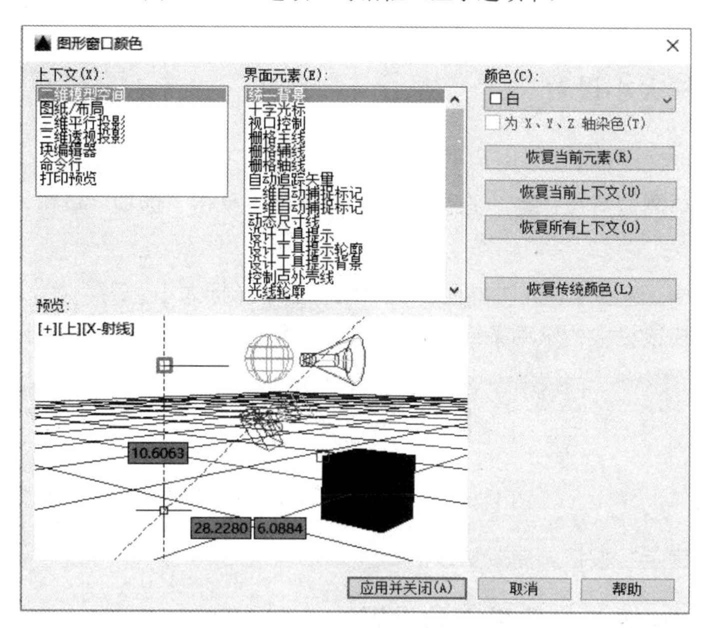

图 1-23　“图形窗口颜色”对话框

Step 03　通过“图形窗口颜色”对话框里的选项，选择要修改的组成部分，然后在“颜色”下拉列表中选取需要的颜色，然后单击“应用并关闭”即可完成颜色修改操作。

Note

（二）设置字体及其大小

命令行的字体及其大小可根据用户的意愿进行更改，其操作步骤与设置窗口颜色的设置步骤类似。

Step 01 单击菜单浏览器按钮，在弹出的下拉菜单中单击“选项”按钮，打开“选项”对话框。

Step 02 选择 显示 选项卡，单击 字体(F)... ，弹出如图 1-24 所示“命令行窗口字体”对话框。

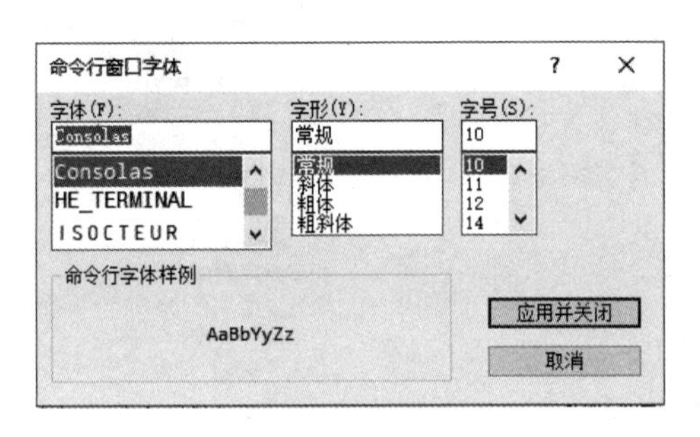

图 1-24 “命令行窗口字体”对话框

Step 03 用户根据需要进行“字体”“字形”及“字号”的选择，最后单击“应用并关闭”按钮完成更改。

（三）光标大小设置

界面光标的大小可以根据用户的需要进行设置。

Step 01 单击菜单浏览器按钮，在弹出的下拉菜单中单击“选项”按钮，打开“选项”对话框。

Step 02 选择 显示 选项卡，此时界面上将出现“十字光标大小（Z）”栏，如图 1-25 所示。直接拖拽该栏中的滚动条或者直接修改文本框中的数值即可改变光标大小。

图 1-25 “十字光标大小（Z）”栏

Step 03 单击“确定”按钮，完成更改。

（四）AutoCAD 经典界面的设置

AutoCAD 2010 版以前的经典界面对于大部分以前使用该软件的人来说是比较熟悉的，对于熟悉了以前版本界面的使用者来说，刚开始使用 2010 版本以后的软件时，往往会觉得新界面陌生而找不到执行命令的位置。在 2018 版中，通过设置可以恢复以前的经典界面，具体的做法如下。

Step 01　单击“切换工作空间”按钮，如图 1-26 所示。

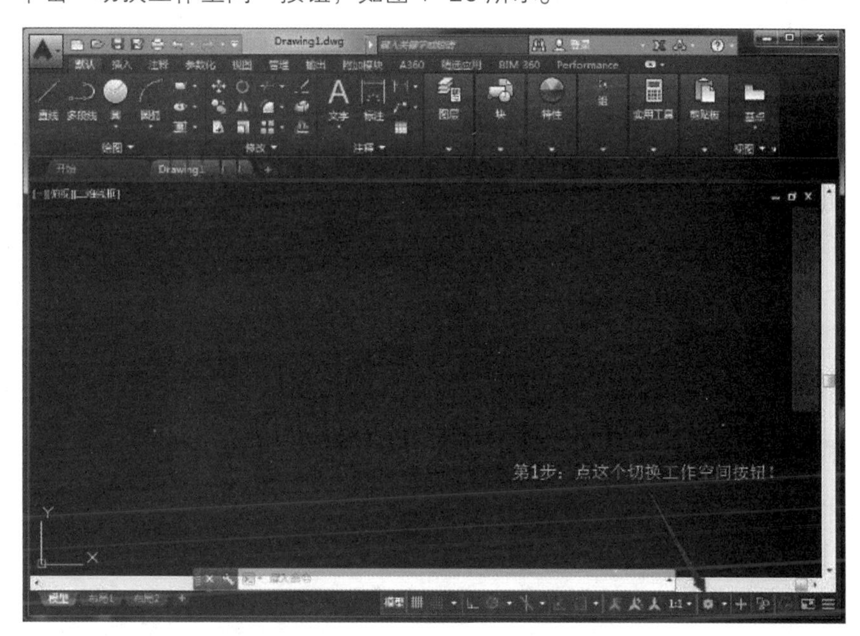

图 1-26　切换工作空间

Step 02　选择“自定义”，如图 1-27 所示。

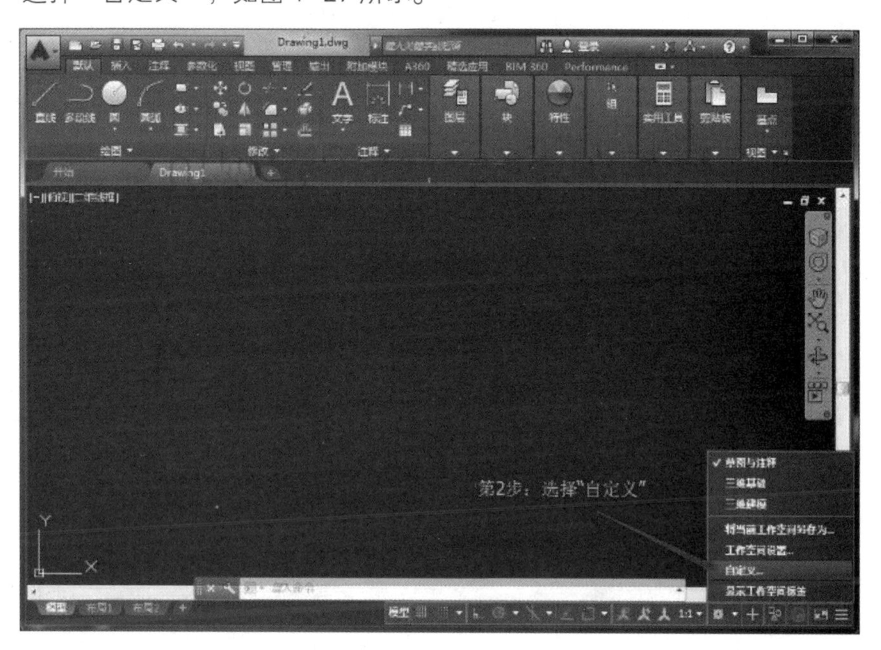

图 1-27　自定义

Note

Step 03 在弹出的对话框中选择“传输”选项卡，如图 1-28 所示。

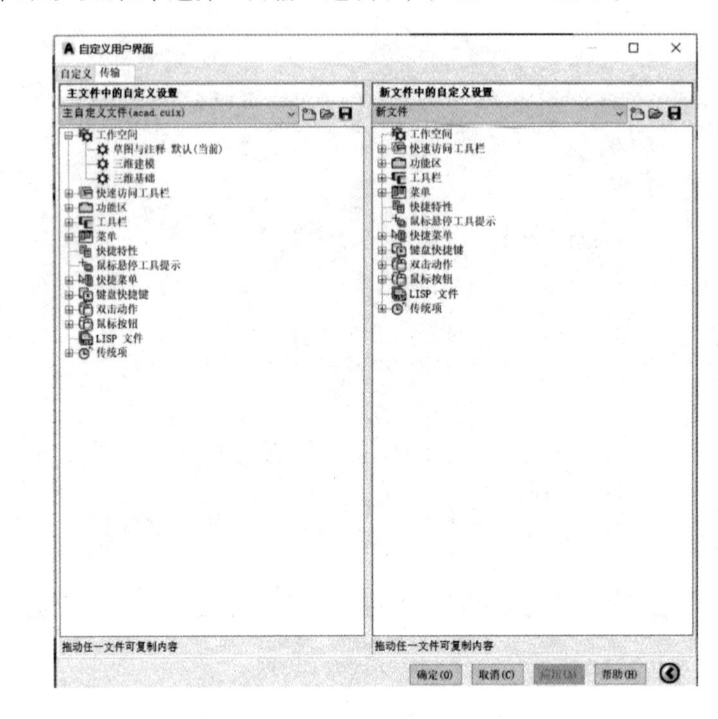

图 1-28 “传输”界面

Step 04 单击“打开”按钮，选择“acad.CUI”文件，如图 1-29 所示。

图 1-29 打开“acad.CUI”文件

Note

Step 05 按下鼠标左键，将“AutoCAD 经典”从右边拖向左边，如图 1–30 所示。

图 1-30　选择经典界面

Step 06 选中左边“AutoCAD 经典”，单击“应用”及“确定”按钮，如图 1–31 所示。

图 1-31　应用经典界面

Step 07 在工作空间中选择“AutoCAD 经典”，如图 1-32 所示。然后，软件的界面就变成经典样式，如图 1-33 所示。

Note

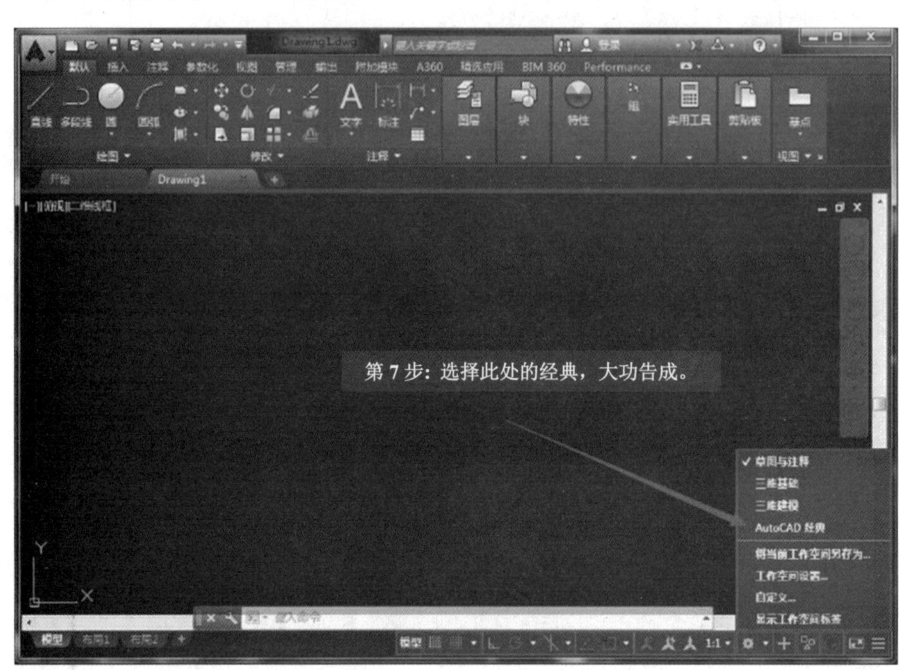

图 1-32　选择经典界面

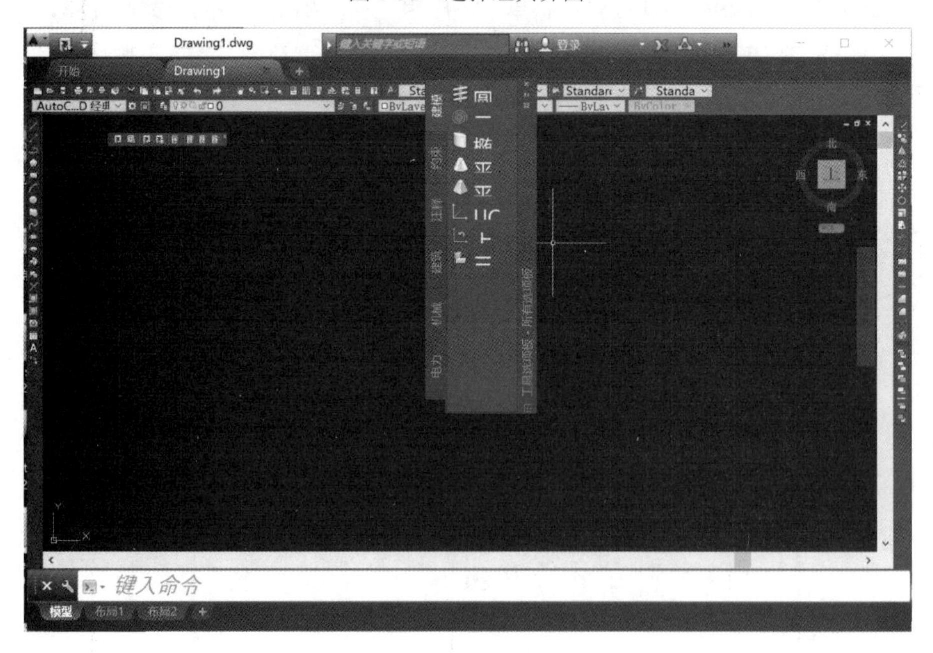

图 1-33　AutoCAD 经典界面

1.3.2 绘图单位设置

由于 AutoCAD 被广泛用于各个领域，包括机械行业、电气行业、建筑行业以及科学实验等，而这些领域对坐标、距离和角度的单位要求各不相同，同时在单位制式上，西方国家习惯使用英制单位（很多国内行业仍然在延用英制单位与标准），如英寸、英尺等，而我国普遍使用公制单位，如米、毫米等。因此，在开始创建图形前，首先要根据项目和标注的不同要求决定使用何种单位制及其相应的精度。

通过在命令行中输入命令“UNITS”的方法可以调出如图 1-34 所示的“图形单位”设置对话框。具体的设置类型及方法如下。

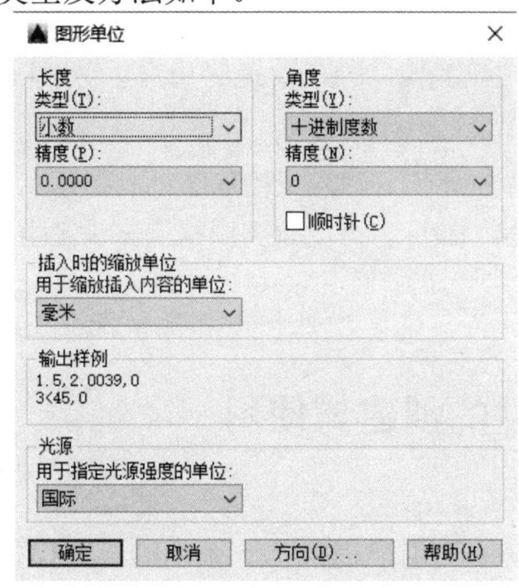

图 1-34　“图形单位”设置对话框

1. 设置长度类型及精度

在长度选项组中，可以分别选取“类型”和“精度”下拉列表中的选项值来设置图形单位的长度类型与精度。默认类型为“小数”，默认精度为“0.0000”。

2. 设置角度类型及精度

在角度选项组中，可以分别选取“类型”和“精度”下拉列表中的选项值来设置图形单位的角度类型和精度。默认的角度类型为“十进制度数”、精度为“0”。需要注意的是，通常情况下，角度以逆时针方向为正方向，如果选中☑顺时针(C)复选框则反之。

3. 设置缩放比例

在插入时的缩放单位选项组的用于缩放插入内容的单位:下拉列表中，系统提供了用于控制使用工具选项板将块插入当前图形的测量单位，默认值为“毫米”。

4. 设置方向

单击“图形单位”设置对话框下方的方向(D)...按钮，则可在弹出的“方向控制”对话框中，通过选择◉东(E)、○北(N)、○西(W)、○南(S)或者○其他(O)单选项来设置基准角度的方向。

1.3.3 绘图界限设置

Note

绘图界线表示的是图形周围的一条不可见的边界。设置绘图界限可确保以特定的比例打印时，创建的图形不会超过这个特定的图纸空间大小。

绘图界限由两个点确定，即左下角点和右上角点。例如，可以设置一张图纸的左下角点坐标为（0，0），右上角点坐标为（420，297），即该图大小为A3幅面大小420×297。单击屏幕底部的▦按钮，将显示图形界限内的区域。

其具体操作步骤如下：

Step 01 在命令行输入命令“limits”。

Step 02 此时在命令行 LIMITS 指定左下角点或 [开(ON) 关(OFF)] <0.0000,0.0000>: 的提示下按 Enter 键，即采用默认的左下角点“0,0”，此时用户也可以根据自己的需要自行输入或者直接在图形上拾取点。

Step 03 在LIMITS 指定右上角点 提示下，输入或拾取图纸右上角点，例如输入点“420，297”。完成后，打开“栅格”命令，可以看到栅格点充满了由点（0，0）与点（420，297）所确定的矩形区域。

1.3.4 图样模板文件的创建与使用

在AutoCAD 2018系统中为用户提供了一系列的绘图模板，以用于建立新文件时使用。当使用一种模板文件时，模板文件的所有设置自动导入新建文件中，这样可以避免每次新建文件时进行繁琐的设置工作。但是由于需求的不同，通常用户需要根据自己的需求来设置适合自己使用的模板文件。设置模板文件的步骤如下:

Step 01 设置图形单位。

根据前文所描述的方法，将图形单位设置为适合用户自身的形式。

Step 02 设置图形界限（图幅）。

根据实际确定自己的图纸幅面，然后通过前文所描述的方法进行图形界限的设置。

Step 03 设置图层。

为了提高 AutoCAD 的操作性，用户在绘制图纸之前可以设置符合自己操作习惯及标准的图层。图层的使用不仅使得绘图过程更为方便，还可以按照图层来组织图形信息，让图纸的修改、管理变得更为容易。

单击功能区面板中的“图层特性”按钮▦，打开如图1-35所示的“图层特性管理器”对话框。在对话框内部右击选择“新建图层”，便可以新建一个空白图层。一般地，新建的图层名依次为“图层1”“图层2”等，也可以按使用者的要求修改图层名。直接单击选中已有的图层，便可以对该图层进行设置修改操作。

对于每个图层，用户都可以选择该层的“打开”或者“关闭”、“冻结”或者“解冻”、“解锁”或者“锁定”的状态。同时用户也能够根据自己的需求对相应图层中的“线型”“线宽”“颜色”及“透明度”进行设置。

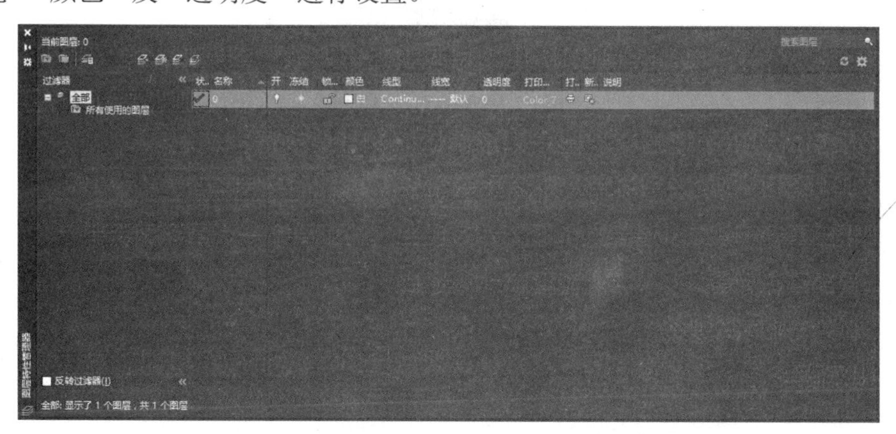

图 1-35　“图层特性管理器”对话框

Step 04　设置文本注写样式和尺寸标注样式。

单击功能选项卡中的“注释”选项，功能区将显示如图 1-36 所示与“注释”相关的命令功能面板。

图 1-36　“注释”功能区面板

在该选项卡中，主要分为“文字”“标注”及“引线”等几个面板。每个面板的右下角都有一个斜向下的箭头，单击该箭头按钮就可以进入对应的功能区修改对话框。此时，用户便可以根据自己的需求对“文字”“标注”及“引线”的大小、样式等属性进行修改操作，如图 1-37～图 1-39 所示。

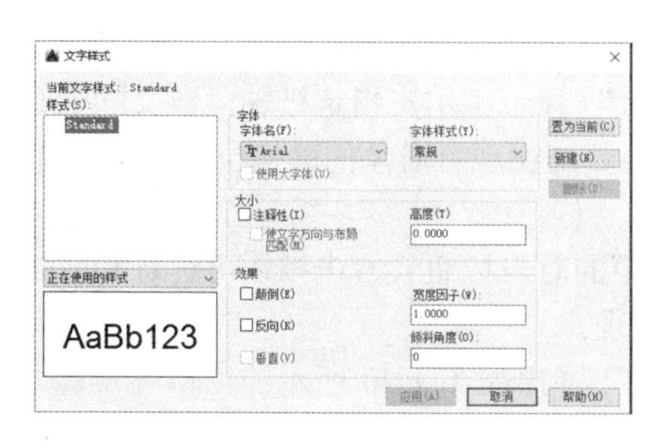

图 1-37　“文字样式”对话框

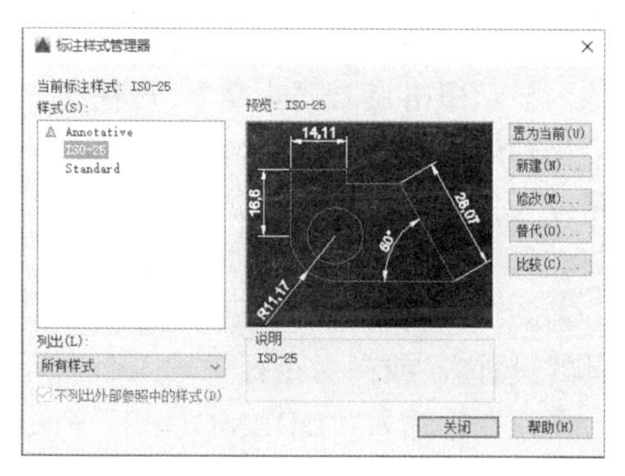

图 1-38　“标注样式管理器”对话框

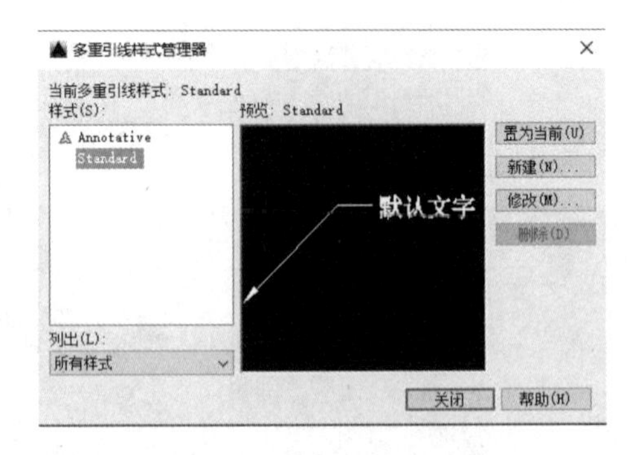

图 1-39　“多重引线样式管理器”对话框

Step 05　绘制图框与标题栏。

用绘图命令按照标准的样式与尺寸绘制图框和标题栏，并用文本命令书写图幅中的所有文字。

Step 06　其他的一些专业设置。

根据具体的应用需要，进行一些其他的设计绘图设置。

Step 07　保存绘图环境设置。

以图幅代号作为文件名将通过上述方法绘制的 CAD 样板进行存盘。为了便于调用，可将文件格式存为模板文件，即.dwt 格式。以后绘制新图时，就可以选择这个文件作为模板来新建文件，模板文件的所有设置自动带入新建的文件中。

1.4 AutoCAD 2018 中文版的基本使用技巧

1.4.1 绘图辅助工具

运用 AutoCAD 提供的辅助工具绘制图样，可以提高绘图的效率和质量。常用的辅助工具包括“捕捉模式”（使光标按一定的 X、Y 步长移动）、“栅格”（在所定义的图幅区域内显示栅格点）、“正交”（可快速、准确地画出水平线和垂直线）、“极轴”（用于捕捉沿极轴追踪对齐路径的增量距离）、“对象追踪”（显示由用户指定极轴角定义的临时对齐路径）、“对象捕捉”（可将指定点迅速、精确地限制在现有对象的确切位置上）、“线宽”（在屏幕上显示已定义的线段宽度）等。

辅助工具的设置与调用可采用单击状态栏中的对应按钮（右击按钮可进行相应辅助工具的设置），或在命令行中输入命令等方法实现。

在命令行输入“DDRMODES”命令，界面上弹出如图 1-40 所示的“草图设置”对话框。

在该对话框中，用户可以一次完成“捕捉和栅格”“极轴追踪”“对象捕捉”“三维对象捕捉”“动态输入”“快捷特性”及“选择循环”等辅助工具的设置。用户一般在操作过程中常用到前三个辅助工具，后面几个用得要少些。

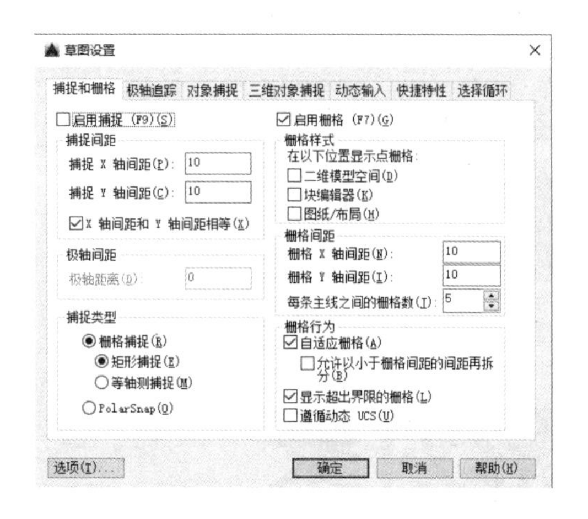

图 1-40　“草图设置”对话框

1.4.2　使用系统帮助

AutoCAD 的帮助系统提供了使用 AutoCAD 的全部信息。使用系统帮助，可以了解软件命令的功能、使用方法及一些应用例子。一般来讲，对于使用者来说，AutoCAD 的系统帮助是获得对于 AutoCAD 的使用和了解的最权威的信息。当执行了某一命令后，利用帮助系统可随时查询该命令或系统变量的操作信息。启动帮助功能有以下几种方法：

✧ 单击标题栏右上方“系统消息”右边的帮助按钮。

✧ 功能键：F1。

✧ 键盘输入：“HELP”或者“？”以 Enter 键或空格键完成输入。

该系统启动后，用户便可以根据自身需要搜索对自己有用的帮助内容。帮助中有很多对命令的介绍和使用技巧，对于初学者来讲，学会使用帮助可以使学习速度大大加快。

1.4.3　功能键

功能键是 AutoCAD 系统常用操作的快捷键，利用它们可以进行各种绘图辅助功能的快速切换和开关。常用的 AutoCAD 功能键如表 1-2 所示。

表 1-2　常用的 AutoCAD 功能键

功能键	作用	功能键	作用
F1	帮助键	F8	“正交”开关键
F2	图形/文本窗口切换	F9	“捕捉”开关键
F3	“对象捕捉”开关键	F10	“极轴”开关键
F5	“轴侧面切换”开关键	F11	“对象追踪”开关键
F6	“坐标显示”开关键	Esc	取消或终止当前操作
F7	“栅格显示”开关键	Enter 或空格键	结束当前输入或重复当前命令

第2章

二维图形对象绘制命令

2.1 点的绘制

点是最基本的几何元素，也是 AutoCAD 中最基本的图形对象。

2.1.1 设置点的样式

在绘制点对象之前，一般要根据需要设置点的显示样式和大小。其设置过程如下。

1. 相对屏幕设置点的大小

<访问方法>

✧ 功能区：【默认】→【实用工具】→【点样式】按钮 点样式...。

✧ 菜单：【格式（O）】→【点样式（P）】。

✧ 命令行：DDPTYPE。

<操作过程>

Step 01 按上面介绍的方法输入命令。

Step 02 选择相对屏幕设置大小，输入点大小后单击“确定”按钮即可创建点样式。

采用该种点样式创建的点以当前屏幕为参考，将视图进行缩放后重生成视图即可。使用该种方式创建的点不会随着视图的缩放而发生改变，点的大小为一个百分值，如图 2-1 所示。

2. 按绝对单位设置点的大小

<操作过程>

Step 01 执行点的样式设置命令。

Step 02 选择按绝对单位设置大小，输入点大小后单击“确定”按钮即可创建点样式。

采用该种点样式创建的点以固定值为参考，将视图进行缩放时点的大小也会随之变化，该值为一个恒定的值，如图 2-2 所示。

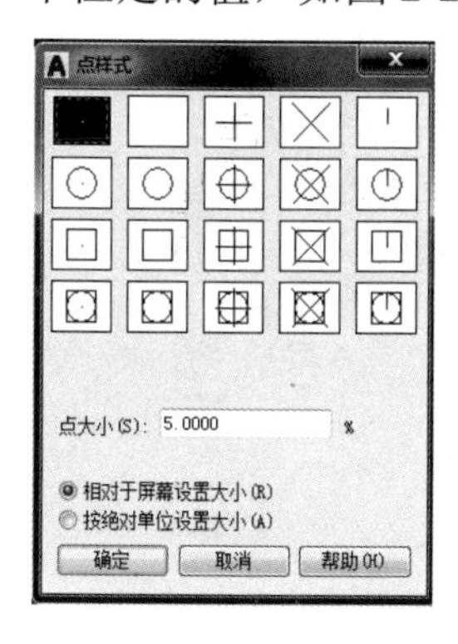

图 2-1　相对于屏幕设置点样式

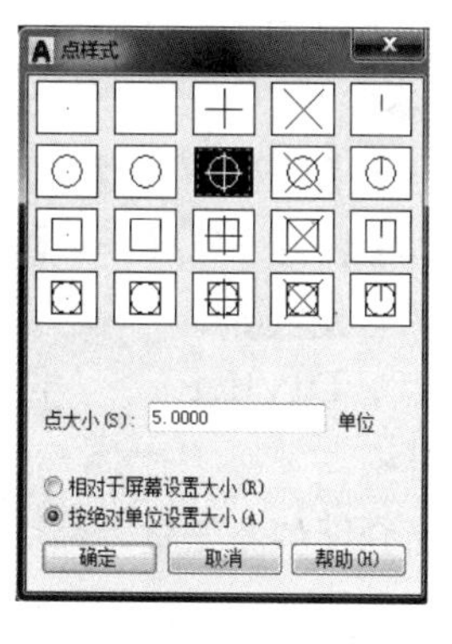

图 2-2　按绝对单位设置点样式

2.1.2　单点与多点

Note

点是构成图形的基础，同时可用作节点或参考点。创建点的时候输入点的方法有两种，第一种是输入准确的坐标值创建点，如图 2-3 所示。

<访问方法>

功能区：【默认】→【绘图】→【点】按钮 。

菜单：【绘图（D)】→【点（O)】→【单点（S)】。

工具栏：。

命令行：POINT（PO)。

<操作过程>

Step 01　按上面介绍的方法输入命令。

Step 02　在绘图区某处左键单击或在命令行输入点的坐标，按键盘上的 Esc 键或回车键以结束操作。

另一种是选择一个参考点创建点，选择的参考点可以是对象上的点，如图 2-4 所示，也可以是相对于对象之外的参考点。

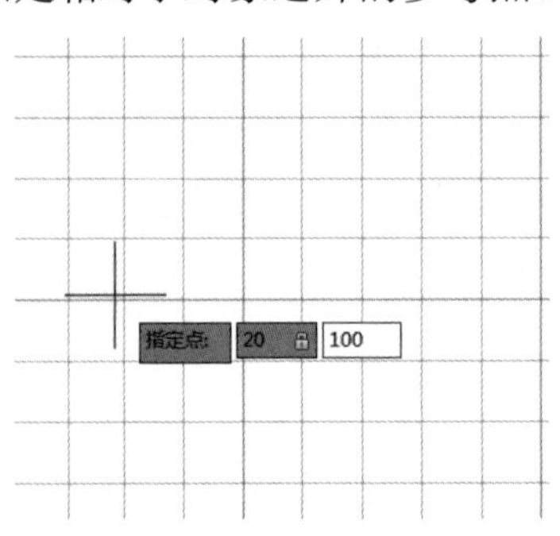

图 2-3　输入坐标值创建点

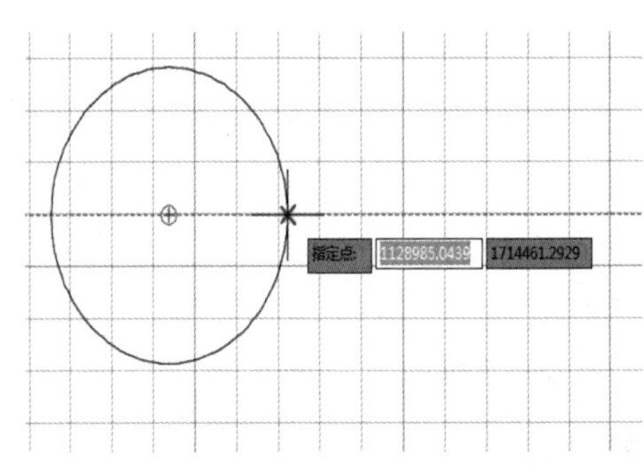

图 2-4　在对象上创建点

2.1.3　绘制定数等分点

定数等分点是将所选线段按照指定的段数进行平均等分而得到点。

<访问方法>

✧　功能区：【默认】→【绘图】→【定数等分点】按钮 。

✧　菜单：【绘图（D)】→【点（O)】→【定数等分点（D)】。

✧　工具栏：。

✧　命令行：DIVIDE。

<操作过程>

Step 01　按上面介绍的方法输入命令。

Step 02　然后按照命令行的提示选择要定数等分的对象:，选择需要等分的对象，如图 2-5 所示。

Note

Step 03　最后在命令行**输入线段数目或 [块(B)]:**的提示下输入等分线段的数目 6，按 Enter 键，完成定数等分点的创建，如图 2–6 所示。

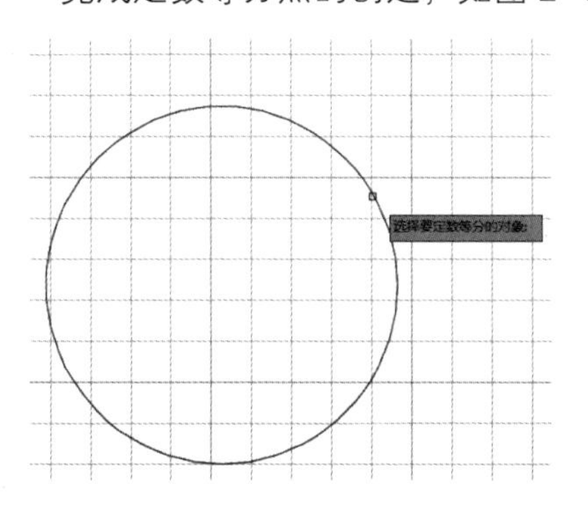

图 2-5　选择等分对象

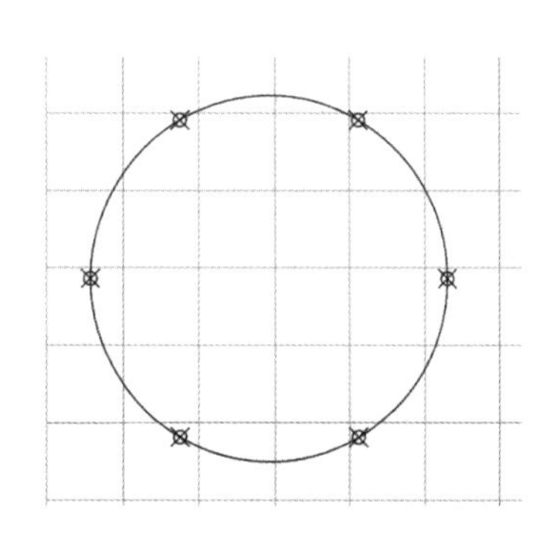

图 2-6　绘制 6 等分点

2.1.4　绘制定距等分点

定距等分点是将所选线段按指定的距离进行等分，如果最后一段不够指定的长度，将作为单独的一段。需注意的是，当定距等分拾取对象时，光标靠近对象哪一端，就从哪一端开始等分。

<访问方法>

✧　功能区：【默认】→【绘图】→【定距等分点】按钮。

✧　菜单：【绘图（D）】→【点（O）】→【定距等分点（M）】。

✧　工具栏：。

✧　命令行：MEASURE。

<操作过程>

Step 01　按上面介绍的方法输入命令。

Step 02　然后在按照命令行的提示**选择要定距等分的对象:**，选择需要等分的对象，如图 2–7 所示。

Step 03　最后在命令行**指定线段长度或 [块(B)]:** 的提示下输入线段的长度 10，然后按 Enter 键，完成定距等分点的绘制，如图 2–8 所示。

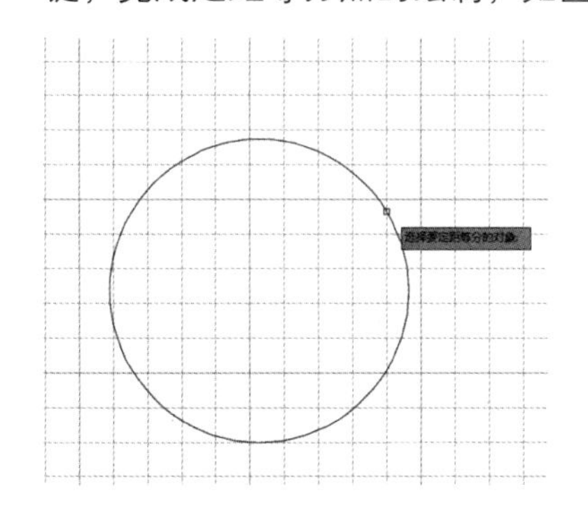

图 2-7　选择等分对象

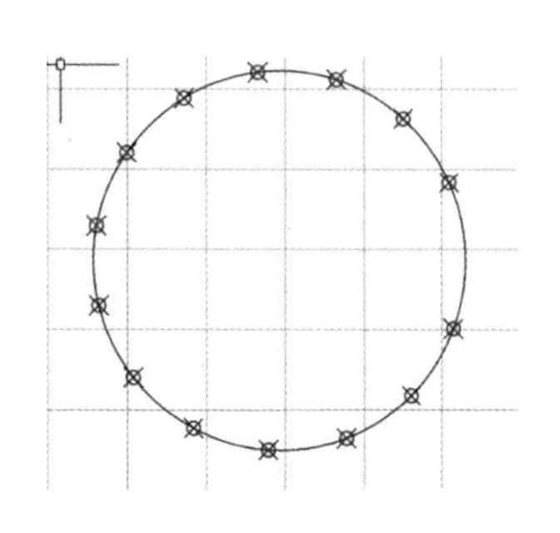

图 2-8　绘制定距等分点

2.2 直线类的绘制

Note

2.2.1 直线的绘制

<访问方法>

✧ 功能区:【默认】→【绘图】→【直线】按钮。

✧ 菜单:【绘图(D)】→【直线(L)】。

✧ 工具栏: 直线。

✧ 命令行: LINE。

将两个点作为起点和端点进行连接即可绘出直线，直线的绘制方法有两种。

1. 通过动态输入绘制直线

<操作过程>

Step 01 在状态栏中单击自定义按钮，在子菜单中选择“动态输入”，然后按上面介绍的方法输入命令。

Step 02 输入直线起点的坐标值，如图 2-9 所示。

Step 03 移动光标输入直线的长度，然后在键盘上按 Tab 键输入直线角度，按 Enter 键即可创建一条直线，如图 2-10 所示。

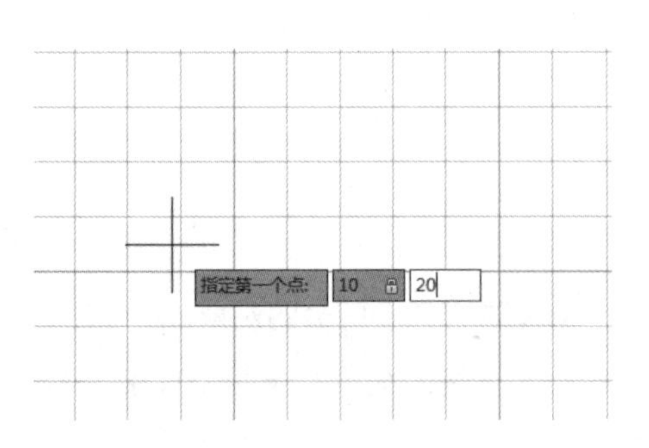

图 2-9　指定直线起点

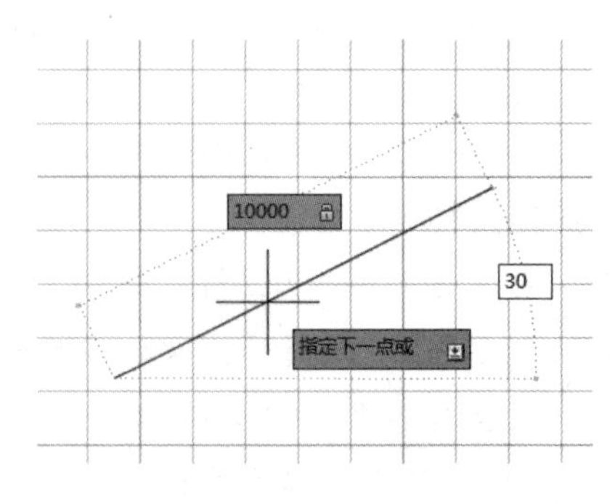

图 2-10　指定直线的长度和角度

2. 通过连接两个点来绘制直线

<操作过程>

Step 01 执行绘制直线命令。

Step 02 指定直线的第一个端点，如图 2-11 所示。

Step 03 指定直线的第二个端点，如图 2-12 所示，即可完成一条直线的绘制。

当绘制直线指定两个点以后，命令还会提示 LINE 指定下一点或 [放弃(U)]: ，这时可以继续给定点以绘出多段直线，回车结束操作。并且命令提示如下：

LINE 指定下一点或 [闭合(C) 放弃(U)]: ，输入“C”回车，命令把绘制的直线的最后一点与起点封闭；输入“U”放弃当前的操作；按回车结束命令；继续输入点，把前一点与当前点连成直线。

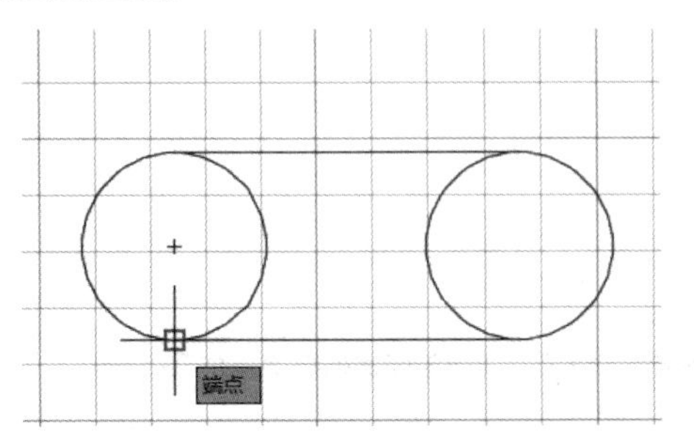

图 2-11　选择第一个端点

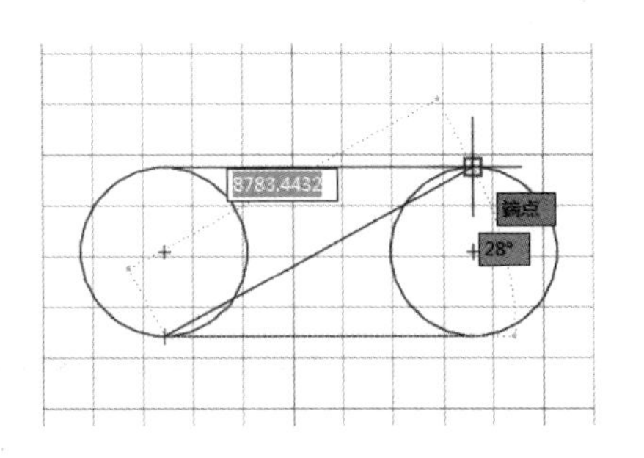

图 2-12　选择第二个端点

Note

2.2.2　构造线的绘制

构造线是一条通过指定点的无限长的直线，该指定点被认定为构造线概念上的中点，构造线常用作辅助线检验线段是否在同一条直线上或是否平行等。可以使用多种方法指定构造线的方向。

<访问方法>

- ✧ 功能区：【默认】→【绘图】→【构造线】按钮。
- ✧ 菜单：【绘图（D)】→【构造线（T)】。
- ✧ 工具栏：。
- ✧ 命令行：XLINE。

1．绘制水平构造线

<操作过程>

水平构造线的方向是水平的（与当前坐标系的 X 轴的夹角为 0°）。

Step 01 按上面介绍的方法输入命令。

Step 02 选择构造线的类型。执行第一步操作后，系统命令行会出现图 2-13 所示的信息，在此提示下输入表示水平线的字母 H，然后按 Enter 键。

图 2-13　命令行提示

Step 03 指定构造线的起点。在命令行指定通过点:的提示下，将鼠标光标移至所需位置并单击，即可完成通过该点的水平构造线的绘制，如图 2-14 所示。

Step 04 完成构造线的绘制。命令行会继续提示指定通过点:，此时可按空格键或 Enter 键结束命令的执行。

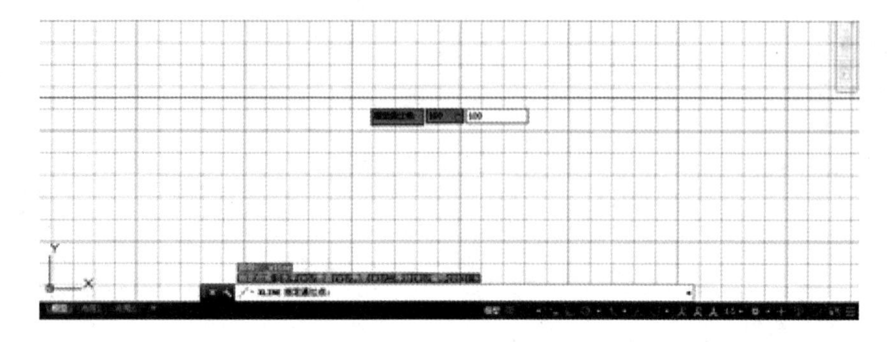

图 2-14　操作结果

2．绘制垂直构造线

垂直构造线的方向是竖直的（与当前坐标系的 X 轴的夹角为 90°），其绘制过程与绘制水平构造线一致，只是在选择构造线类型时在命令行提示下输入表示垂直线的字母 V 后回车。

3．绘制带角度的构造线

<操作过程>

Step 01　执行构造线命令。

Step 02　在命令行的提示下，输入字母 A 后按 Enter 键，表示要绘制角度构造线 XLINE 指定点或 [水平(H) 垂直(V) 角度(A) 二等分(B) 偏移(O)]:。

Step 03　在命令行 输入构造线的角度 (0) 或 [参照(R)]: 的提示下，输入字母 R 后按 Enter 键，表示要绘制与某一已知参照直线成指定角度的构造线。

Step 04　在命令行 选择直线对象: 的提示下，选择所需的直线为参照直线。

Step 05　在命令行 输入构造线的角度 <0>: 0 的提示下，输入所需角度后按 Enter 键。

Step 06　在命令行 指定通过点: 的提示下，将光标移到 P 点位置并单击，即可绘制出所需角度的构造线，如图 2–15 所示。

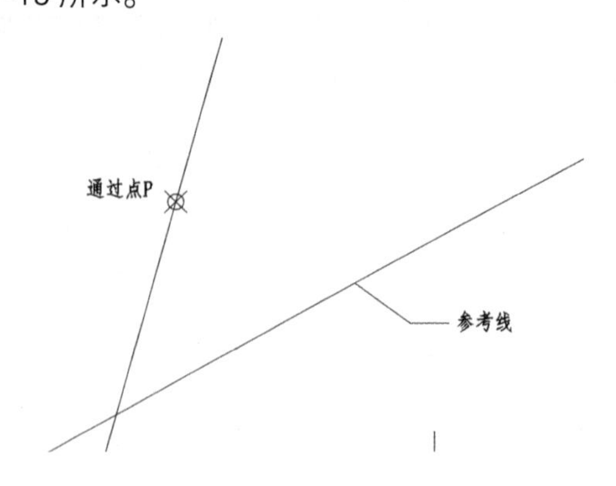

图 2-15　与参考线成 45°且通过 P 点的构造线

4．绘制二等分构造线

二等分构造线是指通过角的顶点且平分该角的构造线，二等分构造线的绘制过程与前述类似。

<操作过程>

Step 01　执行构造线绘制命令。

Step 02　在命令行的提示下输入表示二等分的字母 B 回车以后：

Step 03　选择两直线的交点作为角的顶点。

Step 04　选择第一条直线上的任意一点作为角的一条边。

Step 05　选择第二条直线上的任意一点作为角的另一条边（此时便绘制出经过两直线的交点且平分其夹角的构造线），结果如图 2-16 所示，按 Enter 键结束。

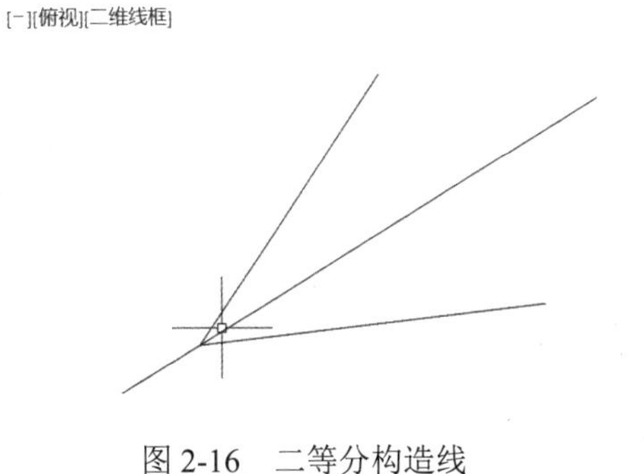

图 2-16　二等分构造线

5. **绘制偏移构造线**

偏移构造线是指与指定直线平行的构造线。

<操作过程>

Step 01　执行构造线命令。

Step 02　在命令行的提示下输入表示偏移构造线的字母 O 以后，在命令行 指定偏移距离或 [通过(T)] <通过>: 提示下，可根据不同的需求进行相应的操作。

（1）直接输入偏移值

在命令行输入所需偏移值后按 Enter 键；在命令行 选择直线对象: 的提示下，选择所需参考直线；在 指定向哪侧偏移: 的提示下，选择参考线的某一侧的一点以指定偏移方向；按 Enter 键结束命令。

（2）指定点进行偏移

输入字母 T 后按 Enter 键；选择参考直线；在 指定通过点: 的提示下，选择构造线要通过的点（此时系统便会绘制出与指定直线平行，并通过该点的构造线，如图 2-17 所示）；按 Enter 键结束命令。

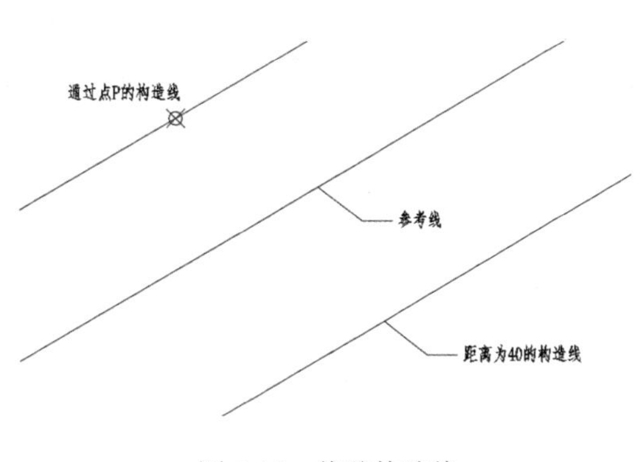

图 2-17　偏移构造线

2.2.3　多段线的绘制

多段线由 3 条以上的线段构成，它可以是直线与直线的组合，也可以是直线与曲线或圆弧的组合；可以是同一平面上的线段，也可以是空间线段。同时对于多段线，我们可以指定线的宽度，即绘制粗线。

Note

<访问方法>

- ✧ 功能区：【默认】→【绘图】→【多段线】按钮。
- ✧ 菜单：【绘图（D）】→【多段线（P）】。

- ✧ 工具栏：。
- ✧ 命令行：PLINE。

<操作过程>

Step 01 在“默认”功能区单击“多段线”按钮。

Step 02 指定多段线的起点，之后命令行会出现指定下一个点或 [圆弧(A) 半宽(H) 长度(L) 放弃(U) 宽度(W)]的提示，如图 2-18 所示。

Step 03 选择需要的多段线样式，如需要圆弧，则在命令行输入字母 A，然后单击 Enter 键，会出现指定圆弧的端点(按住 Ctrl 键以切换方向)或的提示，继续指定下一个点，如果不再需要继续绘制多段线按 Esc 键退出，如图 2-19 所示。

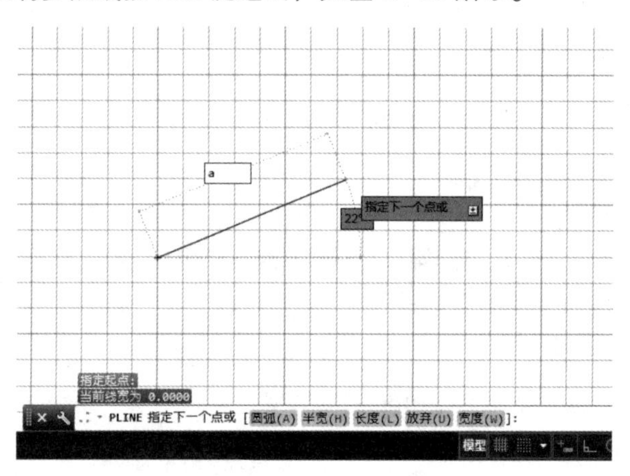

图 2-18　指定端点绘制多段线

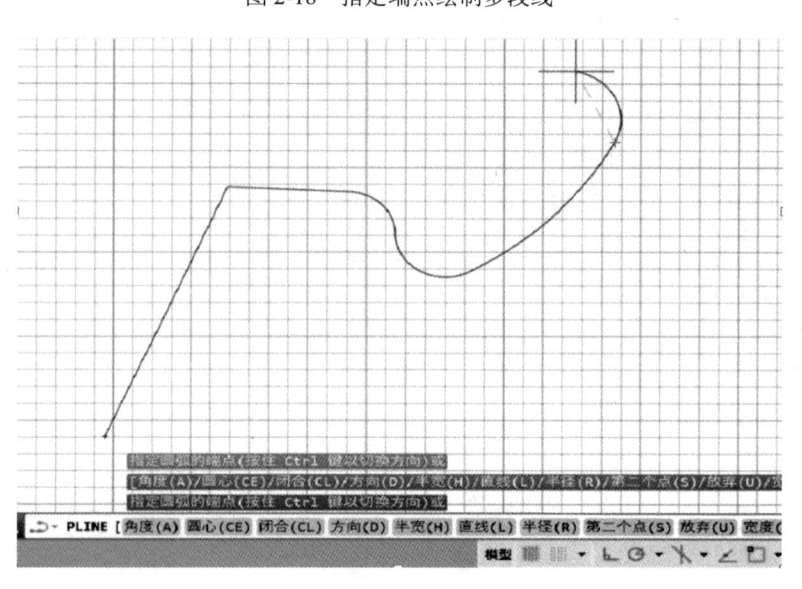

图 2-19　多段线包含圆弧

2.3 圆类的绘制

2.3.1 圆的绘制

到一个点的距离相等的点的轨迹就是圆，圆是一条封闭曲线，主要用来绘制孔、轴、轮、柱等。在 AutuCAD 2018 中有六种绘制圆的方法。

1. 通过圆心和半径来绘制圆

<访问方法>

✧ 功能区：【默认】→【绘图】→【圆心，半径】按钮。

✧ 菜单：【绘图（D）】→【圆（C）】→【圆心，半径（R）】。

✧ 工具栏：。

✧ 命令行：CLRCLE。

<操作过程>

Step 01 按上面介绍的方法输入命令。

Step 02 只需要指定圆心后输入半径值，即可创建圆，如图 2–20 所示。

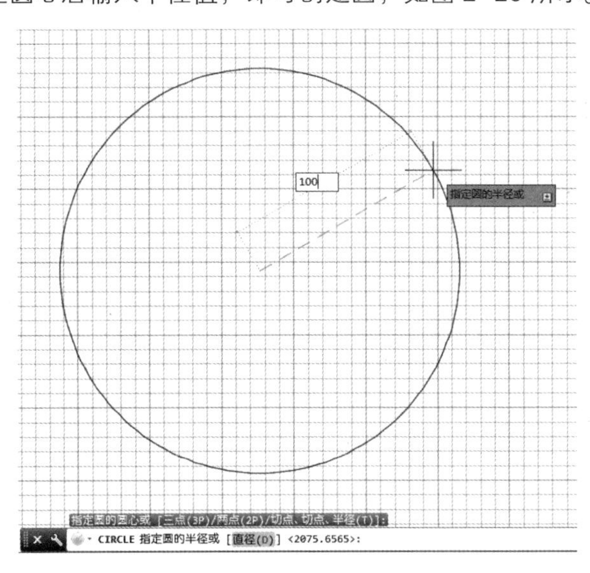

图 2-20　指定圆心半径画圆

2. 通过圆心和直径来绘制圆

<访问方法>

✧ 功能区：【默认】→【绘图】→【圆心，直径】按钮。

✧ 菜单：【绘图（D）】→【圆（C）】→【圆心，直径（D）】。

✧ 工具栏：。

✧ 命令行：CLRCLE。

Note

<操作过程>

该种创建圆的方法与通过圆心和半径绘制圆的方法一致，只是这里指定的值是直径值。

3．通过指定两个点来绘制圆，两点确定圆的直径

<访问方法>

✧ 功能区：【默认】→【绘图】→【两点】按钮 两点。

✧ 菜单：【绘图（D）】→【圆（C）】→【两点（2）】。

✧ 工具栏：。

✧ 命令行：CLRCLE。

<操作过程>

Step 01 按上面介绍的方法输入命令。

Step 02 然后分别指定圆直径方向上的两点如图 2–21 所示，即可绘制出圆。

4．通过指定三点来绘制圆

<访问方法>

✧ 功能区：【默认】→【绘图】→【三点】按钮 三点。

✧ 菜单：【绘图（D）】→【圆（C）】→【三点（3）】。

✧ 工具栏：。

✧ 命令行：CLRCLE。

<操作过程>

Step 01 按上面介绍的方法输入命令。

Step 02 然后分别指定三个点绘出圆，如图 2–22 所示。

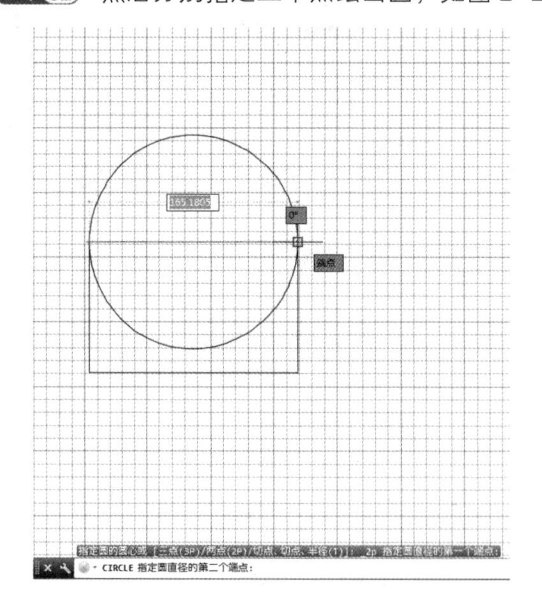

图 2-21　指定第一点和第二点

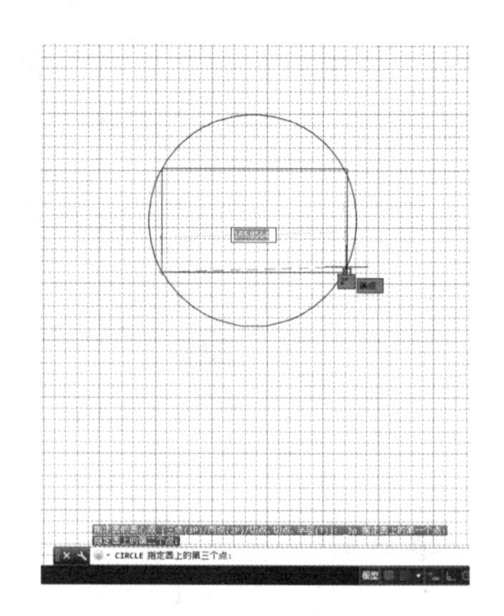

图 2-22　三点绘制圆

Note

5．通过相切、相切、半径绘制圆

该种创建圆的方法先指定与已有对象相切的两个切点，再指定圆的半径。

<访问方法>

✧ 功能区：【默认】→【绘图】→【相切、相切、半径】按钮 相切，相切，半径。

✧ 菜单：【绘图（D）】→【圆（C）】→【相切、相切、半径（T）】。

✧ 工具栏：。

✧ 命令行：CLRCLE。

<操作过程>

Step 01 按上面介绍的方法输入命令。

Step 02 然后指定第一个切点再指定第二个切点，最后输入圆的半径值，按 Enter 键，即可完成圆的绘制，如图 2-23 所示。

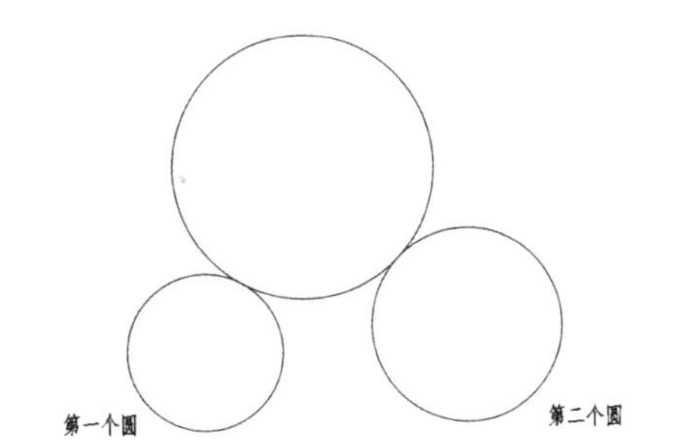

图 2-23　与第一第二圆相切，半径为 40 的圆

6．通过三个切点来绘制圆

该种方法创建的圆与已知的三个对象都相切。

<访问方法>

✧ 功能区：【默认】→【绘图】→【相切、相切、相切】按钮 相切，相切，相切。

✧ 菜单：【绘图（D）】→【圆（C）】→【相切、相切、相切（A）】。

✧ 工具栏：。

✧ 命令行：CLRCLE。

<操作过程>

Step 01 按上面介绍的方法输入命令。

Step 02 然后分别指定第一、第二个和第三个切点，即可完成圆的绘制,如图 2-24 所示。

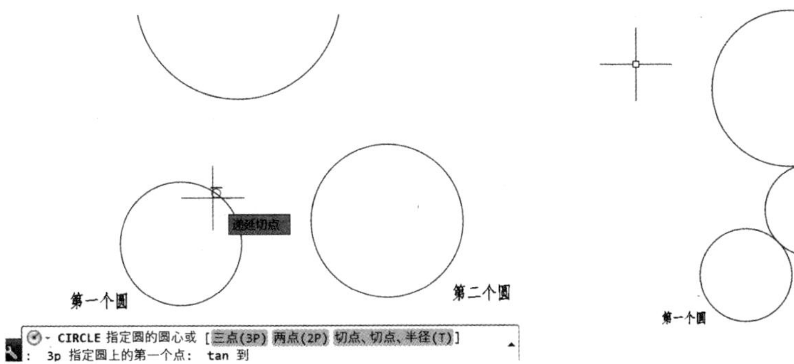

（a）指定第一个切点

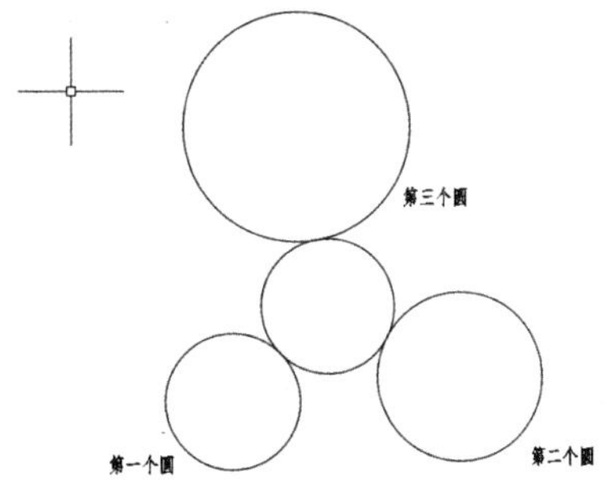

（b）与三圆相切的圆

图 2-24　相切圆效果

2.3.2 圆弧的绘制

圆弧是圆的一部分，绘制圆弧一般需要指定三个点。通过将圆心、起点、端点、半径、角度、长度等进行组合，可以有多种绘制圆弧的方法，具体在功能区的“默认”→“绘图”→“圆弧”按钮下，如图 2-25 所示。

1．三点绘制圆弧

该种方式是通过指定三个点来创建一条圆弧曲线。给定的第一点为圆弧的起点，第二点为圆弧的中间点，第三点为圆弧的终点。

<访问方法>

✧ 功能区：【默认】→【绘图】→【圆弧】。

✧ 菜单：【绘图（D）】→【圆弧（A）】→【三点（P）】。

✧ 工具栏：三点。

✧ 命令行：ARC。

<操作过程>

Step 01 在“默认”功能区或“绘图”下拉菜单选择圆弧按钮后会出现如图 2-25 所示的下拉栏，单击命令，然后在命令行指定圆弧的起点或 [圆心(C)]的提示下指定圆弧的起点。

Step 02 在命令行指定圆弧的第二个点或 [圆心(C) 端点(E)]的提示下指定圆弧上的点，如图 2-26 所示。

Step 03 在命令行指定圆弧的端点：的提示下指定圆弧的端点，如图 2-27 所示。

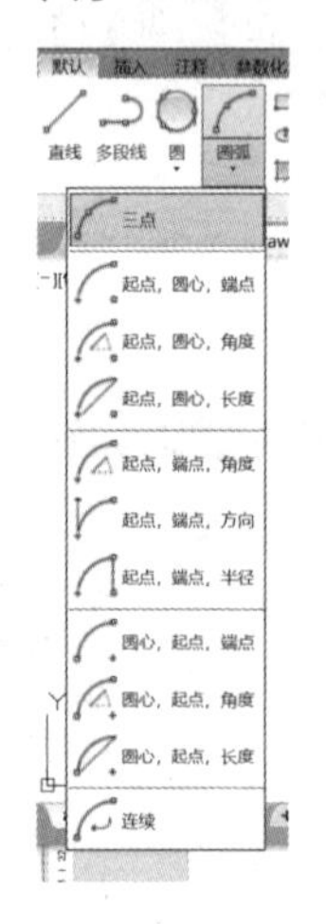

图 2-25 圆弧下拉栏

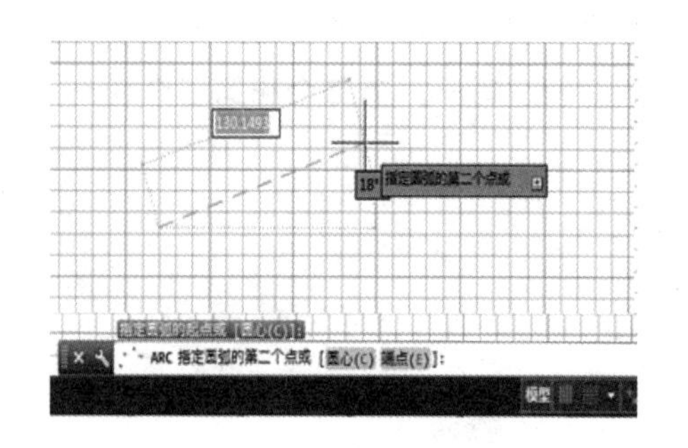

图 2-26 指定圆弧的第二个点

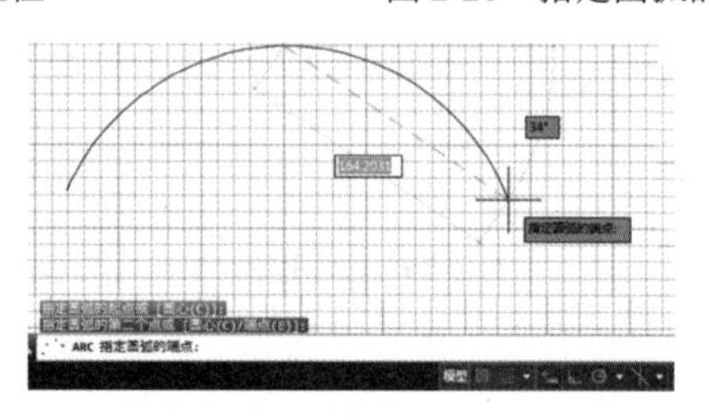

图 2-27 指定圆弧的端点

Note

2．起点、圆心、端点创建圆弧

<访问方法>

✧ 功能区：【默认】→【绘图】→【圆弧】→【起点，圆心，端点】。
✧ 菜单：【绘图（D）】→【圆弧（A）】→【起点，圆心（S），端点】。
✧ 工具栏：。
✧ 命令行：ARC。

<操作过程>

该种创建圆弧的方法是先指定圆弧的起点和圆心，再指定端点绘出圆弧，如图 2-28 所示。

3．起点、端点、角度创建圆弧

<访问方法>

✧ 功能区：【默认】→【绘图】→【圆弧】→【起点，端点，角度】。
✧ 菜单：【绘图（D）】→【圆弧（A）】→【起点，端点（N），角度】。
✧ 工具栏：。
✧ 命令行：ARC。

<操作过程>

该种创建圆弧的方法是先指定圆弧的起点和端点，再指定圆弧的角度绘制圆弧，如图 2-29 所示为角度 55° 的圆弧。

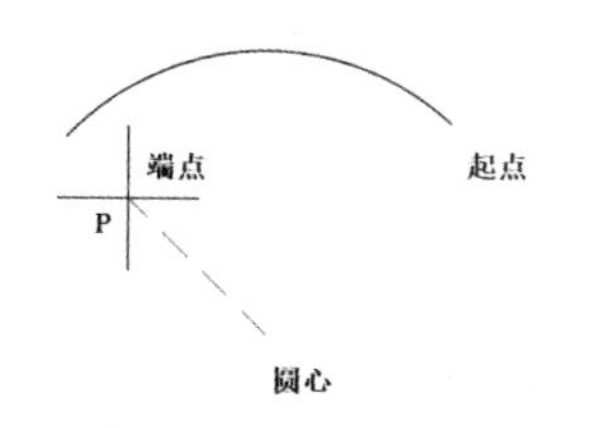

图 2-28　起点、圆心、端点画弧

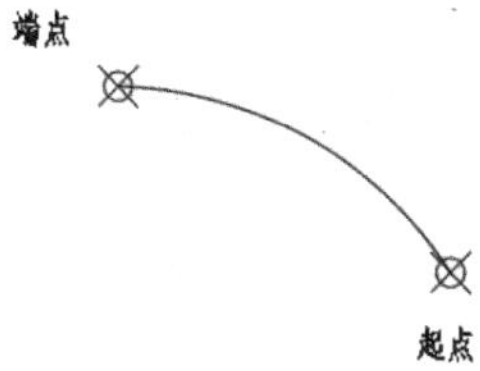

图 2-29　起点、端点、角度画弧

4．圆心和起点创建圆弧

<访问方法>

功能区：【默认】→【绘图】→【圆弧】→【圆心，起点】。
菜单：【绘图（D）】→【圆弧（A）】→【圆心，起点（C），端点（角度/长度）】。
工具栏：。
命令行：ARC。

<操作过程>

该种创建圆弧的方法是先指定圆弧的圆心和起点，再指定圆弧的端点、角度或长度中的任意一个条件，根据需要选择图 2-25 中的命令。图 2-30 表示用圆心、起点、端点绘制的圆弧。

Note

5. 绘制连续的圆弧

<访问方法>

✧ 功能区：【默认】→【绘图】→【圆弧】→【连续】。

✧ 菜单：【绘图（D）】→【圆弧（A）】→【继续（O）】。

✧ 工具栏：。

✧ 命令行：ARC。

<操作过程>

该种方法创建的圆弧是相切于上一次绘制的圆弧或直线。选择图 2–25 中的“连续”命令后，选择需要绘制连续圆弧的的位置点，然后系统会立即绘制出以该点为起点的圆弧，并与该点所在直线或圆弧相切，如图 2–31 所示。

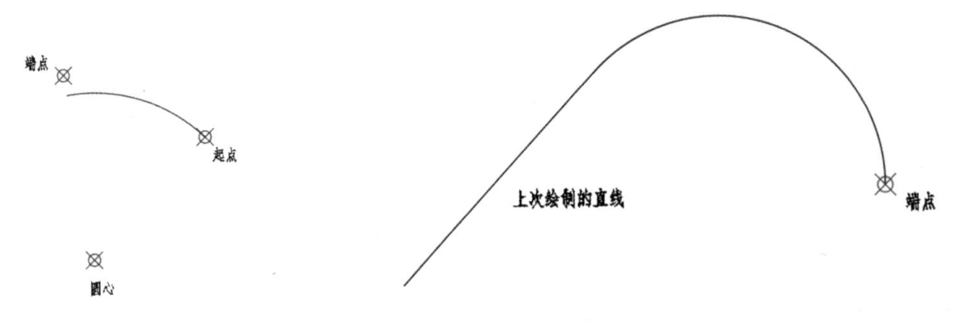

图 2-30 圆心、起点、端点画弧

图 2-31 连续圆弧的绘制

2.3.3 椭圆的绘制

椭圆是由两个轴定义的，较长的轴称为长轴，较短的轴称为短轴。长短轴的一半称为长半轴和短半轴，它们决定了椭圆曲线的形状。椭圆的绘制方法有以下两种。

1. 基于椭圆的中心点绘制椭圆

<访问方法>

✧ 功能区：【默认】→【绘图】→【椭圆】→【圆心】。

✧ 菜单：【绘图（D）】→【椭圆（E）】→【圆心（C）】。

✧ 工具栏：圆心。

✧ 命令行：ELLIPSE。

<操作过程>

Step 01 在“默认”功能区或“绘图”下拉菜单中选择图 2–32 中的圆心命令：

Step 02 指定椭圆的中心点。

Step 03 命令提示指定椭圆轴的端点，移动鼠标，鼠标当前点与圆心的连线就是椭圆一个轴的方向，单击鼠标左键，即确定椭圆一个半轴的长度。如果直接输入数字，那么这个数字就是半轴长度。

Step 04 指定另一半轴的长度，程序自动创建椭圆曲线，如图 2–33 所示。

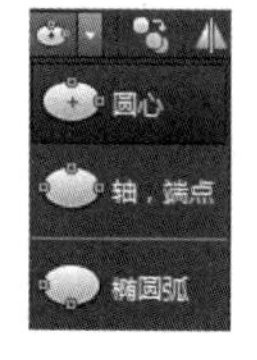

图 2-32　椭圆下拉栏

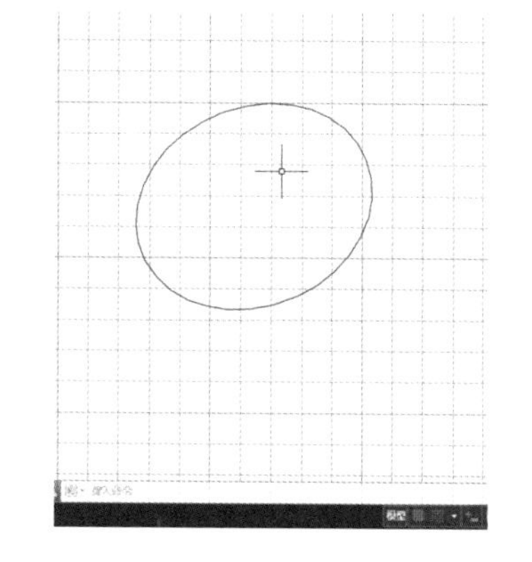

图 2-33　指定两个半轴

2．通过轴和端点来绘制椭圆

<访问方法>

✧ 功能区：【默认】→【绘图】→【椭圆】→【轴，端点】。

✧ 菜单：【绘图（D）】→【椭圆（E）】→【轴，端点（E）】。

✧ 工具栏：轴，端点。

✧ 命令行：ELLIPSE。

<操作过程>

Step 01 在“默认”功能区选择图 2-32 中的轴，端点命令。

Step 02 指定椭圆的一个轴端点。

Step 03 指定该轴的另一个端点。

Step 04 输入另一条半轴的长度，程序自动创建椭圆曲线，如图 2-34 所示。

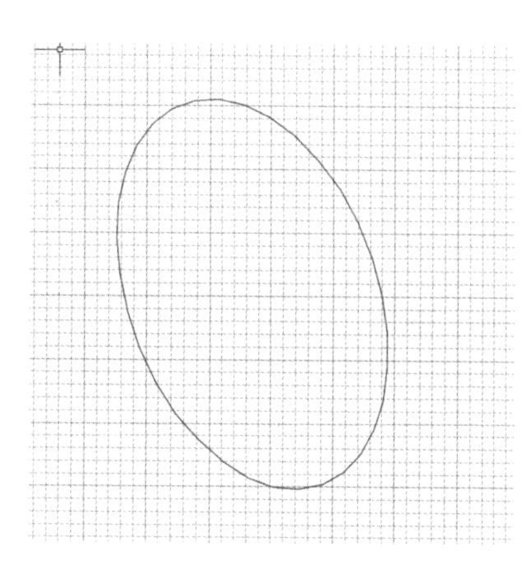

图 2-34　轴与端点绘制椭圆

2.3.4　椭圆弧的绘制

椭圆弧是椭圆的一部分，在设计中经常会用到椭圆弧的绘制。

<访问方法>

✧ 功能区：【默认】→【绘图】→【椭圆】→【椭圆弧】。

✧ 菜单：【绘图（D）】→【椭圆（E）】→【圆弧（A）】。

✧ 工具栏：椭圆弧。

✧ 命令行：ELLIPSE。

<操作过程>

Step 01 选择图 2-32 中椭圆弧命令。

Step 02 在命令行指定椭圆弧的轴端点或 [中心点(C)] 的提示下指定椭圆的第一个轴端点，端点 1。

Note

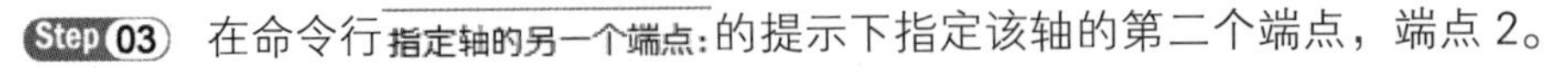

Step 03 在命令行指定轴的另一个端点:的提示下指定该轴的第二个端点，端点 2。

Step 04 在命令行指定另一条半轴长度或 [旋转(R)] 的提示下输入端点 3，确定另一半轴的长度。

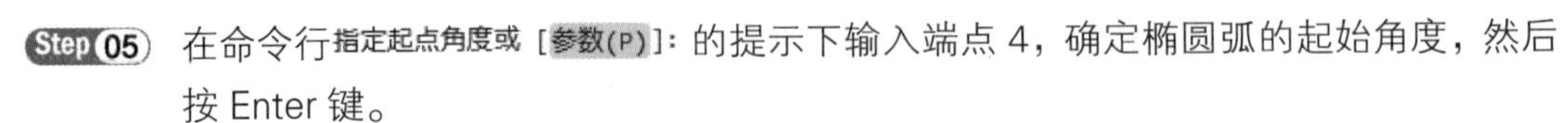

Step 05 在命令行指定起点角度或 [参数(P)]: 的提示下输入端点 4，确定椭圆弧的起始角度，然后按 Enter 键。

Step 06 在命令行 指定端点角度或 [参数(P) 夹角(I)]:的提示下输入端点 5，确定椭圆的终止角度，然后按 Enter 键，即可完成圆弧的绘制，如图 2–35 所示。

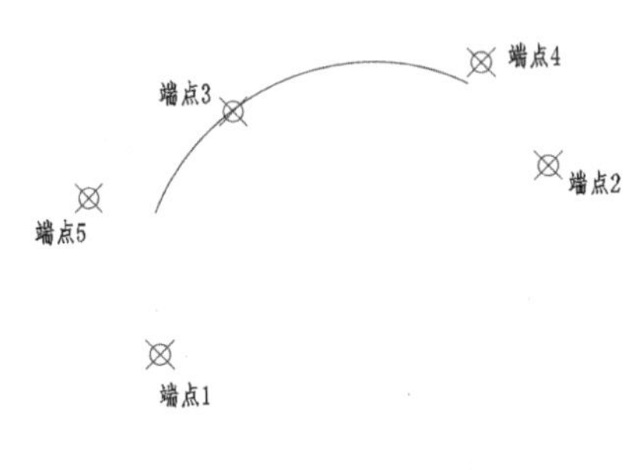

图 2-35　椭圆弧的绘制

值得注意的是，这种方法也可以用来绘制椭圆，只需要在输入起始角度和终止角度时让两者的角度一致则可以创建一个闭合的椭圆弧，即椭圆。

2.4 多边形对象的绘制

2.4.1　矩形的绘制

1. 绘制普通矩形

指定两对角点，即根据矩形的长和宽或矩形的两个对角点的位置来绘制一个矩形。

<访问方法>

✧ 功能区:【默认】→【绘图】→【矩形】按钮。

✧ 菜单:【绘图 (D)】→【矩形 (G)】。

✧ 工具栏: 。

✧ 命令行: RECTANG。

<操作过程>

Step 01 选择“默认”功能区中的命令。

Step 02 在命令行的提示下，指定矩形的第一角点，端点 1。此时可以将光标移动到需要位置点单击指定第一角点，也可以直接输入第一角点的坐标值。

Step 03 指定第二个角点，端点 2。方法和指定第一个角点的方法一致。结果如图 2–36 所示。

2. 绘制倒角矩形

倒角矩形就是对普通矩形的四个角进行倒角。

<操作过程>

Step 01　选择“默认”功能区中的 命令。

Step 02　在命令行 指定第一个角点或 [倒角(C) 标高(E) 圆角(F) 厚度(T) 宽度(W)]: 的提示下输入字母 C 后按 Enter 键。

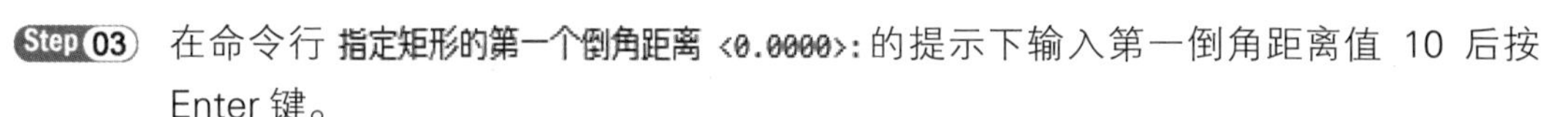

Step 03　在命令行 指定矩形的第一个倒角距离 <0.0000>: 的提示下输入第一倒角距离值 10 后按 Enter 键。

Step 04　在命令行 指定矩形的第二个倒角距离 <10.0000>: 的提示下输入第二倒角距离值后按 Enter 键。

Step 05　剩余步骤参考矩形绘制方法。结果如图 2–37 所示。

图 2-36　矩形绘制

图 2-37　倒角为 10 的矩形

3. 绘制圆角矩形

圆角矩形就是对普通矩形的四个角进行倒圆角。

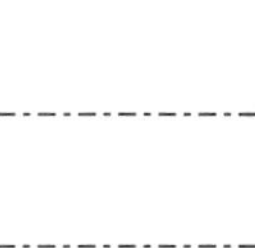

<操作过程>

Step 01　选择“默认”功能区中的 命令。

Step 02　首先要确定圆角尺寸。具体绘制方法参见绘制倒角矩形部分，其中在命令行出现 指定第一个角点或 [倒角(C) 标高(E) 圆角(F) 厚度(T) 宽度(W)]: 提示时输入字母 F 即可，结果如图 2–38 所示。

4. 绘制有宽度的矩形

有宽度的矩形是指矩形的边线具有一定的厚度。

<操作过程>

Step 01　选择“默认”功能区中的 命令。

Step 02　具体绘制方法参见矩形绘制部分，其中在命令行出现 指定第一个角点或 [倒角(C) 标高(E) 圆角(F) 厚度(T) 宽度(W)]: 提示时输入字母 W 回车，然后输入宽度值即可，如图 2–39 所示为宽度为 1 的矩形。

图 2-38　半径为 10 的圆角矩形

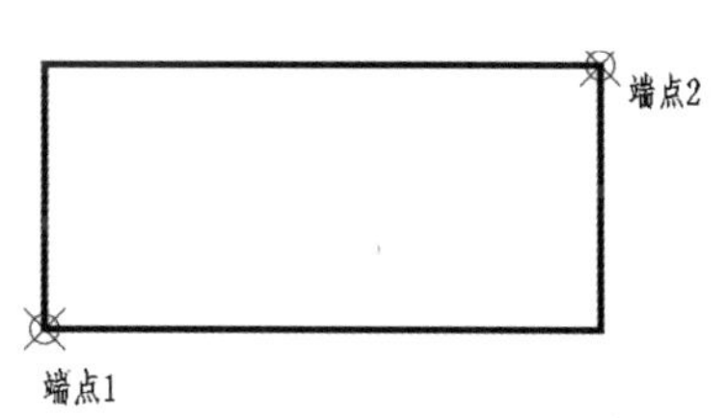

图 2-39　宽度为 1 的矩形

2.4.2 正多边形的绘制

正多边形是由 3~1024 条边组成的封闭曲线，其每条边的长度都相等，相邻两条边的夹角也是相同的。在 AutoCAD 2018 中正多边形的绘制有三种方法。

1．绘制内接正多边形

<访问方法>

- ✧ 功能区：【默认】→【绘图】→【矩形】→【多边形】按钮⬠。
- ✧ 菜单：【绘图（D）】→【多边形（Y）】。
- ✧ 工具栏：⬠。
- ✧ 命令行：POLYGON。

<操作过程>

Step 01 在“默认”功能区选中如图 2-40 所示下拉栏中的多边形命令。

Step 02 指定正多边形的边数。在命令行 POLYGON _polygon 输入侧面数 <4>: 提示下，输入数值 8，按 Enter 键。

Step 03 指定中心点。在命令行 POLYGON 指定正多边形的中心点或 [边(E)]: 提示下，选择圆心点 A 或输入点的绝对坐标，例如“80,100”。

Step 04 指定内接于圆。在命令行 POLYGON 输入选项 [内接于圆(I) 外切于圆(C)] <I>: 提示下，输入字母 I，按 Enter 键。

Step 05 指定半径。在命令行 POLYGON 指定圆的半径: 提示下，输入半径数值 50[见图 2-41(a)]，或鼠标单击屏幕上某一点 B(圆心 A 与该点 B 的距离为圆的半径)[见图 2-41(b)]，按 Enter 键。

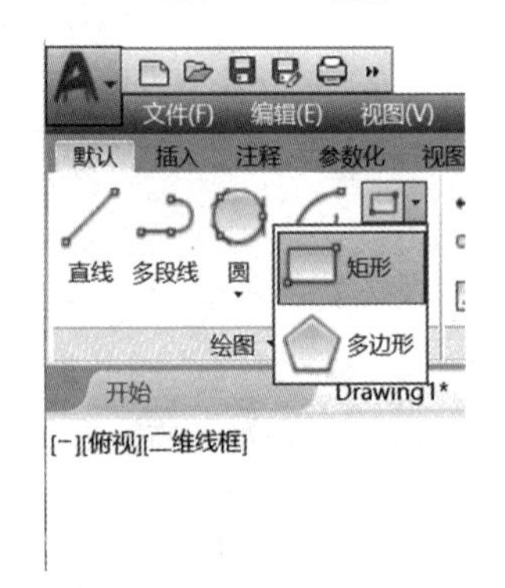

图 2-40 下拉栏

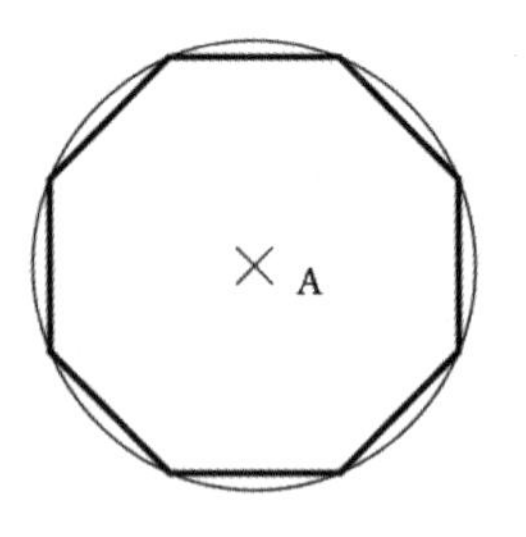

（a）输入半径数值定义半径

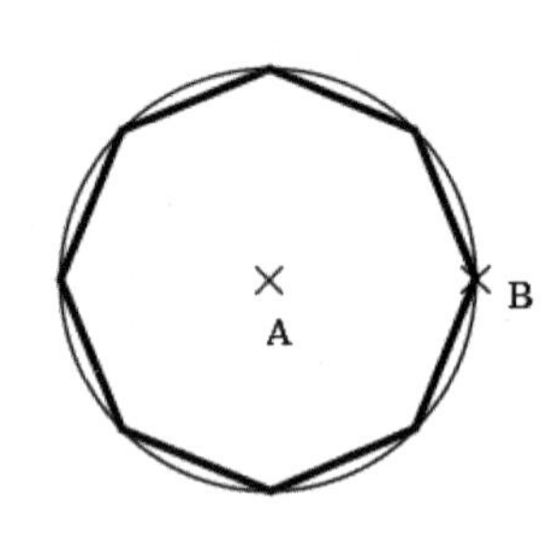

（b）输入两点方式定义半径

图 2-41 内接正多边形的绘制

2．绘制外切正多边形

<操作过程>

绘制外切正多边形的方法参见绘制内接多边形的方法，只是在上述操作过程步骤 4 中设置命令时选择“外切于圆（C）”，结果如图 2-42 所示。

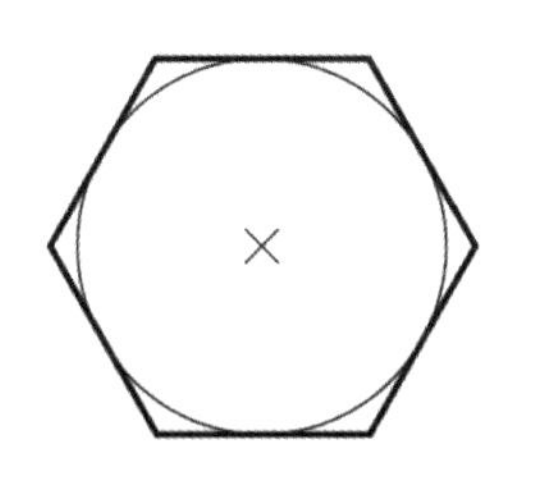

（a）输入数值定义半径

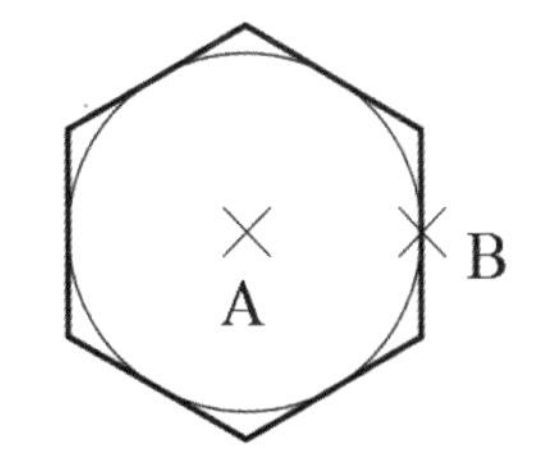

（b）两点定义半径

图 2-42　外切正多边形的绘制

Note

3. 用“边”绘制正多边形

<操作过程>

Step 01　在“默认”功能区或“绘图”下拉菜单中选中多边形命令。

Step 02　在命令行输入侧面数 <6>: 的提示下输入正多边形的边数 7。

Step 03　在命令行指定正多边形的中心点或 [边(E)]: 的提示下输入字母 E。

Step 04　在命令行指定边的第一个端点: 的提示下指定边的第一个端点 A。

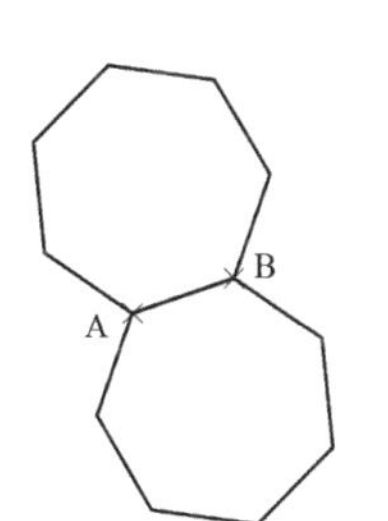

图 2-43　用“边”绘制正多边形

Step 05　在命令行指定边的第二个端点: 的提示下指定这条边的第二个端点 B。

这样，系统便绘制出以 AB 为边的正多边形。如图 2-43 所示，以第一点到第二点的连线为边，按逆时针方向绘制多边形，若两点的顺序相反，则绘制的多边形的方向也相反。

2.5 样条曲线的绘制

样条曲线是通过一系列指定点得到的光滑曲线，可以用来绘制不规则的轮廓线，如波浪线、断开线等。

<访问方法>

✧ 功能区：【默认】→【绘图】→【样条曲线拟合】按钮。
✧ 菜单：【绘图（D）】→【样条曲线（SPL）】。
✧ 工具栏：。
✧ 命令行：SPLINE。

<操作过程>

1. 使用拟合点绘制样条曲线

Step 01　在“绘图”下拉栏中，如图 2-44 所示，选择命令。

Step 02　在命令行指定第一个点或 [方式(M) 节点(K) 对象(O)]: 提示下指定曲线的第一个端点。

Step 03 在命令行输入下一个点或 [起点切向(T) 公差(L)] 提示下继续指定下一个点，直到得到所需的样条曲线，按 Enter 键退出操作，如图 2-45 所示。

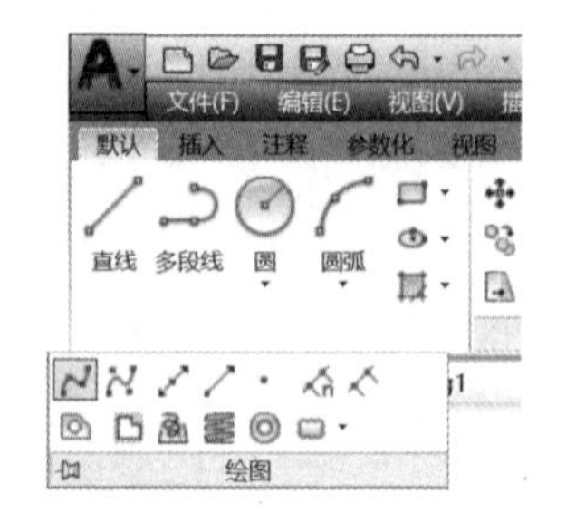

图 2-44　绘图下拉栏

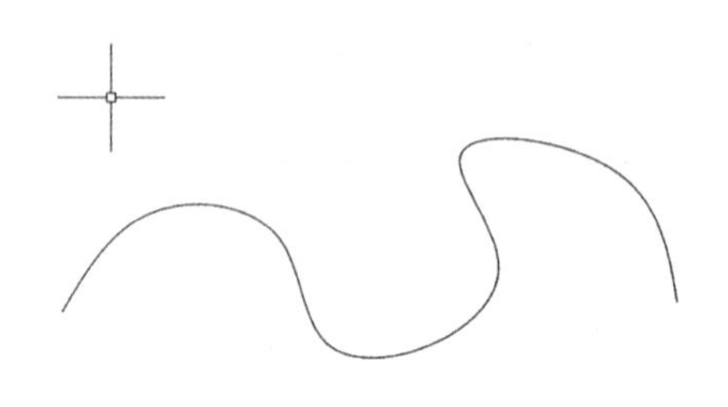

图 2-45　完成绘制的样条曲线

2．使用控制点绘制样条曲线

<访问方法>

✧　功能区：【默认】→【绘图】→【样条曲线控制点】按钮 。

✧　菜单：【绘图（D）】→【样条曲线（SPL）】。

✧　工具栏： 。

✧　命令行：SPLINE。

<操作过程>

Step 01 在“绘图”下拉栏中，如图 2-44 所示，选择 命令。

Step 02 在命令行指定第一个点或 [方式(M) 阶数(D) 对象(O)]：提示下指定第一个控制点，然后在命令行：输入下一个点：输入下一个点：　的提示下继续指定下一个控制点。

Step 03 在命令行的提示下继续指定下一个控制点，直到得到所需样条曲线，按 Enter 键退出操作，如图 2-46 所示。

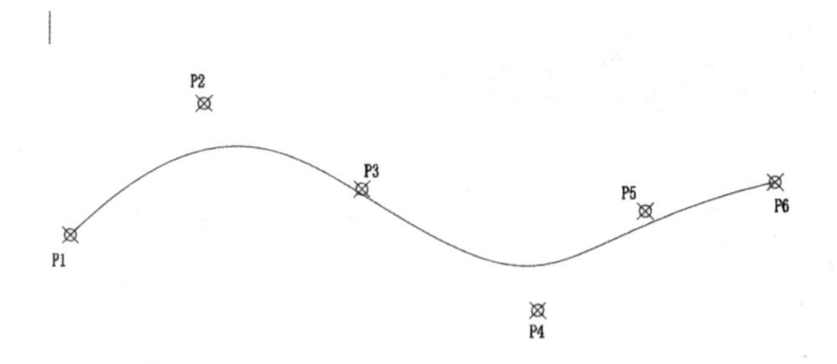

图 2-46　由控制点绘制样条曲线

2.6 创建面域

面域是一种具有封闭线框的平面区域。面域总是以线框的形式显示，所以从外观来看，面域和一般的封闭线框没有区别，但从本质上看，面域是一种面，除了包括封闭线框外，还包括封闭线框内的平面，所以可以对面域进行交、并、差的布尔运算。

<访问方法>

✧ 功能区：【默认】→【绘图】→【面域】按钮。
✧ 菜单：【绘图（D）】→【面域（N）】。
✧ 工具栏：。
✧ 命令行：REGION。

<操作过程>

Step 01 选择“绘图”下拉栏中的命令，如图 2-44 所示。

Step 02 在命令行选择对象:的提示下，框选需要转化为面域的图元，如图 2-47 所示。按 Enter 键结束选取，然后命令行提示已创建 4 个面域，这表明系统已经将四个封闭的图形转化为四个面域了，如图 2-48 所示。

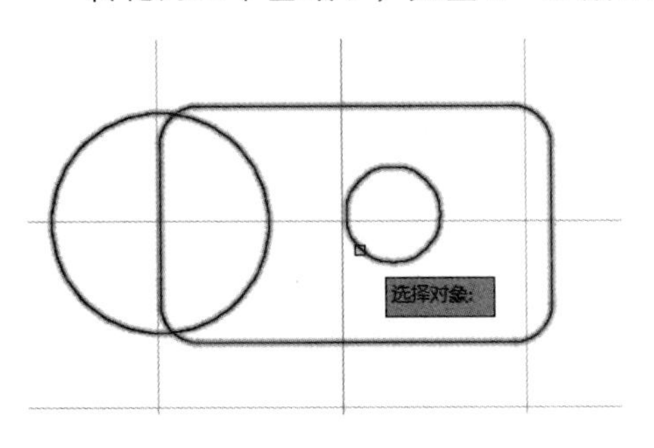

图 2-47　选取图元

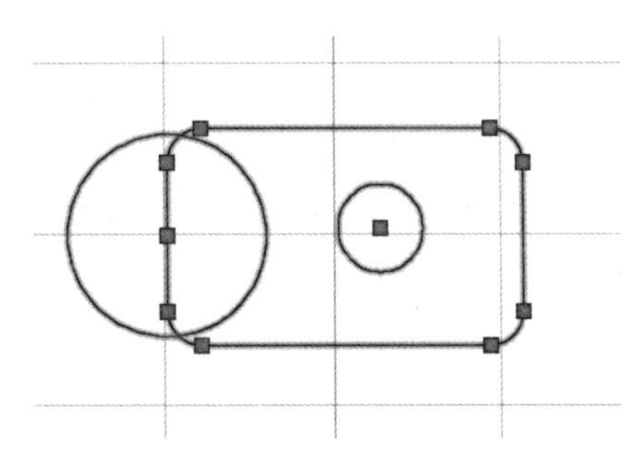

图 2-48　创建的面域

第3章

图层和对象特征

3.1 图层概述

图层的概念类似透明的投影片，将不同属性的对象分别画在不同的投影片（图层）上，例如将图形的主要线段、中心线、尺寸标注等分别画在不同的图层上，每个图层可设定不同的线形、线条颜色，然后把不同的图层堆叠在一起成为一张完整的图，如此可使图形层次分明有条理，方便图形对象的编辑与管理。一个完整的图形就是它所包含的所有图层上的对象叠加在一起。利用图层，可以方便地对图形进行分层管理。

在用图层功能绘图之前，首先要对图层的各项特性进行设置，包括建立和命名图层、设置当前图层、设置图层的颜色和线型、图层是否关闭、是否冻结、是否锁定，以及执行图层删除等。本节主要对图层的这些相关操作进行介绍。

3.2 图层设置命令

AutoCAD 2018 提供了详细直观的“图层特性管理器”对话框，用户可以方便地通过对该对话框中的各选项及其二级对话框进行图层设置，从而实现建立新图层、设置图层颜色及线型等各种操作。

<访问方法>

✧ 功能区：【默认】→【图层】→【图层特性】按钮 图层特性。

✧ 菜单：【格式（O）】→【图层（L）】。

✧ 工具栏：。

✧ 命令行：LAYER。

<操作过程>

Step 01 按上面介绍的方法输入命令。

Step 02 系统打开如图 3–1 所示的“图层特性管理器”对话框。

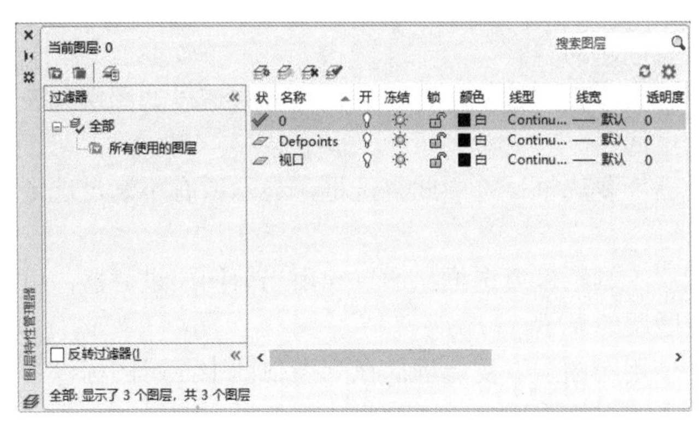

图 3-1　“图层特性管理器”对话框

<选项说明>

- “新建特性过滤器”按钮：显示“图层过滤器特性”对话框，如图 3-2 所示。从中可以根据图层的一个或多个图层特性创建图层过滤器。
- “新建组过滤器”按钮：创建一个图层过滤器，其中包含用户选定并添加到该过滤器的图层。
- “图层状态管理器”按钮：显示“图层状态管理器”对话框，如图 3-3 所示。从中可以将图层的当前特性设置保存到一个命名图层状态中，以后可以再恢复这些设置。

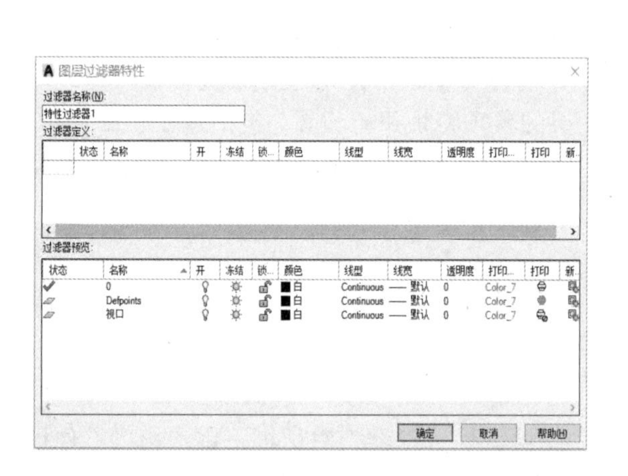

图 3-2 “图层过滤器特性”对话框

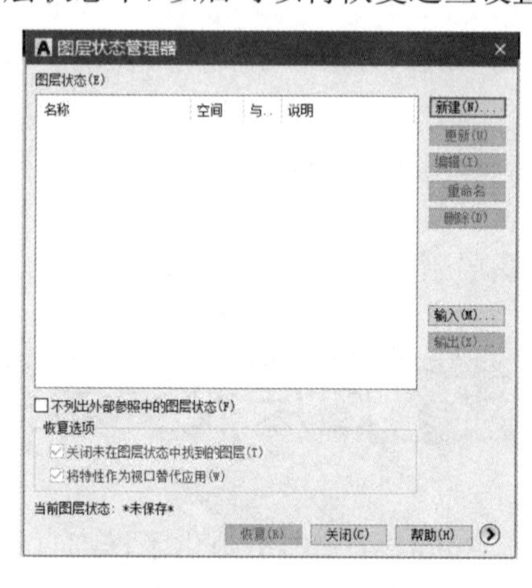

图 3-3 “图层状态管理器”对话框

- “新建图层”按钮：建立新图层。单击此按钮，图层列表中出现一个新的图层名字“图层 1”，用户可使用此名字，也可以改名。要想同时产生多个图层，可选中一个图层名字后，输入多个名字，名字之间以逗号分隔。图层的名字可以包含字母、数字、空格和特殊符号，从 AutoCAD 2005 开始支持长达 255 个字符的图层名字。新的图层继承了建立新图层时所选中的已有图层的所有特性（颜色、线型、ON/OFF 状态），如果新建图层时没有图层被选中，则新图层具有默认的设置。
- “删除图层”按钮：删除选定图层。只能删除未被参照的图层。参照的图层包括图层 0 和 DEFPOINTS、包含对象（包括块定义中的对象）的图层、当前图层以及依赖外部参照的图层。
- “置为当前”按钮：设置当前图层。将选定图层设定为当前图层。绘图都是在当前图层上进行对象创建的。
- “搜索图层”文本框：输入字符时，按名称快速过滤图层列表。关闭图层特性管理器时并不保存此过滤器。
- “反向过滤器”复选框：选中此复选框，显示所有不满足选定图层特性过滤器中条件的图层。
- “应用到图层工具栏”复选框：通过应用当前图层过滤器，可以控制“图层”工具栏上图层列表中图层的显示。
- “指示正在使用的图层”复选框：在列表视图中显示图标以指示图层是否处于使用状态。在具有多个图层的图形中，清除此选项可提高性能。
- 图层列表区：显示已有的图层及其特性。要修改某一图层的某一特性，单击它所

对应的图标即可。右击空白区域或利用快捷菜单可快速选中所有图层。列表区中各列的含义如下：

① 名称：显示满足条件的图层的名字。如果要对某图层进行修改，首先要选中该图层，使其逆反显示。

② 状态转换图标：在“图层特性管理器”窗口的名称栏分别有一列图标，移动指针到图标上单击鼠标左键可以打开或关闭该图标所代表的功能，或从详细数据区中勾选或取消勾选打开/关闭（/）、解锁/锁定（/）、在所有视口内解冻/冻结（/）、打印/不打印（/）等项目，各图标功能说明见表 3-1。

③ 颜色：显示和改变图层的颜色。如果要改变某一层的颜色，单击其对应的颜色图标，AutoCAD 打开如图 3-4 所示的“选择颜色”对话框，可从中选取需要的颜色。

④ 线型：显示和修改图层的线型。如果要修改某一层的线型，单击该层的“线型”项，打开“选择线型”对话框，如图 3-5 所示，其中列出了当前可用的线型，可从中选取。具体内容在 3.4 节详细介绍。

⑤ 线宽：显示和修改图层的线宽。如果要修改某一层的线宽，单击该层的“线宽”项，打开“线宽”对话框，如图 3-6 所示，其中列出了 AutoCAD 设定的线宽，可从中选取。其中“线宽”列表框显示可以选用的线宽值，包括会经常用到线宽，可从中选取需要的线宽。“旧的”显示行显示前面赋予图层的线宽。当建立一个新图层时，采用默认线宽，默认线宽的值由系统变量 LWDEFAULT 设置。“新的”显示行显示赋予图层的新的线宽。

表 3-1　图标功能

图　示	名　称	功能说明
	打开/关闭	将图层设定为打开或关闭状态，当呈现关闭状态时，该图层上的所有对象将隐藏不显示，只有打开状态的图层会在屏幕上显示或打印出来
	解冻/冻结	将图层设定为解冻或冻结状态。当图像呈现冻结状态时，该图层上的对象均不会显示在屏幕或由打印机打出，而且不会执行重生（REGEN）、缩放（ZOOM）、平移（PAN）等命令的操作，因此若将视图中不编辑的图层暂时冻结，可加快执行绘图编辑的速度
	解锁/锁定	将图层设定为解锁或锁定状态。被锁定的图层，仍然显示在画面上，但不能以编辑命令修改被锁定的对象，只能绘制新的对象，如此可防止重要的图形被修改
	打印/不打印	设定该图层是否可以打印图形

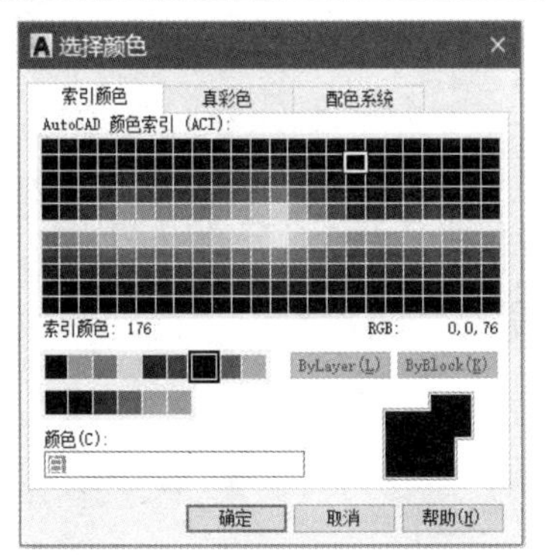

图 3-4　“选择颜色”对话框

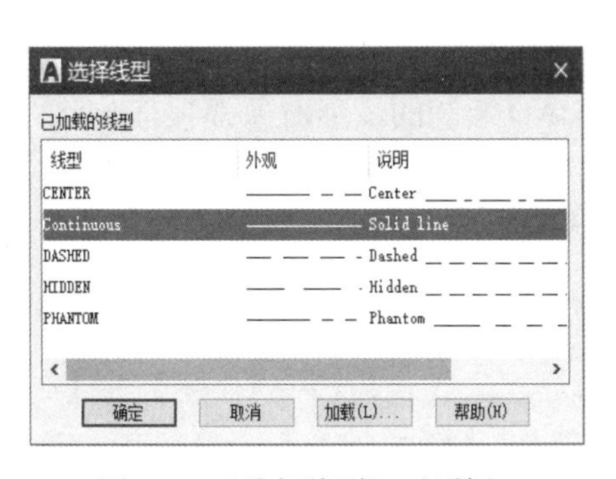

图 3-5　“选择线型”对话框

Note

⑥ 打印样式：修改图层的打印样式，所谓打印样式是指打印图形时各项属性的设置。

AutoCAD 提供了一个“特性”工具栏，如图 3-7 所示。用户能够控制和使用工具栏上的工具图标快速地察看和改变所选对象的图层、颜色、线型和线宽等特性。“特性”工具栏上的图层颜色、线型、线宽和打印样式的控制增强了查看和编辑对象属性的命令。在绘图屏幕上选择任何对象都将在工具栏上自动显示它所在的图层、颜色、线型等属性。下面对“特性”工具栏各部分的功能进行简单说明。

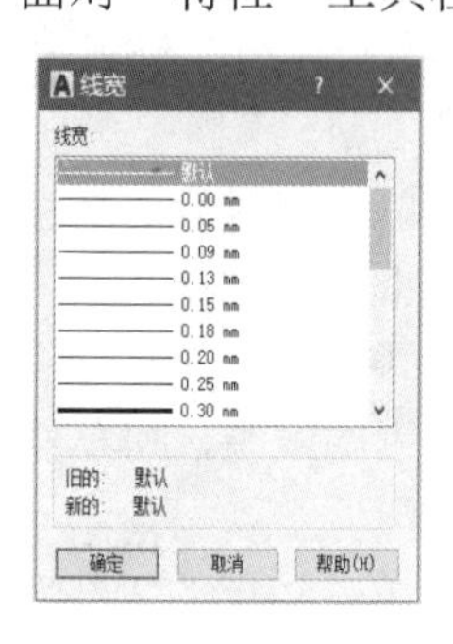

图 3-6 “线宽”对话框

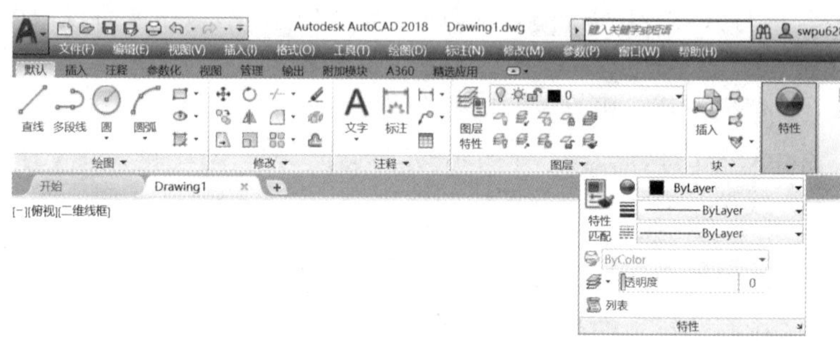

图 3-7 “特性”工具栏

- “颜色控制”下拉列表框 ByLayer：单击右侧的向下箭头，弹出一下拉列表，可从中选择某一颜色使之成为当前颜色，如果选择“选择颜色”选项，AutoCAD 打开“选择颜色”对话框以选择其他颜色。修改当前颜色之后，在该图层上绘图都采用这种颜色，而对其他图层的颜色没有影响。
- “线型控制”下拉列表框 ByLayer：单击右侧的向下箭头，弹出下拉列表，可从中选择使某一线型之成为当前线型。修改当前线型之后，在该图层上绘图都采用这种线型，而对其他图层的线型设置没有影响。
- “线宽”下拉列表框 ByLayer：单击右侧的向下箭头，弹出下拉列表，可从中选择使某一线宽之成为当前线宽。修改当前线宽之后，在该图层上绘图都采用这种线宽，而对其他图层的线宽设置没有影响。
- “打印类型控制”下拉列表框 ByColor：单击右侧的向下箭头，弹出一下拉列表，可以从中选取一种打印样式使之成为当前打印样式。

3.3 对象颜色设置命令

AutoCAD 绘制的图形对象都具有一定的颜色，为使绘制的图形清晰明了，可把同一类的图形对象用相同的颜色绘制，而使不同类型的对象具有不同的颜色以示区分。为此，需要适当地对颜色进行设置，为新建的图形对象设置当前颜色，还可以改变已有图形对象的颜色。

<访问方法>

✧ 功能区：【默认】→【特性】→【颜色控制】下拉列表框 ByLayer。

✧ 菜单：【格式（O）】→【颜色（C）】。

✧ 工具栏： ByLayer。

✧ 命令行：COLOR。

<操作过程>

Step 01 按上面介绍的方法输入 COLOR 命令后回车。

Step 02 AutoCAD 打开如图 3-4 所示的“选择颜色”对话框。也可在图层操作中打开此对话框，具体方法见上节。

<选项说明>

● “索引颜色”标签：打开此标签，可以在系统所提供的 255 色索引表中选择所需的颜色，如图 3-8 所示。

①“颜色索引”列表框：依次列出了 255 种索引色。可在此选择所需要的颜色。

②“颜色”文本框：所选择的颜色的代号值显示在“颜色”文本框中，也可以直接在该文本框中输入自己设定的代号值来选择颜色。

③ ByLayer 和 ByBlock 按钮：选择这两个按钮，颜色分别按图层和图块设置。这两个按钮只有在设定了图层颜色和图块颜色后才可以使用。

● “真彩色”标签：打开此标签，可以选择需要的任意颜色，如图 3-9 所示。可以拖动调色板中的颜色指示光标和“亮度”滑块选择颜色及其亮度。也可以通过“色调”“饱和度”和“亮度”调节钮来选择需要的颜色。所选择的颜色的 RGB 值显示在下面的“颜色”文本框中，也可以直接在该文本框中输入自己设定的 RGB 值来选择颜色。

在此标签的界面右侧，有一个“颜色模式”下拉列表框，默认的颜色模式为 HSL 模式，如图 3-9 所示。如果选择 RGB 模式。选择颜色方式与 HSL 模式下类似。

● “配色系统”标签：打开此标签，可以从标准配色系统（比如，Pantone）中选择预定义的颜色，如图 3-10 所示，也可以在“配色系统”下拉列表框中选择需要的系统，然后拖动右边的滑块来选择具体的颜色，所选择的颜色编号显示在下面的“颜色”文本框中，也可以直接在该文本框中输入编号值来选择颜色。

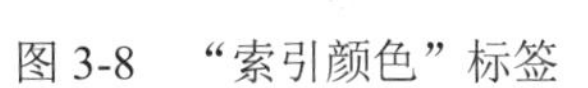

图 3-8 “索引颜色”标签

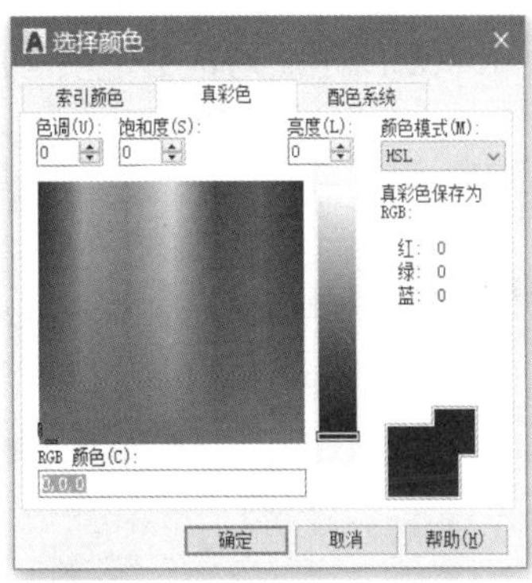

图 3-9 “真彩色”标签

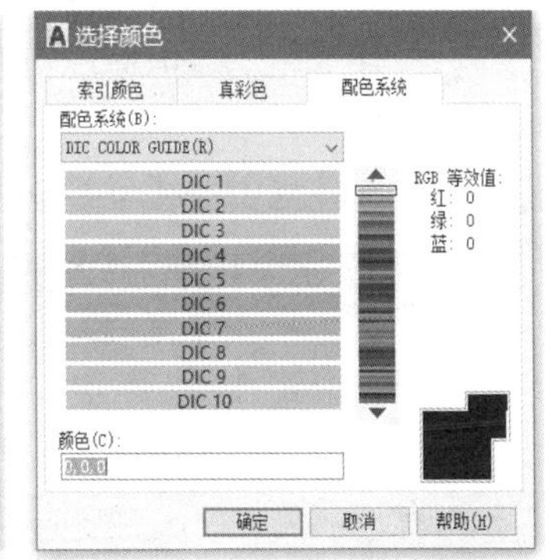

图 3-10 “配色系统”标签

3.4 对象线型设置命令

打开“图层特性管理器”对话框，如图 3-1 所示。在图层列表的线型项下单击线型

Note

名，系统打开“选择线型”对话框，如图 3-5 所示。对话框中选项含义如下：

- “已加载的线型”列表框：显示在当前绘图中加载的线型，可供用户选用，其右侧显示出线型的样式。
- “加载”按钮：单击此按钮，打开“加载或重载线型”对话框，如图 3-11 所示，用户可通过此对话框加载线型并把它添加到线型列表中，不过加载的线型必须在线型库（LIN）文件中定义过。标准线型都保存在 acad.lin 文件中。

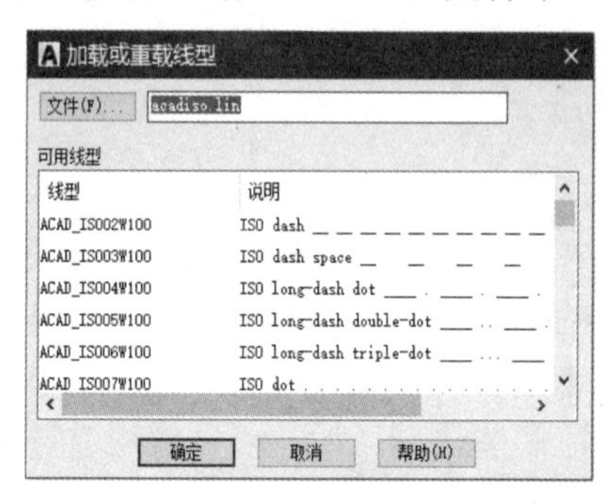

图 3-11　“加载或重载线型”对话框

<访问方法>

✧ 功能区：【默认】→【特性】→【线型控制】下拉列表框 其他... 。

✧ 菜单：【格式（O）】→【线型（N）】。

✧ 工具栏： ByLayer 。

✧ 命令行：LINETYPE。

<操作过程>

Step 01 按上面介绍的方法输入 LINETYPE 命令后回车。

Step 02 系统打开“线型管理器”对话框，如图 3-12 所示。单击“加载”按钮，打开“选择线型”对话框，如图 3-13 所示。对话框选项与前面讲述的相关知识相同，不再赘述。

Step 03 选择相应的线型并单击“确定”按钮。

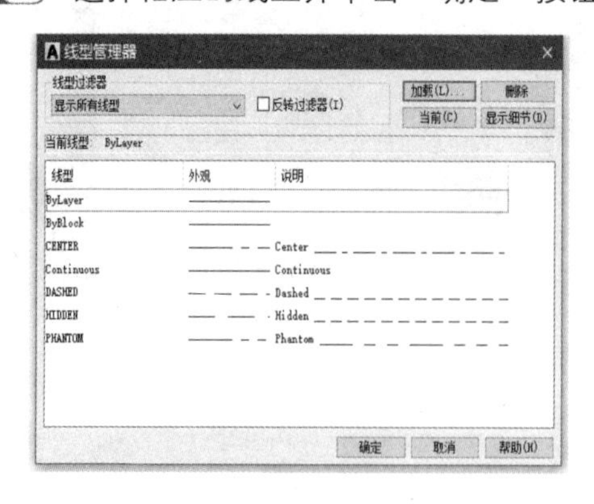

图 3-12　“线型管理器”对话框

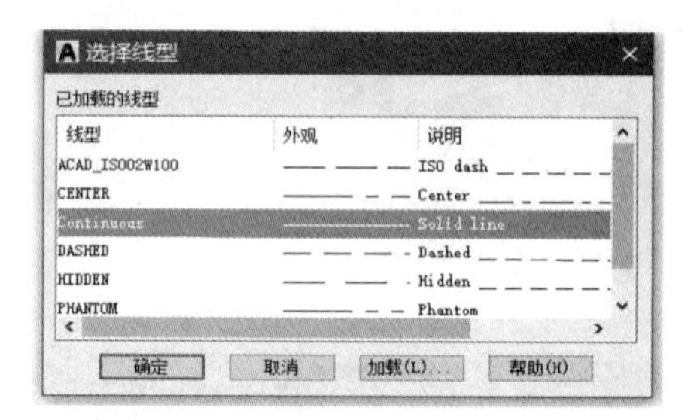

图 3-13　“选择线型”对话框

3.5 线型比例设置命令

对于非连续线型（如虚线、点画线、双点画线等），由于它受图形尺寸的影响较大，图形的尺寸不同，在图形中绘制的非连续线型外观也将不同，因此可以通过设置线型比例来改变非连续线型的外观。

<访问方法>

✧ 功能区：【默认】→【特性】→【线型控制】下拉列表框 其他... 。

✧ 菜单：【格式（O）】→【线型（N）】。

✧ 工具栏：≣ ——— ByLayer ▾。

✧ 命令行：LINETYPE。

<操作过程>

Step 01 按上面介绍的方法输入 LINETYPE 命令后回车。

Step 02 系统弹出“线型管理器”对话框，可以中设置图形中的线型比例。

Step 03 在对话框的线型列表框中选择某一线型后，可单击“显示细节”按钮，即可在展开的“详细信息”选项组中设置线形的“全局比例因子”和“当前对象缩放比例”，其中“全局比例因子”用于设置图形中所有对象的线型比例，“当前对象缩放比例”用于设置新建对象的线型比例，如图 3-14 所示。新建对象最终的线型比例将是全局比例和当前缩放比例的乘积。

<选项说明>

“线型管理器”对话框中其他的选项和按钮功能说明如下。

- “线型过滤器”下拉列表：确定在线型列表框中显示哪些线型。如果选中“反向过滤器”复选框，则显示不符合过滤条件的线型。
- “加载”按钮：单击该按钮，系统弹出“加载或重载线型”对话框，利用该对话框可以加载其他线型。

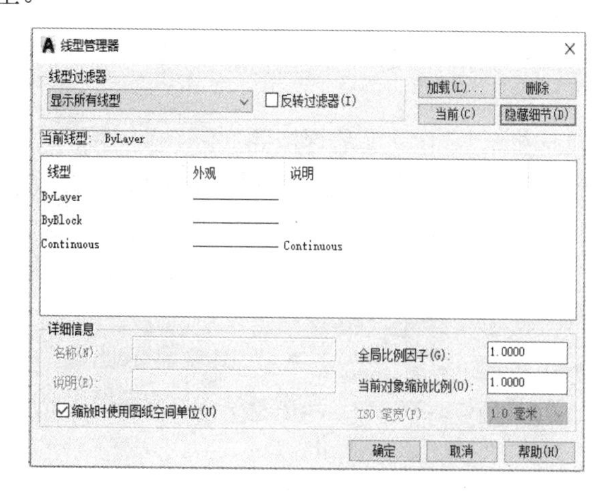

图 3-14　线型管理器细节显示

- “删除”按钮：单击该按钮，可去除在线型列表中选中的线型。
- “当前”按钮：单击该按钮，可将选中的线型设置为当前线型。可以将当前线型设置为 ByLayer（随层），即采用为图层设置的线型来绘制图形对象；也可以选择其他的线型作为当前线型来绘制对象。

Note

- “显示细节”或“隐藏细节”按钮：单击该按钮，可显示或隐藏“线型管理器”对话框中的“详细信息”选项组。

3.6 线宽设置命令

在 AutoCAD 系统中，用户可以使用不同宽度的线条来表现不同的图形对象，还可以设置图层的线宽，即通过图层来控制对象的线宽。在“图层特性管理器”对话框的“线宽”列中单击某个图层对应的线宽“默认”，系统即弹出“线宽”对话框，可从中选择所需要的线宽。

<访问方法>

✧ 功能区：【默认】→【特性】→【线宽设置】线宽设置...。

✧ 菜单：【格式（O）】→【线宽（W）】。

✧ 工具栏：ByLayer。

✧ 命令行：LWEIGHT。

<操作过程>

Step 01 按上面介绍的方法输入 LWEIGHT 命令后回车。

Step 02 在上述命令执行后，系统弹出“线宽设置”对话框，如图 3-15 所示。可在该对话框的“线宽”列表框中选择当前要使用的线宽，还可以设置线宽的单位和显示比例等参数。

<选项说明>

“线宽设置”对话框中各选项说明如下。

- “列出单位”选项组：用于设置线条宽度的单位，可选中“毫米”或“英寸”单选项。
- “显示线宽”复选框：用于设置是否按照实际线宽来显示图形，也可以在绘图时单击屏幕下部状态栏中的“显示/隐藏线宽”按钮来显示或隐藏线宽。

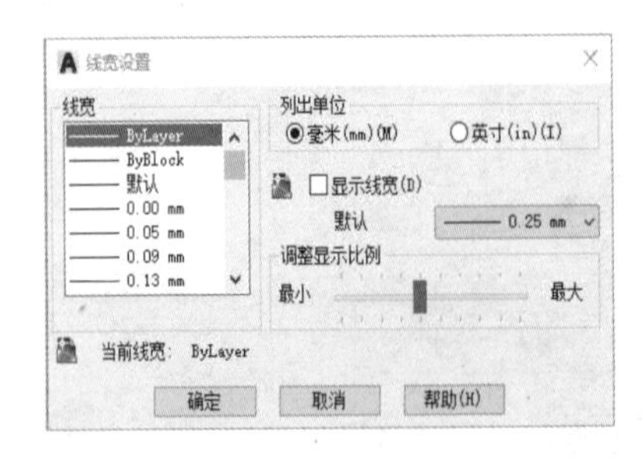

图 3-15 线宽设置

- “默认”下拉列表：用于设置默认线宽值，即取消选中“显示线宽”复选框后系统所显示的线宽。
- “调整显示比例”选项区域：移动显示比例滑块，可调节设置的线宽在屏幕上的显示比例。

如果在设置了线宽的图层中绘制对象，则默认情况下在该图层中创建的对象就具有图层中所

设置的线宽。当在屏幕底部状态栏中单击“显示/隐藏线宽”按钮 使其亮显时，对象的线宽立即在屏幕上显示出来，如果不想在屏幕上显示对象的线宽，则可再次单击“显示/隐藏线宽”按钮使其关闭。

3.7 对象特性的观察

对象特征是 AutoCAD 提供的一个非常强大的编辑功能，或者说是编辑方式。绘制的每个对象都具有特征。有些特征是基本特性，适用于多数对象，例如：图层、颜色、线型和打印样式。有些特征是专用于某个对象的特性，例如，圆的特性包括半径和面积，直线的特性包括长度和角度。可以通过修改选择的对象的特性来达到编辑图形对象的效果。

<访问方法>

✧ 功能区：【默认】→【特性】按钮 。

✧ 菜单：【工具（T)】→【选项板】→【特性（P)】。

✧ 工具栏：。

✧ 命令行：properties。

<操作过程>

Step 01 按上面介绍的方法输入 properties 命令后回车，或者先选择对象，然后右击，在弹出的快捷菜单中选择“特性”命令。

Step 02 在命令执行后，系统打开“特性”选项板，如图 3-16 所示。

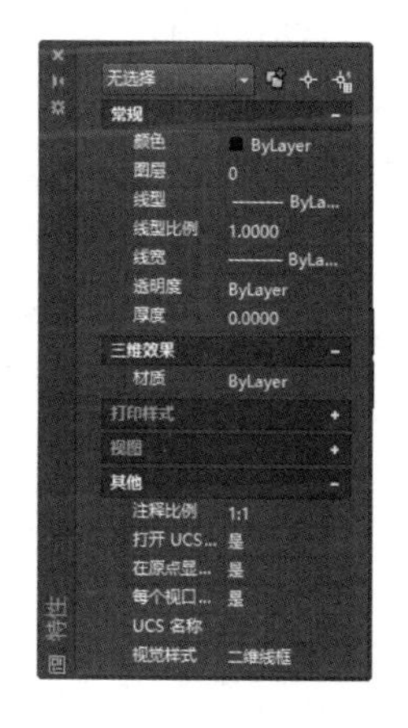

图 3-16　“特性”选项板

“特性”选项板列出选定对象或对象集的当前特性设置，可以通过选择或者输入新值来修改特性。当没有选择对象时，在顶部的文本框中将显示“无选择”。此时“特性”选项板只显示当前图层的基本特性、图层附着的打印样式表的名称、查看特性以及关于 UCS 的信息。若选择了多个对象，“特性”选项板只显示被选对象都有的公共特征。

单击标准工具栏上的“特性”按钮，打开“特性”选项板，再单击“选择对象”按钮，选择要查看或要编辑的对象。此时就可以在“特性”选项板中查看或修改所选对象的特性了。在“选择对象”按钮的旁边还有一个 PICKADD 系统变量按钮，当显示为时表示选择的对象不断地加入到选择集当中，“特性”选项板将显示它们共同的特性。另外，还可以单击快速选择按钮，快速选择所需对象。

“特性”选项板上的按钮可以控制特性选项板的自动隐藏功能，单击按钮，会弹出一个快捷菜单，其中可以控制是否显示“特性”选项板的说明区域。选项板上显示的信息栏可以折叠也可以展开，通过/按钮来切换。

Note

3.8 特性匹配

特性匹配就是将图形中某对象的特征和另外的对象相匹配，即将一个对象的某些或所有特性复制到一个或多个对象上，使它们在特性上保持一致。例如，绘制完一条直线，要求它与另外一个对象保持相同的颜色和线型，这时就可以使用特性匹配工具来完成。如图 3-17 所示，可以将圆的线型及线宽修改为与直线相同的样式。

<访问方法>

✧ 功能区：【默认】→【特性】→【特性匹配】按钮。

✧ 工具栏：。

✧ 命令行：MATCHPROP。

<操作过程>

Step 01 按上面介绍的方法输入 MATCHPROP 命令后按 Enter 键。

Step 02 命令执行后，提示选取匹配源对象。在系统“选择源对象”的提示下，选取图 3-17（a）中的竖直线作为参照的源对象。

Step 03 选取目标对象。在系统“选择目标对象或设置”的提示下，选取圆为目标对象，并按 Enter 键，结果如图 3-17（b）所示，完成特性匹配。

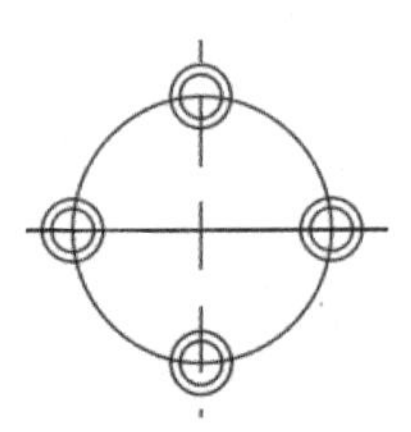
（a）处理前

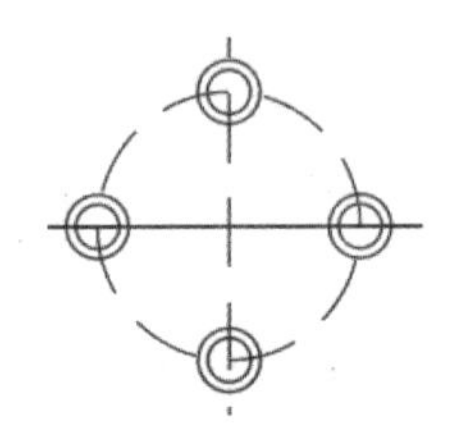
（b）处理后

图 3-17　匹配对象特性举例

精确高效绘图
与显示控制

4.1 对象捕捉

Note

所谓对象捕捉，是 AutoCAD 提供的一种功能，通过这种功能，可以在绘图时精确地找到一些对象上的点的几何位置。例如直线的端点、中点，圆的圆心，圆弧的起点、终点、圆心，两直线的交点，等等。通过找到这些点，可以使作图精确。

4.1.1 如何设置对象捕捉

在使用对象捕捉功能前，有必要先进行对象捕捉功能的设置。

<访问方法>

✧ 菜单:【工具（T)】→【选项（N)】。

<操作过程>

Step 01 按上面介绍的方法打开参数设置面板。

Step 02 在系统弹出的如图 4-1 所示的“选项”对话框中“绘图”选项卡的左侧“自动捕捉设置”选项组，进行对象捕捉的相关参数设置。

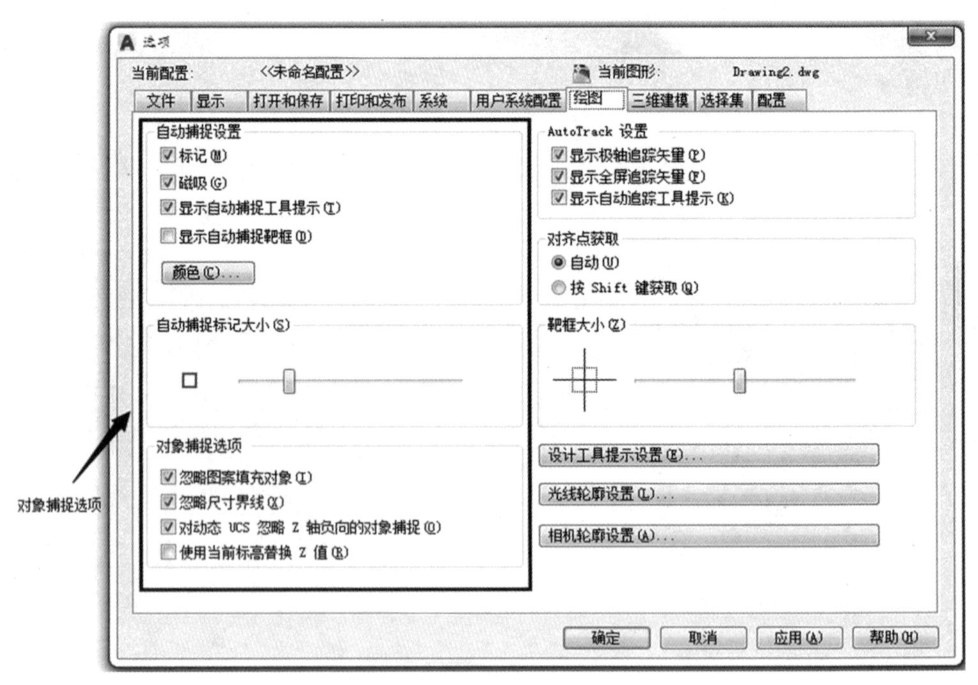

图 4-1 “选项”对话框

<选项说明>

自动捕捉设置 选项组中的各项选项功能说明如下。

- 标记(M) 复选框：用于设置在自动捕捉到特征点时是否显示捕捉标记，如图 4-2 所示。

- ☑磁吸(G) 复选框：用于设置当将光标移到离对象足够近的位置时，是否像磁铁一样将光标自动吸到特征点上。
- ☑显示自动捕捉工具提示(T) 复选框：用于设置在捕捉到特征点时提示"对象捕捉"特征点类型名称，如圆心、交点、端点和中点等，如图 4-2 所示。
- ☑显示自动捕捉靶框(D) 复选框：选中该项后，当按 F3 键激活对象捕捉模式，系统提示指定一个点时，将在十字光标的中心显示一个矩形框——靶框，如图 4-2 所示。
- 颜色(C)... 标签：单击该按钮后在系统弹出的"图形窗口颜色"对话框内通过选择下拉列表中的某个颜色来确定自动捕捉标记及其他图形状态的颜色。
- 用鼠标拖动 自动捕捉设置 选项组中的滑块，可以调整自动捕捉标记的大小。当移动滑块时，在左边的显示框中会动态地更新标记的大小。

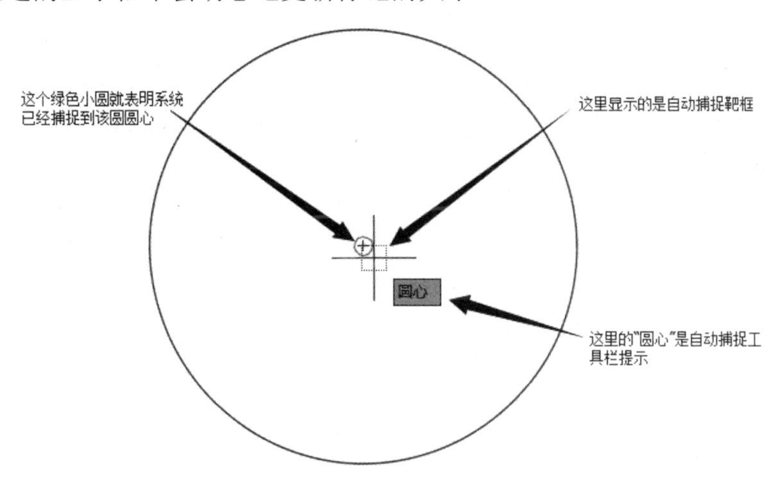

图 4-2　自动捕捉设置说明

4.1.2　几种对象捕捉的使用方法

1. 使用捕捉工具栏命令按钮来进行对象捕捉

<访问方法>

✧ 菜单：【工具（T）】→【工具栏】→【AutoCAD】→【对象捕捉】。

<操作过程>

Step 01　按上面介绍的方法打开如图 4-3 所示的"对象捕捉"工具栏。

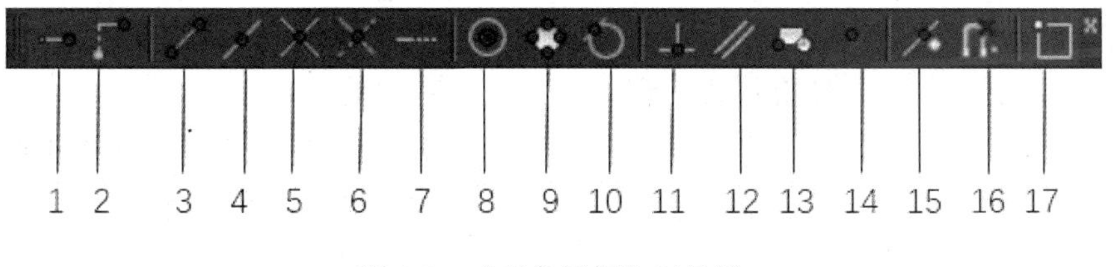

图 4-3　"对象捕捉"工具栏

下面对图 4-3 所示的"对象捕捉"工具栏各按钮的功能进行说明。

Note

1—捕捉临时追踪点：通常与其他对象捕捉功能结合使用，用于创建一个追踪参考点，然后绕该点移动光标，即可看到追踪轨迹，可在某条路径上选取一点。

2—捕捉自：通常与其他对象捕捉功能结合使用，用于选取一个与捕捉点有一定偏移量的点。

3—捕捉到端点：可捕捉对象的端点，包括圆弧、椭圆弧、多线线段、直线线段、多段线的线段、射线的端点，以及实体及三维面边线的端点。

4—捕捉到中点：可捕捉对象的中点，包括圆弧、多线、椭圆弧、直线、多段线的线段、样条曲线、构造线的中点，以及三维实体和面域对象任意一条边线的中点。

5—捕捉到交点：可捕捉两个对象的交点，包括圆弧、圆、椭圆弧、多线、直线、多段线、射线、样条曲线、参照线彼此间的交点，还能捕捉面域和曲面边线的交点，但不能捕捉三维实体的边线的角点。

6—捕捉到外观交点：捕捉到两个对象的外观交点，这两个对象实际上在三维空间中并不相交，但在屏幕上显得相交。可以捕捉圆弧、圆、椭圆、椭圆弧、多线、直线、多段线、射线、样条曲线构成的两个对象的外观交点。

7—捕捉到的延长线：可捕捉到沿着直线或圆弧的自然延伸线上的点。若要使用这种捕捉，须将光标暂停在某条直线或圆弧的端点片刻，系统将在光标位置添加一个小小的加号，来指出该直线或圆弧已经被选为延伸线，然后当沿着直线或圆弧的自然延伸路径移动光标时，系统将显示延伸路径。

8—捕捉到圆心：捕捉弧对象的圆心，包括捕捉圆弧、圆、椭圆、椭圆弧或多段线弧段的圆心。

9—捕捉到象限点：可捕捉圆弧、圆、椭圆、椭圆弧或多段线弧段的象限点。象限点可以想象为将当前坐标系平移至对象圆心处时，对象与坐标系正负 *XY* 等四个轴的交点。

10—捕捉到切点：捕捉对象上的切点。在绘制一个图元时，利用此功能可使绘制的图元与另一个图元相切。当选择圆弧、圆或多段线弧段作为相切直线的起点时，系统将自动启动延伸相切捕捉模式，但是要注意延伸相切捕捉模式不可用于椭圆或样条曲线。

11—捕捉到垂足：捕捉两个相垂直对象的交点。当将圆弧、圆、多线、直线、多段线、参照线或三维实体边线作为绘制垂线的第一个捕捉点的参照时，系统将自动启用延伸垂足捕捉模式。

12—捕捉到平行线：用于创建与现有直线段平行的直线段。使用该功能时，先绘制一条直线 *A*，在绘制与 *A* 平行的直线时，先指定一个点（作为平行线的起点），然后单击该按钮，将鼠标光标移动到 *A* 处，系统会显示一条绿色的平行符号，接着移动光标绕着平行线起点转动，当移动到与直线 *A* 平行处，系统会显示临时的平行线路径，此时可在平行线路径某点处单击指定终点，即可得到平行线。

13—捕捉到插入点：捕捉属性、形、块或文本对象的插入点。

14—捕捉到节点：可捕捉点对象，此功能对于捕捉用 DIVIDE 和 MEASURE 命令插入的点对象特别有用。

15—捕捉到最近点：捕捉在一个对象上离光标最近的点。

16—无捕捉：不使用任何对象捕捉模式，也就是关闭对象捕捉模式。

17—对象捕捉设置：单击该按钮，系统弹出“草图设置”对话框进行对象捕捉模式设置。

2. 使用捕捉快捷菜单命令来进行对象捕捉

<操作过程>

Step 01 绘图时，指定一个点后可按 Shift 或 Ctrl 键并在空白绘图区右击，系统会弹出“对象捕捉”快捷菜单，如图 4-4 所示。

Step 02 在该菜单上选择需要的捕捉命令，在把光标移到要捕捉对象特征点附近，即可选取现有对象上所需的特征点。在快捷菜单上除了“两点之间的中点（T）”“点过滤器（T）”与“三维对象捕捉（3）”子命令外，其余各项都与工具栏中各种捕捉按钮一一对应。

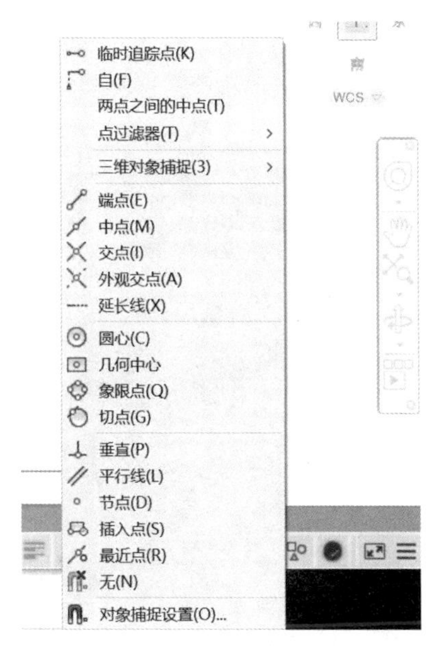

图 4-4　“对象捕捉”快捷菜单

3. 使用捕捉字符来进行对象捕捉

<操作过程>

绘图时，指定一个点时可输入所需的捕捉字符，再把光标移到要捕捉对象的特征点附近，即可捕捉现有对象上的所需特征点，捕捉字符参见表 4-1。

表 4-1　捕捉字符列表

捕 捉 类 型	对 应 字 符	捕 捉 类 型	对 应 字 符
临时追踪点	TT	垂足捕捉	PER
端点捕捉	END	插入点捕捉	INS
捕捉自	FROM	外观交点捕捉	APPINT
中点捕捉	MID	圆心捕捉	CEN
交点捕捉	INT	切点捕捉	TAN
延长线捕捉	EXT	捕捉平行线	PAR
象限点捕捉	QUA	捕捉最近点	NEA

4. 使用自动捕捉来进行对象捕捉

在绘图中，如果每次都采用先选择该特征的捕捉命令再绘图，会使工作效率大大降低。因此，AutoCAD 系统提供了自动对象捕捉模式。

<操作过程>

Step 01 在操作页面的右下角点开自定义按钮，然后在两个选项 ✓ 对象捕捉追踪、✓ 二维对象捕捉 上打钩，右下角状态栏就会出现如下两个按钮，第一个是对象捕捉跟踪，第二个是对象捕捉。单击对象捕捉按钮 右边的箭头可以勾选自动捕捉的类型，如图 4-5 所示。

图 4-5　设置自动捕捉类型

Step 02　如果要退出对象捕捉的自动模式，可单击屏幕下方状态栏里面的（对象捕捉）按钮（或者按 F3 键、Ctrl+F 键）使其关闭。设置自动对象捕捉模式后，当系统要求用户指定一个点时，把光标放在某对象上，系统便会自动捕捉到该对象上符合条件的特征点，并显示出相应的标记。如果光标在特征点处多停留一会儿，还会显示该特征点的提示。这样用户在选点之前，只需要先预览特征点的提示，然后再确认就可以了。

4.2 自动追踪

自动追踪功能可以帮助用户通过与前一点或与其他对象的特定关系来确定对象的几何数据，从而快速、精准地绘制图形。下面介绍其设置。

<访问方法>

✧　菜单：【工具（T）】→【选项（N）】。

<操作过程>

Step 01　按上面介绍的方法输入命令。

Step 02　系统弹出“选项”对话框。在该选项对话框的“绘图”选项卡“AutoTrack 设置”选项组中可进行自动追踪设置，如图 4-6 所示。

<选项说明>

- “显示极轴追踪矢量（P）”复选框：用于设置是否显示极轴追踪的矢量，追踪矢量是一条无限长的辅助线。
- “显示全屏追踪矢量（F）”复选框：用于设置是否显示全屏追踪的矢量。
- “显示自动追踪工具提示（K）”复选框：用于设置在追踪特征点时是否显示提示文字。

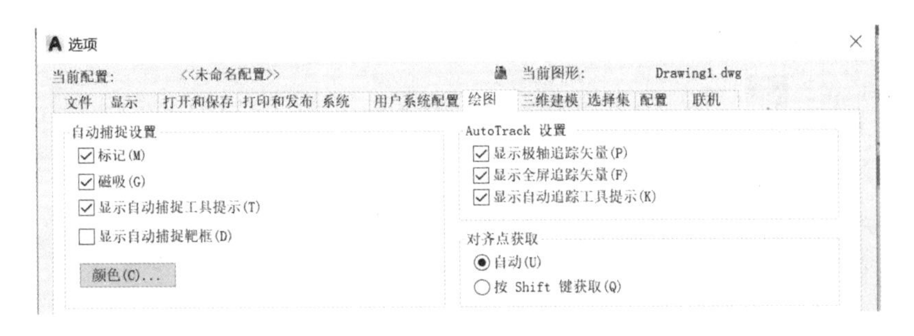

图 4-6　自动追踪设置

自动追踪功能对于确定那些除了对象捕捉功能能够捕捉的点以外的点非常有效，在后面的绘图中会经常使用这一功能。

4.3 使用捕捉、栅格与正交方式

在 AutoCAD 绘图中，使用捕捉模式和栅格功能，就像使用坐标纸一样，可以采用直观的距离和位置参照进行图形绘制，从而提高绘图效率。栅格的间距和捕捉的间距可以独立地设置，但它们的值通常是有关联的。同样，在绘图过程中，有时只需要鼠标光标在当前的水平或竖直方向上移动，以便快速、准确地绘制图形中的水平线和竖直线。在这种情形下，可以使用正交模式。在正交模式下，只能绘制水平或垂直方向的直线。

当将捕捉、栅格打开时，绘图区就相当于一张有刻度的坐标纸。刻度的单位可以自己设置，点的坐标只能取坐标的交点。

4.3.1 使用捕捉

<访问方法>

✧ 菜单：【工具（T）】→【绘图设置（F）】→【草图设置】→【捕捉和栅格】→【启用捕捉（F9）（S）】。

✧ 工具栏：▦。

✧ 状态栏：捕捉按钮▦

✧ 命令行：SNAP。

本节中“捕捉模式”与本章 4.1 节中的“对象捕捉”是两个不同的概念，本节中的“捕捉模式”是控制鼠标光标在屏幕上移动的间距，使鼠标光标只能按设定的间距跳跃移动；而“对象捕捉”是指捕捉对象的中点、端点和圆心等特征点。

4.3.2 使用栅格

<访问方法>

✧ 菜单：【工具（T）】→【绘图设置（F）】→【草图设置】→【捕捉和栅格】→

【启用栅格（F7）（G）】。

✧ 工具栏：▦。

✧ 状态栏：栅格按钮▦

✧ 命令行：GRID。

Note

如果看不到栅格点，可将视图放大，或将“捕捉和栅格”选项卡的“栅格 X 间距（N）”和“栅格 Y 间距（I）”文本框中的值调小一点。

4.3.3 使用正交模式

<访问方法>

✧ 状态栏：▣按钮。

✧ 命令行：ORTHO。

在正交模式下，如果在命令行中输入坐标值或使用对象捕捉，系统将忽略正交设置。当启用等轴测捕捉和栅格后，光标的移动将限制于当前等轴测平面内和正交等同的方向上。

4.4 使用对象捕捉追踪

对象捕捉追踪是指按与对象的某种特定关系来追踪点。一旦启用了对象捕捉追踪，并设置了一个或多个对象捕捉模式（如圆心、中点等），当命令行提示指定一个点时，将光标移至要追踪的对象上的特征点（如圆心、中点等）附近并停留片刻（不要单击），便会显示特征点的捕捉标记和提示，绕特征点移动光标，系统会显示追踪路径，可在路径上选择一点。

<访问方法>

✧ 菜单：【工具（T）】→【绘图设置（F）】→【草图设置】→【对象捕捉】→【启用对象捕捉追踪（F11）（K）】。

✧ 状态栏：▣。

4.5 图形的重画与重生成

重画或重生成图形命令用来刷新屏幕图形显示。比如，当系统变量 BLIPMODE 打开时，在屏幕上指定一点，完成命令后会导致屏幕留下小标记，这时可以采用重画命令来去掉这些标记；当缩放图形时，有些圆或圆弧会用多边形显示产生棱角，利用重生成命令就可以让这些圆或圆弧显示变得光滑。

重画与重生成命令的区别：重画命令只是刷新屏幕显示，并不从数据库中重新生成图形，重生成需要重新计算或者重新生成图形，所以重生成比重画多一些处理时间。

1．重画

<访问方法>

✧ 菜单：【视图（V）】→【重画（R）】。

✧ 命令行：REDRAW。

2．重生成

<访问方法>

✧ 菜单：【视图（V）】→【重生成（G）】。

✧ 命令行：REGEN 或 RE。

4.6 图形的缩放显示

在 AutoCAD 2018 版本中缩放方式主要有两种：实时缩放和动态缩放，下面介绍这两种缩放的操作。

4.6.1 实时缩放

在实时缩放命令下，可以通过垂直向上或向下移动光标来放大和缩小图形。

<访问方法>

✧ 菜单：【视图（V）】→【缩放（Z）】→【实时（R）】。

✧ 命令行：Zoom。

<操作过程>

Step 01 按上面介绍的访问方法输入命令。

Step 02 按住选择按钮垂直向上或向下移动，从图形的中点向顶端垂直地移动光标就可以放大图形一倍，向底部垂直地移动光标就可以缩小图形一半。

4.6.2 动态缩放

动态缩放会在当前视区中根据选择不同而进行不同的缩放或平移显示。

<访问方法>

✧ 菜单：【视图（V）】→【缩放（Z）】→【动态（D）】。

✧ 命令行：Zoom。

<操作过程>

Step 01 在命令行输入 Zoom 命令后按 Enter 键，命令行如图 4-7 所示，此时输入 D 进入动态缩放。

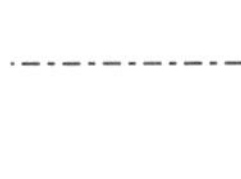

命令：ZOOM
指定窗口的角点，输入比例因子（nX 或 nXP），或者
ZOOM [全部(A) 中心(C) 动态(D) 范围(E) 上一个(P) 比例(S) 窗口(W) 对象(O)] <实时>:

图 4-7　命令行

Note

Step 02 进入动态缩放后，界面出现三个线框，如图 4–8 所示，其中绿色点线的线框表示选取动态缩放前的画面，如果要动态缩放的图形显示范围与选取动态缩放前的范围相同，则绿色点框与白线重合而不可见，而蓝色的点线框则用来标记虚拟屏幕，中间黑色带 X 线框则为可拖动线框，用来表示放大区域。如果要缩小黑色线框则单击鼠标左键，然后线框右端会出现箭头，移动鼠标则可调整线框大小，如图 4–9 所示。

Step 03 完成线框大小调整后，对准要放大的区域，单击鼠标右键即可。

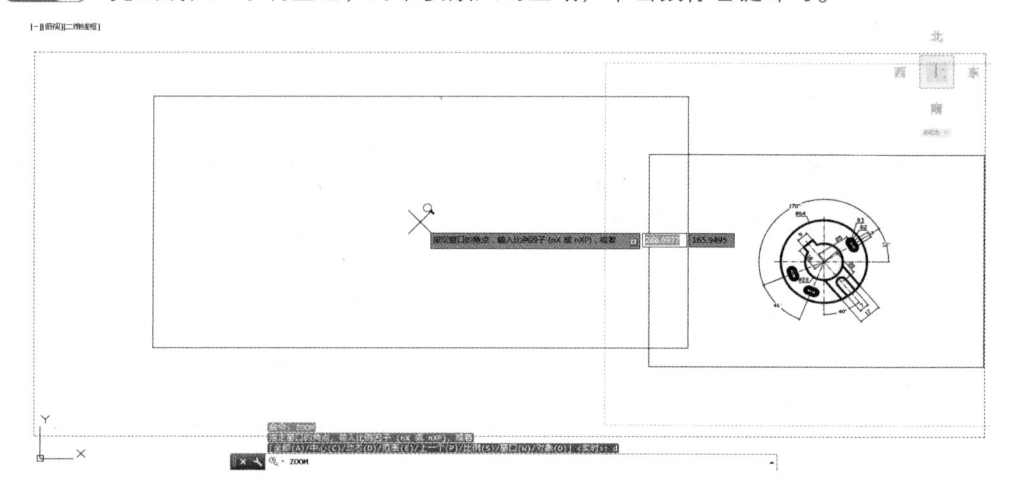

图 4-8　动态缩放界面

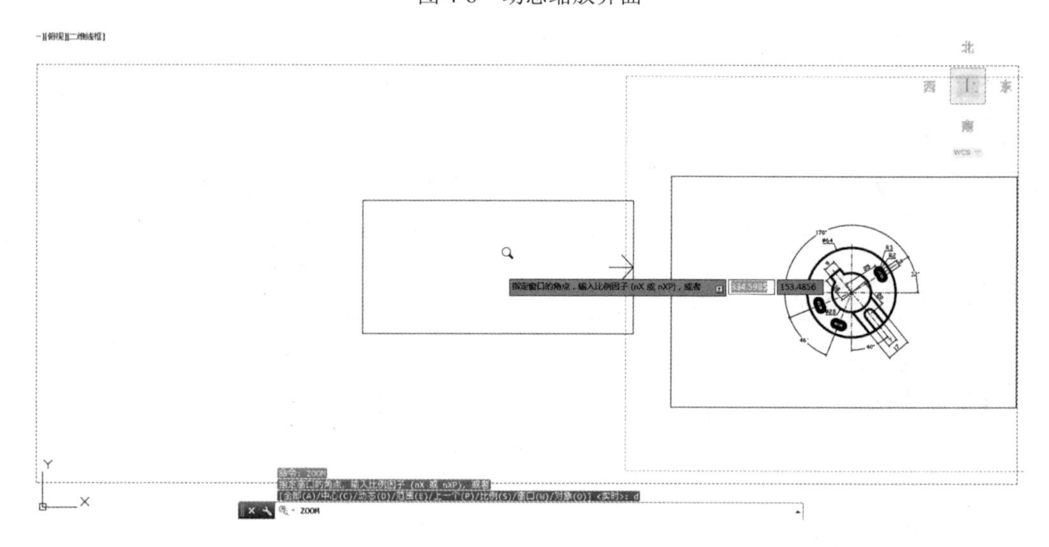

图 4-9　调整框大小界面

Zoom 命令里面的全部缩放、中心缩放、比例缩放、窗口缩放等，其操作方式与动态缩放类似，就不一一介绍了。

4.7 图形的平移显示

<访问方法>

✧ 菜单：【视图（V）】→【平移（P）】。

✧ 命令行：PAN。

<操作过程>

Step 01 按上面介绍的方法输入命令。

Step 02 当激活平移视图命令时，光标变成手形。按住鼠标左键并移动鼠标，可将图形拖动到所需位置，松开则停止视图平移，再次按住鼠标可继续进行图形的拖移。

说明：在 平移(P) 菜单中还可以使用 点(P) 命令，通过指定基点和位移值来平移视图。

在显示控制时，鼠标的中键滚轮非常好用。滚动滚轮可以实时放大缩小图形，而按住滚轮移动，就相当于实时平移显示功能。

4.8 ViewCube 动态观察

ViewCube 工具（见图 4-10）反映了图形在三维空间内的方向，是用户在二维模型空间或三维视觉样式中处理图形时的一种导航工具。使用 ViewCube 工具可以很方便地观察模型，使模型在标准视图和等轴测视图间切换。

4.8.1 ViewCube 工具的显示和隐藏

在安装好软件后，系统默认 ViewCube 显示在界面的右上角。

<访问方法>

✧ 功能区：【视图】→【ViewCube】。

✧ 菜单：【视图（V）】→【显示（L）】→【ViewCube（V）】→【开（0）】。

✧ 工具栏：。

✧ 命令行：NAVVCUBE 或 NAVVCUBEDISPLIY。

<操作过程>

Step 01 按上面介绍的方法输入命令。

Step 02 显示 ViewCube 工具后，其处于不活动状态，须将鼠标移至其上时才会加亮显示，此时的 ViewCube 工具才处于活动状态，可根据需要调整视点。

4.8.2 ViewCube 工具的菜单及功能

Note

在如图 4-10 所示的“ViewCube”工具中，各按钮功能说明如下。

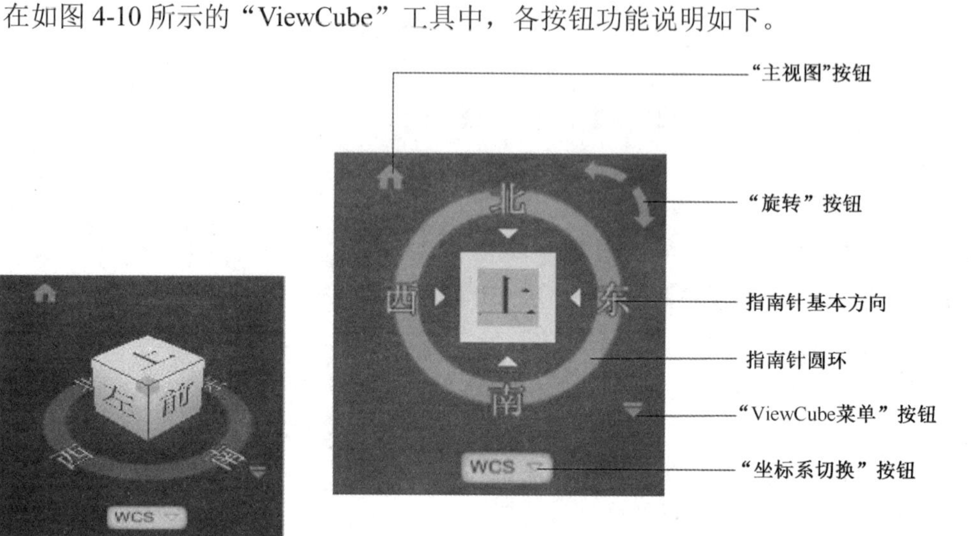

（a）在三维空间内　　（b）在二维空间内

图 4-10 “ViewCube”工具

● “主视图”按钮：单击该按钮可将模型视点恢复至随模型一起保存的主视图方位，右击该按钮，系统会弹出如图 4-11 所示的“ViewCube”菜单。

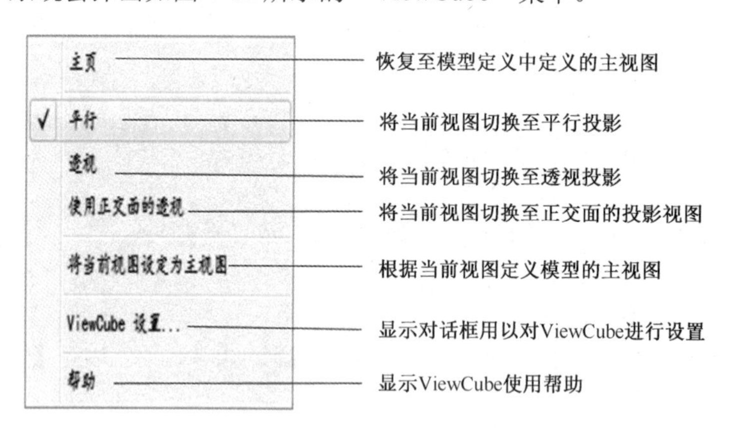

图 4-11 “ViewCube”菜单

● “旋转”按钮：分为顺时针和逆时针两个按钮，单击任意按钮，模型可绕当前图形的轴心旋转 90°。

● 指南针：单击指南针上的基本方向可将模型进行旋转，同时也可以拖动指南针的一个基本方向或拖动指南针圆环使模型绕轴心点以交互方式旋转。

● “ViewCube 菜单”按钮：单击该按钮，系统弹出如图 4-11 所示的“ViewCube”菜单，使用“ViewCube”菜单可恢复和定义模型的主视图、在视图投影模式之间切换以及更改交互行为和 ViewCube 工具的外观。

- “坐标系切换”按钮：单击该按钮，在系统弹出的下拉列表中可以快速地切换坐标系或新建坐标系。

在实际使用的过程中，可以利用 ViewCube 工具非常方便直观地设置三维物体的观察方向。当将鼠标光标移动到 ViewCube 工具的立方体表面单击时，会得到物体向这个面投影的视图，如图 4-12 所示；当将光标移动到 ViewCube 工具的立方体棱线上单击时，会得到如图 4-13 所示视图；当将光标移动到 ViewCube 工具的立方体顶点单击时得到如图 4-14 所示视图；当将光标移动到 ViewCube 工具的立方体上按着左键拖动时得到的物体视图如图 4-15 所示。

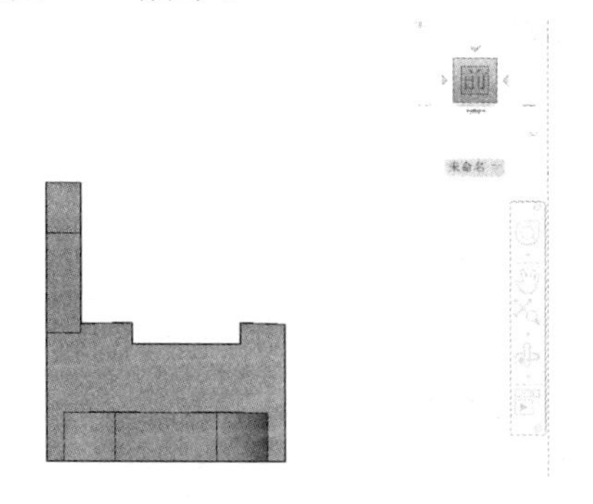

图 4-12　单击 ViewCube 面得到的视图

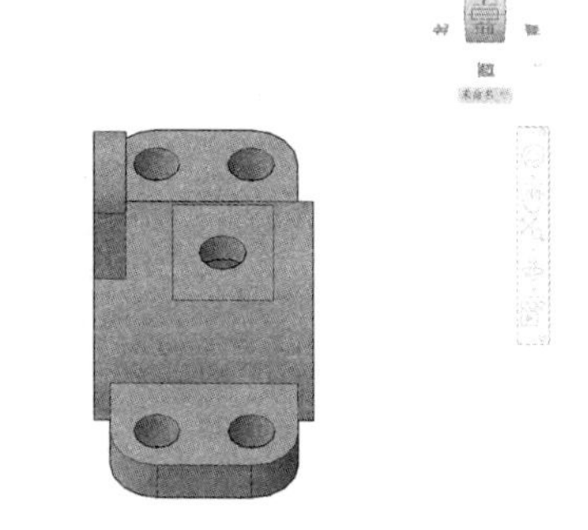

图 4-13　单击 ViewCube 棱线生成的视图

图 4-14　单击 ViewCube 顶点得到的视图

图 4-15　拖动 ViewCube 得到的视图

4.8.3　ViewCube 工具设置

用户可以在“ViewCube 设置”对话框中根据不同的需要设置 ViewCube 的可见性和显示特性，以达到 ViewCube 三维导航的最佳效果。

<访问方法>

✧　菜单：【视图（V)】→【显示（L)】→【ViewCube（V)】→【设置（S)】。

✧　工具栏：。

执行命令后，系统弹出如图 4-16 所示“ViewCube 设置”对话框。

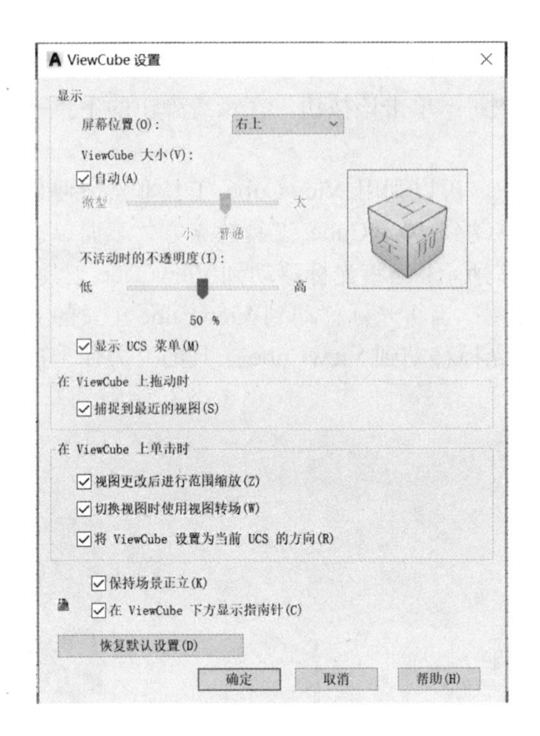

图 4-16 “ViewCube 设置”对话框

“ViewCube 设置”对话框中各选项说明如下。

- “屏幕位置”下拉列表：在该下拉列表中选择一选项可指定 ViewCube 在屏幕中的位置。
- “ViewCube 大小（V）”选项：用以控制 ViewCube 的大小。
- “不活动时的不透明度（I）”选项：指定 ViewCube 在不活动时显示透明度的百分比。
- “显示 UCS 菜单（M）”复选框：当选中该复选框时，在 ViewCube 下方显示 UCS 按钮，单击该按钮可显示 UCS 菜单。
- “捕捉到最近的视图（S）”复选框：如选中此复选框，当通过拖动 ViewCube 更改视图时将当前视图调整为接近的预设视图。
- “试图更改后进行范围缩放（Z）”复选框：在选中此复选框的情况下，指定视图更改后强制模型布满当前视口。
- “切换视图时使用视图转场（W）”复选框：当选中此框后，在切换视图时使用视图转场效果。
- “将设置 ViewCube 为当前 UCS 的方向（R）”复选框：当选中此复选框后，根据模型当前的 UCS 或 WCS 设置 ViewCube 方向。
- “保持场景正立（K）”复选框：当选中此复选框后，保持场景正立；取消选中时将视点倒立。
- “在 ViewCube 下方显示指南针”复选框：选中此复选框时在 ViewCube 的下方显示指南针，反之则不显示。

Note

4.9 全导航控制盘的使用

Steering Wheels（也称作控制盘）将多个常用导航工具结合到一个单一界面中，从而为用户节省了时间。控制盘是任务特定的，通过控制盘可以在不同的视图中导航和设置模型方向。而全导航控制盘（见图 4-17）是控制盘中的一种，一般系统默认控制盘为全导航控制盘。

4.9.1 全导航控制盘工具的显示与隐藏

在系统默认的情况下，Steering Wheels（控制盘）是关闭的。

1. 显示控制盘

✧ 菜单：【视图（V)】→【Steering Wheels（S)】。
✧ 命令行：NAVSWHEEI。

2. 隐藏控制盘

<操作过程>

Step 01　单击全导航控制盘中的 。

Step 02　或者单击全导航控制盘中的 或者鼠标右键，显示出控制盘菜单，单击菜单中的 关闭控制盘 。

Step 03　也可以直接按 Esc 键或者 Enter 键退出。

4.9.2 全导航控制盘工具的功能

在如图 4-17 所示的全导航控制盘工具中，将鼠标光标移至全导航控制盘的功能按钮上，则在控制盘下方系统将会自动显示该功能按钮的介绍以及相关操作的解释，相关的简单功能解释如图 4-17 所示。使用它可以方便地动态观察三维物体。

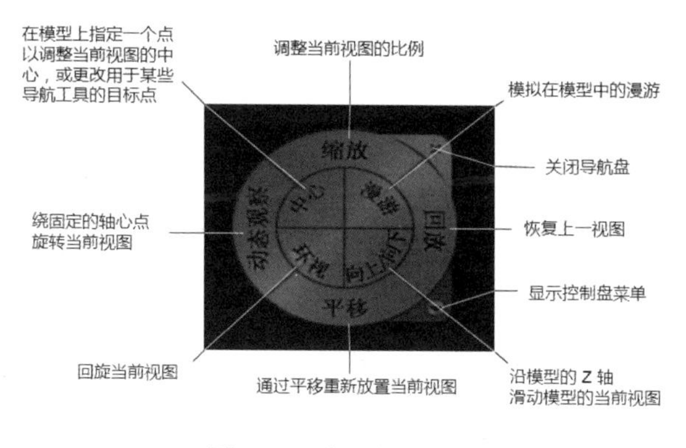

图 4-17　全导航控制盘

当将光标移动到控制盘不同的按钮按住并拖动时，就可以执行相关的命令来动态地观察三维物体。图 4-18、图 4-19、图 4-20 分别表示动态观察、缩放、平移物体的情况。

Note

图 4-18　动态观察

图 4-19　缩放显示物体

图 4-20　平移显示物体

4.9.3　全导航控制盘工具的设置

用户可以在“SteeringWheels 设置”对话框（见图 4-21）中根据不同的需要设置控制盘大小和不透明度等，以达到用户想要的效果，也可以通过各个工具栏的设置调节相关数据及功能。

<操作过程>

单击全导航控制盘的 或者鼠标右键，弹出菜单后，单击菜单中的【SteeringWheels 设置】即可弹出“SteeringWheels 设置”对话框。

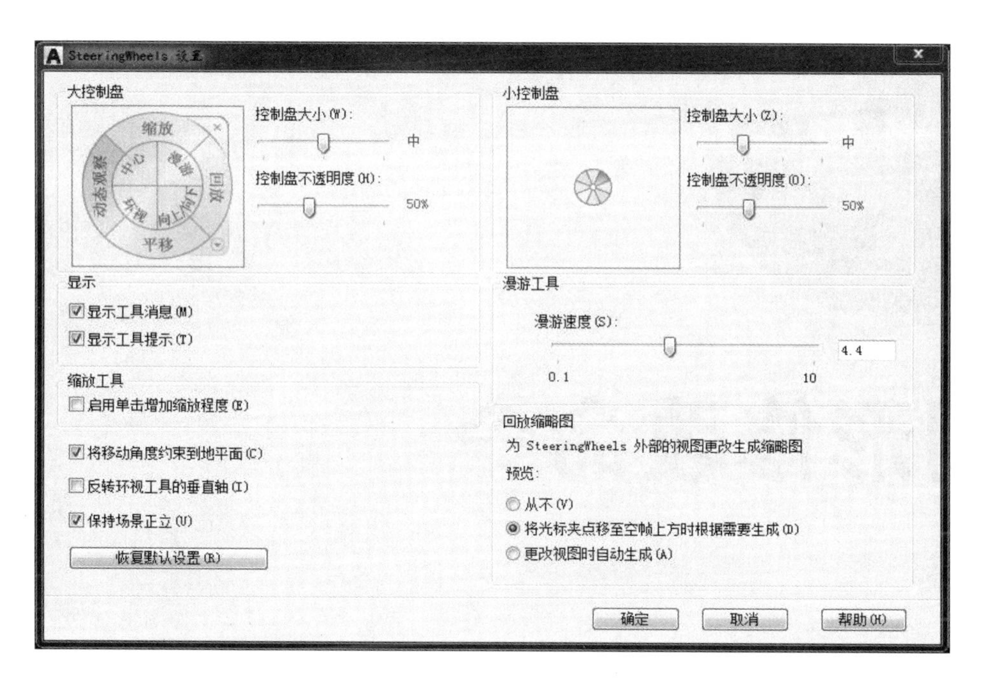

图 4-21　“SteeringWheels 设置”对话框

Note

图形修改命令

5.1 选择集的概念与构造

在 AutoCAD 中，我们可以对绘制的图形对象进行移动、复制和旋转等编辑操作。在编辑操作之前，首先需要选取所要编辑的对象，系统会用虚线亮显所选的对象，而这些对象组成的集合就构成了选择集。我们可以对集合中的对象进行各种操作处理。选择集可以包含单个或多个对象，也可以包含更复杂的对象编组。选择对象的方法非常灵活，可以在选择编辑命令之前选取对象，也可以在选择编辑命令后选取对象。将操作的对象指定全，这种操作就叫做构造选择集。

AutoCAD 2018 提供了多种构造选择集的方法，如单击选取法、用选择窗口选择对象、用选择线选择对象、用对话框选择对象等。在使用中通过选择多个对象组成一个整体，形成选择集和对象组，作为对象编辑和修改的前提。

AutoCAD 2018 提供了以下几种方法构造选取集：

（1）在工具栏上选择一个编辑命令，然后选择对象，按 Enter 键结束操作。

（2）使用 SELECT 命令。在命令行窗口输入“SELECT”，根据选择的窗口显示的选项，出现对应的选择对象提示，按 Enter 键结束操作。

（3）单击选取对象，然后调用编辑命令。

（4）定义对象组。

无论使用哪种方法，AutoCAD 2018 都先提示选择对象，光标的形状也会从十字光标转变成拾取框。

下面结合 SELECT 命令说明选择对象的方法。

<访问方法>

SELECT 命令可以单独使用，也可以在执行其他编辑命令时被自动调用。此时命令行提示：

```
选择对象:
```

等待用户以某种方式选择对象作为回答。AutoCAD 2018 提供了多种选择方式，可以输入“？”查看这些选择方式。然后，命令行会出现如下提示：

```
需要点或窗口 (W) /上一个 (L) /窗交 (C) /框(BOX) /全部 (ALL) /栏选 (F) /圈围 (WP) /圈交 (CP) /编组 (G) /添加 (A) /删除 (R) /多个 (M) /前一个 (P) /放弃 (U) /自动 (AU) /单个 (SI) /子对象 (SU) /对象 (O)
选择对象:
```

上述各选项含义说明如下。

- 点：该选项表示直接通过单击选取的方式选择对象。用鼠标或键盘移动拾取框，使其框住要选取的对象，然后单击，该对象高亮显示。
- 窗口（W）：利用两个对角顶点确定的矩形窗口选取位于其范围内的所有图形，与边界相交的对象不会被选中。指定对角顶点应该按照从左向右的顺序，选取结果如图 5-1 所示。

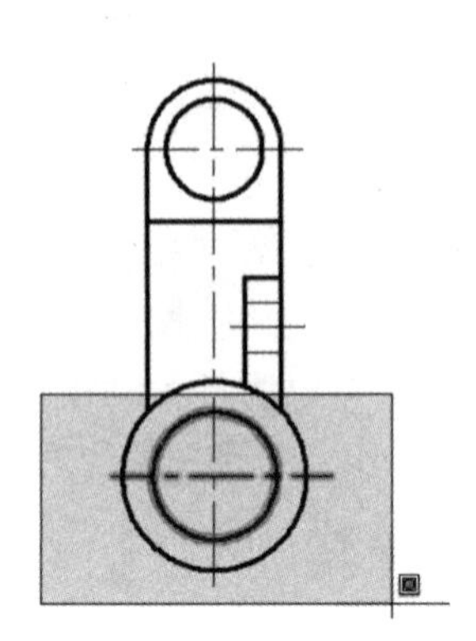

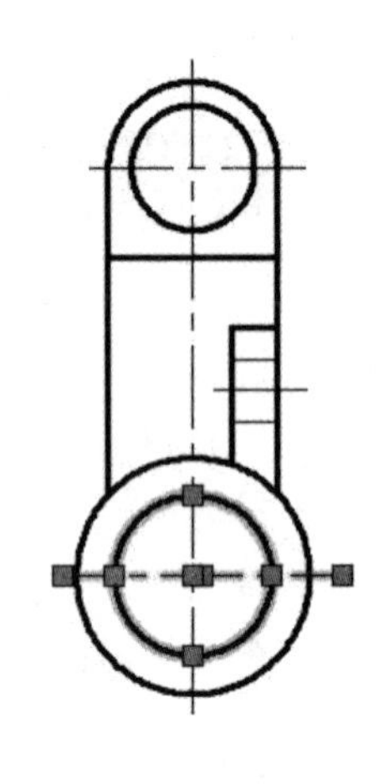

（a）图中下部方框为选择框　　（b）选择后的图形

图 5-1　“窗口”对象选择方式

- 上一个（L）：在“选择对象：”提示下输入“L”后，按 Enter 键，系统会自动选取绘出的最后一个对象。
- 窗交（C）：该方式与上述“窗口”方式类似，区别在于它不但选中矩形窗口内部的对象，也选中与矩形窗口边界相交的对象。选中的对象如图 5-2 所示。

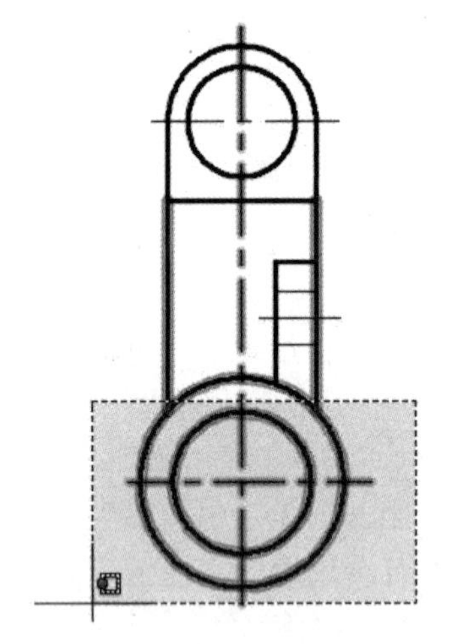

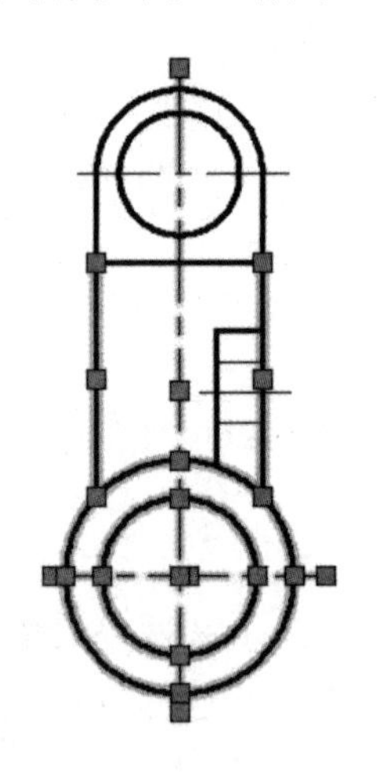

（a）图中下部虚线框为选择框　　（b）选择后的图形

图 5-2　“窗交”对象选择方式

- 框（BOX）：使用时，系统会根据用户在屏幕上给出的两个对角点的位置而自动引用“窗口”或“窗交”方式。若从左向右指定对角点，则为“窗口方式”；反之，则为“窗交方式”。
- 全部（ALL）：选择图面上所有对象。
- 栏选（F）：用户临时绘制一些直线，这些直线不必构成封闭图形，凡是与这些直线相交的对象均被选中。执行结果如图 5-3 所示。

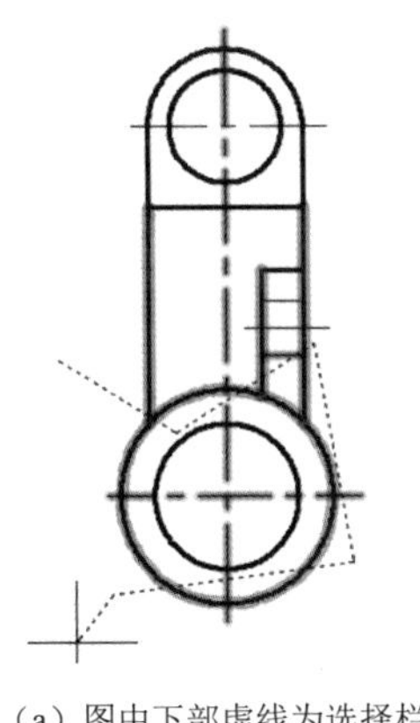

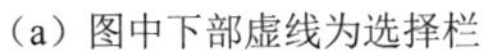

（a）图中下部虚线为选择栏

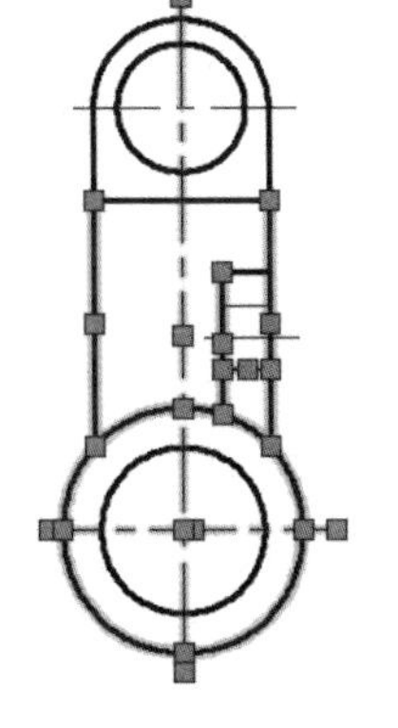

（b）选择后的图形

图 5-3 “栏选”对象选择方式

Note

● 圈围（WP）：使用一个不规则的多边形来选择对象。根据提示，用户顺次输入构成多边形的所有顶点的坐标，最后按 Enter 键做出空回答结束操作。系统将自动连接第一个顶点到最后一个顶点的各个顶点，形成封闭的多边形。凡是被多边形围住的对象均被选中（不包括边界）。执行结果如图 5-4 所示。

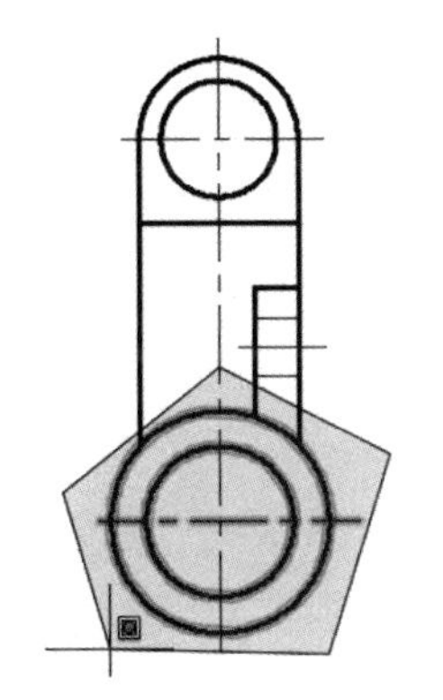

（a）图中所示多边形为选择栏

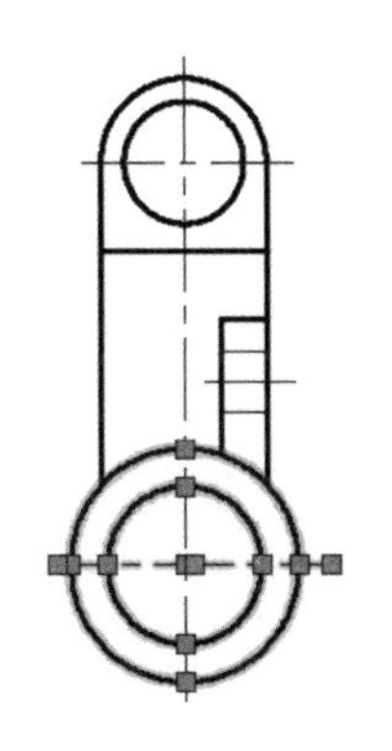

（b）选择后的图形

图 5-4 “圈围”对象选择方式

● 圈交（CP）：类似于“圈围”的方式，在“选择对象：”提示后输入“CP”，后续操作与“圈围”方式相同。区别在于，与多边形边界相交的对象也被选中。

● 编组（G）：使用预先定义的对象组作为选择集。事先将若干个对象组成对象组，用组名引用。

● 添加（A）：添加下一个对象到选择集。也用于从移走模式（Remove）到选择模式的切换。

● 删除（R）：按住 Shift 键选择对象，也可以从当前选择集中移走该对象。对象由高亮显示状态变为正常显示状态。

● 多个（M）：指定多个点，不高亮度显示对象。这种方法可以加快在复杂图形上的选择对象过程。若两个对象交叉，两次指定交叉点，则可以选中这两个对象。

● 前一个（P）：用关键字“P”回应“选择对象：”的提示，则把上次编辑命令中的

Note

最后一次构造的选择集或最后一次使用 SELECT（DDSELECT）命令预置的选择集作为当前选择集。这种方法适用于对同一选择集进行多种编辑操作的情况。

- 放弃（U）：用于取消加入选择集的对象。
- 自动（AU）：选择结果视用户在屏幕上的选择操作而定。如果选择单个对象，则该对象为自动选择的结果；如果选择点落在对象内部或外部的空白处，系统会提示：

```
指定对角点:
```

此时，系统会采取一种窗口的选择方式。对象被选中后，变为虚线形式并高亮显示。

注意：若矩形框从左向右定义，即第一个选择的对角点为左侧的对角点，矩形框内部的对象被选中，框外部及与矩形框边界相交的对象都不会被选中。若矩形框从右向左定义，框内部及与矩形框边界相交的对象都会被选中。

- 单个（SI）：选择指定的第一个对象或对象集，不再提示进行下一步的选择。
- 子对象（SU）：逐个选择原始形状，这些形状是实体中的一部分或三维实体上的顶点、边和面。可以选择，也可以创建多个子对象的选择集。选择集可以包含多种类型的子对象。
- 对象（O）：结束选择子对象，也可以使用其他对象选择方法。
- 选择对象：如果要选取的对象与其他对象相距很近，则很难准确选择，此时可以使用“交替选择对象”方法。操作过程为：在“选择对象:”的提示下，按住 Shift 键不放，把拾取框压住要选择的对象，然后按下空格键，此时必定有一个被拾取框压住的对象被选中。由各对象相距很近，该对象可能不是要选择的目标，继续按空格键，AutoCAD 会依次选中拾取框中所压住的对象，直至选中目标。最终选中的对象被加入到当前选择集中。

5.2 对象的调整命令

图形的调整命令包括删除、恢复、移动、旋转等命令。

5.2.1 删除与恢复

1. 删除图形

如果所绘制的图形不符合要求或绘错了图形，可以使用“删除”命令将其删除。

<访问方法>

✧ 命令行：ERASE。

✧ 菜单：【修改（M）】→【删除（E）】。

✧ 工具栏：。

✧ 快捷菜单：选择要删除的对象，在绘图区右击，在弹出的快捷菜单中选择【删除】命令。

✧ 功能区：【默认】→【修改】→【删除】按钮 。

<操作过程>

可以先选择对象，然后调用“删除”命令；也可以先调用“删除”命令，然后再选择对象，选择对象时，可以使用前面介绍的对象选择方法。

2. 恢复图形

当选择多个对象时，多个对象都将被删除；若选择的对象属于某个对象组，则该对象组的所有对象都将被删除。当不小心删除了图形，可以使用“恢复”命令将其恢复。

<访问方法>

✧ 命令行：OOPS 或 U。

✧ 工具栏：【标准】→【放弃】 或快速访问工具栏→【放弃】 。

✧ 快捷键：Ctrl+Z。

<操作过程>

在命令行窗口输入“OOPS”后，按 Enter 键。

5.2.2 对象的移动

使用“移动”命令可以对图形的位置进行调整，从一个基点移动到另一个基点。

<访问方法>

✧ 命令行：MOVE。

✧ 菜单：【修改（M）】→【移动（V）】。

✧ 工具栏：。

✧ 快捷菜单：选择要移动的对象，在绘图区右击，在弹出的快捷菜单中选择【移动】命令。

✧ 功能区：【默认】→【修改】→【移动】按钮 。

<操作过程>

Step 01 输入命令 MOVE 后回车。

Step 02 用前面介绍的对象选择方法选择要移动的对象，按 Enter 键结束选择。

Step 03 指定基点或位移。

首先选择基点，选择基点时为了操作方便仍然选择特殊点作为基点如圆心、中点等。在具体操作的时候首先指定一个点作为基点，然后指定基点的新位置即可，如图 5-5 所示。

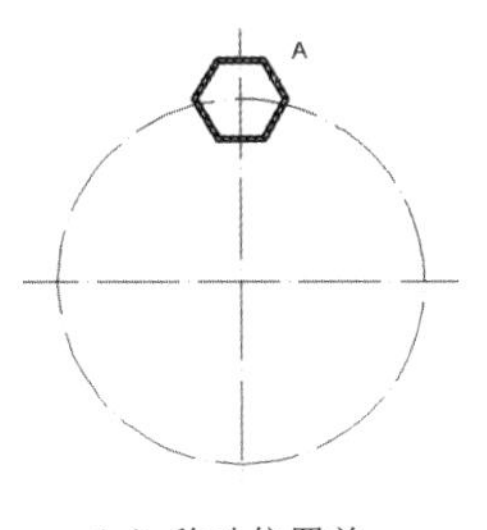

（a）移动位置前

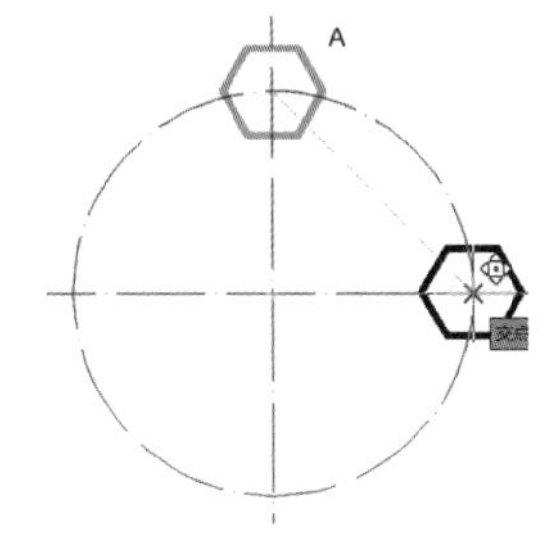

（b）移动位置后

图 5-5　对象的移动

Step 04 指定基点的新位置不仅可以选择指定第二个点作为目标点，也可以使用第一个点的坐标值作为位移值。

Note

<选项说明>

- 指定基点。

指定一个坐标点后，AutoCAD 2018 把该点作为移动对象的基点，并提示：

```
指定位移的第二点或<用第一点作位移>:
```

指定第二个点后，系统将根据这两个点确定的位移矢量把选择的对象移动到第二点处。如果此时接着按 Enter 键，即选择默认的“用第一点作位移”，则第一点被当作相当于 *X*、*Y* 向的位移。例如，如果指定基点为（4，5）并在下一个提示按 Enter 键，则该对象从它当前的位置开始在 *X* 方向移动 4 个单位，在 *Y* 方向移动 5 个单位。

- 位移（D）。

直接输入位移值，表示以选择对象时的拾取点为基准，以拾取点的坐标为移动方向纵横比，移动指定位移后确定的点为基点。例如，选择对象时拾取点坐标为（5，6），输入位移为 3，则表示以（5，6）点为基准，沿纵横比为 6:5 的方向移动 3 个单位所确定的点为基点。

5.2.3 对象的旋转

<访问方法>

✧ 命令行：ROTATE。

✧ 菜单：【修改（M）】→【旋转（X）】。

✧ 工具栏：。

✧ 快捷菜单：选择要旋转的对象，在绘图区右击，在弹出的快捷菜单中选择【旋转】命令。

✧ 功能区：【默认】→【修改】→【旋转】按钮 。

<操作过程>

Step 01 输入命令 ROMATE 后回车。

Step 02 选择要旋转对象。

Step 03 指定旋转的基点。在对象内部指定一个坐标点。

Step 04 指定旋转角度，或[复制（C）/参照（R）]<0.00>：（指定旋转角度或其他选项）。

<选项说明>

- 复制（C）。

选择该选项，旋转对象的同时保留原对象，如图 5-6 所示。

- 参照（R）。

采用参照方式旋转对象时，系统提示：

```
指定参照角<0.00>: //指定要参考的角度，默认值为 0
指定新的角度或[点（P）]<0>: //输入旋转后的角度值
```

操作完毕后对象被旋转至指定的角度位置。

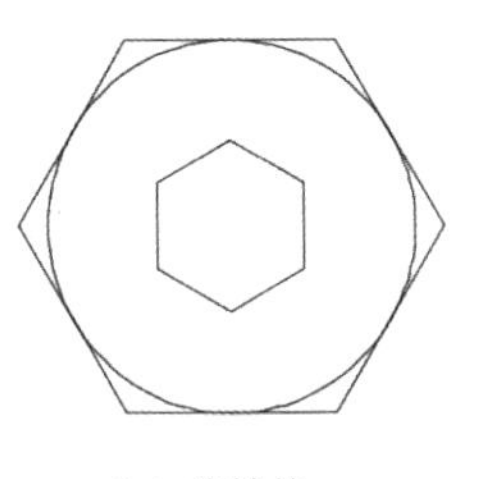

（a）旋转前

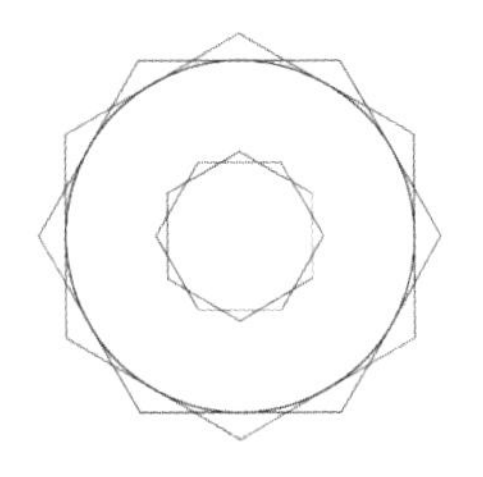

（b）复制旋转 90° 后

图 5-6　复制旋转

注意：可以用拖动鼠标的方法旋转对象，选择对象并指定基点后，从基点到当前光标位置会出现一条连线，移动鼠标，选择的对象会动态地随着该连线与水平方向的夹角的变化而旋转，最后按 Enter 键确认旋转操作，如图 5-7 所示。

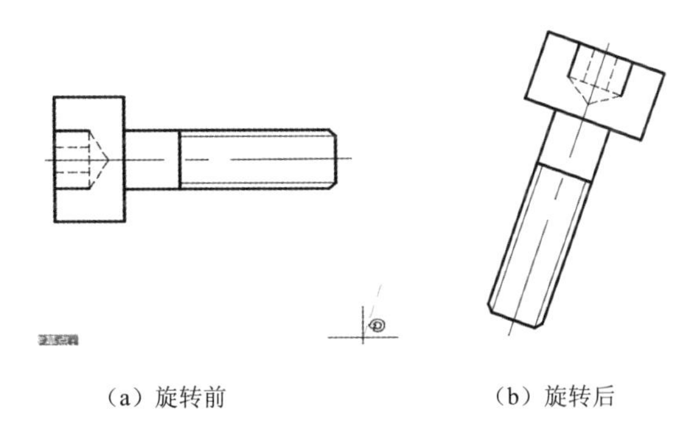

（a）旋转前　（b）旋转后

图 5-7　拖动鼠标旋转对象

5.3 创建对象的副本命令

本节将详细介绍 AutoCAD 2018 的副本创建命令，利用这些命令，可以方便地编辑所绘制的图形。

5.3.1　对象复制

<访问方法>

✧　命令行：COPY。

✧　菜单：【修改（M）】→【复制（Y）】。

✧　工具栏：【修改】→【复制】按钮。

✧　快捷菜单：选择要移动的对象，在绘图区右击，在弹出的快捷菜单中选择【复制】命令。

✧　功能区：【默认】→【修改】→【复制】按钮。

<操作过程>

Step 01　输入命令 COPY 后回车。

Note

Step 02　选择对象（选择要复制的对象）。用前面介绍的对象选择方法选择一个或多个对象，按 Enter 键结束选择本例选图 5-8 中小圆。

Step 03　命令行提示“当前设置：复制模式=多个”，表示可以多次复制。

Step 04　命令行提示“指定基点或[位移（D）/模式（O）]<位移>”，选择小圆圆心为基点。

Step 05　命令行提示“指定第二个点或[阵列（A）]<使用第一个点作为位移>”，指定图 5-8（b）中交点 B 为目标点。

Step 06　命令行继续提示“指定第二个点或[阵列（A）/退出（E）/放弃（U）]<退出>”，继续指定图 5-8（c）中交点 C 为目标点。

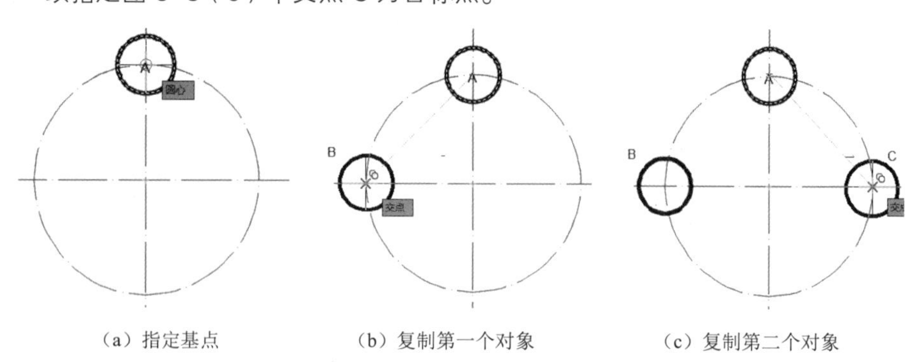

（a）指定基点　（b）复制第一个对象　（c）复制第二个对象

图 5-8　基点复制操作过程

复制命令中各选项功能与“移动”命令类似。

5.3.2　对象的偏移

偏移是指保持所选对象的形状，在不同的位置以给定的尺寸大小新建一个等距的对象。

<访问方法>

✧　命令行：OFFSET。

✧　菜单：【修改（M)】→【偏移（S)】。

✧　工具栏：【修改】→【偏移】按钮。

✧　功能区：【默认】→【修改】→【偏移】按钮。

<操作过程>

Step 01　输入命令 OFFSET 后回车。

Step 02　命令行提示“当前设置：删除源=否 OFFSETGAPTYPE=0”，表示不删除源对象。

Step 03　命令行提示“指定偏移距离或[通过（T）/删除（E）/图层（L）]<通过>：”，本例直接输入距离值。

Step 04　命令行提示“选择要偏移的对象，或[退出（E）/放弃（U）]<退出>：”，选择要偏移的对象，如图 5-9（a）所示，按 Enter 键结束操作。

Step 05　命令行提示“选择要偏移的那一侧的点，或[退出（E）/多个（M）/放弃（U）]<退出>：”，指定偏移方向，回车确认，结果如图 5-9（c）所示。

<选项说明>

- 指定偏移距离。

输入一个距离后按 Enter 键，系统把该距离作为偏移距离。

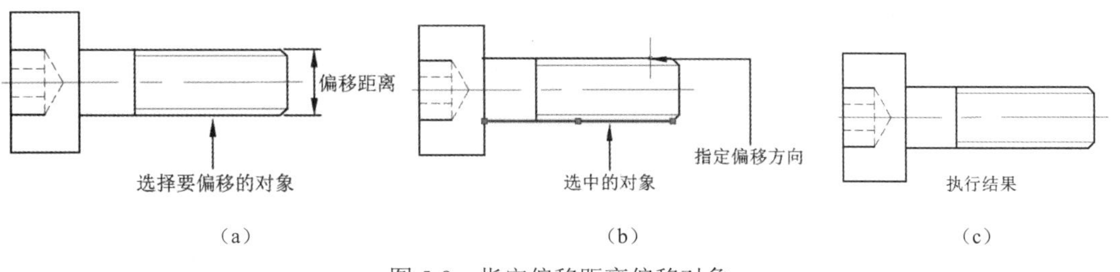

图 5-9　指定偏移距离偏移对象

- 通过（T）。

指定偏移的通过点。选择该选项后将出现系统提示：

```
选择要偏移的对象，或[退出（E）/放弃（U）]<退出>：//选择要偏移的对象，按Enter 键会结束操作
指定通过点或[退出（E）/多个（M）/放弃（U）]<退出>：//指定偏移对象的一个通过点
```

操作完毕后，系统会根据指定的通过点绘出偏移对象，如图 5-10 所示。

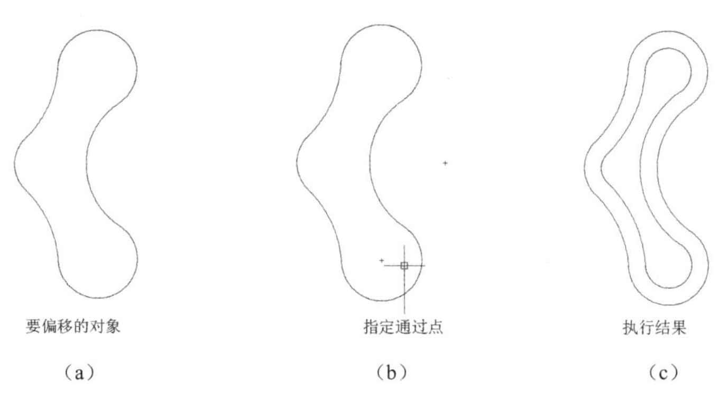

图 5-10　指定通过点偏移对象

5.3.3　对象的镜像

镜像命令是指把选择的对象围绕一条镜像线进行对称复制。镜像操作完成后，可以保留原对象，也可以将其删除。

<访问方法>

✧　命令行：MIRROR。

✧　菜单：【修改（M)】→【镜像（I)】。

✧　工具栏：【修改】→【镜像】按钮。

✧ 功能区：【默认】→【修改】→【镜像】按钮。

<操作过程>

Step 01 输入命令 MIRROR 后回车。

Step 02 选择对象。选择要镜像的对象，如图 5-11 所示。

Step 03 指定镜像线的第一点。

Step 04 指定镜像线的第二点。

Step 05 命令行提示“要删除源对象吗？[是（Y）/否（N）]<N>：”，按 Enter 键选择默认不删除选项，结果如图 5-11（d）所示。

指定的两点确定一条镜像线，被选择的对象以该线为对称轴进行镜像。包含该线的镜像平面与用户坐标系的 *XY* 平面垂直，即镜像操作的实现在与用户坐标系上的 *XY* 平面平行的平面上。

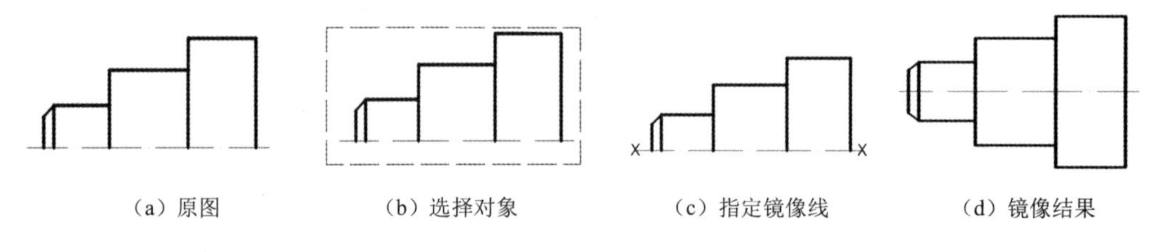

（a）原图　（b）选择对象　（c）指定镜像线　（d）镜像结果

图 5-11　镜像图形

5.3.4　对象的阵列

建立阵列是指多重复制选择的对象并把这些副本按矩形或环形排列。把副本按矩形排列称为建立矩形阵列，把副本按环形排列称为建立环形阵列。建立环形阵列时，应该控制复制对象的次数和对象是否被旋转；建立矩形阵列时，应该控制行和列的数量以及对象副本之间的距离。

利用 AutoCAD 2018 提供的 ARRAY 命令可以建立矩形阵列、环形阵列（极阵列）和路径阵列。

<访问方法>

✧ 命令行：ARRAY。

✧ 菜单：【修改（M）】→【阵列（A）】→【矩形阵列】或【环形阵列】或【路径阵列】。

✧ 工具栏：【修改】→“矩形阵列”或“环形阵列”或“路径阵列”。

✧ 功能区：【默认】→【修改】→【矩形阵列】或【环形阵列】或【路径阵列】。

1．矩形阵列

<操作过程>

Step 01 在工具栏单击“修改”→“矩形阵列”按钮。

Step 02 选择对象。在命令行 **ARRAYRECT 选择对象：** 的提示下，选取图 5-12（a）中的正五边形按 Enter 键结束选取。

Step 03 在 ARRAYRECT 选择夹点以编辑阵列或 [关联(AS) 基点(B) 计数(COU) 间距(S) 列数(COL) 行数(R) 层数(L) 退出(X)] <退出>: 的提示下，输入字母 R，按 Enter 键。

Step 04 定义行数。在命令行 ARRAYRECT 输入行数数或 [表达式(E)] <3>: 的提示下，输入数值 4，然后按 Enter 键。

Step 05 定义行间距。在命令行ARRAYRECT 指定 行数 之间的距离或 [总计(T) 表达式(E)] 的提示下，输入数值 100，按 Enter 键，在命令行 ARRAYRECT 指定 行数 之间的标高增量或 [表达式(E)] <0>: >: 的提示下，直接按 Enter 键。在ARRAYRECT 选择夹点以编辑阵列或 [关联(AS) 基点(B) 计数(COU) 间距(S) 列数(COL) 行数(R) 层数(L) 退出(X)] <退出>: 的提示下，输入“COL”，按 Enter 键。

Step 06 定义列数。在 ARRAYRECT 输入列数数或 [表达式(E)] <4>: 的提示下，输入数值 4，然后按 Enter 键。

Step 07 定义列间距。在命令行ARRAYRECT 指定 列数 之间的距离或 [总计(T) 表达式(E)] 的提示下，输入数值 60，然后按 Enter 键。最后再次按 Enter 键结束操作，结果如图 5-12（b）所示。

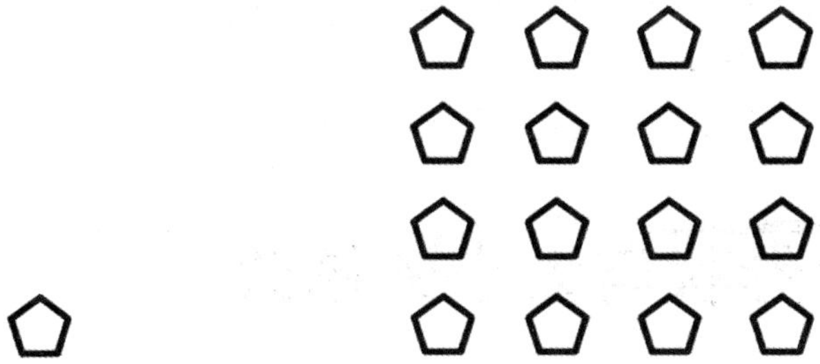

（a）矩形阵列前　　（b）矩形阵列后

图 5-12　矩形阵列对象

2. 环形阵列

<操作过程>

Step 01 选择菜单中“修改（M）”→“阵列（A）”→“环形阵列”命令。

Step 02 选择对象。在 **ARRAYPOLAR 选择对象：** 的提示下，选取图 5-13（a）中的正五边形并按 Enter 键结束选取。

Step 03 设置环形阵列相关参数。

（1）指定阵列中心点。在命令行 ARRAYPOLAR 指定阵列的中心点或 [基点(B) 旋转轴(A)]: 的提示下，选取大圆的圆心作为环形阵列的中心点。

（2）定义阵列项目数。在命令行 [关联(AS) 基点(B) 项目(I) 项目间角度(A) 填充角度(F) 行(ROW) 层(L) 旋转项目(ROT) 退出(X)] <退出>: 的提示下，输入字母 I，按 Enter 键；在命令行 ARRAYPOLAR 输入阵列中的项目数或 [表达式(E)] <6>: 的提示下，输入数值 4，按 Enter 键，结果如图 5-13 所示。

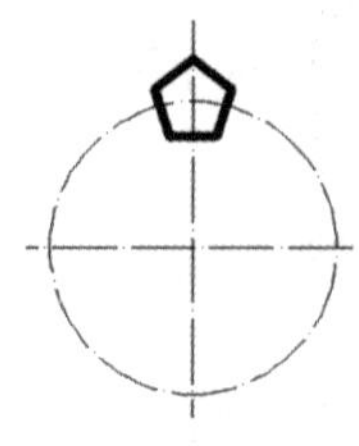

（a）环形阵列前

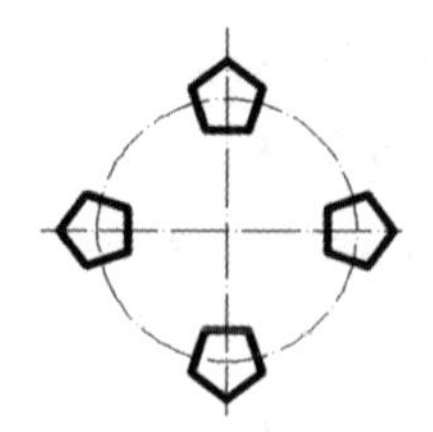

（b）环形阵列后

图 5-13　环形阵列对象

<选项说明>

- 关联（AS）：指定是否在阵列中创建项目作为关联阵列对象，或作为独立对象。
- 基点（B）：指定阵列的基点。
- 项目（I）：编辑阵列中的项目数。
- 项目间角度（A）：用于设置相邻阵列的角度，正值为逆时针阵列，负值为顺时针阵列。
- 行（ROW）：指定阵列中的行数和行间距，以及它们之间的增量标高。
- 层（L）：指定阵列中的层数和层间距。
- 旋转项目（ROT）：用于设置阵列对象的旋转角度。
- 退出（X）：退出命令。
- 表达式（E）：使用数学公式或方程式获取值。

5.4 对象形状与大小的修改

这一类编辑命令在对指定对象进行编辑后，将使对象的几何特性发生改变。其中主要包括“缩放”“拉长”“拉伸”“修剪”等命令。

5.4.1　对象的比例缩放

这个命令将对象按照给定的比例放大或缩小。

<访问方法>

✧　命令行：SCALE。

✧　菜单：【修改（M)】→【缩放（L)】。

✧　工具栏：【修改】→【缩放】按钮。

✧　快捷菜单：选择要缩放的对象，在绘图区右击，在弹出的快捷菜单中选择【缩放】命令。

✧　功能区：【默认】→【修改】→【缩放】按钮。

<操作过程>

Step 01　输入命令 SCALE 后回车。

Step 02　选择要缩放的对象。

Step 03　指定缩放操作的基点。

Step 04　命令行提示“指定比例因子或[复制（c）/参照（R）]<1.0000>：”，输入缩放比例后按 Enter 键确认。

<选项说明>

步骤 4 中的其余命令选项说明如下。

- 采用“参考”选项缩放对象，系统提示：

```
指定参照长度<1>: //指定参照长度值
指定新的长度或[点（P）]<1.0000>: //指定新的长度值
```

若新长度值大于参考长度值，则放大对象，否则，缩小对象。操作完成后，系统以指定的基点按指定的比例因子缩放对象，如果选择“点（P）”选项，则指定两点来定义新的长度。

- 采用拖动鼠标的方法缩放对象。选择对象并指定基点后，从基点到当前光标位置会出现一条连线，线段的长度即为比例大小。移动鼠标时，选择的对象会动态地随着该连线长度的变化而缩放，按 Enter 键会确认缩放操作。
- 采用“复制（C）”选项时，可以复制缩放对象，即缩放对象时，保留原对象，如图 5-14 所示。

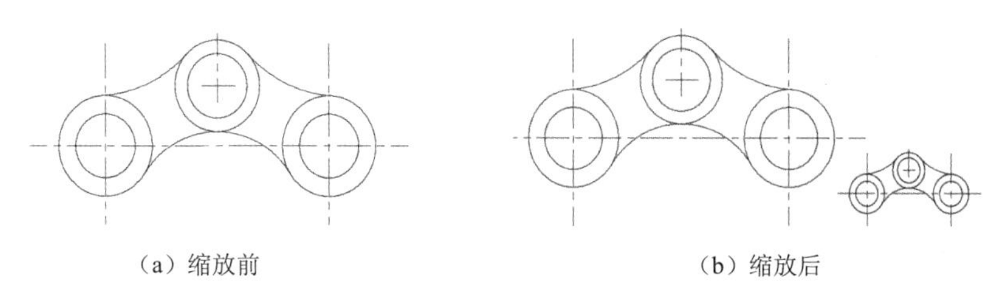

（a）缩放前　　（b）缩放后

图 5-14　复制缩放

5.4.2　对象的拉长

拉长命令是将对象按照规定的几何增量进行长度或角度的改变，如图 5-15 所示。

<访问方法>

✧　命令行：LENGTHEN。

✧　菜单：【修改（M)】→【拉长（G)】。

✧　功能区：【默认】→【修改】→【拉长】按钮 。

<操作过程>

Step 01　输入命令 LENGTHEN 后回车。

Step 02　命令行提示“选择要测量的对象或[增量(DE)/百分比(P)/总计(T)/动态(DY)]：”，本例选择要测量的对象选项。选中对象后命令行提示当前长度，即给出选定对象的长度，如果选择圆弧则还将给出圆弧的包含角。

Step 03　命令行提示“选择要测量的对象或[增量(DE)/百分比(P)/总计(T)/动态(DY)]：”，选择拉长或缩短的方式，本例选择“增量（DE）”方式。

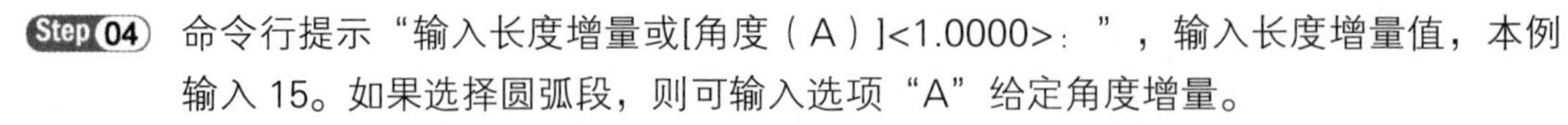

Step 04 命令行提示“输入长度增量或[角度（A）]<1.0000>：”，输入长度增量值，本例输入 15。如果选择圆弧段，则可输入选项“A”给定角度增量。

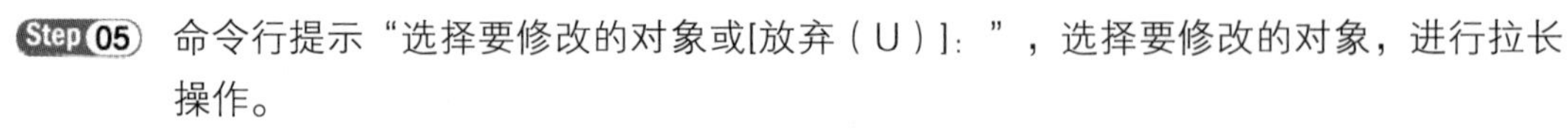

Step 05 命令行提示“选择要修改的对象或[放弃（U）]：”，选择要修改的对象，进行拉长操作。

Note

Step 06 命令行提示“选择要修改的对象或[放弃（U）]：可以继续选择或按 Enter 键结束操作，拉长对象效果如图 5–15 所示。

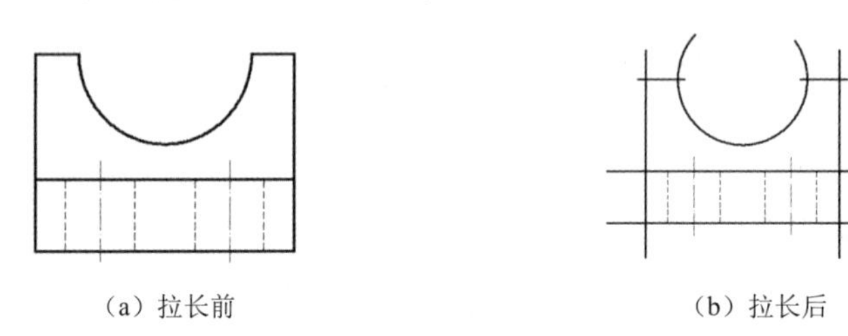

（a）拉长前　　（b）拉长后

图 5-15　拉长对象

<选项说明>

- 增量（DE）：用指定的增加量的方法改变对象的长度或角度。
- 百分比（P）：用指定占总长度的百分比的方法改变圆弧或直线段的长度。
- 总计（T）：用指定的新的总长度或总角度值的方法来改变对象的长度或角度。
- 动态（DY）：打开动态拖拉模式。在这种模式下，可以使用拖动鼠标的方法来动态地改变对象的长度或角度。

5.4.3　对象的拉伸

拉伸对象是指拖拉选择的对象，使其形状发生改变，如图 5-16 所示。拉伸对象时应指定拉伸的基点和位移点。利用一些辅助工具如捕捉、钳夹功能及相对坐标等可以提高拉伸的精度。

<访问方法>

✧ 命令行：STRETCH。

✧ 菜单：【修改（M）】→【拉伸（H）】。

✧ 工具栏：【修改】→【拉伸】按钮。

✧ 功能区：【默认】→【修改】→【拉伸】按钮。

<操作过程>

Step 01 输入命令 STRETCH 后回车。

Step 02 命令行提示以窗交或多边形选择要拉伸的对象，命令行输入“C”后回车即选择窗交。

Step 03 采用窗交的方式选择要拉伸的对象，按命令行提示指定窗口两个角点。

Step 04 命令行提示“指定基点或[位移（D）]<位移>：”，指定拉伸的基点。

Step 05 命令行提示“指定第二个点或<使用第一个点作为位移>：”，指定拉伸的移至点。此时，若指定第二个点，则系统将根据这两点决定的矢量拉伸对象。若直接按 Enter 键，则系统会把第一个点的横纵坐标作为 *X* 和 *Y* 向的拉伸分量。

STRETCH 拉伸中，部分包含在交叉选择窗口内的对象将被拉伸，如图 5-16 所示。

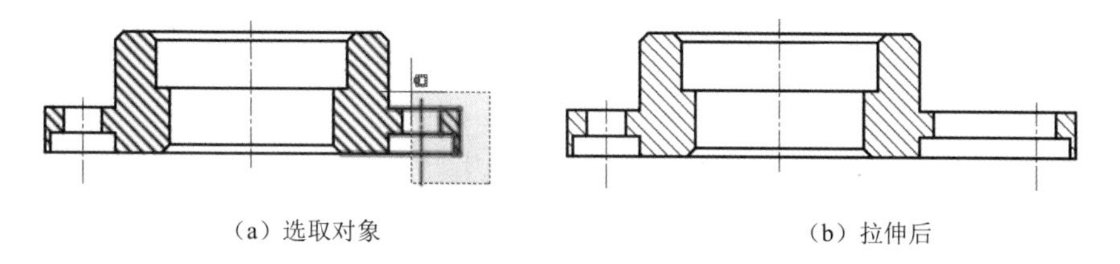

（a）选取对象　（b）拉伸后

图 5-16　拉伸对象

5.4.4　对象的修剪

修剪命令可用指定的一个或多个对象作为边界剪切被修剪的对象，使它们精确地终止于剪切边界上。可以修剪的对象包括圆、直线、多段线、构造线等。这个命令对精确绘图非常重要。

<访问方法>

✧ 命令行：TRIM。

✧ 菜单：【修改（M)】→【修剪（T)】。

✧ 工具栏：【修改】→【修剪】按钮 -/--|。

✧ 功能区：【默认】→【修改】→【修剪】按钮 -/--|。

<操作过程>

Step 01 输入命令 TRIM 后回车。

Step 02 选择剪切边。选择用作修剪边界的对象。

Step 03 按 Enter 键结束剪切边对象的选择。

Step 04 选择要修剪的对象，或按 Shift 键选择要延伸的对象，或选择“栏选（F）/窗交（C）/投影（P）/边（E）/删除（R）/放弃（U）”中的选项。

<选项说明>

● 在选择对象时，如果按 Shift 键，系统会自动将“修剪”命令转换成“延伸”命令。有关“延伸”命令的具体用法将在后文中介绍。

● 选择“边”选项时，可以选择对象的修剪方式。

① 延伸（E)：延伸边界进行修剪。在此方式下，如果剪切边没有与要剪切的对象相交，系统会延伸剪切边直至与对象相交，然后再修剪，如图 5-17 所示。

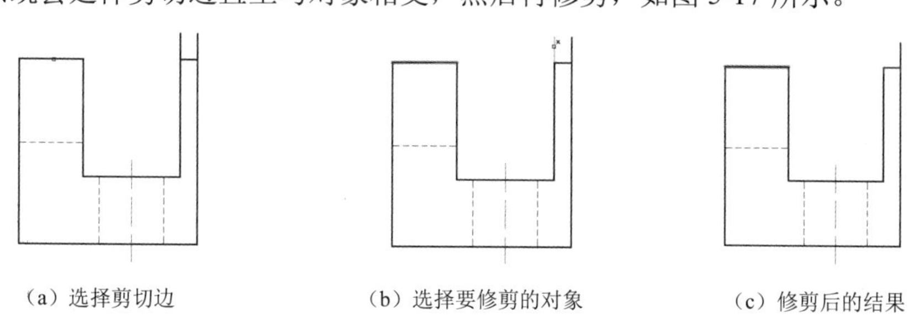

（a）选择剪切边　（b）选择要修剪的对象　（c）修剪后的结果

图 5-17　延伸方法修剪对象

② 不延伸（N）：不延伸边界修剪对象。只修剪与剪切边相交的对象。

- 选择“栏选（F）”选项时，系统以栏选的方式选择被剪切的对象，如图 5-18 所示。

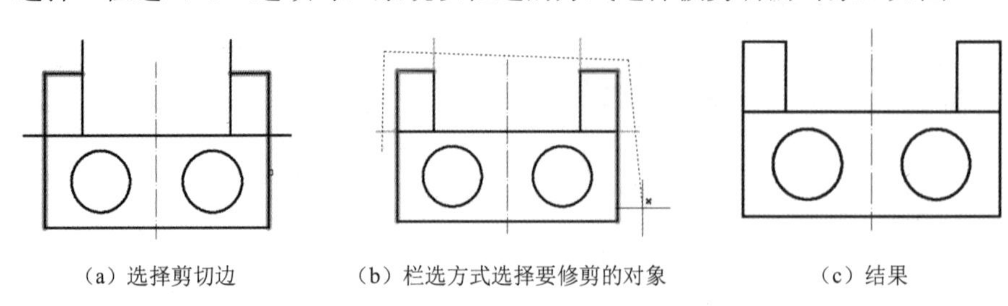

（a）选择剪切边　（b）栏选方式选择要修剪的对象　（c）结果

图 5-18　栏选修剪对象

- 选择“窗交（C）”选项时，选择矩形区域（由两点确定）内部或与之相交的对象，如图 5-19（a）所示，被选择的对象可以互为边界和被修剪对象，此时系统会在选择的对象中自动判断边界，结果如图 5-19（b）所示。

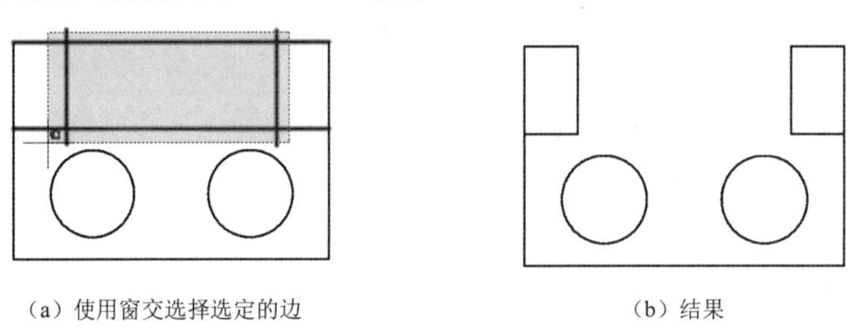

（a）使用窗交选择选定的边　（b）结果

图 5-19　窗交选择修剪对象

5.4.5　对象的延伸

延伸命令是指延伸对象直至另一个对象的边界线，如图 5-20 所示。

<访问方法>

✧　命令行：EXTEND。

✧　菜单：【修改（M)】→【延伸（D)】。

✧　工具栏：【修改】→【延伸】按钮 。

✧　功能区：【默认】→【修改】→【延伸】按钮 。

<操作过程>

Step 01　输入命令 EXTEND 后回车。

Step 02　选择边界的边。命令行提示“选择对象或<全部选择>”，选择边界对象。此时可以选择对象定义来定义边界。若直接按 Enter 键，则选择所有对象作为可能的边界对象。

系统规定可以作为边界对象的对象有：直线段、射线、双向无限长线、圆弧、圆、椭圆、二维和三维多段线、样条曲线、文本、浮动的视口和区域。如果选择二维多段线作为边界对象，则系统会忽略其宽度而把对象延伸至多段线的中心线。

Step 03　选择边界对象后，系统会继续提示如下内容。

```
选择要延伸的对象，或按Shift键选择要修剪的对象，或[栏选(F)/窗交(C)/投影(P)/边(E)/放弃(U)]：//选择延伸对象
```

"延伸"命令与"修剪"命令操作方式类似。

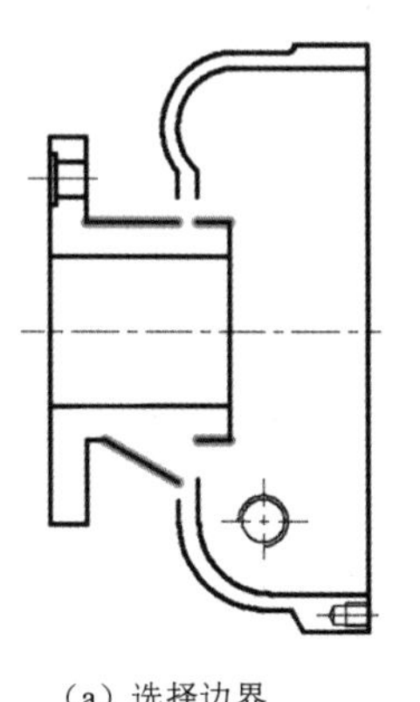

（a）选择边界

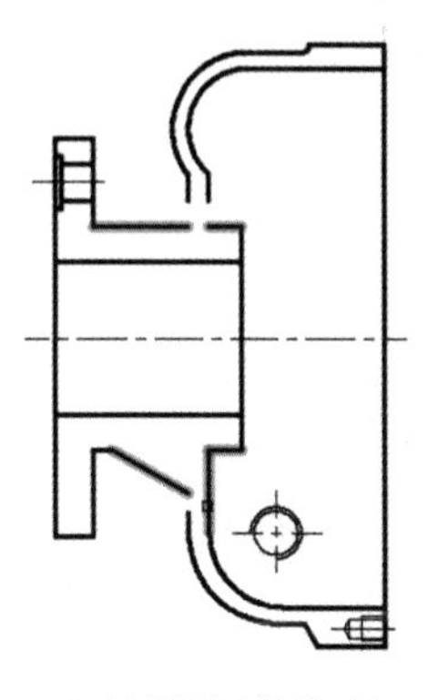

（b）选择要延伸的对象

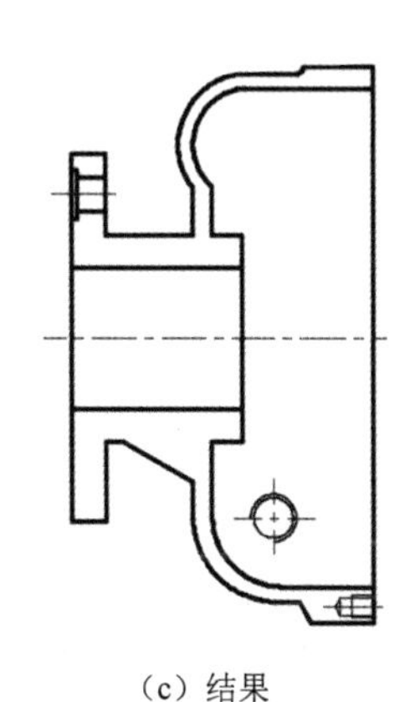

（c）结果

图 5-20　延伸对象

5.5 对象的拆分与修饰

对象通过这一类命令进行编辑后，将使对象之间或其内部的基本几何关系发生改变。其中主要包括"倒角""断开""分解""合并"等命令。

5.5.1　倒角

倒角是指用斜线连接两个不平行的线型对象。可以用斜线连接直线段、射线、双向无限长线和多段线。系统采用两种方法确定连接两个线型对象的斜线：指定斜线距离；指定斜线角度、一个对象与斜线的距离。下面分别介绍这两种方法。

1．指定斜线距离

斜线距离是指从被连接的对象与斜线的交点到被连接的两对象可能的交点之间的距离，如图 5-21 所示。

2．指定斜线角度、一个对象与斜线的距离

采用这种方法连接对象时需要输入两个参数：一个对象与斜线的斜线距离、斜线与该对象的夹角，如图 5-22 所示。

<访问方法>

✧　命令行：CHAMFER。

✧　菜单：【修改（M)】→【倒角（C)】。

✧　工具栏：【修改】→【倒角】按钮 。

✧ 功能区：【默认】→【修改】→【倒角】按钮。

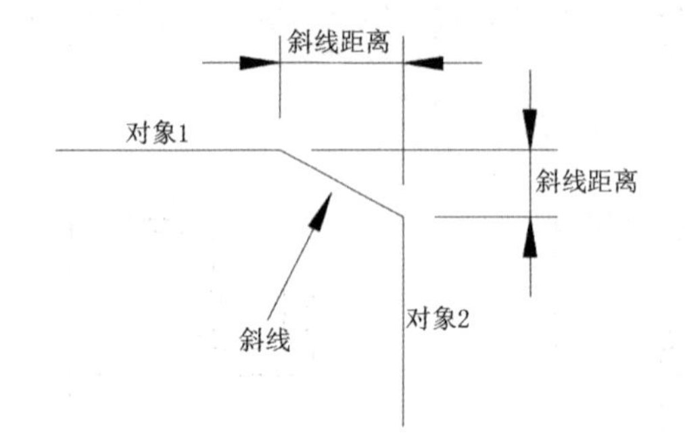

图 5-21 斜线距离

图 5-22 斜线距离与夹角

<操作过程>

Step 01 输入命令 CHAMFER 后回车，命令行显示“(【修剪】模式)当前倒角距离 1=0.0000，距离 2=0.0000”按 Enter 键选择默认倒角距离。

Step 02 命令行提示“选择第一条直线或[放弃（U）/多段线（P）/距离（D）/角度（A）/修剪（T）/方式（E）/多个（M）]：”，根据提示选择第一条直线或其他选项。

Step 03 命令行提示“选择第二条直线，或按 Shift 键选择直线以应用角点或[距离（D）/角度（A）/多个（M）]”，根据提示选择第二条直线或其他选项。

<选项说明>

● 多段线（P）：对多段线的各个交叉点进行倒角。为了得到更好的连接效果，一般设置斜线距离是相等的值。系统根据指定的斜线距离把多段线的每个交叉点都作斜线连接，连接的斜线为多段线新添加的构成部分，如图 5-23 所示。

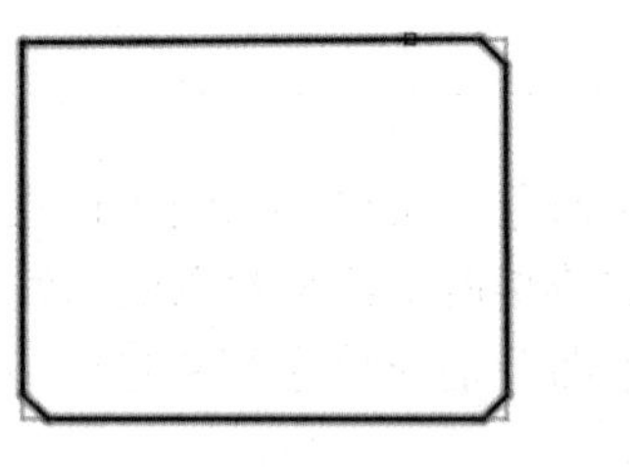

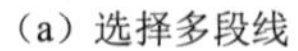

（a）选择多段线

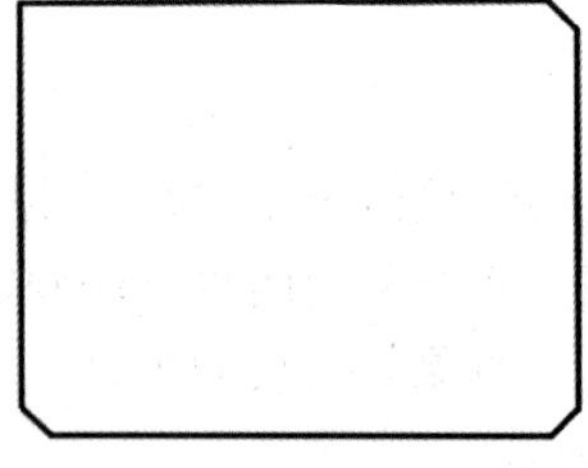

（b）倒角结果

图 5-23 斜线连接多段线

● 距离（D）：选择倒角的两个斜线距离。这两个斜线距离可以相同，也可以不同：若两者均为 0，则系统不绘制连接的斜线，而把两个对象延伸至相交并修剪超出的部分。

● 角度（A）：选择第一条直线的斜线距离和第一条直线的倒角角度。

● 修剪（T）：该选项决定连接对象后是否剪切原对象。

● 方式（E）：决定采用“距离”方式还是“角度”方式来进行倒角。

● 多个（M）：同时对多个对象进行倒角编辑。

5.5.2　倒圆角

倒圆角是指用指定半径确定的一段平滑的圆弧连接两个对象。系统规定可以圆滑连接一对直线段、非圆弧的多线段、样条曲线、双向无限长线、射线、圆、圆弧和椭圆，并且可以在任何时刻圆滑连接多段线的每个节点。

<访问方法>

✧　命令行：FILLET。

✧　菜单：【修改（M)】→【圆角（F)】。

✧　工具栏：【修改】→【圆角】按钮。

✧　功能区：【默认】→【修改】→【圆角】按钮。

<操作过程>

下面以图 5-24 所示为例，来说明操作步骤。

（a）倒圆角前　（b）修剪方式倒圆　（c）不修剪方式倒圆

图 5-24　相交线段倒圆角

Step 01　在工具栏依次单击“修改”→“倒圆”按钮。

Step 02　设定圆角半径。在命令行 FILLET 选择第一个对象或 [放弃(U) 多段线(P) 半径(R) 修剪(T) 多个(M)]: 提示下输入字母 R，按 Enter 键；在命令行 FILLET 指定圆角半径 <0.0000>: 提示下输入数值 10，按 Enter 键。

Step 03　倒圆角。在命令行提示下分别选择直线 A 和 B 为倒圆角边，完成操作。

注意：有时在执行“圆角”和“倒角”命令时，发现命令不执行或执行后没什么变化，是因为系统默认圆角半径和倒角距离均为 0，如果不事先设定圆角半径和倒角距离，则系统以默认值执行命令，所以看起来好像没有执行命令。所以第一次执行这类命令时，应该首先设定倒圆角或倒角的数值。

<选项说明>

- 多段线（P）：在一条二维多段线的两段直线段的节点处插入圆滑的弧。选择多段线后，系统会根据指定的圆弧半径把多段线各顶点用圆滑的弧连接起来。
- 修剪（T）：决定在圆滑连接两条边时，是否修剪这两条边，如图 5-24 所示。
- 多个（M）：同时对多个对象进行圆角编辑，而不必重新调用命令。
- 按 Shift 键并选择两条直线，可以快速创建零距离倒角或零半径圆角。

5.5.3 对象断开

Note

使用“断开”命令可以将一个对象打断，或将其截掉一部分。打断的对象可以为直线段、多线段、圆弧、圆等。

<访问方法>

✧ 命令行：BREAK。

✧ 菜单：【修改（M)】→【打断（K)】。

✧ 工具栏：【修改】→【打断】按钮。

✧ 功能区：【默认】→【修改】→【打断】按钮。

<操作过程>

Step 01 在工具栏依次单击“修改”→“打断”按钮。

Step 02 在命令行 BREAK 选择对象：的提示下，将鼠标光标移动到图 5-25（a）所示的 A 点处并单击，这样便选取了打断对象，同时直线上的 A 点也是第一个打断点。

Step 03 在命令行 BREAK 指定第二个打断点 或 [第一点(F)]： <对象捕捉 关> 的提示下，在直线上 B 点处单击，这样 B 点便是第二个打断点，此时系统将 A 点与 B 点之间的线段删除。

A B

（a）打断前

A B

（b）打断后

图 5-25 使用打断命令打断直线

<选项说明>

- 如果步骤 3 处选择“第一点（F)”，则系统将丢弃前面的第一个选择点，重新提示用户指定两个断开点。

5.5.4 对象分解

分解对象就是将一个整体的复杂对象（如多边形、块）转换成一个个单一组成的对象。分解多段线、矩形、多边形，可以把它们简化成多条简单的直线段对象，然后就可以分别进行修改。

<访问方法>

✧ 命令行：EXPLODE。

✧ 菜单：【修改（M)】→【分解（X)】。

✧ 工具栏：【修改】→【分解】按钮。

✧ 功能区：【默认】→【修改】→【分解】按钮。

<操作过程>

Step 01 在工具栏依次单击“修改”→“分解”。

Step 02 选择图 5-26 中的多边形为分解对象，并按 Enter 键确认。

Step 03 验证结果。完成分解后，再次单击图形中的某条边线，此时只有这一条边线加亮，说明该多边形已被分解，如图 5–26 所示。

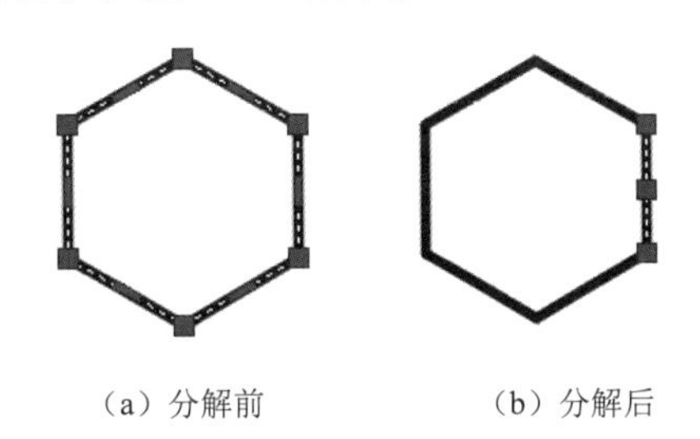
（a）分解前　　（b）分解后

图 5-26　分解对象

Note

5.5.5　对象合并

利用 AutoCAD 2018 提供的合并功能可以将直线、圆、椭圆弧和样条曲线等独立的线段合并为一个对象，如图 5-27 所示。

<访问方法>

✧ 命令行：JOIN。

✧ 菜单：【修改（M)】→【合并（J)】。

✧ 工具栏：【修改】→【合并】按钮 。

✧ 功能区：【默认】→【修改】→【合并】按钮 。

<操作过程>

Step 01 输入命令 JOIN 后回车。

Step 02 在命令行“选择源对象或要一次合并的多个对象：”的提示下选择初始圆弧（见图 5–27（a）），命令行提示“找到 1 个”。

Step 03 在命令行“选择要合并的对象：”的提示下选择另一个对象。命令行提示“找到 1 个，共计 2 个”。

Step 04 命令行继续提示选择要合并的对象，按 Enter 键结束选择，此时 2 段弧已合并成 1 个圆，如图 5–27（b）所示。

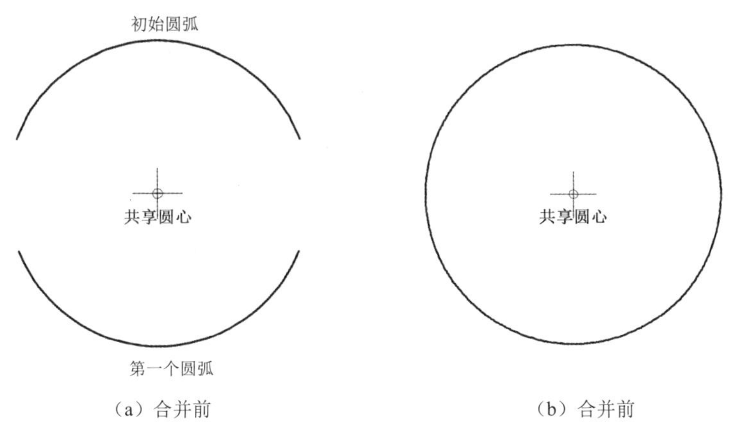

（a）合并前　　（b）合并前

图 5-27　合并对象

5.6 多段线的编辑

Note

多段线编辑的命令不仅可以编辑多段线，还有一个很重要的作用就是将直线、圆弧等其他图形转换成多段线进行连接。

<访问方法>

✧ 命令行：PEDIT。

✧ 菜单：【修改（M)】→【对象（O)】→【多段线（P)】。

✧ 功能区：【默认】→【修改】→【编辑多段线】按钮 。

<操作过程>

1．闭合多段线

闭合（C）多段线，即在多段线的起始端点到最后一个端点之间绘制一条线段。下面以图 5-28 所示为例，说明闭合多段线的操作过程。

Step 01 执行"修改（M）"→"对象（O）"→ 多段线(P) 命令。

Step 02 选择多段线。命令行提示 **PEDIT 选择多段线或 [多条(M)]:**，选取要编辑的多段线。

Step 03 闭合多段线。在命令行"输入选项 [闭合（C）/打开（O）/合并（J）/宽度（W）/拟合（F）/样条曲线（S）/非曲线化（D）/线型生成（L）/反转（R）/放弃（U）]："的提示下输入字母 C 后按 Enter 键。

Step 04 按 Enter 键结束多段线的编辑操作。

（a）闭合前

（b）闭合后

图 5-28　闭合多段线

2．打开多段线

打开（O）多段线，即删除多段线的闭合线段。下面以图 5-29 所示为例，说明打开多段线的操作。

Step 01 执行"修改（M）"→"对象（O）"→ 多段线(P) 命令。

Step 02 选择多段线。命令行提示 **PEDIT 选择多段线或 [多条(M)]:** ，选取要编辑的多段线。

Step 03 打开多段线。在命令行输入字母 O 后按 Enter 键。

Step 04 按 Enter 键结束多段线的编辑操作。

（a）打开前

（b）打开后

图 5-29　打开多段线

3. 合并多段线

合并（J）多段线，即将首尾相连的独立的直线、圆弧和多段线合并成一条多段线。下面以图 5-30 为例，说明多段线的合并。

Step 01 执行“修改（M）”→“对象（O）”→ 多段线(P) 命令。

Step 02 选择多段线。在命令行提示 PEDIT 选择多段线或 [多条(M)]: 下，选取要编辑的多段线 A，如图 5–30（a）所示。

Step 03 合并多段线。在命令行输入字母 J 后按 Enter 键。

Step 04 在命令行 PEDIT 选择对象: 提示下，将鼠标移至直线 B、C 的位置并单击，按 Enter 键结束选择，如图 5–30（b）所示。

Step 05 按 Enter 键结束多段线的编辑操作，结果如图 5–30（c）所示。

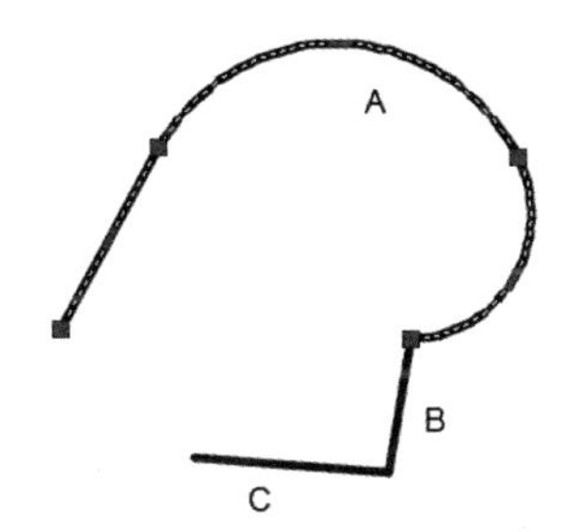

（a）选取多线段 A

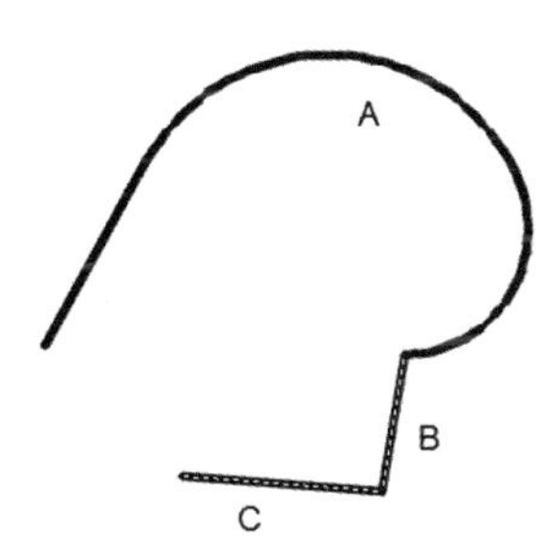

（b）选取直线 B 和 C

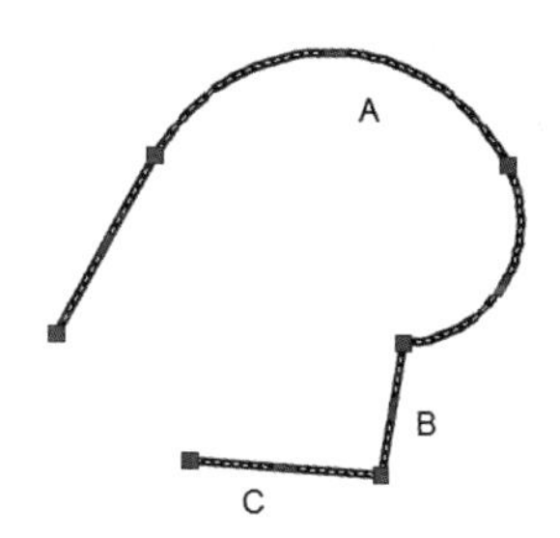

（c）合并成一条多线段

图 5-30　多段线的合并

<选项说明>

- 闭合（C）：可以让不闭合的多段线闭合（有时多段线虽然看上去封闭的，但并未闭合）。
- 打开（O）：可以让闭合的多段线打开，第一个点和最后一个点之间的线段会被删除。
- 宽度（W）：参数用于设置多段线的宽度。
- 反转（R）：可以切换多段线的方向，当我们需要用多段线建模或进行其他操作时，方向还是有意义的。
- 样条曲线（S）：选项可以将多段线转换成样条曲线。
- 拟合（F）：可以将多段线转换成拟合曲线，转换成拟合曲线后还可以在特性选项板中设置成二次、三次曲线。
- 非曲线化（D）：会将所有曲线和圆弧转换为直线段。
- 线型生成（L）：可以将多段线作为一个整体生成虚线，而不是分段生成虚线效果。
- 编辑顶点（E）：可以通过上一个、下一个来切换顶点，然后可以进行添加顶点、删除顶点、打断、拉直等一系列操作。

5.7 对齐

Note

对齐命令的作用是在二维或者三维空间中将一个对象和另外一个对象对齐。

<访问方法>

✧ 命令行：ALIGN。

✧ 菜单：【修改（M）】→【三维操作（3)】→【对齐（L)】。

✧ 功能区：【默认】→【修改】→【对齐】按钮 。

<操作过程>

Step 01 输入命令 ALIGN 后回车。

Step 02 在命令行“选择对象：”的提示下，选择图 5-31（a）中的矩形。

Step 03 在命令行“选择对象：指定第一个源点：”的提示下，选择图 5-31（b）中的第一个源点，指定移动起点。

Step 04 在命令行“指定第一个目标点：”的提示下，选择图 5-31（b）中的第一个目标点，指定移动终点。

Step 05 在命令行“指定第二个源点：的提示下，指定第二个移动起点。

Step 06 在命令行“指定第二个目标点：的提示下，指定第二个移动终点。

Step 07 命令行提示“指定第三个源点或<继续>：”，按 Enter 键结束指定。

Step 08 命令行提示“是否基于对齐点缩放对象？[是（Y）/否（N）]<否>：”，按 Enter 键选择不缩放对象，结果如图 5-31（c）所示。

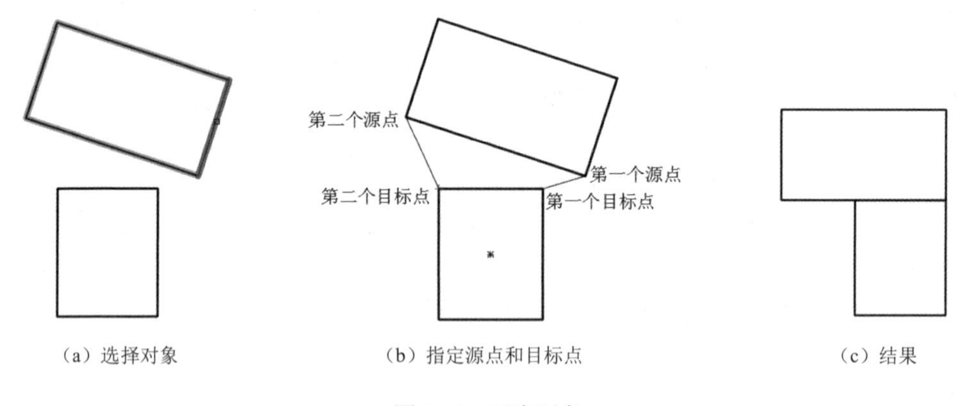

（a）选择对象　（b）指定源点和目标点　（c）结果

图 5-31　对齐对象

5.8 多功能夹点

AutoCAD 2018 为直线、多段线、圆弧、椭圆弧和样条曲线等对象提供了多功能夹点。将光标悬停在夹点上就可以查看和访问多功能夹点菜单。这些多功能夹点让对象编辑更加方便简捷，如图 5-32 所示。

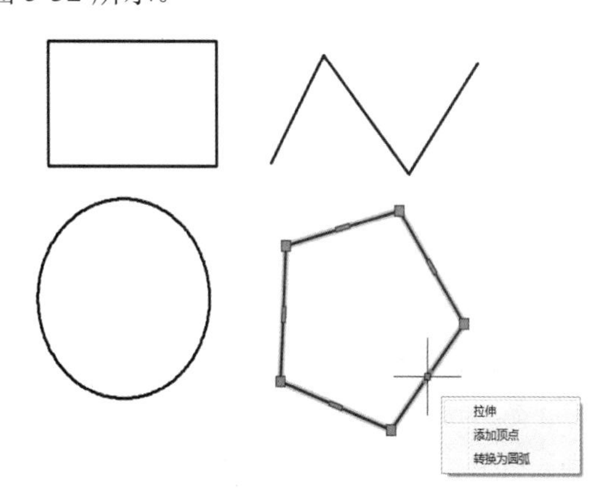

图 5-32　多功能夹点

选择菜单中“工具（T）”→“选项（N）”命令，出现“选项”对话框的“选择集”选项卡（见图 5-33），夹点颜色可在单击“夹点颜色（C）”按钮后弹出的“夹点颜色”对话框（见图 5-34）中进行设置。

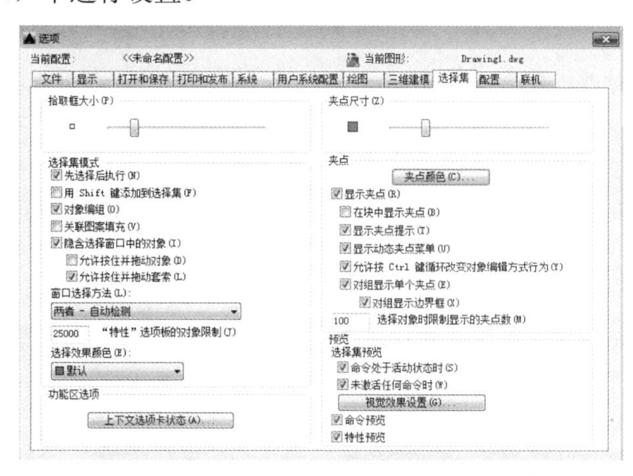

图 5-33　“选项”对话框的“选择集”选项卡

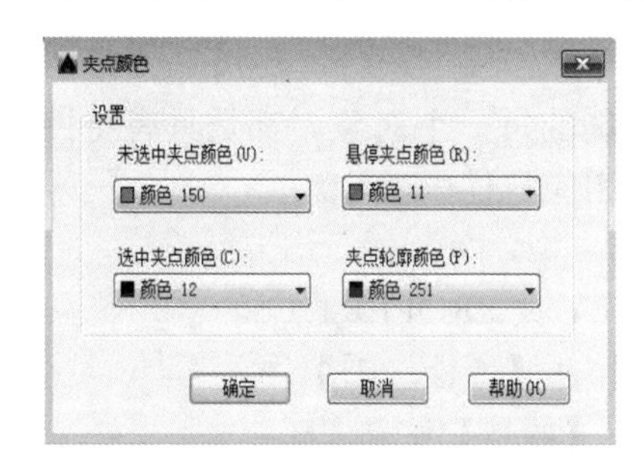

图 5-34　“夹点颜色”对话框

除上述方法，也可以通过 GRIPS 系统变量控制是否打开夹点功能，1 代表打开，0 代表关闭。打开夹点后，应该先选择对象，再编辑对象。夹点表示对象的控制装置。

Note

使用夹点功能编辑对象时，要先选择一个夹点作为基点，称为基准夹点。然后选择一种编辑操作，如删除、移动、复制选择、旋转和缩放等。可以用空格键、Enter 键或其他快捷键循环选择这些功能，

下面以拉伸对象操作为例进行说明，其他操作类似。

在单击对象上的夹点时，系统便直接进入“拉伸”模式，此时可以直接对对象进行拉伸。如图 5-35 所示，鼠标单击直线末端的夹点，拖动鼠标就可将该直线拉伸。

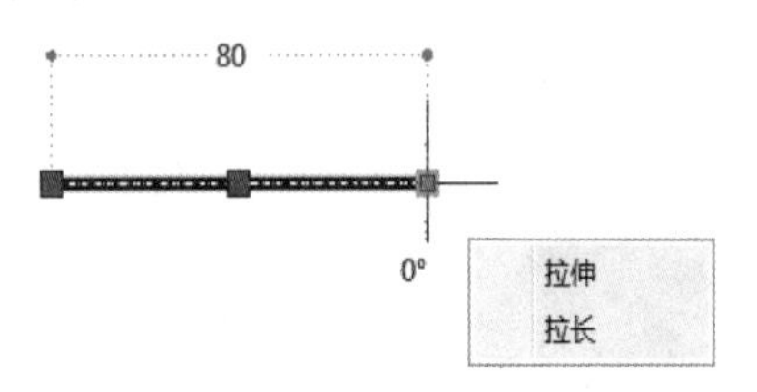

图 5-35　利用夹点拉伸直线

- 移动模式。

单击对象上的夹点，在命令行的提示下，直接按 Enter 键或输入“MO”后按 Enter 键，系统便进入“移动”模式，此时可对对象进行移动。

- 旋转模式。

单击对象上的夹点，在命令行的提示下，连续按两次 Enter 键或输入 “RO”后按 Enter 键，系统便进入“旋转”模式，此时可把对象绕操作点或新的基点旋转。

- 缩放模式。

单击对象上的夹点，在命令行的提示下，连续按三次 Enter 键或输入 “SC”后按 Enter 键，系统便进入“缩放”模式，此时可把对象相对于操作点或基点进行缩放。

- 镜像模式。

单击对象上的夹点，在命令行的提示下，连续按四次 Enter 键或输入“MI”后按 Enter 键，系统便进入“镜像”模式，此时可以将对象镜像。

5.9 修改对象特性

在 AutoCAD 2018 中绘制的每一个对象，都是具有特性的。通过对“特性”选项板上的参数修改可以实现对象相应特性的改变。

<访问方法>

✧ 命令行：DDMODIFY 或 PROPERTIES。

✧ 菜单：【修改（M）】→【特性（P）】。

✧ 工具栏：【标准】→【特性】按钮。

✧ 功能区：【视图】→【选项板】→【特性】按钮 特性。

✧ 快捷键：Ctrl+1。

利用 AutoCAD 2018 提供的“特性”选项板（见图 5-36），可以方便地设置或修改对

象的各种属性。不同的对象具有不同类型的属性和不同的属性值，当修改属性值后，对象将表现新的属性。在对象特性选项板中将如图 5-36 所示的圆的直径改为 800，结果如图 5-37 所示。

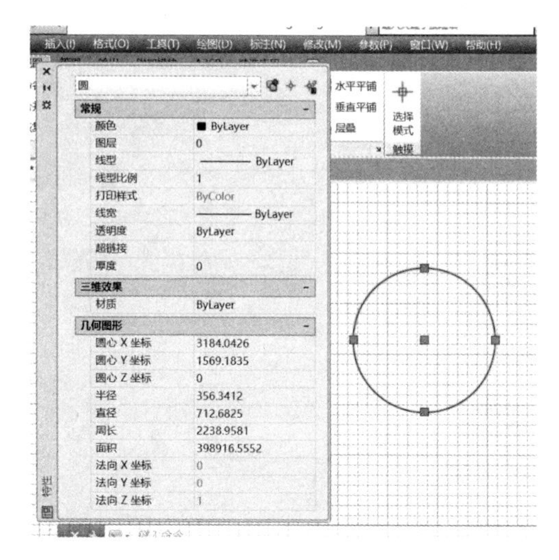

图 5-36　“特性”选项板

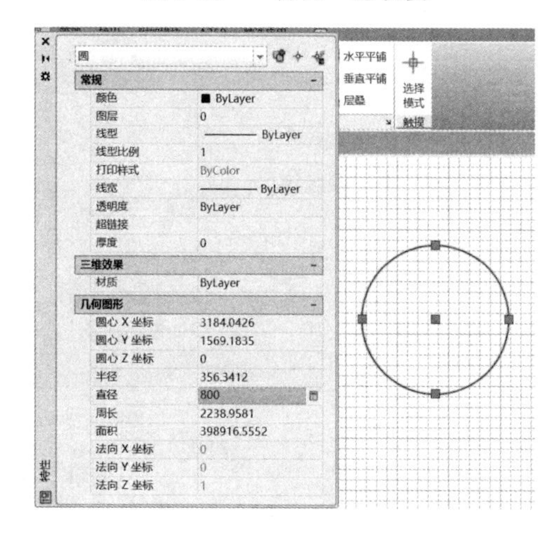

图 5-37　修改对象特性

第6章 文字与表格、图案填充

6.1 文字样式的设置

在 AutoCAD 中可以输入和显示文字，并且它也是一种图形对象。文字的特性受文字样式影响，如字体、尺寸和角度等。首次创建文字对象时，系统使用默认的文字样式，我们可以根据需要修改已有的文字样式或自定义文字样式。

<访问方法>

✧ 功能区：【默认】→【注释】。

✧ 菜单：【格式（O）】→【文字样式（S）】。

✧ 工具栏：A。

✧ 命令行：STYLE。

系统弹出如图 6-1 所示“文字样式”对话框，对话框中可以修改和定义文字样式。

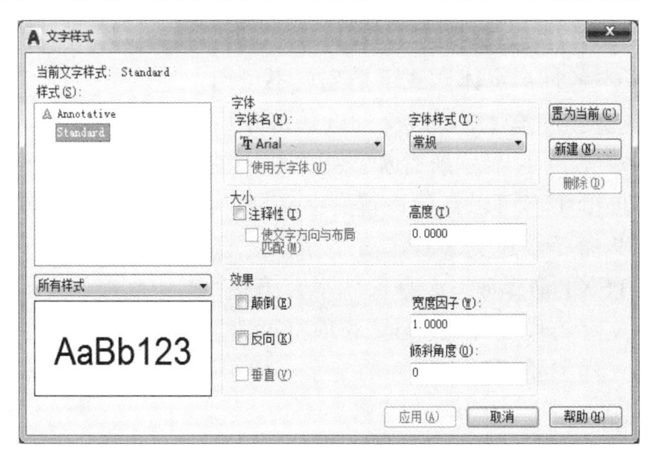

图 6-1　“文字样式”对话框

“文字样式”对话框主要用于实现以下功能。

1．设置样式名称

在“文字样式”对话框的 样式(S): 列表中，显示经过新建、重命名或待删除的已有的文字样式的名称。当有多个样式时，在 样式(S): 框中选择将要使用的样式，再选择窗口中的 置为当前(C) 选项，则可对当前样式进行修改。

- 样式名列表：列出图中选定文字样式，默认的文字样式为 Standard（标准）。
- 样式列表过滤器下拉列表：下拉 所有样式 选项，选择指定样式名列表中显示样式类型。
- 新建样式：单击新建按钮（或按快捷键 N），系统弹出“新建文字样式”对话框，在窗口的 样式名: 样式 1 中输入样式名，单击确定，新文字样式名将显示在 样式(S): 中。
- 删除样式：选择样式列表中的样式名后，单击删除按钮（或按快捷键 D），弹出提示窗口，选择确认删除样式。

注：如果要重命名文字样式，应当选中文字样式并单击右键，在弹出的快捷菜单中选择重命名命令，用户无法重命名 standard 文字样式。

Note

2. 设置字体

AutoCAD 中可以使用 TrueType 字体和 AutoCAD 编译字体两种字体文件。其中 TrueType 是 Windows 系统应用程序中应用的标准字体，Windows 自带很多 TrueType 字体，并且其他应用程序在加载到计算机后，还可得到其他 TrueType 字体，其中 AutoCAD 也有一组自带 TrueType 字体。该字体允许修改样式，比如斜体和粗体等。

为了满足非英文版 AutoCAD 的更多文字要求，AutoCAD 还支持 Unicode 字符编码标准，该编码最多可以支持 65535 个字符。此外，AutoCAD 也支持大字体（BigFonts）这种特殊字体，是为了支持像汉字的这类字符。

“文字样式”对话框中的字体选项框中的字体名可以设置字体类型，字体样式可以设置斜体粗体等选项。

- “字体”选项框中，默认字体名为 Arial，默认字体样式为常规，通过 下拉按钮加载所有的 AutoCAD 字体 和 TrueType 字体 的字体名和字体样式。但在选择 AutoCAD 字体的字体名时，字体样式下拉列表不可用，选项 常规 变成灰色，但可以勾选大字体 使用大字体(U) 选项，勾选该选项后，字体样式下拉列表变成大字体下拉列表 @extfont2.shx，下拉显示所有加载到系统中的 AutoCAD 编译字体。
- “大小”选项框中，可以直接设置文字高度，在高度中填入数字即可，默认高度为 0，当使用 TEXT 命令创建文字时，命令行会提示用户指定文字高度，但如果在该处设置了高度，使用 TEXT 命令时，命令行就不会出现“指定高度”提示。当勾选 注释性(I) 选项时，下方的“使文字方向与布局匹配”选项将可选，高度显示处也会变成 图纸文字高度(T)，默认值仍为 0。此式样主要用于注释性的文字，便于缩放注释的过程自动化，以及使注释文字正确打印。

3. 设置文字效果

在效果选项框中，可以设置文字的显示效果，主要有颠倒、反向、垂直三个选项。

- 颠倒(E) 选项框：勾选该选项框之后，文字关于文字下方的水平线做轴对称，如图 6-2 所示。
- 反向(K) 选项框：勾选该选项框之后，文字关于文字右侧的垂直线做轴对称，如图 6-3 所示。

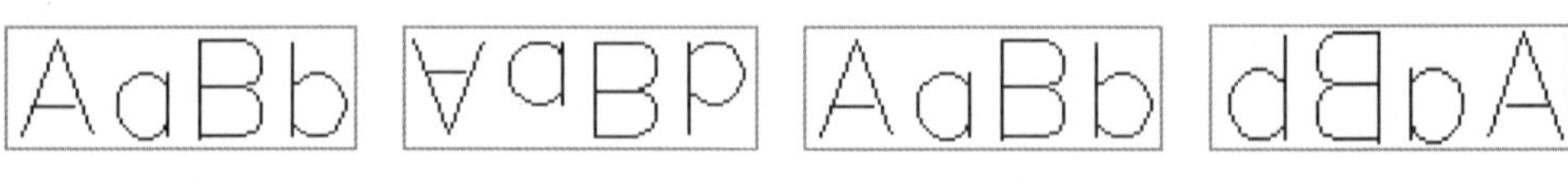

（a）颠倒前　（b）颠倒后　（a）反向前　（b）反向后

图 6-2　颠倒样式　　图 6-3　反向样式

- 垂直(V) 选项框：勾选该选项框之后，文字从上至下进行排列，如图 6-4 所示，但垂直效果对 TrueType 字体无效。
- “宽度因子（W）”文本框：该选项主要是填入宽度因子以改变文字宽度，默认值为 1，填入大于 1 的数字则文字变宽，填入小于 1 的文字则文字变窄，如图 6-5 所示。

（a）垂直前

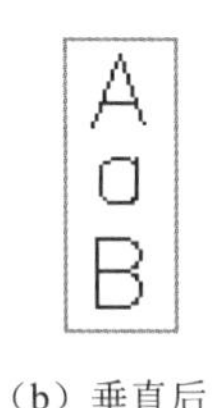

（b）垂直后

图 6-4　垂直样式

（a）宽度因子 1.0

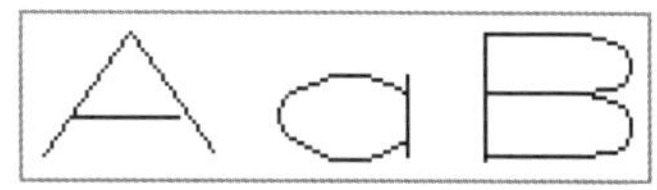

（b）宽度因子 2.0

图 6-5　不同宽度比例的样式

Note

- “倾斜角度（O）”文本框：该选项用于设置文字字符倾斜的角度，默认值为 0°，即文字不倾斜。当数值大于 0° 时，文字向右倾斜对应角度；当数值小于 0° 时，文字向左倾斜，如图 6-6 所示。

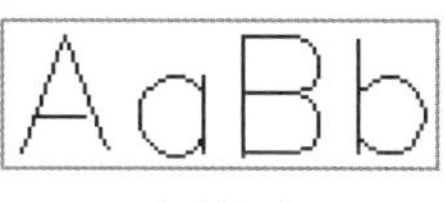

（a）倾斜角度 0°

（b）倾斜角度 30°

图 6-6　不同倾斜角度的样式

4. 预览和应用文字样式

“文字样式”对话框中，样式过滤下拉列表[所有样式 ▾]下侧为预览框，选定文字样式后，预览框中的文字效果自动发生变化，选择完成所有选项后，单击[应用(A)]，之后创建的文字将使用该效果的文字样式。

6.2 单行文字标注

单行的文字可以由字母、单词或者完整的句子组成，以该方式创建的文字，每行都是单独的 AutoCAD 文字对象，可以对每行文字进行单独的编辑操作。

1. 创建单行文字的常见操作过程

<操作过程>

Step 01　通过菜单的[绘图(D)]，选择底部的[文字(X)]，出现二阶选项菜单，并选择[单行文字(S)]命令，或者在命令行输入“DTEXT”或“DT”。

Step 02　指定文字的起点。绘图区下方命令提示行出现如图 6-7 所示的提示，在绘图区任何位置单击，此位置将成为文字的起点（记为点 *A*），此外也可以输入字母 J 选择向某个目标的上下左右等方向对正，或输入字母 S 进行样式选择。

TEXT 指定文字的起点 或 [对正(J) 样式(S)]:

图 6-7　指定文字起点的命令行提示

Step 03　指定文字高度。确定了文字起点后，命令行提示会出现如图 6-8 所示的提示，此时可以由键盘输入数值并按 Enter 键确认，也可以直接在绘图区单击得到点 *B*，起点

Note

A 到点 B 的距离则为文字高度。

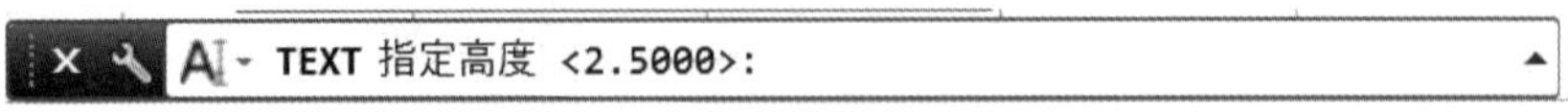

TEXT 指定高度 <2.5000>:

图 6-8　指定文字高度的命令行提示

Step 04　指定文字的旋转角度。完成第三步，命令行提示指定文字旋转角度，如图 6-9 所示，如果直接按下 Enter 键，则不旋转文字，如果输入 30 后回车，则表示文字顺时针旋转 30° ，或在绘图区选取一点 C，线段 AC 与 X 轴的角度则为文字旋转角度。

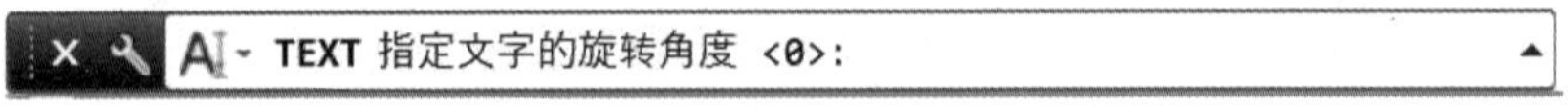

TEXT 指定文字的旋转角度 <0>:

图 6-9　指定文字旋转角度的命令行提示

Step 05　前四步完成后，就可以输入对应样式、高度和旋转角度条件下的文字，文字输入结束后，按一次 Enter 键换行可继续输入，按两次 Enter 键结束操作，结果如图 6-10 所示。

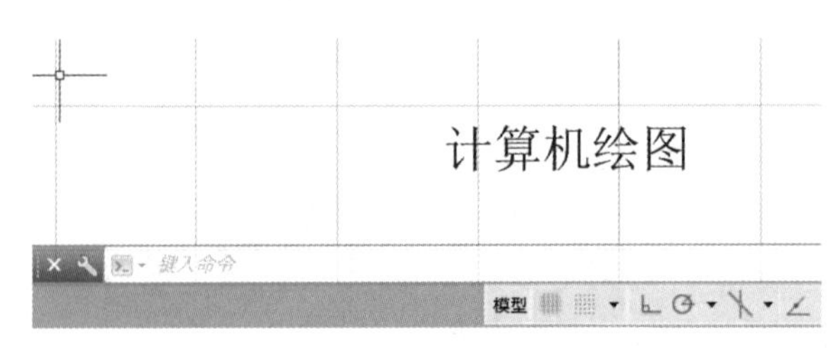

图 6-10　单行文字标注

2. 设置文字对正方式

在介绍图 6-7 内容时，提到文字对正方式，命令行提示在选择对正后将出现如图 6-11 所示情况。下面详细介绍一些选项。

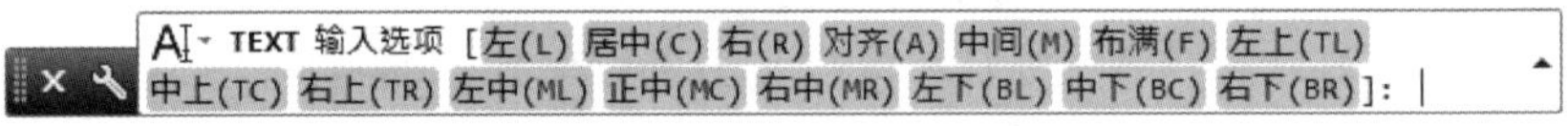

TEXT 输入选项 [左(L) 居中(C) 右(R) 对齐(A) 中间(M) 布满(F) 左上(TL) 中上(TC) 右上(TR) 左中(ML) 正中(MC) 右中(MR) 左下(BL) 中下(BC) 右下(BR)]:

图 6-11　文字对正的命令行提示

- 对齐（A）：该选项要求创建文字行基线的起点与终点，系统会于该两点间对齐文字，两点间连线的角度决定了文字的旋转角度，两点间的字高、字宽根据距离内字符的多少和设定的字符宽度比例自动调整。详细操作步骤如下。

<操作过程>

Step 01　从绘图下拉菜单进入单行文字选项。

Step 02　输入“J”并回车进入对正选项，此时再输入“A”，进入对齐模式，在提示下选择第一个点，记为点 a，在提示下选择第二个点，记为 b。

Step 03　输入文字，完成后回车两次结束操作。输入文字时，文字水平分布，完成操作后，文字自动调整到最初 a、b 两点所确定位置，如图 6-12 所示。

图 6-12　“对齐（A）”选项

- 布满（F）：该选项提示指定两个点，在两点间对齐文字，该选项与“对齐”选项不同之处在于该选项可以根据自己的要求设定文字高度，并由系统拉伸和压缩文字使之位于两点之间。
- 居中（C）：该方式为确定一点，并以该点为文字基线中心，文字平均分布在该点两侧，如图 6-13 所示，选点在光标所在位置。
- 中间（M）：与“居中”方式相似，但该方式的文字不仅左右平均分布，且同时保证上下平均分布，如图 6-14 所示，选点在光标所在位置。

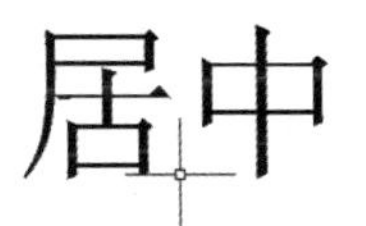

图 6-13　“居中（C）”选项

图 6-14　“中间（M）”选项

- 右（R）：默认的选点在文字的左下方，该选项表示选定的点是在文字的右下方，其他高度、角度的选择方式不变。
- 其他选项：如图 6-15 所示的三条直线，分别为文字的顶线、中线和底线。这些对正方式都与这三条线有关。

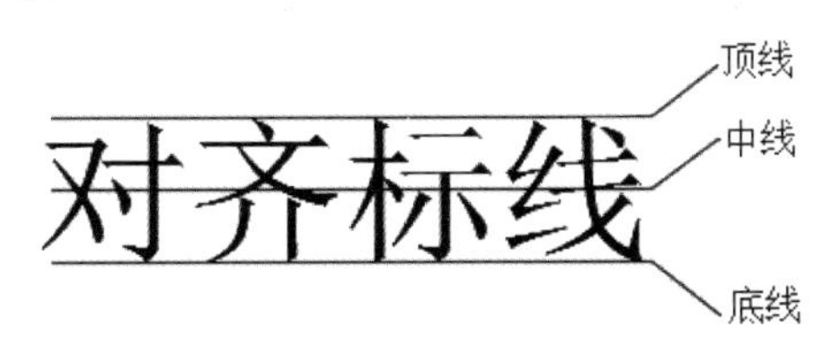

图 6-15　对齐选项中其他选项的参照线

3．设置文字样式

在图 6-7 中，还有一个样式（S）选项，输入“S”并回车进入文字样式设置界面，如 6-16 所示。根据前文讲述的文字样式设计，输入要使用的样式的名称则使用对应的样式。如果输入“？”并按两次回车键，则显示当前所有的文字样式，如果直接按回车键，则使用默认样式“Standard”。

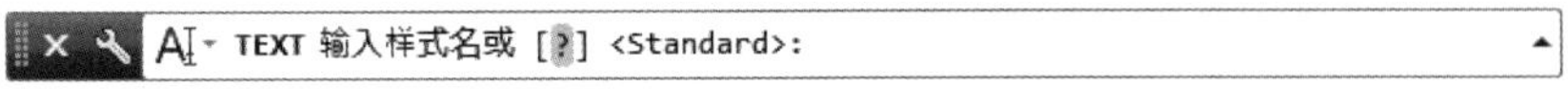

TEXT 输入样式名或 [?] <Standard>:

图 6-16　指定文字样式命令行提示

4．注意事项

- 输入文字时，可以随时在绘图区任何位置单击，单击后改变文字的定位点。
- 文字输入错误时，用退格键即可删除文字，和常规文字输入方式一致。

◆ 任何角度和高度的文字，输入时都是水平输入且左对齐的，相应的旋转和调整会在结束编辑后自动转换。

Note

◆ 如果需要键入一些特殊字符，如加下画线等，是无法直接设置的，此时需要应用系统提供的一些特殊的控制符来实现这些功能，控制符号由两个百分号（%%）和紧接其后的英文字符构成，英文字符不区分大小写，但百分号（%）必须是英文环境下的百分符号，常见控制符号如下：

- %%D（%%d）：标注“度（°）”的符号。如，创建“30°”时要在命令行输入“30%%D”或“30%%d”。
- %%P（%%p）：标注“正负公差（±）”符号。如创建“30±1”时要在命令行输入“30%%P1”或“30%%p1”。要创建“30°±1°”时，则要输入“30%%D%%P1%%D”。
- %%C（%%c）：标注“直径（Φ）”的符号。如创建“Φ30”，则输入“%%C30”。
- %%%：标注“百分号（%）”。如创建“30%”则输入“30%%%”。
- %%U（%%u）：打开或关闭下画线。如果要创建含下画线的文字“打开和关闭下画线”，则输入“%%U 打开%%U 和关闭%%U 下画线%%U”，同样不区分大小写。
- %%O（%%o）：打开或关闭上画线，使用方式和下画线相同。

6.3 多行文字标注

多行文字指在指定的文字边界内创建一行、多行或多段文字，且多行文字被系统视为一个整体对象，并可以对其进行整体旋转、移动等操作。创建多行文字时，要先在绘图区指定两个对角点，形成矩形边界框。文字将以第一个点为起点，当文字超过矩形框的长度后，会自动换行。

6.3.1 插入多行文字

1. 插入多行文字

<操作过程>

Step 01 通过菜单的绘图(D)，选择底部的文字(X)，出现二阶选项菜单，并选择A 多行文字(M)命令，或者在命令行输入“MTEXT”或“MT”，或者在默认工具栏选择文字选项A开始多行文字功能。

Step 02 选择绘图区中任意两个点，建立多行文字的矩形边界。

在绘图区选点的时候，选择第一个点后，命令提示行会出现如图 6-17 所示选项，可以输入对应的字符并回车，或单击对应选项完成选项的选择。

<选项说明>

- 高度（H）：用于指定新文字的高度。
- 对正（J）：用于指定矩形边界框中文字的对正方式和文字走向。
- 行距（L）：用于指定行与行之间的距离。

- 旋转（R）：用于指定整个矩形文字框边界的旋转角度。
- 样式（S）：用于指定多行文字对象中文字的使用样式。
- 宽度（W）：通过输入或者选取图形中的点指定多行文字对象的宽度。
- 栏（C）：用于设置栏的类型和模式等。

图 6-17　命令行提示

在绘图区单击两点建立文字矩形框后，功能区自动出现如图 6-18 所示的“文字编辑器”选项卡和如图 6-19 所示的文字输入窗口。

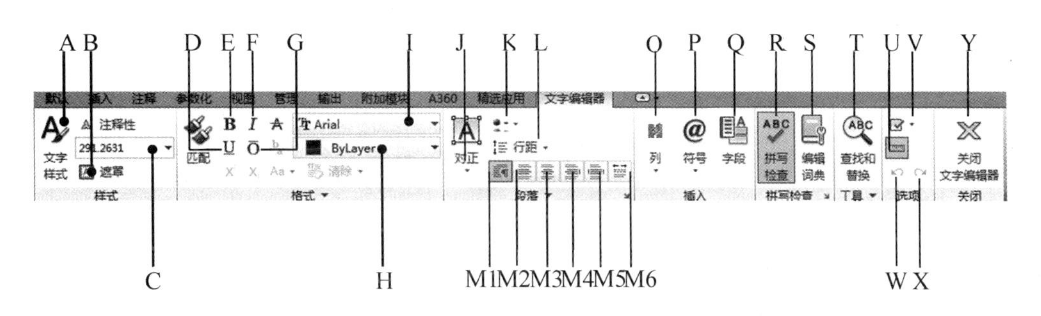

图 6-18　建立矩形边界后的“文字编辑器”选项卡

“文字编辑器”选项卡中按钮功能说明如下：

A—选择文字样式；B—背景遮罩；C—选择或输入文字高度；D—下画线；E—粗体；F—斜体；G—上画线；H—选择文字的颜色；I—选择文字的字体；J—对正；K—项目符号和编号；L—行距；M1—段落；M2—左对齐；M3—居中；M4—右对齐；M5—对正；M6—分散对齐；O—分栏；P—符号；Q—字段；R—拼写检查；S—编辑词典；T—查找和替换；U—标尺；V—更多；W—放弃；X—重做；Y—关闭文字编辑器

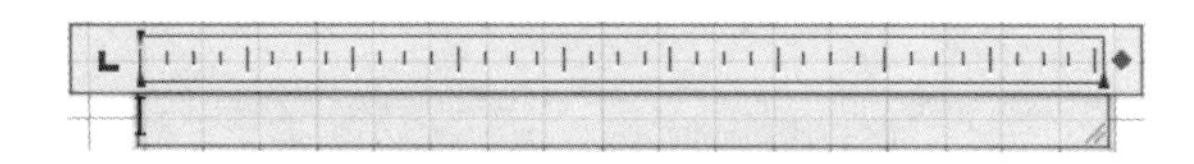

图 6-19　文字输入窗口

Step 03 输入文字，在下拉列表中选择合适的字体，并确定文字高度，切换到需要的中文或英文输入状态，在如图 6–19 所示的文字输入窗口中输入文字，在空白位置单击完成操作。

注意：输入英文文本时，单词之间必须有空格，否则无法自动换行。在文字窗口中输入文字的同时可以编辑文字，用户可以用鼠标或键盘上的按键在窗口中移动文字光标，还可以用标准的 Windows 控制键来编辑文字。在“文字编辑器”选项卡中，可以实现文字样式、字体、高度、加粗和倾斜等样式设置，通过文字输入窗口的滑块还可以编辑多行文字的段落缩进、首行缩进、调整多行文字对象的高度和宽度等内容，用户可以单击标出的任意一个位置自行设置制表符。

2. 设置段落格式

Note

在文字输入窗口的标尺上右击，弹出快捷菜单，选择其中的“段落…”命令，或直接双击窗口中间标尺，则系统弹出如图 6-20 所示的“段落”对话框，可以在对话框中设置制表位、段落的间距、行距、对齐方式和段落的缩进等内容。

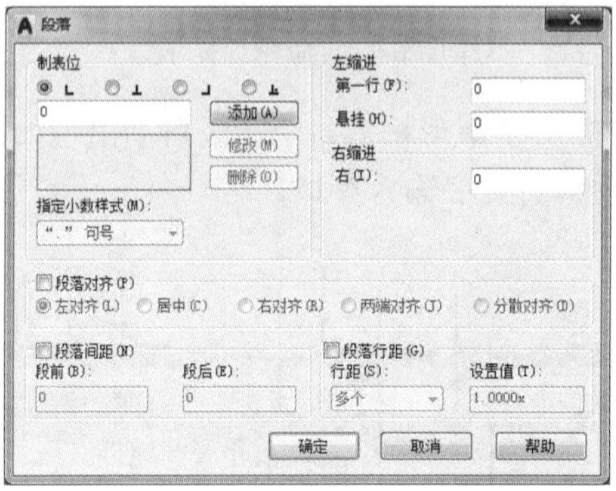

图 6-20　“段落”对话框

<选项说明>

◆ 在制表位选项组中，有：

- ◉ L选项：设置左对齐制表符。
- ○ ⊥选项：设置居中对齐制表符。
- ○ ⅃选项：设置右对齐制表符。
- ○ ⊥选项：设置小数点制表符，选中此选项时，“指定小数样式（M）”下拉列表激活，便可以把小数点设置为句号、逗号和空格等样式。
- 添加(A)按钮：在制表位选项组的文本框中输入 0～250000 的数值，可以设置制表位的位置。
- 修改(M)按钮：通过此按钮可以修改已被添加的制表位位置的数值。
- 删除(D)按钮：通过此按钮可以删除已被添加的制表位。

◆ 在缩进选项组中，有：

- 第一行（F）：左缩进选项组的第一栏，用于设置第一行的左缩进值。
- 悬挂（H）：左缩进选项组的第二栏，用于设置除第一行外，其他行的悬挂缩进值。
- 右（I）：右缩进选项组的文本框，用来设定选定段落或当前段落的右缩进值。

◆ □段落对齐(P)选项被勾选后，可以设定段落的对齐方式，有左对齐（L）、右对齐（R）、居中（C）、两端对齐（J）和分散对齐（D）几种方式。

◆ □段落间距(N)选项被勾选后，可以在段前（B）和段后（E）的文本框中输入相应数字以确定被选范围的段前和段后间距。

◆ □段落行距(G)选项被勾选后，行距下拉列表激活，可以选择“多个”“至少”和“精确”，选择“多个”时，设置当前或所选行的段落行距倍数，选择“至少”则设置当前或所选行的段落行距的最小值，数值范围在 0.625 到 10 之间，选择“精确”则设置当前或所选行的段落行距，数值范围在 0.625 到 10 之间。

6.3.2 插入外部文字

Note

在 AutoCAD 中，除了可以直接创建文字之外，还可以向图形中插入使用其他的文字处理程序创建的 ASCII 或 RTF 文本文件，系统总共提供三种不同的方法插入外部文字：多行文字编辑器的输入文字功能、拖放功能以及复制和粘贴功能。

1．利用多行文字编辑器的输入文字功能

在文字输入窗口单击右键，在系统弹出的快捷菜单中选择“输入文字（I）”选项，系统将弹出选择文件的对话框，选择合适的 ASCII 和 RTF 格式文件后，打开即可输入文字，文字将插入在当前光标所在位置。除了 RTF 文件中制表符转换为空格、行距转换为单行外，其他所有字符格式和特性将被保留。

2．通过拖动以插入文字

拖动文字的插入就是利用了 Windows 的拖放功能，便于将其他软件中的文本文件插入到当前图形中。如果拖放的文件扩展名为.txt，则文字被自动识别为多行文字进行插入，保留文字的样式和高度，其他文本文件的文字则被当作 OLE 对象处理，文字对象的最终宽度取决于原始文件的断点和换行位置。

3．复制和粘贴文字

利用 Windows 的粘贴板功能，将外部文字复制粘贴到当前图形中。

6.4 文字编辑

文字与其他的 AutoCAD 对象相似，可以使用大多数的修改命令进行编辑（如复制、移动、旋转、镜像等）。单行文字和多行文字的修改方式基本相同，只是单行文字不能使用 EXPLODE 命令来分解，而用该命令可以将多行文字分解为单独的单行文字对象。另外，系统还提供了一些特殊的文字编辑功能，下面将分别对这些功能进行介绍。

6.4.1 使用 DDEDIT 命令编辑文字

用 DDEDIT 命令可以编辑文字本身的特性及文字的内容，最简单的启动方法是双击想要编辑的文字，系统将立即显示出编辑文字的对话框。几种常见启动该命令的方式如下。

<访问方法>

✧ 菜单：【修改（M)】→【对象（O)】→【文字（I)】→【编辑（E)】。

✧ 工具栏：双击文字。

✧ 命令行：DDEDIT（ED)。

执行这个命令时，系统首先会提示选取文字对象，并且针对选取对象的类型不同，DDEDIT 命令也将显示不同的对话框。

Note

如在菜单选择“修改（M）”→“对象（O）”→“文字（I）”命令后，系统会弹出如图 6-21 所示的子菜单。

图 6-21　子菜单

选择子菜单中的“编辑（E）”命令后，命令行将提示模式选择，输入“M”并回车后，命令行如图 6-22 所示。

TEXTEDIT 输入文本编辑模式选项 [单个(S) 多个(M)] <Multiple>:

图 6-22　命令行模式选项提示

- 编辑单个文字。

在命令行输入“S”并回车，进入注释对象的选择，选取要编辑的文字后，即可对其进行修改，本次修改结束后，将自动结束文字修改状态。

- 编辑多个文字。

在命令行输入“M”并回车，同样进入注释对象的选择，选择并编辑完文字后，还可以对其他文件再次进行选择和编辑，或者再次在命令行输入“M”并回车，可以再次选择文本编辑模式。

6.4.2　使用“特性”选项板编辑文字

单击要编辑的文字，右击弹出快捷菜单，选择“特性（S）”命令，便可打开“特性”选项板。在“特性”选项板除了可以修改文字，还可以修改与文字相关的其他特性，比如颜色、图层、线宽、高度、线型、行距、方向、旋转角度、线型比例、对正方式等，如图 6-23 所示。如果要修改多行文字独享的文字内容，则最好选择内容项中的文字内容按钮，再在创建文字时的界面中编辑文字。

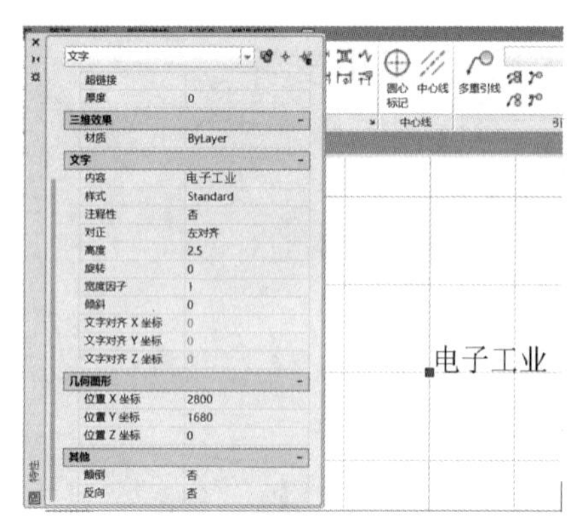

图 6-23　文字的相关特性

Note

6.4.3 比例缩放文字

如果用 SCALE 命令缩放文字，则在选取多个文字对象时，难以保证文字都保持在原来的初始位置，而 SCALETEXT 命令很好地解决了这个问题。它可以在操作中缩放一个或者多个文字对象，且每个文字对象在比例缩放时能保证位置不变，以图 6-24 为例，说明其操作步骤。

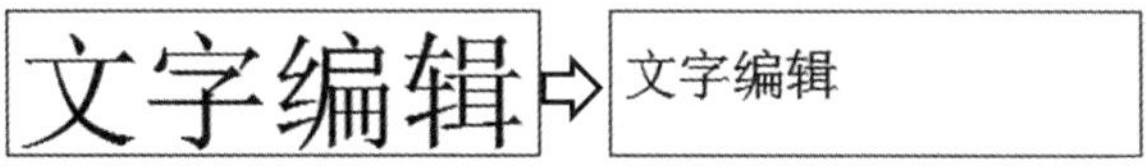

文字编辑 ⇨ 文字编辑

图 6-24 文字的缩放

<操作过程>

Step 01 选择菜单中“修改（M）”→“对象（O）”→“文字（I）”→“比例（S）”选项。

Step 02 命令行提示选择对象，可以通过单击或框选选取，按回车键结束选择。

Step 03 回车后，命令行提示显示如图 6–25 所示。

Step 04 输入“E”后选择现有的缩放模式，进入高度确定状态。

Step 05 任选两点确定高度，确定后文字将按照对齐方式进行缩放。

SCALETEXT [现有(E) 左对齐(L) 居中(C) 中间(M) 右对齐(R) 左上(TL) 中上(TC) 右上(TR) 左中(ML) 正中(MC) 右中(MR) 左下(BL) 中下(BC) 右下(BR)] <现有>:

图 6-25 命令行提示

- 在比例缩放文字时，可以通过如图 6-25 所示的命令行提示选择文字比例缩放的基点位置，且基点的指定将应用于每个选取的文字。比如选择了“中间（M）”选项，则缩放文字时，每个文字对象会基于中点缩放，这种方式不会改变文字的对齐方式。而如果要基于原点插入点缩放每个文字，则可以选择“现有（E）”选项。
- 在指定新模型高度提示中选择“匹配对象（M）”的选项，系统会提示“选择具有所需要高度的文字对象”为目标对象，并将选择的文字对象的高度都匹配成为目标文字的高度。如果选择的“比例因子（S）”选项，则所有的文字都将被同比例缩放。

6.4.4 文字对齐

对齐文字命令（JUSTIFYTEXT）能使多个文字对象在位置不改变的前提下，改变一个或多个文字的对齐方式。几种常见的启动方式如下。

<访问方法>

✧ 功能区：【注释】→【文字】→【对正】按钮。

✧ 菜单：【修改（M）】→【对象（O）】→【文字（I）】→【对正（J）】。

✧ 工具栏：

✧ 命令行：JUSTIFYTEXT。

输入命令后显示的对正选项如图 6-26 所示。单行文字的对正选项，除“对齐”“调整”和“左”文字选项与左下（BL）多行文字附着点等效外，其余选项与多行文字的选项相似。

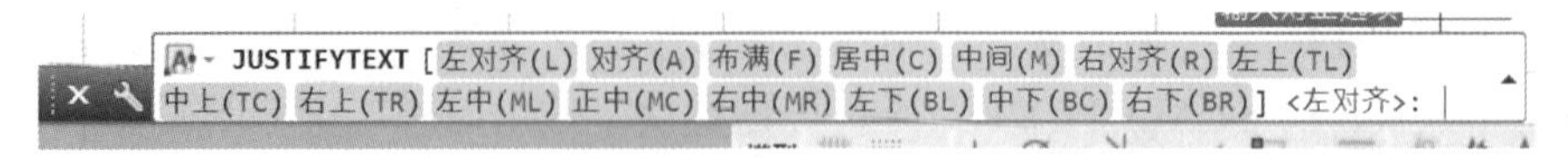

图 6-26　对正选项

6.4.5　查找和替换文字

AutoCAD 的系统提供了查找和替换文字的功能，可以查找和替换单行文字、多行文字、块的属性值、尺寸表中的文字、超链接说明、超链接文字和表格文字等。查找和替换功能可以定位模型空间中的文字和图形中任何一个布局中的文字，也可以在任何一个缩小查找范围的选择集中查找。当处理一个部分打开的图形时，该命令只会考虑打开的这一部分图形，由以下几种方式打开查找和替换功能。

<访问方法>

✧　菜单：【编辑（E)】→【查找（F)】。

✧　工具栏：右键→【查找（F)】

✧　命令行：FIND。

执行了 FIND 命令后，系统会显示“查找和替换”对话框，如图 6-27 所示。可以在“查找内容（W)”中输入需要被替换的内容，并在“替换为（I)”中输入需要替换成的内容，在查找位置中选出合适的选项后，可以通过单击“替换（R)”进行一一替换，也可以直接全部替换，如果需要列出替换结果，则应当在替换前勾选“列出结果”选项。

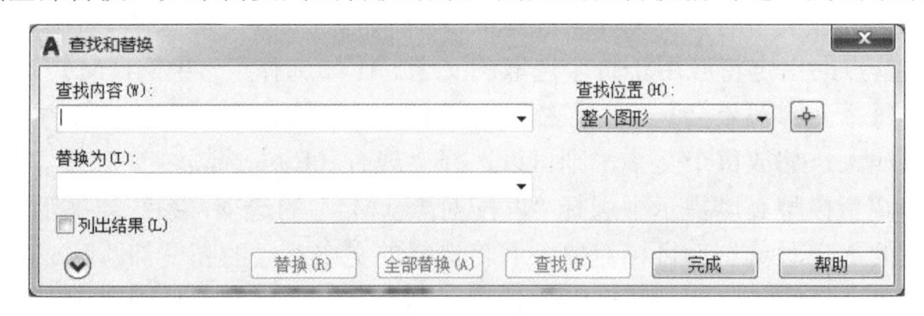

图 6-27　“查找和替换”对话框

6.5　表格绘制

AutoCAD 自 2015 版起就提供了自动创建表格的功能，这个功能非常实用且应用非常广泛，可以利用该功能创建机械图中的零件明细栏和齿轮参数说明表等。

6.5.1　定义表格样式

<访问方法>

✧　功能区：【默认】→【注释】→【表格】→【表格样式】。

✧　菜单：【格式（O）】→【表格样式】。

✧　工具栏：

✧　命令行：TABLESTYLE。

定义表格前首先要对表格进行创建，通过选择菜单中的“格式（O）”选项，从级联菜单中选择表格样式的命令（也可以直接在命令行中输入“TABLESTYLE”后回车激活该命令），系统将弹出如图 6-28 所示对话框，单击对话框中“新建（N）”后，将弹出以 Standard 样式为基准的新样式，命名后选择“继续”则进入样式的定义。如果有多个样式时，选择要使用的样式后，单击“置为当前”按钮，则创建表格时将按照选择的样式进行创建，被选择的样式无法被删除。如果要修改当前的样式，但表格样式过多，可以在“列出（L）”下拉列表中选择显示当前使用的样式。

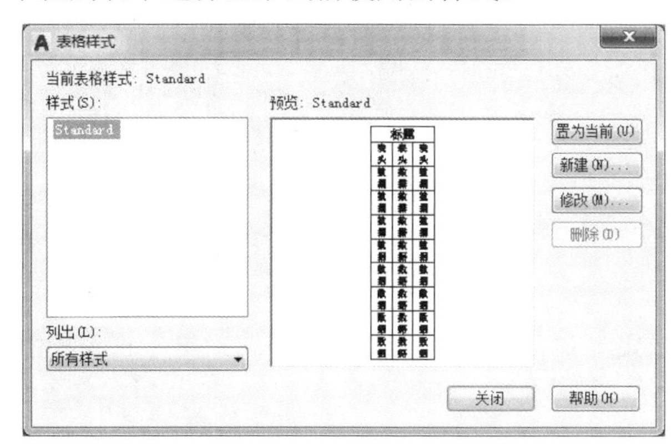

图 6-28　“表格样式”对话框

样式定义如图 6-29 所示，选择修改时也出现相同的对话框，每个选项组的介绍如下：

- 起始表格：使用户可以在图形中指定一个表格用作样例来设置表格的样式。选择按钮后对话框消失，在图形中选择作为表格样式的起始表格，这样就可以指定要从表格复制到表格的样式、结构和内容等，当表格选择后，点亮，此时可以将表格从当前指定的表格样式中删除。
- 常规：在表格方向的下拉列表中选择向上或向下来设置表格的方向。选择向上时，标题位于表格的底部，且读取表格自下而上；选择向下时，标题位于表格的顶部，读取表格则自上而下。
- 单元样式：当没有选择作为模版的起始表格时，将在此选项组中定义或修改表格的样式，由下拉列表数据可以选择定义不同内容的单元样式，如标题、

表头等，也可以自己单独建立单元样式进行分类整理。为单元样式创建键，为单元样式管理键。

以图 6-29 中的“数据”样式修改为例进行介绍，“常规”选项卡可以设定数据栏中表格的填充颜色、文字的对齐方式、表格中文字的边距与行距、数据的格式类型（如常规、百分比、货币、角度等）以及将单元类型指定为数据或是标签。“文字”选项卡中，可以定义表格内数据栏文字的样式、高度、颜色和角度等。“边框”选项卡中可以定义表格中数据栏边框的线宽、线型、颜色、双线的间距以及是否应用到对应的边框上。

图 6-29　样式定义

将所有的样式设定好后，都可以在“单元样式预览”视窗中看到即将生成的表格样式。

6.5.2　插入表格

<访问方法>

✧　功能区：【默认】→【注释】→【表格】。

✧　菜单：【绘图（D)】→【表格】。

✧　工具栏：。

✧　命令行：TABLE。

表格样式定义完成后，就可以开始表格的插入。下面通过对图 6-32 所示表格的创建，来说明在绘图区如何插入空白表格的一般方法。

Step 01　执行插入表格命令，系统弹出“插入表格”对话框。如图 6–30 所示。

Step 02　设置表格。在“表格样式设置”选项区中选择 Standard 表格样式；在“插入方式”选项中选中 ◉ 指定插入点(I) 单选项；在“列和行设置”选项组的“列数”文本框中输入数值 7，在“列宽”文本框中输入数值 20，在“数据行数”文本框中输入数值 4，在“行高”文本框中输入数值 1，单击“确定”按钮。

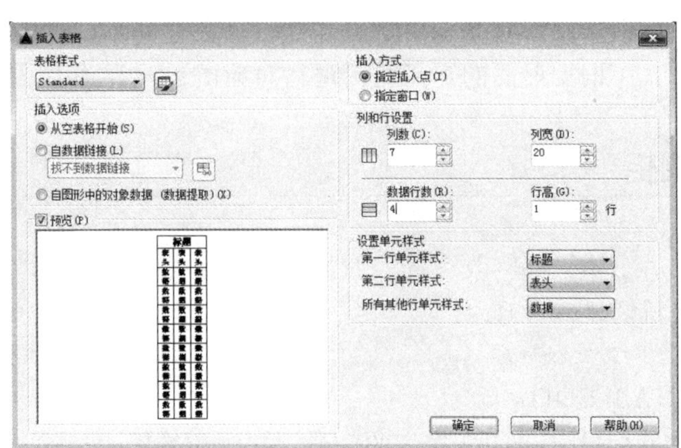

图 6-30　“插入表格”对话框

Step 03 确定表格放置位置。在命令行“指定插入点：”的提示下，选中绘图区中的一点作为表格的放置点。

Step 04 系统弹出“文字格式”工具条，同时表格的标题单元加亮，文字光标在标题单元的中间，如图 6–31 所示。按要求输入，完成表格创建，结果如图 6–32 所示。

图 6-31　“文字格式”工具条

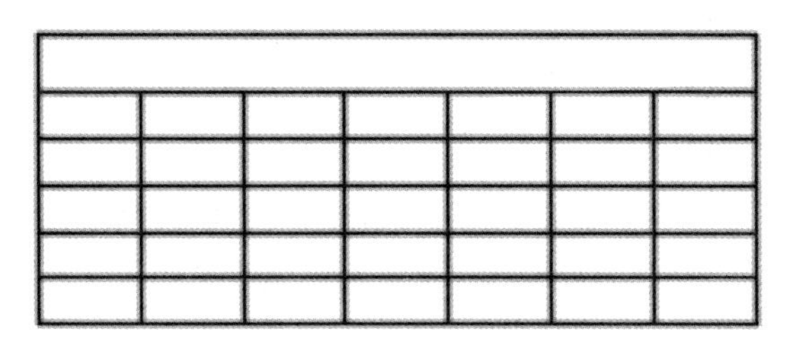

图 6-32　创建的表格

<选项说明>

“插入表格”对话框中选项说明如下。

- 表格样式：通过下拉列表选择前文介绍的定义好的样式，或单击进入如图 6-28 所示的表格样式对话框新建样式。
- 插入选项：系统默认选择从空表格开始，也可以通过“自数据连接”选项直接导入 EXCEL 的数据，或者选择自图形中的对象数据进行自动提取。
- 插入方式：默认为指定插入点，当选择指定窗口时，“行和列的设置”中列宽和行数将无法设置，而是根据指定窗口的大小和选择的列数和行高自动调整。

- 列和行设置：根据用户的要求自定义列数、行数、列宽、行高的数值。
- 设置单元样式：根据前面的定义选择每行对应的单元样式。

Note

6.5.3 编辑表格

表格创建完成后，如果要修改行宽、列宽或者删除行、删除列、删除单元、合并单元等，不用删除重新创建即可修改。

<访问方法>

✧ 命令行：TABLEDIT。

下面通过对如图 6-33 所示的标题栏的创建，来说明编辑表格的一般方法。

（图样名称）			比例	数量	材料	（图样代号）
制图			（单位名称）			
审核						

图 6-33 标题栏

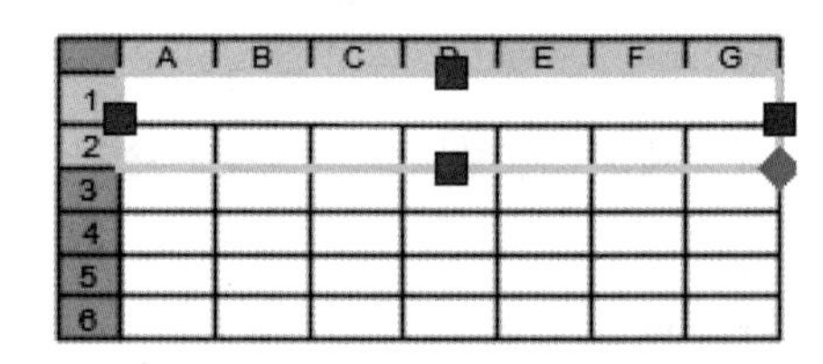

图 6-34 选取表格最上面的两行

Step 01 执行表格编辑命令 TABLEDIT，选取图 6-32 所示的表格。

Step 02 删除最上面的两行（删除标题行和页眉行）。

（1）选取行。在标题行的表格区域中单击选中标题行，同时系统弹出“表格”对话框，按住 Shift 键选取第二行，此时最上面的两行显示夹点，如图 6-34 所示。

（2）删除行。在选中的区域内右击，在弹出的快捷菜单中选择“行”→“删除”命令。

Step 03 按 Esc 键退出表格编辑。

Step 04 统一修改表格中各单元的宽度。

（1）双击表格，弹出“特性”选项板。

（2）在绘图区域中通过选取如图 6-35 所示的表格区域，然后在“水平单元边距”文本框中输入“0.5”后按 Enter 键，在“垂直单元边距”文本框中输入“0.5”后按 Enter 键。

（3）框选整个表格后在“特性”选项板“表格高度”文本框中输入“28”后按 Enter 键。

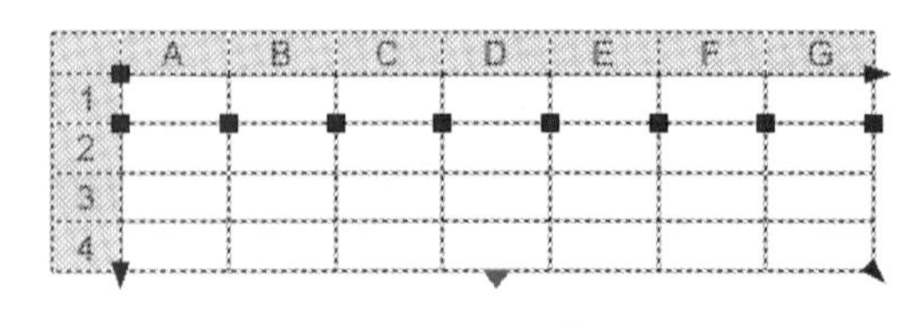

图 6-35 选取表格

Step 05 编辑第一列的列宽。

（1）选取对象。选取第一列或第一列中的任意单元。

（2）设定宽度值。在“特性”选项板的“单元宽度”文本框中输入“15”后按 Enter 键。

Step 06　参照步骤 05 的操作，完成其余列宽的修改，从左至右列宽值依次为 15、25、20、15、15、20 和 30。

Step 07　合并单元格。

（1）选取如图 6–36 所示的单元格。在左上角的单元格中单击，按住 Shift 键不放，在欲选区域的右下角单元格中单击。

A
B
C
D
E
F
G
1
2
3
4

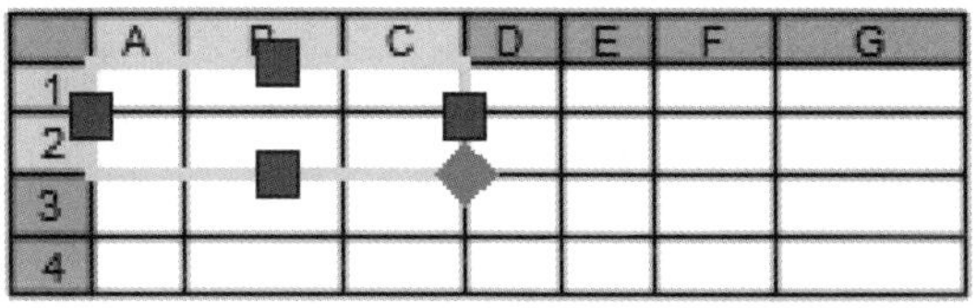

图 6-36　选取要合并的单元格

（2）右击，在弹出的快捷菜单中选择“合并”→“全部”命令。

（3）参照前面操作，完成其余单元格的合并，如图 6–37 所示。

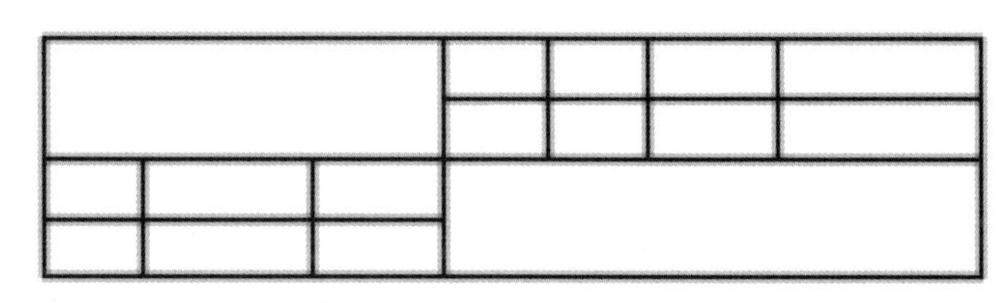

图 6-37　合并单元格

Step 08　填写标题栏。双击表格单元，然后输入相应的文字，结果如图 6–38 所示。

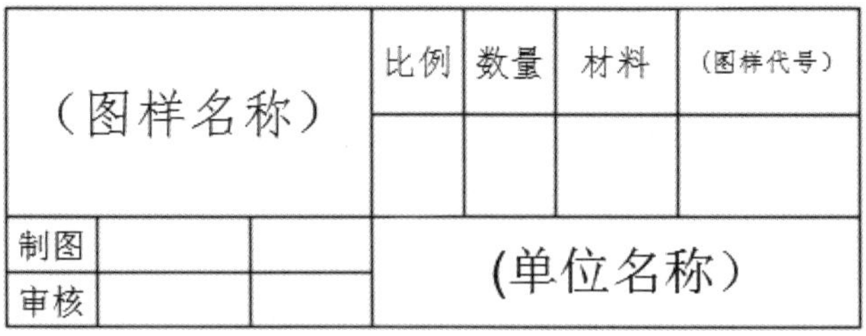

(图样名称)
比例
数量
材料
(图样代号)
制图
审核
(单位名称)

图 6-38　填写表格文字

Step 09　分解表格。

Step 10　转换线型。将标题栏中最外侧的线条所在的图层切换到“粗实线层”，其余线条为“细实线”。

6.6 图案填充

Note

AutoCAD 中的图案填充指的是以某个图案来填充某个封闭区域，以表示该区域为剖面或其他特殊含义。如在机械图中，图案填充表示某个被切开的剖面区域，不同的填充图案则表示不同的材料或不同的零部件。以图 6-39 为例介绍图案填充过程。

（a）填充前　　　　（b）填充后

图 6-39　图案填充

<访问方法>

✧　菜单:【绘图（D)】→【图案填充（H)】。

✧　功能区:【默认】→【绘图】→【图案填充】按钮 。

✧　命令行：BHATCH

在菜单中选择“绘图（D)”中的“图案填充（H)”命令，功能区出现如图 6-40 所示选项卡，同时命令行提示出现“选择对象（S)”“放弃（U)”“设置（T)”选项。此时单击圆圈内部将自动填充图案，在选项卡里选择合适的填充图形后由后的文本框设置填充图案比例以达到合适的效果，选项卡中的每个选项组详细介绍如下。

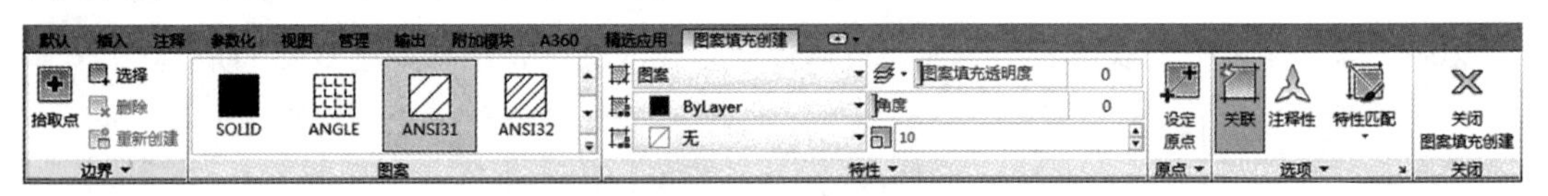

图 6-40　“图案填充创建”选项卡

选项卡从左至右分别为“边界”选项组、“图案”选项组、“特性”选项组、“原点”选项组和“选项”选项组。

◆　“边界”选项组：定义边界的构成方式。

● 选择“拾取点”按钮，系统将自动切换到图形界面，此时在图形中某封闭区域内选择任意一点，系统自动判定包含此点的填充边界和边界内部的封闭孤岛，选择其他封闭区域后又将继续判定相应的边界。

● 选择“选择”按钮，单击后进入填充区域的选择，将根据形成封闭区域的选定对象确定图案填充边界，但此时不会自动填充边界内部的封闭孤岛，若要填充边界内的封闭孤岛，需要在封闭孤岛内再次单击。

● 选择“删除”按钮，单击后可以从边界定义删除以前添加的任何对象。

● 选择“重新创建”按钮，单击后将可以为删除边界后的填充图案重新创建边界。

边界下拉菜单中还有三个选项，分别为“显示边界对象”“保留边界对象”和“指定边界集”，可以通过停留鼠标了解详细介绍。填充图案有边界和无边界的状态（见图 6-41）。

◆ “图案”选项组：在该选项组中选择填充图案的图形。

单击 将出现如图 6-42 所示的填充图案列表，其中有多种不同的图案以便于区分不同的材料，每种图案有一个图案名以示区别。

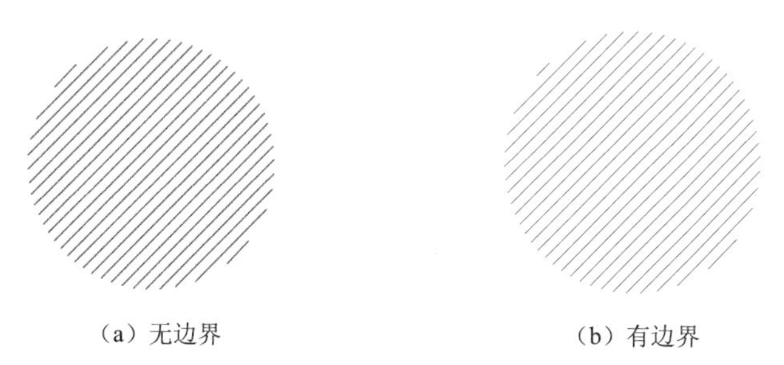

（a）无边界　　（b）有边界

图 6-41　编辑填充边界

图 6-42　填充图案列表

◆ “特性”选项组。

● 图标后面的下拉列表中，可以选择填充的内容为图案、实体、渐变色或者用户自定义的任何图片。

● 图标后的下拉列表中，可以选择填充图案的颜色。

● 图标后的下拉列表中，可以选择填充图案的背景颜色。

● 图标和其下拉列表中的选项都是对应特性的透明度设置，可以通过数值的输入，也可以通过拉动移动条来设置。下一行的角度设定同理。

● 图标表示填充图案比例的设定。

特性下拉菜单中还可以使用为图案填充指定的图层替代当前图层；用相对于图纸空间单位缩放填充图案；对于用户定义的填充图案，绘制与原始直线成 90° 角的另一组直线以及根据选定笔宽缩放 ISO 预定义图案。

◆ “原点”选项组。

选择设定原点图标后，可以指定新的原点及移动填充图案以便与指定原点对齐。在其下拉菜单中，可以将图案填充原点设置在图案填充矩形范围内的左下角、右下角、左上角、右上角以及中心点，或使用当前默认图案填充原点，也可以将指定原点另存为后续图案填充的新默认原点。

◆ “选项”选项组。

Note

关联按钮可以控制当用户修改图案填充边界时是否自动更新图案填充；注释性比例将指定根据视口比例自动调整填充图案比例；特性匹配可以选择使用当前原点或用源图案填充原点；在下拉菜单中还可以设置几何对象之间桥接的间隙、是否创建独立的图案填充、孤岛检测方式、填充图案与边界的关系等。

以上为选项卡各项功能简介，而单击 “选项”选项组右下侧的按钮后，系统将弹出如图 6-43 所示的“图案填充和渐变色”对话框。

对话框中大部分功能都可以直接在选项卡实现，需要注意的是，对话框中的“继承特性（I)”按钮，使用后可以直接复制已有的图案填充特性，并用于新的图案填充。

图 6-43 “图案填充和渐变色”对话框

6.7 编辑填充图案

创建图案填充后，可以进行修改。

<访问方法>

✧ 功能区:【默认】→【修改】面板→【编辑图案填充】按钮。

✧ 菜单:【修改（M)】→【对象（O)】→【图案填充(H)】。

✧ 工具栏:【修改】→【编辑图案填充】按钮。

✧ 命令行：HATCHEDIT。

下面根据如图 6-44 所示的例子，说明修改过程。

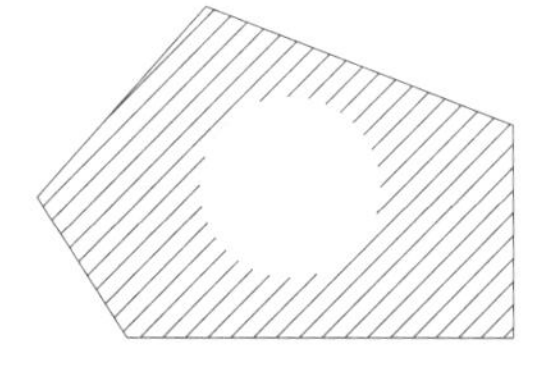

（a）修改前

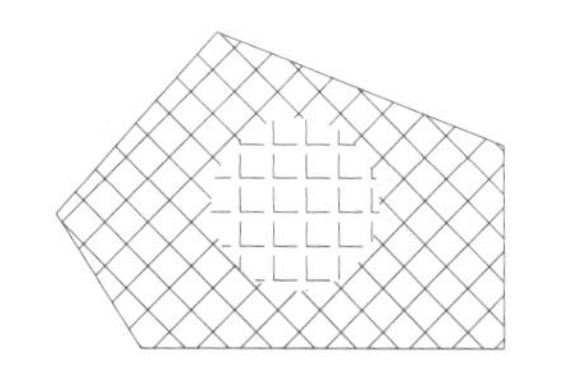

（b）修改后

图 6-44 编辑填充图案实例

Note

<操作过程>

Step 01 执行图案编辑命令 HATCHEDIT。

Step 02 选择编辑对象。单击五边形和圆形中间图形填充区域，功能区自动出现如图 6-40 所示的选项卡，在图案选项组中选择 “ANSI37 图形”，填充图案变成正方形网格。

Step 03 调整特性选项组中的填充图案比例，输入数值 2，回车后填充图案发生比例变化。

Step 04 再次回车后退出填充图案编辑模式，单击▨再次进入填充图案编辑模式，选择 “ANGLE” 图案后单击圆圈内部，自动填充新的图层。

注意：修改五边形和圆圈间的图层后，不可直接添加圆圈内的图层，此时若选择 “ANGLE” 图形，则正方形图形将再次发生变化。

第7章 尺寸标注

工程图上的尺寸是设计、生产和检验的重要依据，也是工程图的重要内容之一，所以尺寸的标注就显得尤为重要。

在 AutoCAD 中，尺寸标注用于标明图纸上图形对象的大小和相互位置，以及为图形添加公差符号、几何公差和注释等。尺寸标注包括线性标注、角度标注、引线标注、半径标注、直径标注和坐标标注等几种类型。

7.1 尺寸标注样式的设置

尺寸标注样式用来控制尺寸标注的外观，使得在图样中标注的尺寸的样式、风格保持一致，可以通过“标注样式管理器”对话框方便、直观地设置尺寸样式。由于中美尺寸标注的标准不一样，在标注尺寸时，我们一般都要先进行尺寸标注样式的设置，以符合国家标准的要求。

<访问方法>

✧ 菜单：【标注（N)】→【标注样式（D)】或【格式（O)】→【标注样式（D)】。

✧ 命令行：D。

✧ 功能区：【注释】→【标注】→【标注样式管理器】按钮 ↘。

打开“标注样式管理器”对话框，如图 7-1 所示。

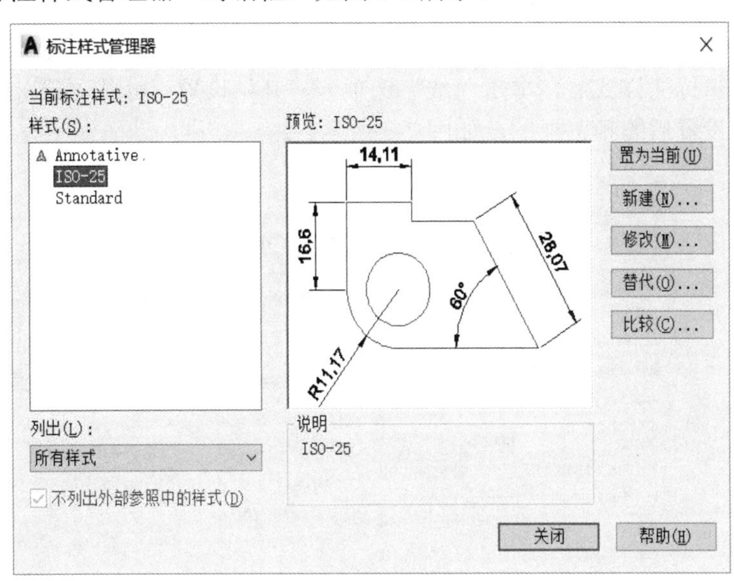

图 7-1　“标注样式管理器”对话框

<选项说明>

“标注样式管理器”对话框的各选项的说明如下。

- “置为当前”按钮：将“样式”列表中所选的某一个标注样式设置为当前使用状态。
- “新建”按钮：创建一个新的标注样式。
- “修改”按钮：对选择的某个标注样式进行修改。
- “替代”按钮：创建一个当前标注样式的替代样式。
- “比较”按钮：对两个不同的标注样式进行比较。

接下来，我们新建一个标注样式。单击“新建”按钮，对创建的新标注进行命名后单击“继续”按钮（见图 7-2），进入新建标注样式的设置。

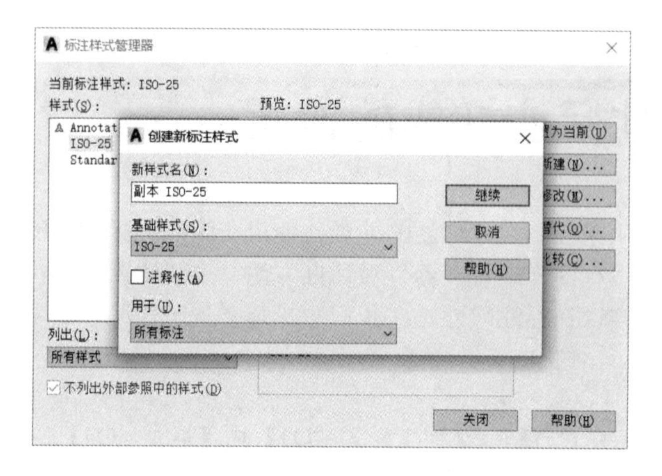

图 7-2　“创建新标注样式”对话框

7.1.1　尺寸线与尺寸界线的设置

在进入新建标注样式后，单击“线”选项卡，开始设置尺寸线与尺寸界限的样式。右上角为经过设置后的预览视图，如图 7-3 所示。

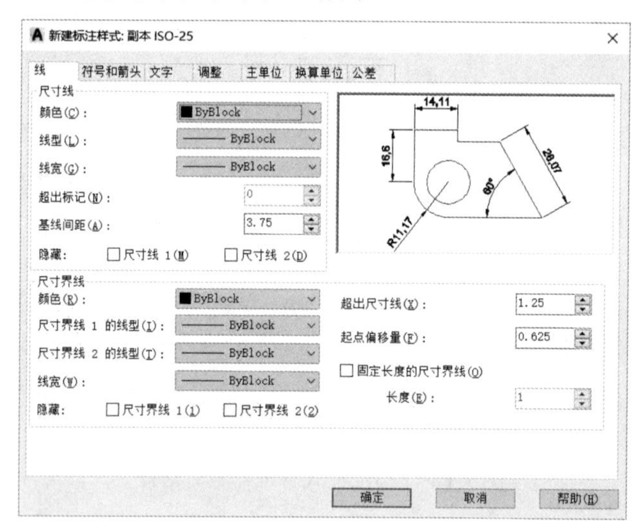

图 7-3　设置尺寸线与尺寸界限样式界面

1．尺寸线的设置

尺寸线的设置主要包括“颜色”“线型”“线宽”“超出标记”“基线间距”和“隐藏”等项目。

- “颜色”下拉列表：用于设置尺寸线的颜色。
- “线型”下拉列表：用于设置所需要的尺寸线的类型。
- “线宽”下拉列表：用于设置尺寸线的宽度。
- “超出标记”文本框：指定当箭头使用倾斜、建筑标记、积分和无标记时尺寸线超过尺寸界线的距离。“超出标记”文本框一般用于使用倾斜、建筑标记、积分和无标记

时的尺寸线标注。如图 7-4 所示，超出标记是指图中水平尺寸线，超出图中斜线的部分。“超出标记”的文本框就是用来设置超出的那部分（矩形框住）的长度。

- “基线间距”文本框：一般指上一条尺寸线与当前尺寸线之间的距离，如图 7-5 所示。创建基线标注时，可以在此设置各个尺寸线之间的距离。

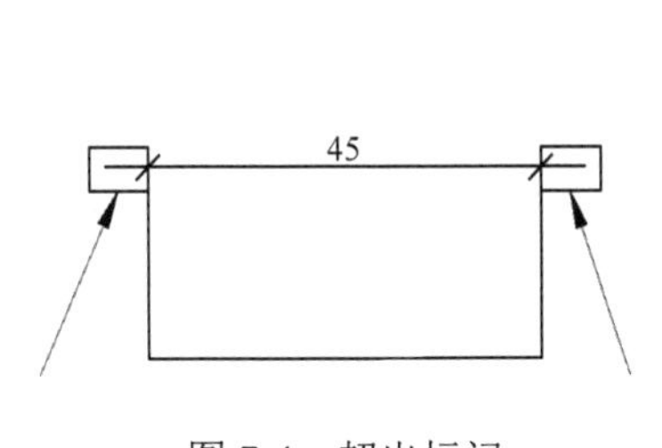

图 7-4　超出标记

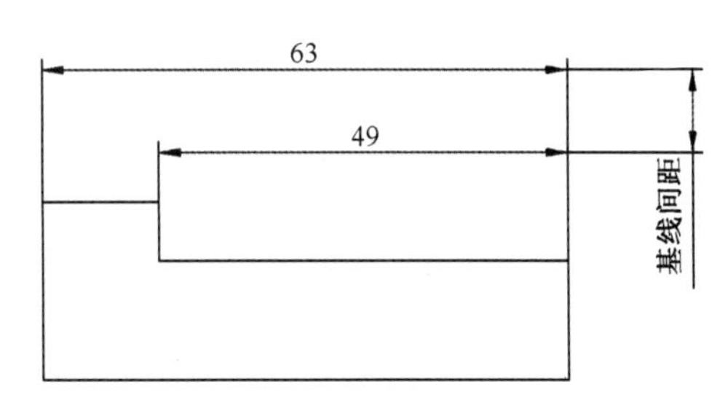

图 7-5　基线间距

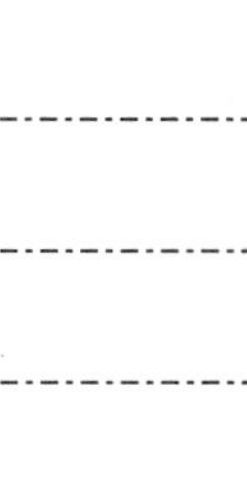

- “隐藏”选项组：通过选择“尺寸线 1”或“尺寸线 2”复选框，可以选择隐藏第一段或者第二段的尺寸线以及相应的尺寸箭头。

2．尺寸界限的设置

尺寸界限用于指明拟注尺寸的边界，用细实线绘制，引出端有 2mm 以上的间隔，末端则超出尺寸线约 2～3mm。在 AutoCAD 系统中，尺寸界线的设置包括“颜色”“尺寸界线 1 的线型”“尺寸界线 2 的线型”“线宽”“隐藏”“超出尺寸线”“起点偏移量”“固定长度的尺寸界线”“长度”等项目。

- “颜色”下拉列表：用于设置尺寸界限的颜色。
- “尺寸界线 1 的线型”“尺寸界线 2 的线型”下拉列表：用于设置尺寸界线 1 和尺寸界线 2 的线型。
- “线宽”下拉列表：用于设置尺寸界线的宽度。
- “隐藏”选项组：通过选择“尺寸线 1”或“尺寸线 2”复选框，可以选择隐藏所标注的尺寸界线。
- “超出尺寸线”文本框：用于设置尺寸界线超出尺寸线的距离。如图 7-6 所示，矩形框框住的部分即为超出尺寸线的距离。
- “起点偏移量”文本框：用于设置尺寸界限的起点与标注起点的距离。如图 7-7 所示，矩形框部分即为起点偏移量。

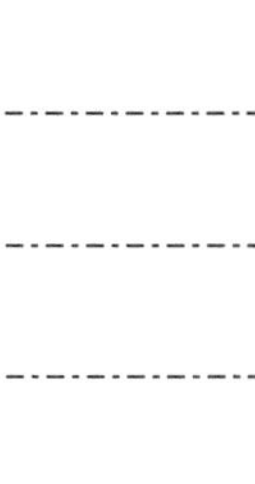

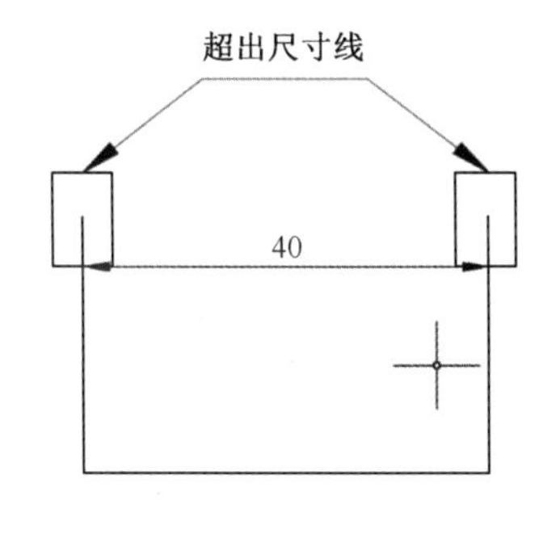

图 7-6　超出尺寸线

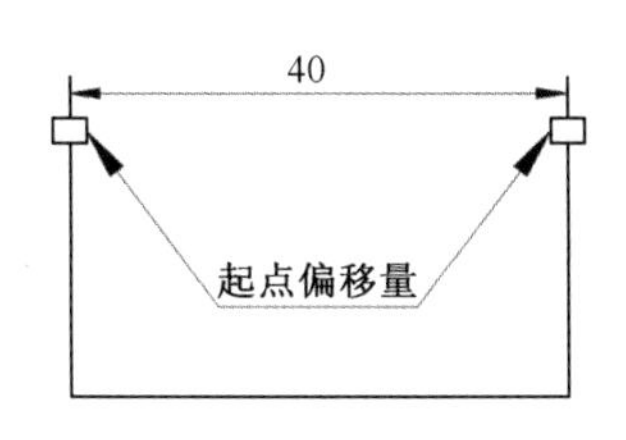

图 7-7　起点偏移量

● “固定长度的尺寸界线”复选框：用于设置使尺寸界限从尺寸线开始到标注原点的总长度固定。可以在下方的“长度”处设置所需值的大小。

Note

7.1.2 符号和箭头的设置

在创建的新建标注样式对话框中，单击“符号和箭头”选项卡，如图 7-8 所示，进入“符号和箭头”的设置。

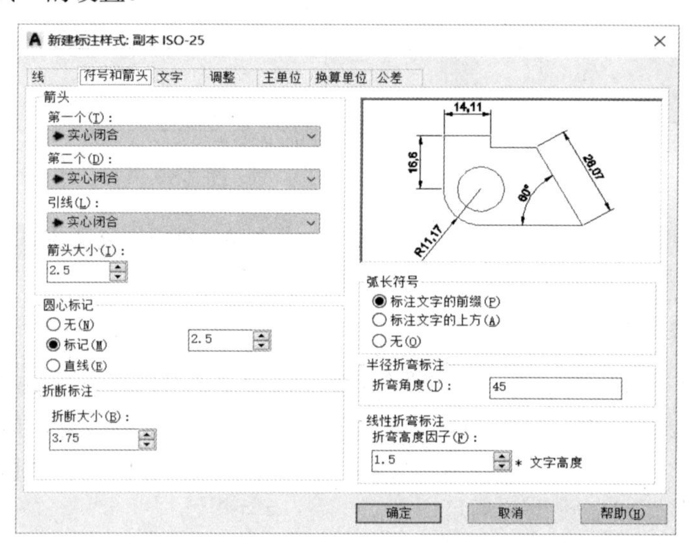

图 7-8 “符号和箭头”选项卡

1．设置箭头

在“箭头”选项组中，可以设置需要标注箭头的样式及箭头的大小。AutoCAD 提供了 20 多种箭头样式以供使用者选择。当然用户也可以根据需求自行选择“用户箭头”来选择自定义的箭头样式。

2．设置圆心标记

在“圆心标记”选项组中，可以设置圆心标记的类型和大小。该选项下的“无”“标记”“直线”单选项可用于对圆或者圆弧的圆心标记类型进行设置。

- “无”选项：不做任何标记。
- “标记”选项：对圆或圆弧绘制圆心标记。
- “直线”选项：对圆或圆弧绘制中心线。

3．设置折断标注

- “折断大小”文本框可用于设置标注被打断处的间距大小。

4．设置弧长符号

对弧长符号的设置主要靠选择“标注文字的前缀（P）”“标注文字的上方（A）”或“无（O）”单选按钮来设置。

- “标注文字的前缀（P）”选项：用于将弧长符号放在标注文字的前面。
- “标注文字的上方（A）”选项：用于将弧长符号放在标注文字的上方。
- “无（O）”选项：表示不显示弧长符号。

5．设置半径折弯标注

如果一个圆弧半径很大，在图上标注半径时尺寸线很长，这样就不是很美观，这里就用到半径折弯标注。该选项下的“折弯角度（J）”文本框用于调整尺寸线折弯处的夹角大小。

6．设置线性折弯标注

“线性折弯标注”选项下的“折弯高度因子”文本框用于设置文字折弯高度的比例因子。

7.1.3　文字的设置

在创建的新建标注样式对话框中单击“文字”选项卡，如图 7-9 所示。注意，此处的文字设置主要是对标注文字的大小、样式、颜色等进行设置。

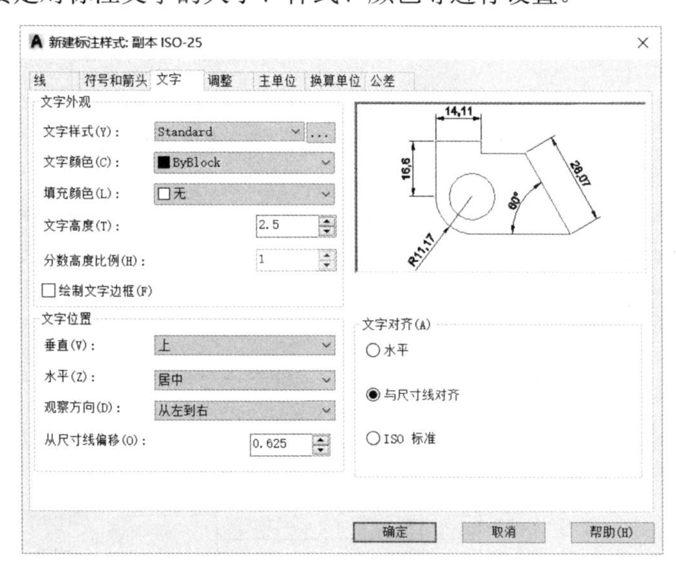

图 7-9　“文字”选项卡

1．文字外观

- “文字样式”下拉列表：用于选择标注的文字样式，单击该选项后边的按钮在弹出的“文字样式”对话框中可以根据用户需要选择新建或者修改文字样式。
- “文字颜色”下拉列表：用于设置标注文字的颜色。
- “填充颜色”下拉列表：用于设置标注文字的背景颜色。
- “文字高度”文本框：用于设置标注文字的高度（也相当于修改了标注文字的大小）。

Note

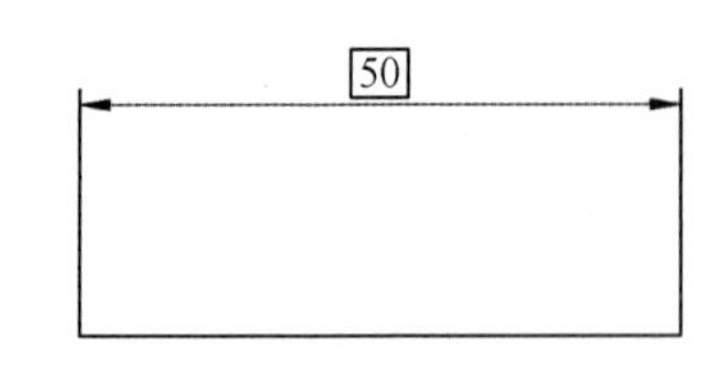

图 7-10　文字边框

- “分数高度比例”文本框：用于设置标注文字中分数部分相对于其他标注文字的比例，系统以该比例值与所标注文字高度的乘积作为分数的高度。
- “绘制文字边框”复选框：用于设置是否给所标注的文字加边框，如图 7-10 所示。

2．文字位置

- “垂直”下拉列表：用于设置标注文字相对于尺寸线在垂直方向的位置。其中，“居中”选项是将标注文字放在尺寸线中间；“上”选项是将标注文字放在尺寸线上部；“下”选项是将标注文字放在尺寸线下部；“外部”选项是将标注文字放在尺寸线远离标注起点的一侧；“JIS”选项是按照日本工业标准（JIS）的规则进行文字标注。
- “水平”下拉列表：用于设置标注文字相对于尺寸线和尺寸界线在水平方向的位置。具体选项及示例如图 7-11 所示。

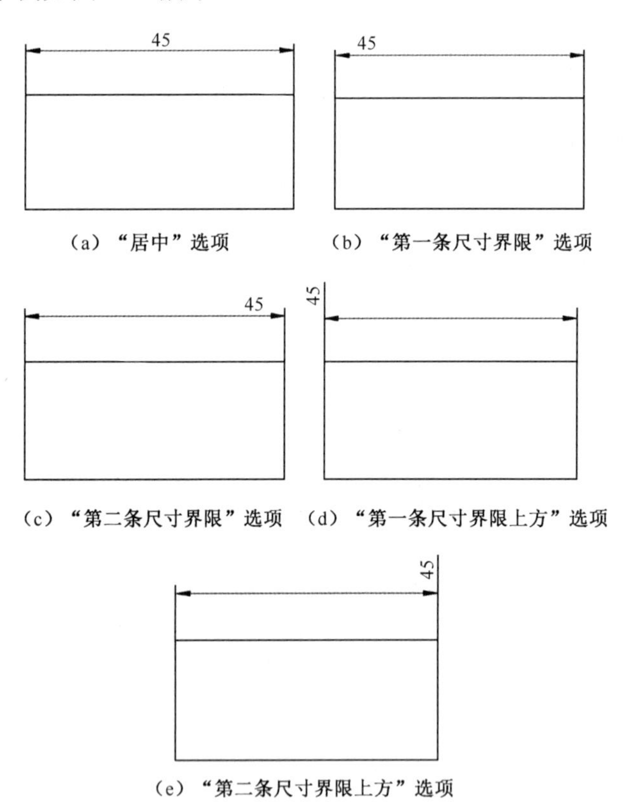

（a）“居中”选项　（b）“第一条尺寸界限”选项

（c）“第二条尺寸界限”选项　（d）“第一条尺寸界限上方”选项

（e）“第二条尺寸界限上方”选项

图 7-11　设置文字水平位置

3．文字对齐

在“文字对齐”选项中，主要是用来设置使标注文字保持水平还是使标注文字与尺寸线平行。有以下三种方式可供选择。

- “水平”选项：使标注文字水平放置。
- “与尺寸线对齐”选项：使标注文字的方向与尺寸线方向一致。
- “ISO 标准”选项：使标注文字按照 ISO 标准放置。

在选择上述三种选项时，该对话框右上方的预览视图会随选项的不同发生改变，从而可以清楚地了解三种文字对齐方式的区别。

7.1.4　尺寸调整的设置

在创建的新建标注样式对话框中，单击“调整”选项卡，进入尺寸调整的设置，如图 7-12 所示。

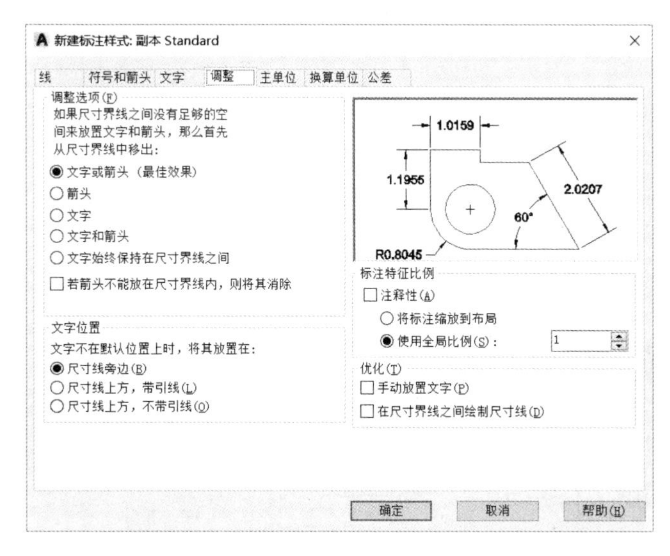

图 7-12　“调整”选项卡

1．调整选项

当尺寸界线之间没有足够空间来同时放置标注文字和箭头时，通过“调整选项”选项组中的各种选项设置，可以从尺寸界线之间移出文字或者箭头对象（AutoCAD 2018 版本也有相应的说明）。

- “文字或箭头（最佳效果）”选项：由 AutoCAD 系统按照最佳效果自动移出文本或箭头。
- “箭头”选项：首先从尺寸界线之间将箭头移出去。
- “文字”选项：首先从尺寸界线之间将文字移出去。
- “文字和箭头”选项：从尺寸界线之间将文字和箭头移出去。
- “文字始终保持在尺寸界线之间”选项：将文本始终限制在尺寸界线之间，而箭头可以自动调整。

2．文字位置

在“文字位置”选项组中，可以根据实际情况设置将文字从尺寸界线之间移出时，文字放置的位置。

3．标注特征比例

- “将标注缩放到布局”选项：根据当前模型空间视口与图纸之间的缩放关系设置比例。
- “使用全局比例”选项：在 AutoCAD 中使用标注全局比例，和标注的尺寸值无关，主要是控制标注各要素的大小、距离或偏移等。例如在一个绘图模板中，默认标注全局比例为 1，且模板规定标注要素中的文字高度为 4，箭头大小为 2.5。如果将标注全局比例调整为 2，标注的尺寸值不会受到影响，而相关的尺寸要素：文字高度和箭头大小变为原来的一倍。

注意，当选中“注释性”选项框时，此标注为注释性标注，“将标注缩放到布局”和“使用全局比例”选项将不能进行设置。

4．优化

“优化”选项组主要是对标注文字和尺寸线进行细微调整。

- “手动放置文字”复选框：选中该选项，则忽略标注文字的水平设置，在创建标注时，用户可以自行指定标注文字所放置的位置。
- “在尺寸界线之间绘制尺寸线”复选框：选中该选项，则当尺寸箭头放置在尺寸界限之外时，也在尺寸界限内绘制尺寸线。

7.1.5 主单位的设置

在“主单位”选项卡中，用户可以设置主单位的格式、精度及角度标注的格式、精度等属性。界面如图 7-13 所示。

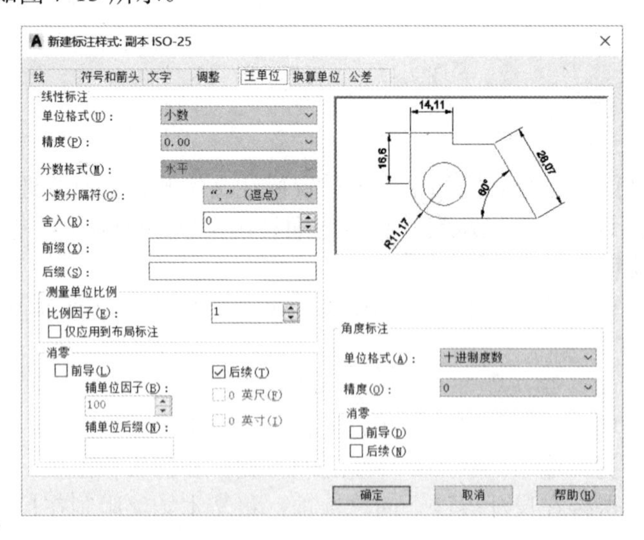

图 7-13 “主单位”选项卡

1．线性标注

“线性标注”选项组中，用户可以设置线性标注的单位格式与精度，主要有以下

Note

选项。

- “单位格式”下拉列表：用于设置线性标注的尺寸单位格式。
- “精度”下拉列表：可以用于设置所标注尺寸后小数点的位数。
- “分数格式”下拉列表：该选项用于当单元格式是分数时，可以使分数的格式呈现“水平”“对角”和“非堆叠”三种样式。
- “小数分隔符”下拉列表：可用于将小数分隔符设置为“逗点”“句点”和“空格”三种样式。
- “舍入”文本框：用于设置线性尺寸测量值的取舍规则（所取位数依照上述选项中精度的设置决定）。
- “前缀”和“后缀”文本框：用于设置标注文字的前、后缀。
- “比例因子”文本框：用于设置测量尺寸的缩放比例，即要标注的尺寸值将是测量值与该比例的积。当选中下方的“仅应用到布局标注”选项时，系统仅在布局里创建的标注中应用比例因子。
- “消零”选项组：该选项用于不显示尺寸标注中的前导和后续的零。

2. 角度标注

角度标注选项组的设置基本与线性标注选项组类似。

- “单位格式”下拉列表：用于设置角度的单位格式。
- “精度”下拉列表：用于设置所标注角度值的精度。
- “消零”选项组：用于设置是否消除角度尺寸的前导和后续的零。

7.1.6　设置换算单位

在创建的新建标注样式对话框中，单击“换算单位”选项卡，进入换算单位的设置，界面如图 7-14 所示。

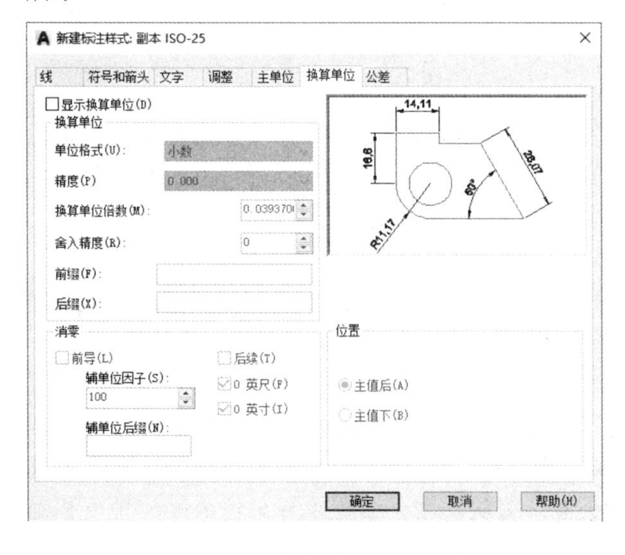

图 7-14　“换算单位”选项卡

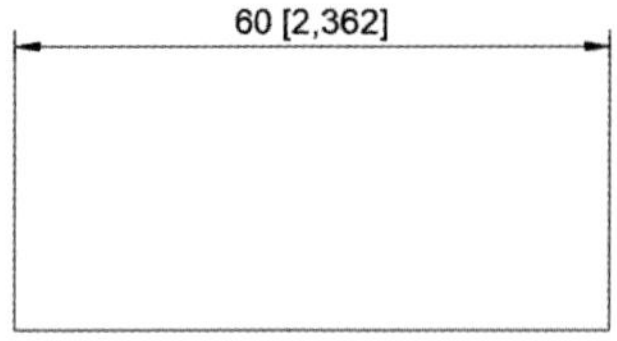

Note

60 [2,362]

图 7-15　控制换算单位位置

首先勾选对话框内左上角的“显示换算单位”选项框，之后用户可进行换算单位的设置。其设置方法和含义与主单位基本相同。

“位置”选项用于控制换算单位的位置，包括“主值后”和“主值下”两种方式。

- “主值后”选项：用于将换算单位放置在主单位的后面，如图 7-15 所示。
- “主值下”选项：用于将换算单位放置在主单位的下面。

7.1.7　设置公差

在创建的新建标注样式对话框中，单击“公差”选项卡，进入标注公差的设置，界面如图 7-16 所示。

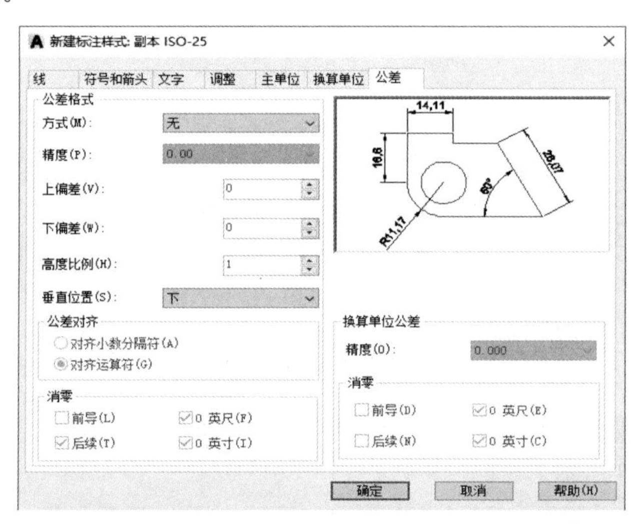

图 7-16　“公差”选项卡

◆ “公差格式”选项中，可以对主单位的公差进行如下设置。

- “方式”下拉列表：用于确定以何种方式标注公差，包括“无”“对称”“极限偏差”“极限尺寸”和“公称尺寸”选项。
- “精度”文本框：用于设置公差的精度，即小数点位数。
- “上偏差”和“下偏差”文本框：用于设置尺寸的上极限偏差和下极限偏差数值。
- “高度比例”文本框：用于确定公差文字的高度比例因子。
- “垂直位置”下拉列表：用于设置公差文字相对于尺寸文字的位置。

◆ 在“公差对齐”选项中，可以设置公差对齐的方式：“对齐小数分隔符”（通过值的小数分隔符堆叠偏差值）和“对齐运算符”（通过值的运算符堆叠偏差值）。

◆ “换算单位公差”组块：用于设置换算单位公差的精度和是否消零。

7.2 各种具体尺寸的标注

本节中，我们将各种尺寸标注具体列为十一个小节进行介绍。

7.2.1 线性尺寸标注

线性尺寸是指在图形中标注两点之间的水平、竖直或具有一定旋转角度的尺寸，具体包括“水平标注”“垂直标注”“旋转标注”三种类型。

<访问方法>

✧ 功能区：【注释】→【标注】→【线性】按钮。

✧ 菜单：【标注（N）】→【线性（L）】。

✧ 工具栏：【标注】→【线性】按钮。

✧ 命令行：DIMLINER。

<操作过程>

Step 01 在工具栏中单击“标注”→“线性”按钮。

Step 02 用端点捕捉的方式指定第一条尺寸界线起点 A。

Step 03 用端点捕捉的方式指定第二条尺寸界线起点 B。

Step 04 确定尺寸线的位置和标注文字，系统将自动标注测量值，如图 7-17 所示。

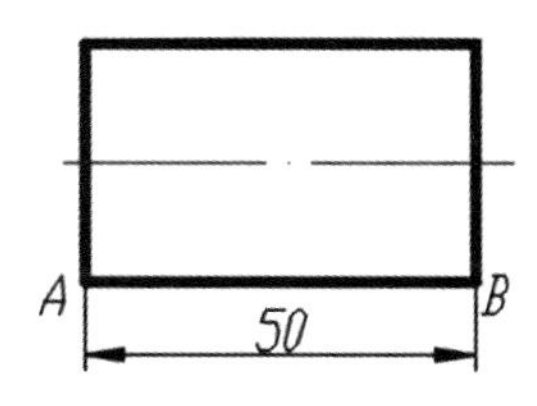

图 7-17　线性标注

在使用线性标注时，在界面的下部会出现命令行提示，如图 7-18 所示。

指定第一个尺寸界线原点或 <选择对象>:
指定第二条尺寸界线原点:
指定尺寸线位置或
DIMLINEAR [多行文字(M) 文字(T) 角度(A) 水平(H) 垂直(V) 旋转(R)]:

图 7-18　命令行提示

命令行中各选项说明如下。

- “指定尺寸线位置”：在某位置点处单击以确定尺寸线的位置。

注意，当尺寸界线两个起点间的连线不位于水平或垂直方向时，可在指定尺寸界限起点后，将鼠标光标置于两个起点之间，此时上下拖动鼠标即可引出水平尺寸线，左右

Note

拖动鼠标则可引出垂直尺寸线。

- “多行文字”：选择该选项后，系统进入多行文字编辑模式。可以使用“文字格式”工具栏和文字输入窗口输入多行标注文字。

注意，文字输入窗口的尖括号“< >”中的数值表示系统测量的尺寸值。

- “文字”：选择该选项后，系统会提示输入标注文字，在该提示下输入新的标注文字。
- “角度”：执行该选项后，系统提示“输入标注文字的角度”，随后让标注文字旋转该角度。
- “水平”：用于标注对象沿水平方向的尺寸。
- “垂直”：用于标注对象沿垂直方向的尺寸。
- “旋转”：用于标注设置尺寸线的旋转角度。

7.2.2　对齐尺寸标注

该尺寸标注方式下的尺寸线平行于两个尺寸界线起点的连线，常用于倾斜尺寸的标注。

<访问方法>

✧　功能区：【注释】→【标注】→【对齐】按钮。

✧　菜单：【标注（N）】→【对齐（G）】。

✧　工具栏：【标注】→【对齐】按钮。

✧　命令行：DIMLIGNED。

<操作过程>

Step 01　在工具栏中单击“标注”→“对齐”按钮。

Step 02　用端点捕捉的方式指定第一条尺寸界线起点 *A*。

Step 03　用端点捕捉的方式指定第二条尺寸界线起点 *B*。

Step 04　确定尺寸线的位置和标注文字，系统将自动标注测量值，如图 7-19 所示。

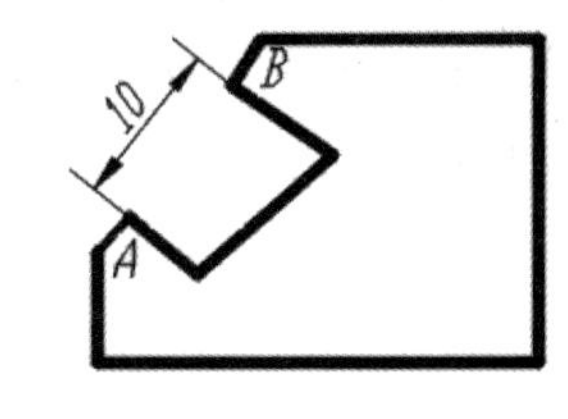

图 7-19　对齐标注

7.2.3　半径尺寸标注

半径标注就是标注圆弧或者圆的半径尺寸。在创建半径尺寸标注时，其标注外观将由圆弧或圆的大小、所指定的尺寸线的位置以及各种系统变量的设置来设定。

<访问方法>

✧　功能区：【注释】→【标注】→【半径】按钮。

✧　菜单：【标注（N）】→【半径（R）】。

✧　工具栏：【标注】→【半径】按钮。

✧　命令行：DIMLRADIUS。

<操作过程>

Step 01　在工具栏中单击“标注”→“半径”按钮。

Step 02　在绘图区域中选择要标注的圆弧，单击一点以确定尺寸线的位置，标注结果如图 7–20 所示。

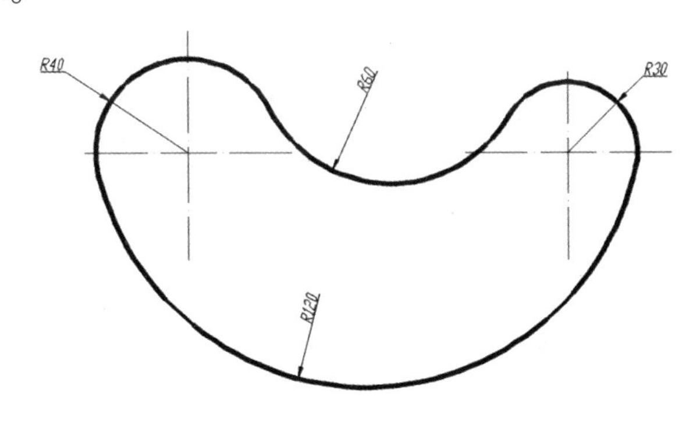

图 7-20　半径标注

7.2.4　直径尺寸标注

直径尺寸标注用于标注指定圆或圆弧的直径尺寸。

<访问方法>

✧　功能区：【注释】→【标注】→【直径】按钮。
✧　菜单：【标注（N)】→【直径（D)】。
✧　工具栏：【标注】→【直径】按钮。
✧　命令行：DIMDIAMETER。

<操作过程>

Step 01　在工具栏中单击“标注”→“直径”按钮。

Step 02　在绘图区域中选择要标注的圆，单击一点以确定尺寸线的位置，标注结果如图 7–21 所示。

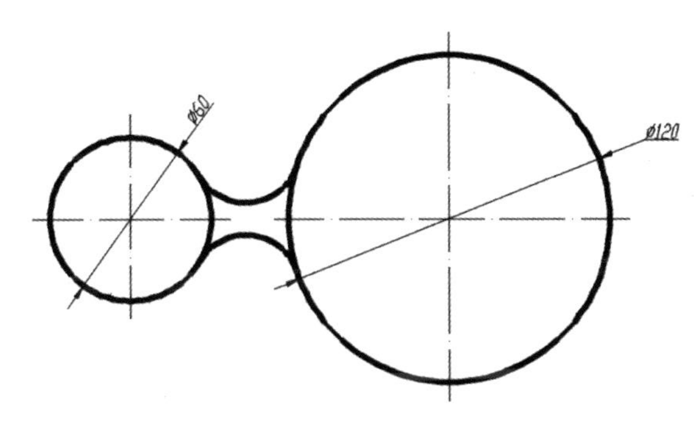

图 7-21　直径标注

注意，当通过“文字”或“多行文字”选项重新确定尺寸文字时，直径符号ϕ需要输入“%%C”才能标注出。

7.2.5 角度尺寸标注

Note

该命令可以标注一段圆弧的中心角或两条交线之间的夹角，也可以根据已知的三个点来标注角度。

<访问方法>

✧ 功能区：【注释】→【标注】→【角度】按钮。
✧ 菜单：【标注（N)】→【角度（D)】。
✧ 工具栏：【标注】→【角度】按钮。
✧ 命令行：DIMDANGULAR。

1. 标注两条不平行直线之间的角度

<操作过程>

Step 01 执行角度尺寸标注命令。

Step 02 在系统DIMANGULAR 选择圆弧、圆、直线或 <指定顶点>：的提示下，选择一条直线。

Step 03 在系统 DIMANGULAR 选择第二条直线：的提示下，选择另外一条直线。

Step 04 在系统 DIMANGULAR 指定标注弧线位置或 [多行文字(M) 文字(T) 角度(A) 象限点(Q)]：的提示下，单击一点以确定标注弧线的位置，系统按实际测量值标注出角度，结果如图 7-22 所示。

2. 标注圆弧的包含角

<操作过程>

Step 01 进入角度标注后，在“选择圆弧、圆、直线或<指定顶点>”的提示下，选取要标注的圆弧。

Step 02 单击一点以确定标注弧线的位置，标注结果如图 7-23 所示。

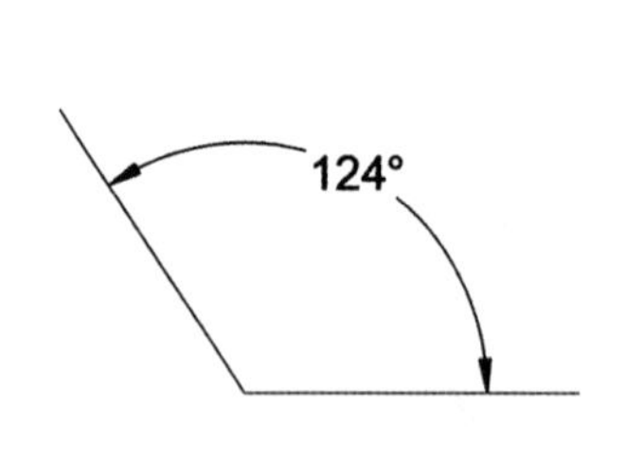

图 7-22 角度标注

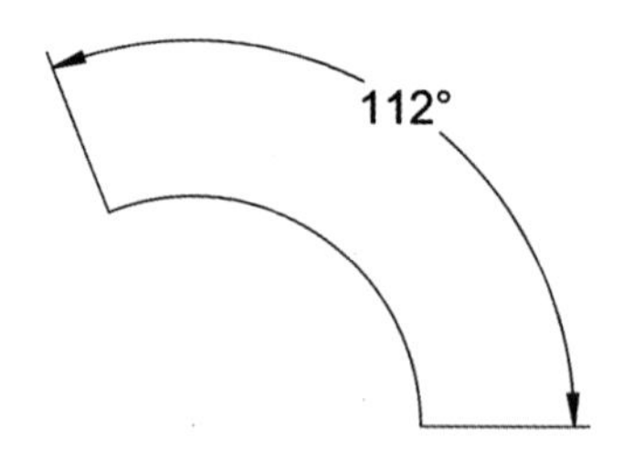

图 7-23 标注圆弧的包含角

3. 标注圆上某段圆弧的包含角

<操作过程>

Step 01 根据命令行“选择圆弧、圆、直线或<指定顶点>”与“指定角的第二个端点”的提示，依次在圆上选择两个点。

Step 02 在适当的位置单击一点以确定标注弧线的位置，标注结果如图 7–24 所示。

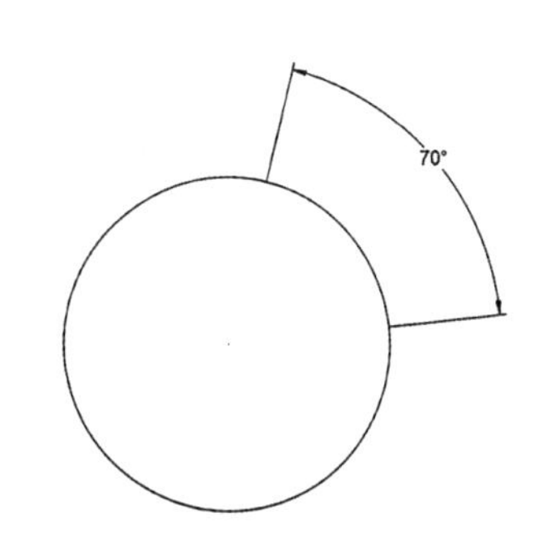

图 7-24　标注圆上某段圆弧的包含角

4. 根据三个点标注角度

<操作过程>

Step 01 根据命令行“选择圆弧、圆、直线或<指定顶点>”与“指定角的顶点”“指定角的第一个端点”“指定角的第二个端点”的提示，分别选取三点。

Step 02 在适当位置单击一点以确定标注弧线的位置，结果如图 7–25 所示。

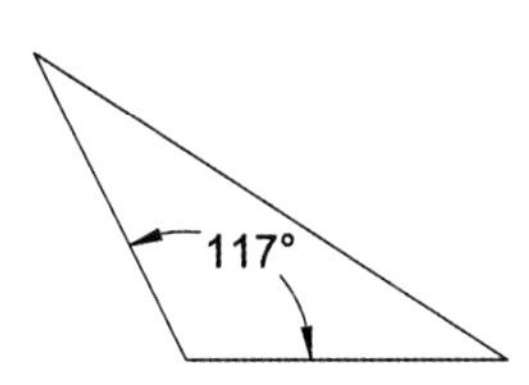

图 7-25　根据三个点标注角度

注意，在以上的角度标注中，通过命令栏中的“多行文字”或“文字”选项重新确定尺寸文字时，角度值“° ”的符号需要输入“%%D”。

7.2.6　坐标标注

该命令可以标明位置点相对于当前坐标系原点的坐标值，它由 *X* 坐标（或 *Y* 坐标）和引线组成。

<访问方法>

✧ 功能区：【注释】→【标注】→【坐标】按钮。
✧ 菜单：【标注（N)】→【坐标（D)】。
✧ 工具栏：【标注】→【坐标】按钮。
✧ 命令行：DIMORDINATE。

<操作过程>

Step 01 执行坐标标注命令。

Step 02 创建 *A* 点处的坐标。在系统**DIMORDINATE 指定点坐标:** 的提示下，选取 *A* 点（见图 7–26），向上拖动鼠标，然后单击一点，即可创建 *A* 点的 *X* 坐标标注。

Step 03 创建 *B* 点处的坐标。方法与创建 *A* 点坐标一样，标注结果如图 7–26 所示。

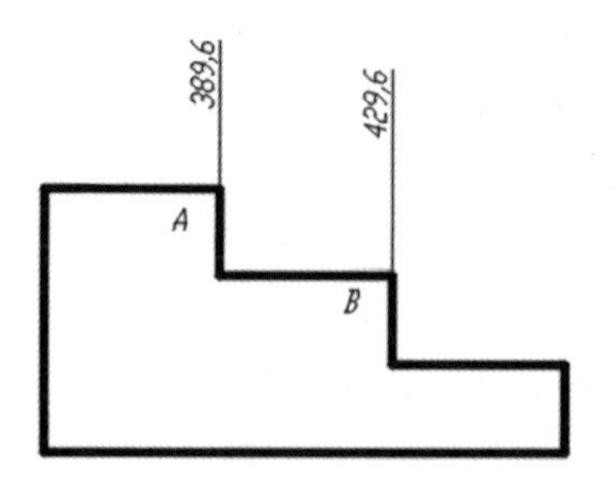

图 7-26　坐标标注

7.2.7　弧长标注

弧长标注用于测量圆弧或多段线中弧线段的长度。弧长标注的典型用法包括测量围绕凸轮的距离或表示电缆的长度。为了区别弧长标注和角度标注，在默认情况下，弧长标注将显示一个圆弧符号，如图 7-27 所示。

<访问方法>

✧　功能区：【注释】→【标注】→【弧长】按钮。

✧　菜单：【标注（N)】→【弧长（H)】。

✧　工具栏：【标注】→【弧长】按钮。

✧　命令行：DIMORDINATE。

<操作过程>

Step 01　执行弧长标注命令。

Step 02　选择要标注的弧线段或多段线弧线段。

Step 03　单击一点以确定尺寸线的位置，系统自动测量弧线长度。

图 7-27　弧长标注

利用“多行文字”“文字”及“角度”选项可以改变标注文字的内容及方向，“部分”选项可以标注出部分弧线段的长度；用“引线”选项添加引线对象，引线是沿径向绘制的，指向所标注圆弧的圆心。

7.2.8　基线标注

基线标注用于产生一系列基于同一条尺寸界限的尺寸标注，适用于长度尺寸标注、角度尺寸标注和坐标标注等。在使用基线标注方式之前，应该先标注出一个相关的尺寸，并使其处于选中状态。

<访问方法>

✧　菜单：【标注（N)】→【基线（B)】。

✧　工具栏：【标注】→【基线】按钮。

✧　命令行：DIMBASELINE。

以图 7-28 为例，说明基线标注的操作过程。

<操作过程>

Step 01　执行基线标注命令。

Step 02　在命令行**指定第二个尺寸界线原点或 [选择(S) 放弃(U)] <选择>:** 的提示下，选择 *A* 点，此时系统自动选取标注“40”的第一条尺寸界线为基线创建基线标注“80”。

Step 03　系统继续提示**指定第二个尺寸界线原点或 [选择(S) 放弃(U)] <选择>:**，单击 *B* 点，系统自动选取标注“40”的第一条尺寸界线为基线创建基线标注“120”。

Step 04　按两次 Enter 键结束基线标注，标注结果如图 7-28 所示。

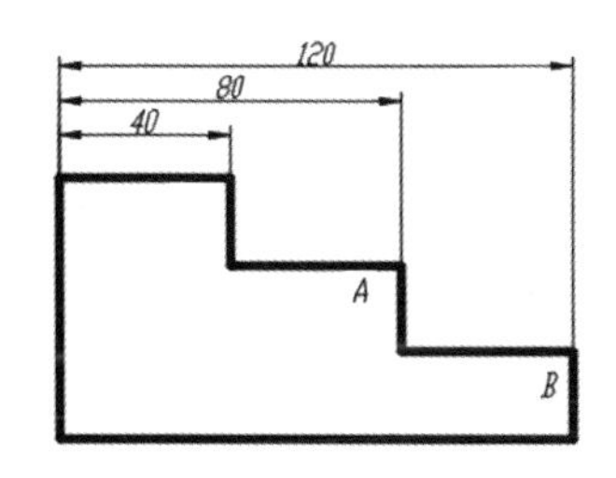

图 7-28　基线标注

7.2.9　连续标注

连续标注又称为尺寸链标注，用于产生一系列的尺寸标注，后一个尺寸标注均把前一个标注的第二条尺寸界线作为它的第一条尺寸界线。与基线标注一样，在使用连续标注之前，应该先标注出一个相关的尺寸，其标注过程与基线标注类似。

<访问方法>

✧　菜单:【标注（N)】→【连续（C)】。

✧　工具栏:【标注】→【连续】按钮。

✧　命令行: DIMCONTINUE。

以图 7-29 为例，说明连续标注的操作过程。

<操作过程>

Step 01　执行选续标注命令。

Step 02　在命令行**指定第二个尺寸界线原点或 [选择(S) 放弃(U)] <选择>:** 的提示下，选择 *A* 点，此时系统自动在标注“40”的第二条尺寸界线处连续标注一个线性尺寸“40”；系统继续提示**指定第二个尺寸界线原点或 [选择(S) 放弃(U)] <选择>:**，选择 *B* 点，此时系统自动在标注“40”的第二条尺寸界线处连续标注一个线性尺寸“40”。

Step 03　按两次 Enter 键结束连续标注，标注结果如图 7-29 所示。

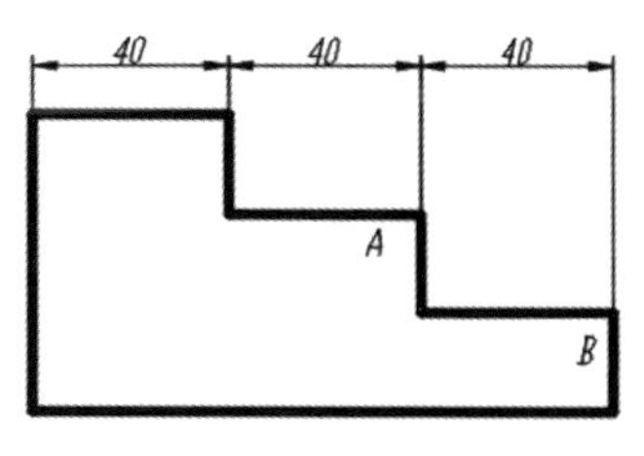

图 7-29　连续标注

7.2.10 倾斜标注

Note

线性尺寸标注的尺寸界线通常是垂直于尺寸线的，可以修改尺寸界线的角度，使它们相对于尺寸线产生倾斜，这就是倾斜标注。

<访问方法>

✧ 菜单：【标注（N)】→【倾斜（Q)】。

✧ 命令行：DIMEDIT。

<操作过程>

Step 01 按上述访问方法执行倾斜标注命令。

Step 02 在命令行 **DIMEDIT 选择对象：**的提示下选择尺寸“50”，按 Enter 键，再在命令行**输入倾斜角度（按 ENTER 表示无)：**的提示下输入倾斜角度 60 后按 Enter 键，标注结果如图 7–30 所示。

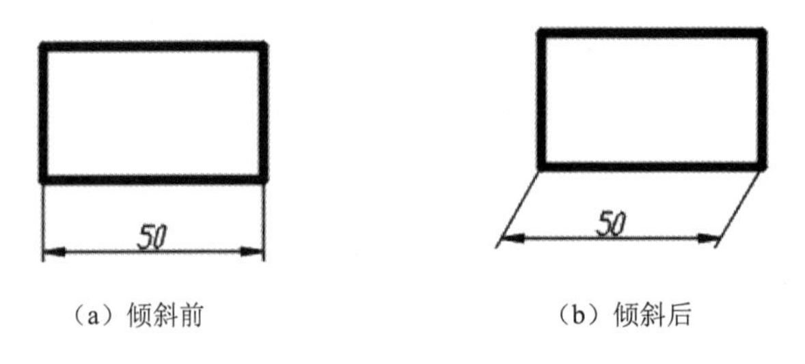

（a）倾斜前　　（b）倾斜后

图 7-30　倾斜标注

7.2.11 尺寸公差标注

在尺寸标注时，有的尺寸数字上是有公差的，下面我们以图 7-31 所示为例来介绍如何进行公差标注。

<操作过程>

Step 01 在工具栏单击“标注”→“线性”按钮 。

Step 02 用端点捕捉的方式指定第一条尺寸界线起点 *A*。

Step 03 用端点捕捉的方式指定第二条尺寸界线起点 *B*。

Step 04 创建标注文字。在命令行 DIMLINEAR [多行文字(M) 文字(T) 角度(A) 水平(H) 垂直(V) 旋转(R)]：提示下输入“M”，按 Enter 键；在弹出的文字输入窗口输入文字字符 50+0.02^–0.03，此时文字输入窗口如图 7–32 所示；选择全部文字，如图 7–33 所示，然后在“文字编辑器”工具栏的“样式”面板中将选取的文字高度设置为 5；选择图 7–34 所示的公差文字，单击“多行文字编辑器”中的 堆叠按钮，并将公差文字字高设置为 4，结果如图 7–35 所示。单击“多行文字编辑器”中的“确定”按钮。

图 7-31　公差标注

Step 05 在图形上方选择一点以确定尺寸线的位置。

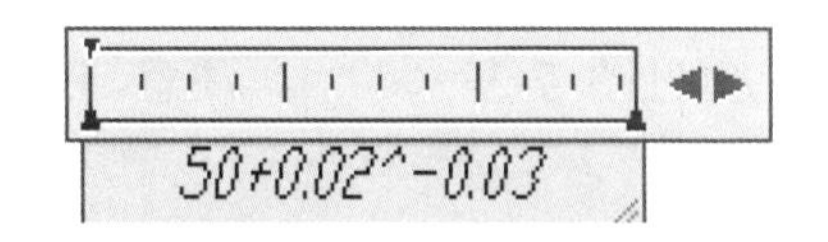

图 7-32　输入文字

图 7-33　选择全部文字

图 7-34　选择公差文字

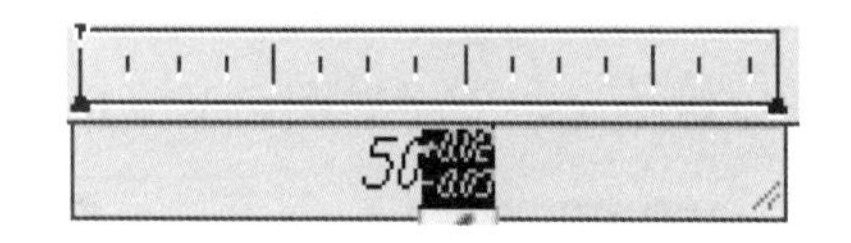

图 7-35　改变公差形式

7.3 尺寸标注的编辑修改

当用户需要修改已经存在的尺寸标注时，可以使用多种方法。使用 DIMSTYLE 命令能够修改和编辑某一类型的尺寸样式，使用特性管理器（PROPERTIES 命令）能够方便地管理和编辑尺寸样式中的一些参数，使用 DDEDIT 命令能够修改尺寸注释的内容等。

7.3.1 修改尺寸文字位置

<访问方法>

✧ 菜单：【标注（N）】→【对齐文字（X）】。

✧ 工具栏：【标注】→【编辑标注文字】按钮。

✧ 命令行：DIMTEDIT。

使用该命令可以修改尺寸文本的位置。

<操作过程>

Step 01 在命令行中输入“DIMTEDIT”后回车。

Step 02 在命令行**DIMTEDIT 选择标注：**提示下选择要编辑的标注。

Step 03 系统显示如图 7–36 所示的提示，按照该提示可以完成相应文字放置的位置。

图 7-36　执行 DIMTEDIT 命令后的系统提示

DIMTEDIT 命令的选项说明如下。

- “为标注文字指定新位置”选项：选择该选项后移动鼠标可以将尺寸文字移至任意需要的位置，然后单击确定，效果如图 7-37（b）所示。

- “左对齐”选项：文字沿尺寸线左对齐[见图 7-37（c）]。注意，此选项仅对非角度标注起作用。
- “右对齐”选项：使标注文字沿尺寸线右对齐[见图 7-37（d）]，注意，此选项仅对非角度标注起作用。
- “居中”选项：使标注文字放在尺寸线的中间，效果如图 7-37（e）所示。
- “默认”选项：系统按默认的位置、方向放置标注文字。
- “角度”选项：使尺寸文字旋转某一角度。执行该选项后，输入角度值并按 Enter 键确定，效果如图 7-37（f）所示。

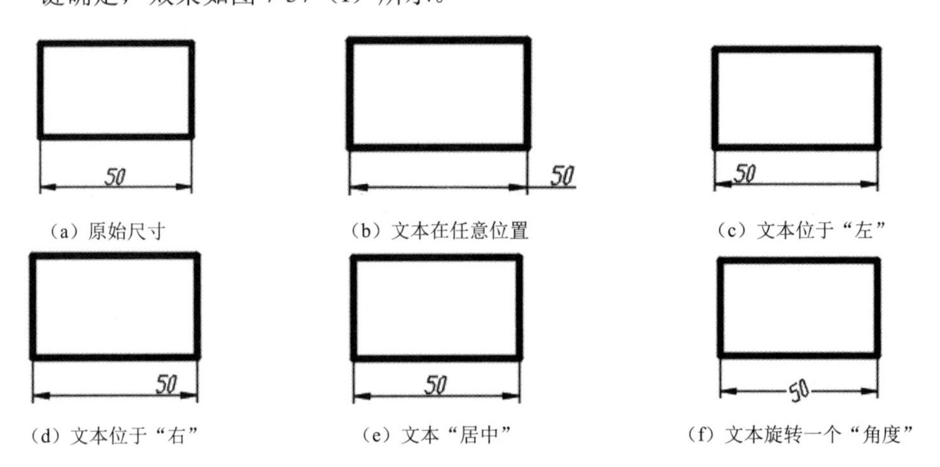

（a）原始尺寸　（b）文本在任意位置　（c）文本位于“左”

（d）文本位于“右”　（e）文本“居中”　（f）文本旋转一个“角度”

图 7-37　修改尺寸标注文字的位置

7.3.2　尺寸标注的编辑

<访问方法>

✧　菜单：【修改（M)】→【对象（O)】→【文本（T)】→【编辑（E)】。

✧　工具栏：【标注】→【编辑标注】按钮。

✧　命令行：DIMEDIT。

使用该命令可以对指定的尺寸标注进行编辑，执行该命令后，系统提示如图 7-38 所示的信息。

图 7-38　命令行提示

<选项说明>

- “默认（H)”：按默认的位置、方向放置尺寸文字。
- “新建（N)”：修改文字的内容。
- “旋转（R)”：将尺寸标注文字旋转指定的角度。
- “倾斜（O)”：使尺寸界线倾斜一定角度。

图 7-39 显示了利用 DIMEDIT 命令的“N”选项，将尺寸数字从“99”改为“100°”的效果。

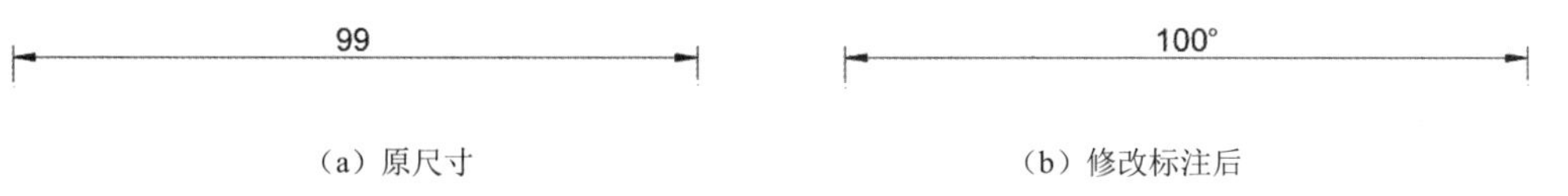

（a）原尺寸　　（b）修改标注后

图 7-39　尺寸标注编辑

7.3.3　尺寸的替代

<访问方法>

✧　菜单：【标注（N）】→【替代（V）】。

✧　命令行：DIMOVERRIDE。

该命令可以临时修改尺寸标注的系统变量的值，从而修改指定的尺寸标注对象。执行该命令后，系统提示如图 7-40 所示内容。

命令: _dimoverride

DIMOVERRIDE 输入要替代的标注变量名或 [清除替代(C)]:

图 7-40　尺寸替代命令行提示

在如图 7-40 所示的命令行输入要替代的标注的变量名，如改变尺寸线的颜色，可输入变量名 DIMCLRD 并按 Enter 键。在 DIMOVERRIDE 输入标注变量的新值 <BYBLOCK>: 的提示下，输入“RED”并按 Enter 键；在 DIMOVERRIDE 输入要替代的标注变量名: 的提示下，按 Enter 键；在 DIMOVERRIDE 选择对象: 的提示下，选择某个尺寸标注对象并按 Enter 键，系统将选中的尺寸标注对象的尺寸线变成红色。

这种替代方式只能修改指定的尺寸标注对象，修改完成后，系统仍将采用当前标注样式中的设置来创建新的尺寸标注。

7.3.4　使用“特性”选项板编辑尺寸

用户可以使用对象特性管理器以列表的方式编辑和修改所选择尺寸对象的参数。输出 PROPERTIES 命令并选择尺寸对象后，特性管理器中会列出所选尺寸对象参数值，如图 7-41 所示，在该选项板中可以修改相应的参数。

<访问方法>

✧　菜单：【修改（M）】→【特性（P）】。

✧　命令行：PROPERTIES。

通过该“特性”选项板可以编辑该尺寸对象的一些特性，如线型、颜色、线宽、箭头样式等。例如，将一般尺寸标注中尺寸的箭头变成如图 7-42 所示的实心圆点。

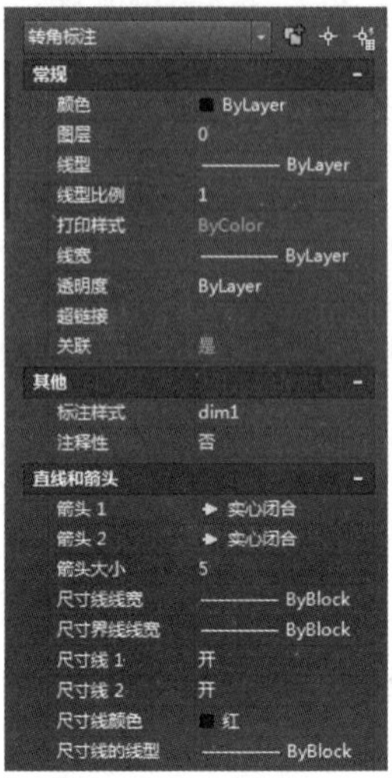

转角标注
常规
颜色 ByLayer
图层 0
线型 ByLayer
线型比例 1
打印样式 ByColor
线宽 ByLayer
透明度 ByLayer
超链接
关联 是
其他
标注样式 dim1
注释性 否
直线和箭头
箭头 1 实心闭合
箭头 2 实心闭合
箭头大小 5
尺寸线线宽 ByBlock
尺寸界线线宽 ByBlock
尺寸线 1 开
尺寸线 2 开
尺寸线颜色 红
尺寸线的线型 ByBlock

图 7-41 “特性”选项板编辑尺寸时的界面

<操作过程>

Step 01 单击“特性”选项板中的“箭头 1”后的文字。

Step 02 单击下三角按钮，在下拉列表中选择“点”项，如图 7–43 所示。

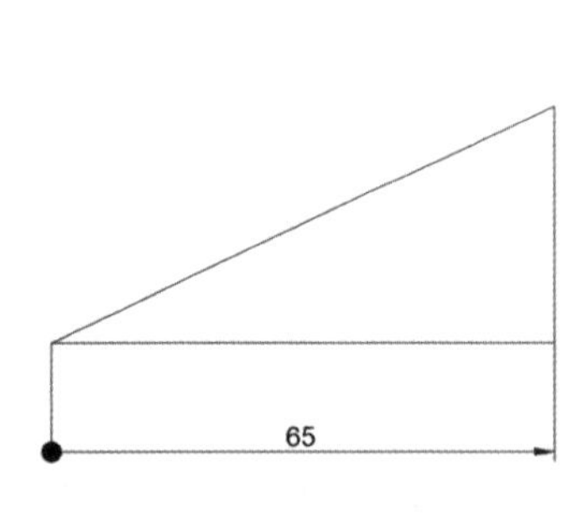

65

图 7-42 编辑尺寸例子

转角标注
常规
颜色 ByLayer
图层 0
线型 ByLay...
线型比例 1
打印样式 ByColor
线宽 ByLay...
透明度 ByLayer
超链接
关联 是
其他
标注样式 副本 ISO-25
注释性 否
直线和箭头
箭头 1 实心闭合
箭头 2
箭头大小
尺寸线线宽
尺寸界线...
尺寸线 1
尺寸线 2
尺寸线颜色
实心闭合
空心闭合
闭合
点
建筑标记
倾斜
打开
指示原点
指示原...
直角
特性

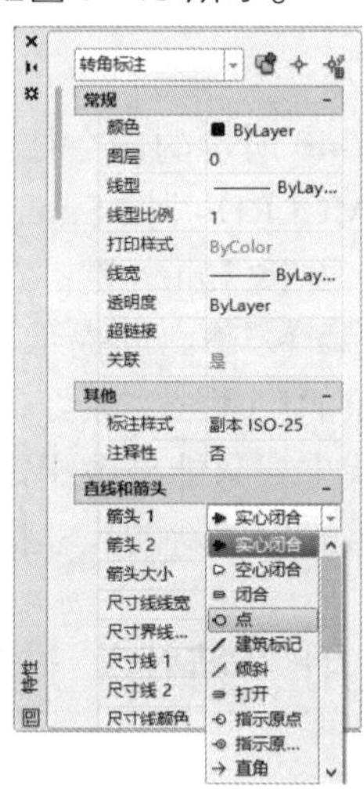

图 7-43 修改尺寸箭头样式

7.4 形位公差的标注

7.4.1 形位公差概述

形位公差是标识实际零件与理想零件间几何关系差异范围的一个指标。如图 7-44 所示是国家标准的形位公差类型。

分类	特征项目	符号	分类		特征项目	符号
形状公差	直线度	—	位置公差	定向	平行度	//
	平面度	▱			垂直度	⊥
	圆度	○			倾斜度	∠
	圆柱度	⌭		定位	同轴度	◎
	线轮廓度	⌒			对称度	⌯
	面轮廓度	⌓			位置度	⌖
				跳动	圆跳动	↗
					全跳动	⌰

图 7-44　形位公差类型

7.4.2　形位公差的标注

1. 不带引线的形位公差的标注

<访问方法>

✧　菜单：【标注（N）】→【公差（T）】。

✧　工具栏：【标注】→【公差】按钮。

✧　命令行：TOLERANCE。

<操作过程>

Step 01 选择上述一种访问方法执行形位公差标注命令。

Step 02 系统弹出如图 7-45 所示的“形位公差”对话框，在该对话框中进行如下操作。

（1）在“符号”选项区域中单击小黑框，系统弹出如图 7-46 所示的“特征符号”对话框，单击选择要使用的符号。

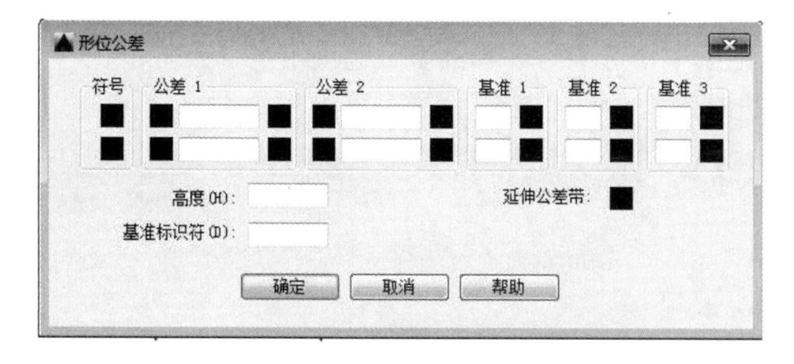

图 7-45　“形位公差”对话框

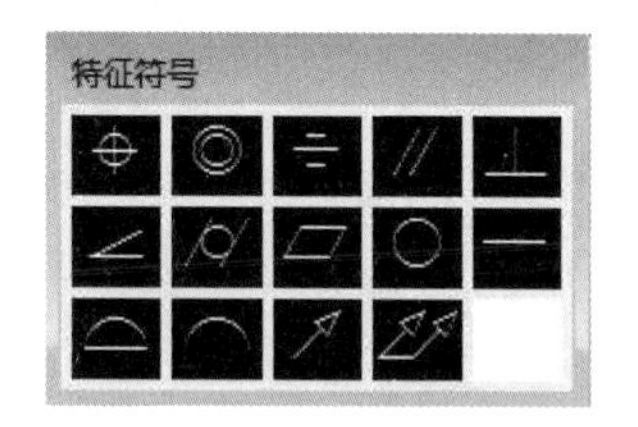

图 7-46　“特征符号”对话框

（2）在“公差 1”选项区域的文本框中，输入数值。

（3）在“基准 1”选项区域的文本框中，输入基准符号。

（4）单击“确定”按钮，效果如图 7-47 所示。

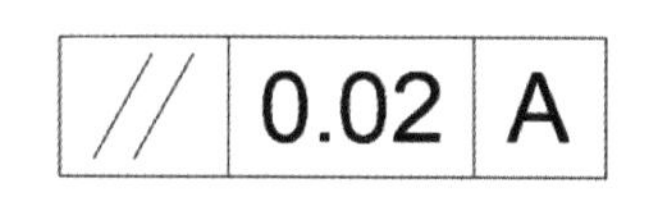

图 7-47　不带引线的形位公差

“形位公差”对话框中的各区域功能说明如下。

Note

- “符号”选项区域：单击该选项区域中的小黑框，系统弹出如图 7-46 所示的“特征符号”对话框，在此对话框中可以设置第一个或第二个公差的形位公差符号。
- “公差 1”和“公差 2”选项区域：单击该选项区域前面的小黑框，可以插入一个直径符号 ；在文本框中可以设置几何公差值；单击后面的小黑框，系统弹出如图 7-48 所示的“附加符号”对话框，在此对话框中可以设置公差的附加符号。

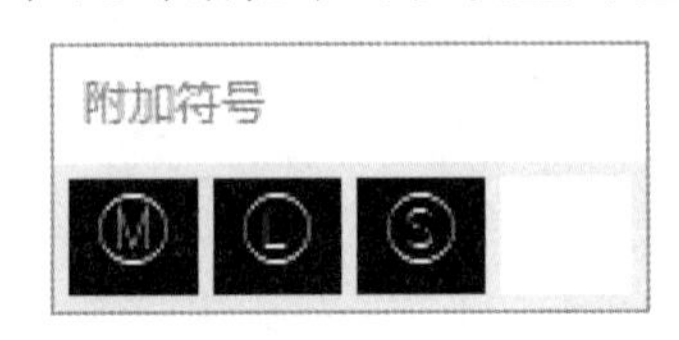

图 7-48 “附加符号”对话框

- “基准 1”“基准 2”和“基准 3”选项区域：在这些区域前面的文本框中，可以输入基准符号；单击这些选项区域中后面的小黑框，系统弹出如图 7-48 所示的“附加符号”对话框，在此对话框中可以设置基准的附加符号。
- “高度”文本框：用于设置延伸公差带应用高度，延伸公差带控制固定垂直分布延伸区的高度变化，并以位置公差控制公差精度。
- “延伸公差带”选项：单击该选项后的小黑框，可以在延伸公差带公差值的后面插入延伸公差符号。
- “基准标识符”文本框：用于输入参照字母作为基准标识符号。

2. 带引线的形位公差的标注

<访问方法>

✧ 命令行：QLEADER。

<操作过程>

Step 01 命令行输入“QLEADER”命令按 Enter 键。

Step 02 在**指定第一个引线点或 [设置(S)] <设置>:** 提示下按 Enter 键。

Step 03 在弹出的“引线设置”对话框中，选中“注释类型”选项组中“公差（T）”单选项，如图 7–49 所示，单击对话框中的“确定”按钮。

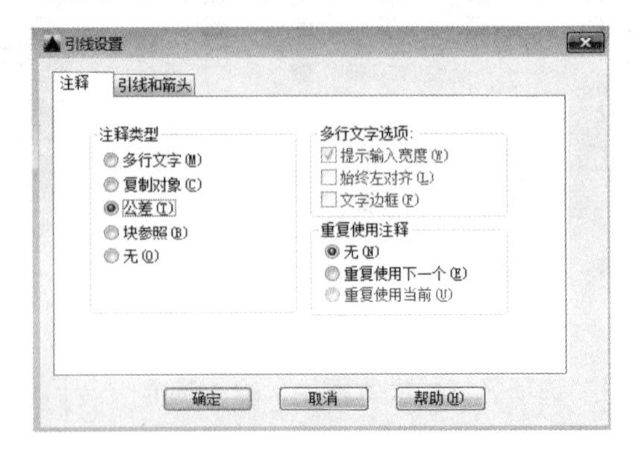

图 7-49 “引线设置”对话框

Step 04　在 **指定第一个引线点或** [设置(S)] <设置>: 的提示下，选中引出点，根据提示确定引线在不同位置的点。

Step 05　单击“引线设置”对话框中的“确定”按钮完成操作。标注结果如图 7–50 所示。

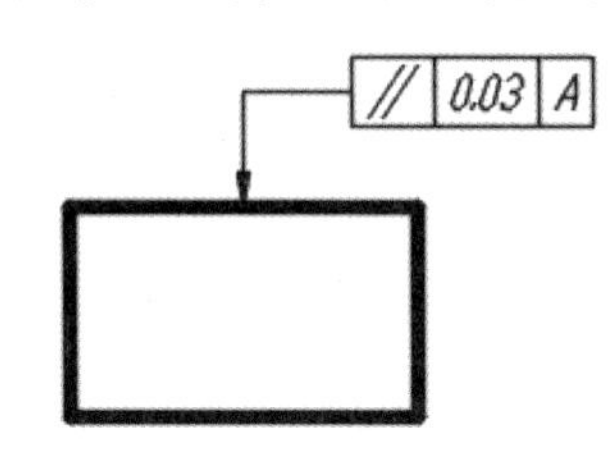

图 7-50　带引线的形位公差

Note

第8章 图块与外部参照

在工程图中，常常要画一些大量使用的图形符号。这些符号在机械工程、建筑工程、电气工程等上都有。如果把这些经常出现的图形定义成块，存放在图形库中，当绘制图形时，就可以用插入块的方法绘制到图中。这样可以避免大量的重复工作，提高了绘图的速度与质量。

8.1 图块的概念与使用

块一般由几个图形对象组合而成，AutoCAD 把图块作为一个独立的、完整的对象来进行定义编辑的操作。块对象可以由直线、圆、圆弧、多边形等对象以及定义的属性组成。用户可根据绘图的需要把图块插入到图形中的任意指定的位置，还可以进行缩放比例和旋转角度的设定。系统会将块定义自动保存到图形文件中，另外用户也可以将块保存到外存上。

8.1.1 创建块

要创建块，应首先绘制所需要的图形对象。下面我们以表面粗糙度符号的创建来说明块的建立。

1. 绘制表面粗糙度符号

按表面粗糙度符号与字高的比例关系，采用“直线”“偏移”“修剪”和“删除”绘制和编辑命令绘制表面粗糙度符号，如图 8-1 所示。

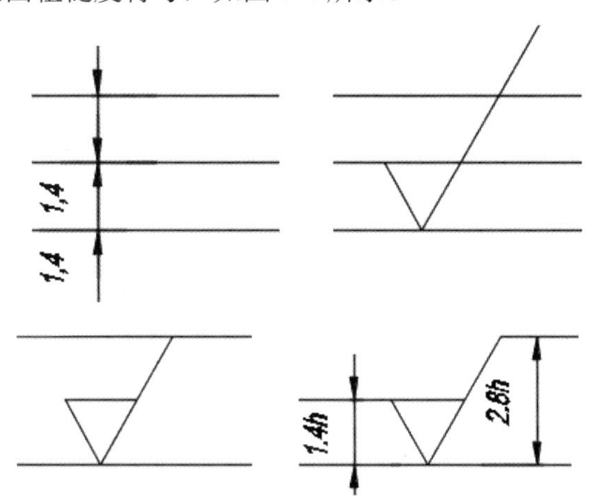

图 8-1　表面粗糙度符号的绘制

2. 块的创建

<访问方法>

✧ 功能区：【插入】→【块】→【创建块】按钮。
✧ 菜单：【绘图（D）】→【块（K）】→【创建（M）...】。
✧ 工具栏：【绘图】→【创建块】按钮。
✧ 命令行：BLOCK。

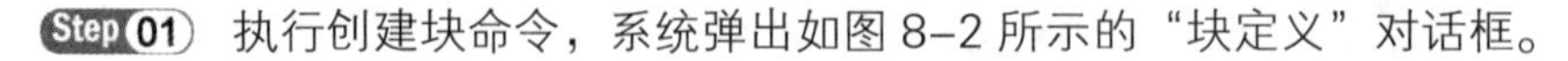

<操作过程>

Note

Step 01 执行创建块命令，系统弹出如图 8–2 所示的“块定义”对话框。

Step 02 命名块。在“块定义”对话框的“名称（N）”文本框中输入块的名称为粗糙度符号。

Step 03 指定块的基点。在“块定义”对话框的“基点”选项组中，用户可以直接在“X”“Y”和“Z”文本框中输入“基点”的坐标，也可以单击“拾取点（K）”左侧的按钮，切换到绘图区中选取点。

Step 04 选择组成块的对象。在“块定义”对话框的“对象”选项组中，单击“选择对象（T）”旁边的按钮，切换到绘图区选择粗糙度符号作为组成块的对象。

Step 05 单击对话框中的“确定”按钮，完成块的创建。

图 8-2　“块定义”对话框

<选项说明>

- “基点”选项组：确定图块的基点，默认值是（0，0，0）。也可以在下面的“X”“Y”“Z”文本框中输入块的基点坐标值。单击“拾取点（K）”按钮，AutoCAD 临时切换到绘图区，用鼠标在图形中拾取一点后，返回“块定义”对话框，把所拾取的点作为块的基点。
- “对象”选项组：该选项组用于选择制作图块的对象以及对象的相关属性。
- “设置”选择组：指定从 AutoCAD 设计中心拖动图块时的参照单位，以及缩放、分解和超链接设置。
- “在块编辑器中打开”复选框：选中此复选框，系统打开块编辑器，可以定义动态块。

8.1.2　插入块

插入块用于将已定义的图块插入到当前图形文件中，在插入的同时还可以改变插入图形的比例因子和旋转角度。

<访问方法>

✧ 功能区：【插入】→【块】→【插入块】按钮。

✧ 菜单：【插入（I）】→【块（B）...】。

✧ 工具栏：【绘图】→【插入块】按钮。

✧ 命令行：INSERT。

<操作过程>

Step 01 执行插入块命令，系统弹出如图 8-3 所示的“插入”对话框。

Step 02 选取或输入块的名称。在“插入”对话框的“名称”下拉列表中选择或输入块的名称，也可以单击其后的“浏览”按钮，从系统弹出的“选择图形文件”对话框中选择保存的块。

Step 03 设置块的插入点。通过选中☑在屏幕上指定(S)复选框，在屏幕上指定插入点位置。

Step 04 设置插入块的缩放比例。在“插入”对话框的“比例”选项组中，可直接在“X”“Y”“Z”文本框中输入要插入的块在这三个方向的缩放比例值，也可以通过选中☑在屏幕上指定(E)复选框，在屏幕上指定。

Step 05 设置插入块的旋转角度。在“插入”对话框的“旋转”选项组中，可在“角度”文本框中输入插入块的旋转角度，也可以选中☑在屏幕上指定(C)复选框，在屏幕上指定旋转角度。

Step 06 单击对话框中的“确定”按钮后，系统自动切换到绘图区，在绘图区某处指定块的插入点，完成块的插入。

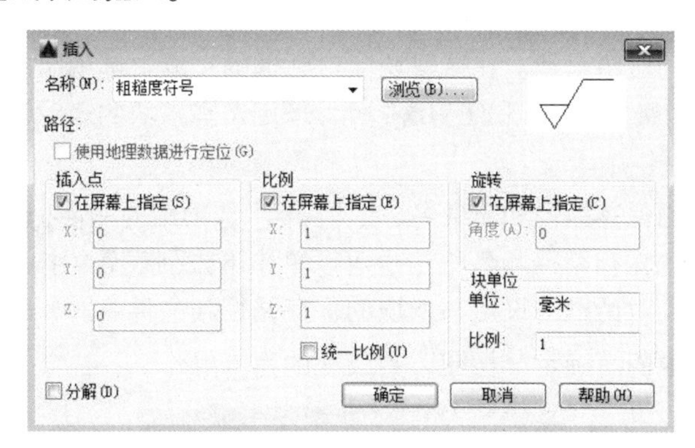

图 8-3　“插入”对话框

<选项说明>

- “路径”静态文本框：显示图块的路径。
- “插入点”选项组：指定插入点。插入图块时该点与图块的基点重合。可以在屏幕上指定该点，也可以通过下面的文本框输入该点的坐标值。
- “比例”选项组：确定插入图块时的缩放比例。图块被插入到当前图形中的时候，可以以任意比例放大或缩小。另外，比例系数还可以是一个负数，当比例系数为负数时表示插入图块的镜像。
- “旋转”选项组：指定插入图块时的旋转角度。图块被插入到当前图形的时候，可以绕其基点旋转一定的角度，角度可以是正数（表示沿逆时针方向旋转），也可以是负数（表示沿顺时针方向旋转）。如果选中“在屏幕上指定”复选框，系统切换到绘图区，在屏幕上拾取一点，AutoCAD 自动测量插入点与该点连线和 *X* 轴正方向之间的夹角，并把它作为块的旋转角；也可以在“角度”文本框直接输入插入图块时的旋转角度。

Note

- “分解”复选框：选中此复选框，则在插入块的同时把其炸开，插入到图形中的组成块的对象不再是一个整体，可对每个对象单独进行编辑操作。

8.1.3 写块

用块定义命令生成的图块保存在其所属的图形当中，该图块只能在本图中插入，而不能插入到其他的图中。但是有些图块在其他图中要经常用到，这时候就可以用 WBLOCK 命令把图块以图形文件的形式（后缀为.DWG）写入外存，块可以在任意图形中用 INSERT 命令插入。

<访问方式>

✧ 功能区：【插入】→【块定义】→【写块】按钮 写块。

✧ 工具栏：。

✧ 命令行：WBLOCK。

<操作步骤>

Step 01 在命令行输入“WBLOCK”按 Enter 键，此时系统弹出如图 8-4 所示的“写块”对话框。

Step 02 定义组成块的对象来源。在“写块”对话框的“源”选项组中，有以下三个单选项 ◎块(B)：、◎整个图形(E) 和◉对象(O) 用来定义写入块的来源，根据实际情况选取其中之一。

Step 03 设定写入块的保存路径和文件名。在“目标”选项组的 文件名和路径(F)： 下拉列表中，输入块文件的保存路径和名称；也可以单击下拉列表后的按钮 ...，在弹出的“浏览图形文件”对话框中设定写入块的保存路径和文件名。

Step 04 单击对话框中的“确定”按钮，完成块的写入操作。

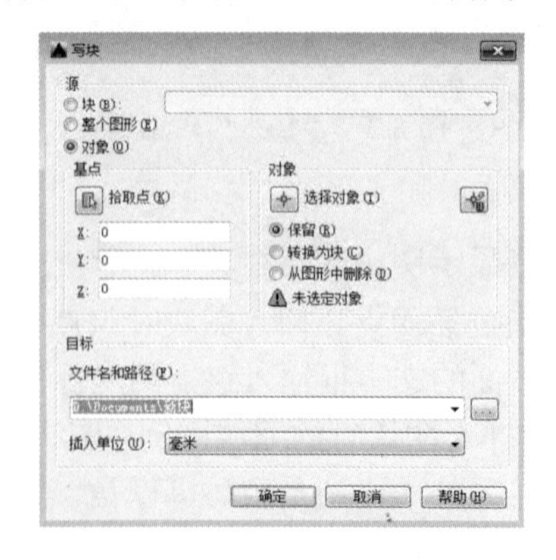

图 8-4 “写块”对话框

<选项说明>

- “源”选项组：确定要保存为图形文件的图块或图形对象。其中选中“块”单选按钮，单击右侧的向下箭头，在下拉列表框中选择一个图块，将其保存为图形文件；选中“整个图形”单选按钮，则把不属于图块的图形对象保存为图形文件。对象的选取通过“对象”选项组来完成。
- “目标”选项组：用于指定图形文件的名字、保存路径和插入单位等。

8.2 带属性的块

图块除了包含图形对象以外，还可以具有非图形信息，例如把一个正方形的图形定义为图块后，还可以把正方形的边长、质量、材料等说明文本信息一并加入到图块当中。图块的这些非图形信息，叫做图块的属性，它是图块的一个组成部分，与图形对象一起构成一个整体，在插入图块时 AutoCAD 把图形对象连同属性一起插入到图形中。

属性从属于块，它与块组成一个整体。当用删除命令删去块时，包含在块中的属性也被删去。当用编辑命令改变块的位置与转角时，它的属性也随之移动和转动。

8.2.1 块属性的特点

属性不同于一般的文本对象，它有如下特点：

（1）一个属性包括属性标志和属性值两方面的内容。

（2）在定义块前，每个属性要由属性定义（ATTDEF）命令进行定义。

（3）在定义块前，对属性定义可以用 DDEDIT 命令修改，用户不仅可以修改属性标志，还可以修改属性的提示和它的默认值。

（4）在插入块时，通过属性提示要求用户输入属性值（也可以用默认值）。插入块后，属性用属性值表示。因此，同一个块定义的不同实例，可以有不同的属性值。如果属性值在属性定义时被规定为常量，则在插入时不询问属性值。

（5）在块插入后，可以用 ATTDISP（属性提取）命令改变属性的可见性。

8.2.2 块属性的定义

<访问方法>

✧ 选项卡：【插入】→【块】→【定义属性】按钮。

✧ 菜单：【绘图（D)】→【块（K)】→【定义属性（D）...】。

✧ 命令行：ATTDEF。

<操作过程>

Step 01 按上述访问方法，执行定义块的属性命令，此时系统弹出如图 8-5 所示的“属性定义”对话框。

Step 02 定义属性。在“模式”选项组中，设置有关的属性模式。

① 不可见（I）：设置属性为不可见模式，即插入图块后，属性值在图中不可见。

② 固定（C）：设置属性为恒定值模式，即属性值在属性定义时给定，并且不能被修改。

③ 验证（V）：设置属性为验证模式，即块插入时输入属性值后，系统会要求用户再确定一次输入的值的正确性。

④ 预置（P）：设置属性值为预置模式，当块插入时，不请求输入属性值，而是自动填写默认值。

⑤ 锁定位置（K）：锁定块参照中属性的位置。解锁后，属性可以相对于使用夹点编辑的块的其他部分移动。

⑥ 多行（U）：指定的属性值可以包含多行文字。

Step 03 定义属性内容。在“属性”选项组的“标记（T）”文本框中输入属性的标记；在“提示（M）”文本框中输入插入块时系统显示的提示信息；在“默认（L）”文本框中输入属性的默认值。

Step 04 定义属性文字的插入点。在“插入点”选项组中，可以选中 ☑在屏幕上指定(O) 复选框，在绘图区中拾取一点作为插入点。

Step 05 定义属性文字的特征选项。

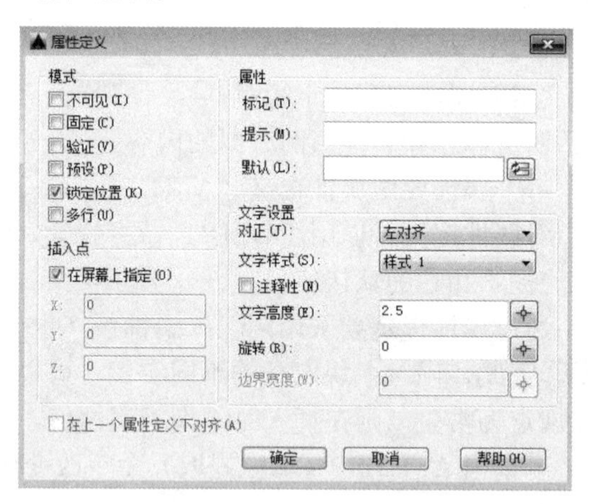

图 8-5 “属性定义”对话框

8.2.3 编辑块属性

当属性被定义到图块当中，甚至图块被插入到图形当中之后，用户还可以对属性进行编辑。利用 ATTEDIT 命令可以通过对话框对指定图块的属性值进行修改，利用 ATTEDIT 命令不仅可以修改属性值，而且可以对属性的位置、文本等其他设置进行编辑。

<访问方式>

✧ 功能区：【插入】→【块】→【块属性管理器】按钮。

✧ 菜单:【修改 (M)】→【对象 (O)】→【属性 (A)】→【块属性管理器 (B) …】。
✧ 命令行: ATTEDIT。

<操作过程>

Step 01 在菜单中依次选择“修改（M）”→“对象（O）”→“属性（A）”→“块属性管理器（B）…”命令，系统弹出如图 8–6 所示“块属性管理器”对话框。

Step 02 单击“块属性管理器”对话框中的“编辑（E）”按钮，系统弹出如图 8–7 所示的“编辑属性”对话框。

Step 03 在“编辑属性”对话框中，编辑修改块的属性。

Step 04 编辑完成后，单击对话框中的“确定”按钮。

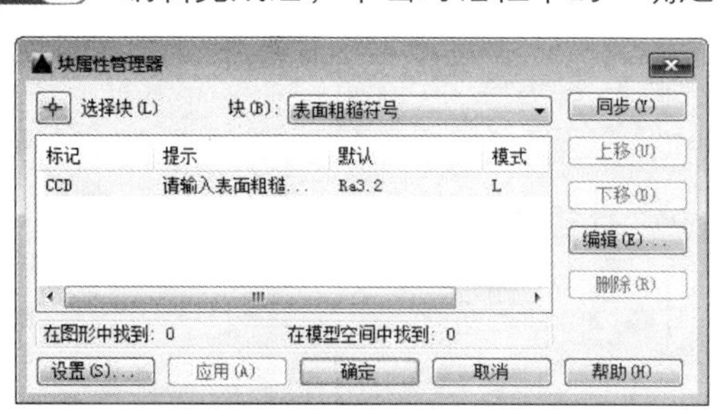

图 8-6　“块属性管理器”对话框

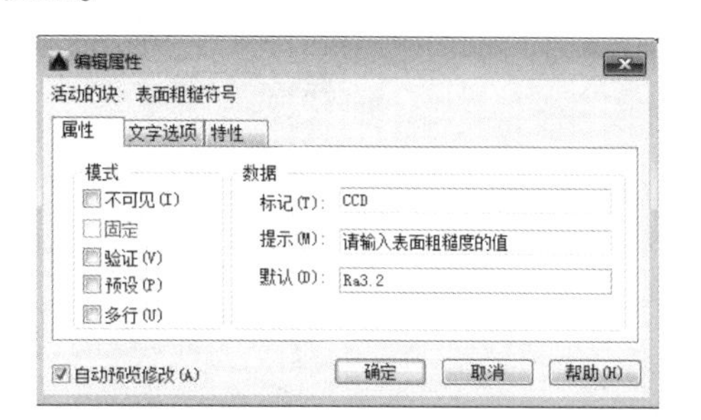

图 8-7　“编辑属性”对话框

例 8-1　绘制如图 8-8 所示的图形，建立表面粗糙度块并定义属性。

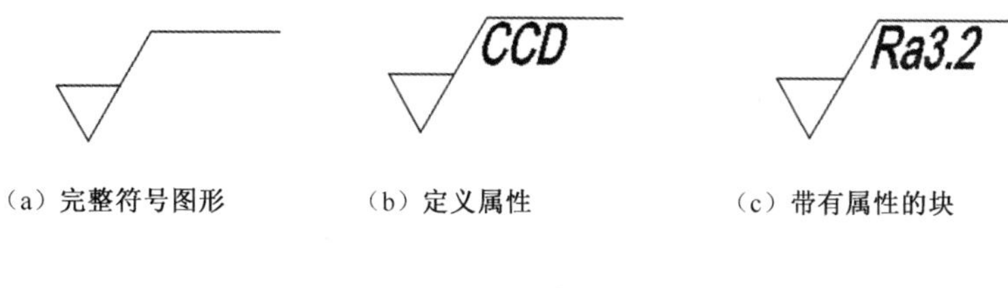

(a) 完整符号图形　(b) 定义属性　(c) 带有属性的块

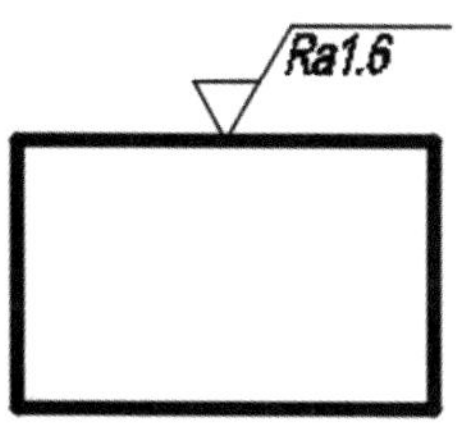

(d) 块的插入

图 8-8　创建并使用带属性的块

Step 01 绘制出如图 8–8（a）所示的完整粗糙度符号图形。

Step 02 单击菜单中“绘图（D）”→“块（K）”→“定义属性（D）...”命令，打开属性定义对话框进行属性定义，如图 8–9 所示。

Step 03 单击菜单中“绘图（D）”→“块（K）”→“创建（M）...”命令，打开“块定义”对话框，建立块名为“表面粗糙度符号”的块的定义，如图 8–10 所示。

图 8-9　粗糙度符号定义属性

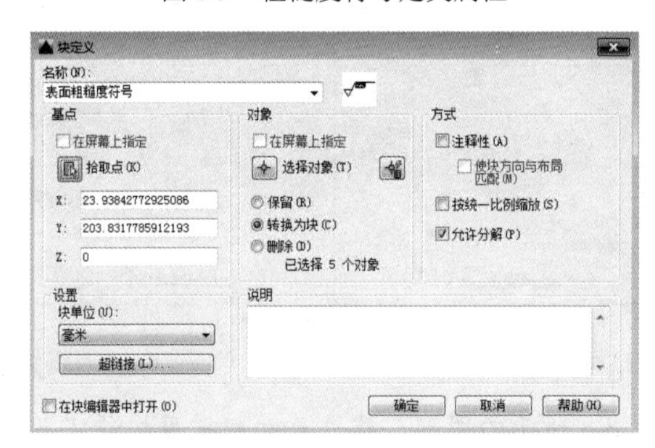

图 8-10　表面粗糙度符号块的创建

Step 04 单击菜单中“插入（I）”→“块（B）...”命令，打开“插入”对话框，如图 8-11（a）所示。点“确定”按钮，移动鼠标左击指定图块插入点，如图 8-11（b）所示，完成后弹出编辑属性对话框指定粗糙度值，如图 8-11（c）所示，输入“Ra1.6”，单击“确定”按钮，完成粗糙度的标注，结果如图 8-8（d）所示。

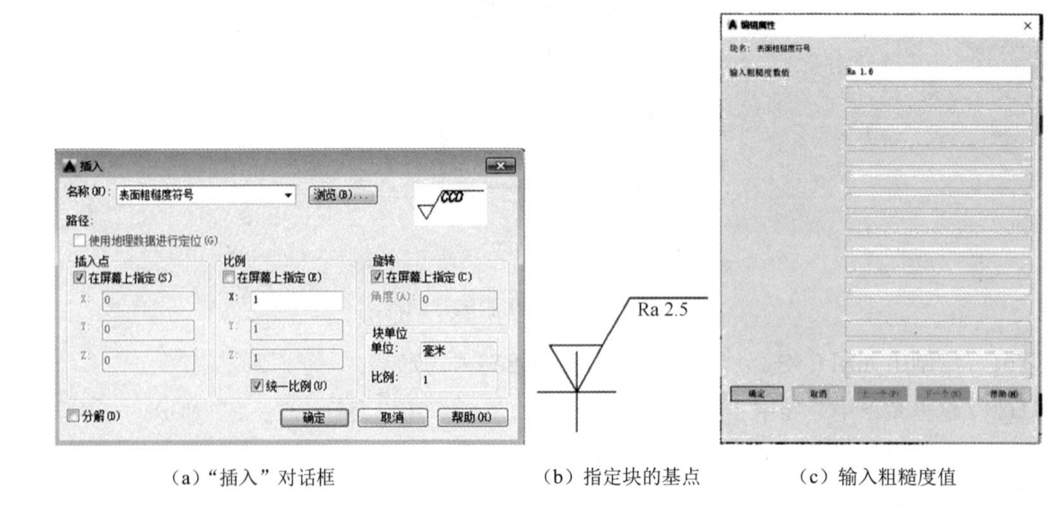

（a）“插入”对话框　　（b）指定块的基点　　（c）输入粗糙度值

图 8-11　插入带属性的粗糙度符号

8.3 外部参照技术

CAD 在制图过程中，有很多时候是需要在已经有的图纸基础来进行绘制的，如果别的图纸有修改，每次自己的图都须重新绘制，会非常花费时间。使用外部参照功能来制图，就可以事半功倍。

外部参照与块有相似的地方，但它们的主要区别是:一旦插入块，该块就永久性地插入到当前图形中成为当前图形的一部分。而以外部参照方式将图形插入到某一图形（称之为主图形）后，被插入图形文件的信息并不直接加入到主图形中，主图形只是记录参照的关系。另外对主图形的操作不会改变外部参照图形文件的内容。当打开具有外部参照的图形时，系统会自动把各外部参照图形文件重新调入内存，并在当前图形中显示出来。在 AutoCAD 的图形数据文件中有用来记录块、图层、线型及文字样式等内容的表，表中的项目称为命名目标。对于那些位于外部参照文件中的这些组成项，则称为外部参照文件的依赖符。在插入外部参照时系统会重新命名参照文件的依赖符然后再将它们加到主图形中。

<访问方式>

✧　菜单:【插入（I)】→【外部参照（N）…】。

✧　命令行：EXTERNALREFERENCES。

<操作步骤>

选取相应的菜单命令（见图 8–12）或在命令行输入“EXTERNALREFERENCES”回车，打开“外部参照”面板。

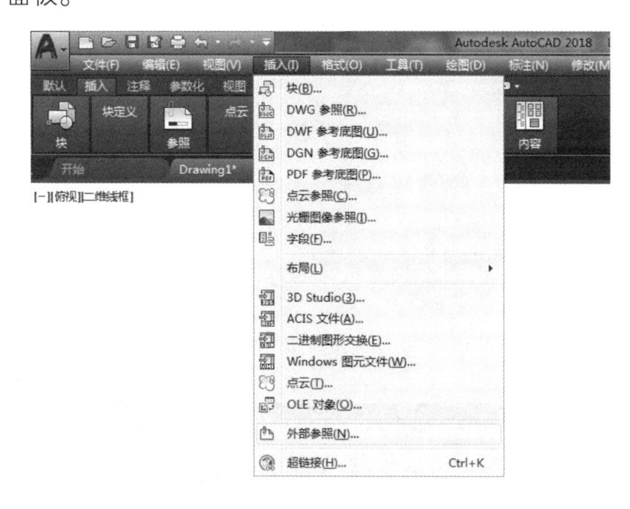

图 8-12　外部参照命令

例 8-2　外部参照应用实例。

Step 01　绘制一个主视图，如图 8–13 所示，保存为 Drawing1。绘制一个左视图，如图 8–14 所示，保存为 Drawing2。

Note

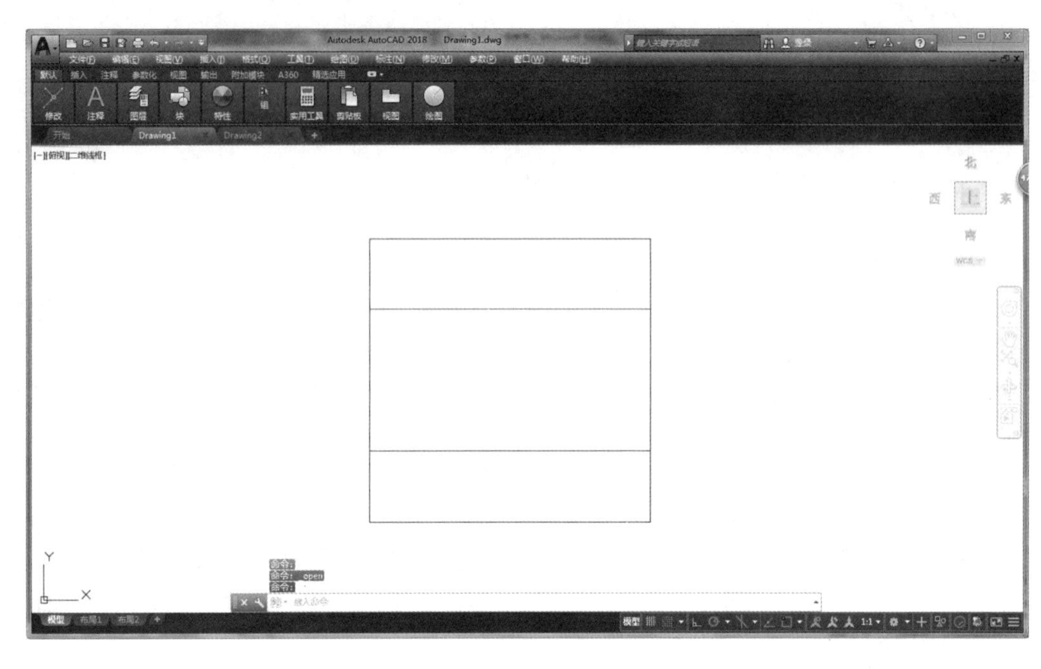

图 8-13　绘制主视图

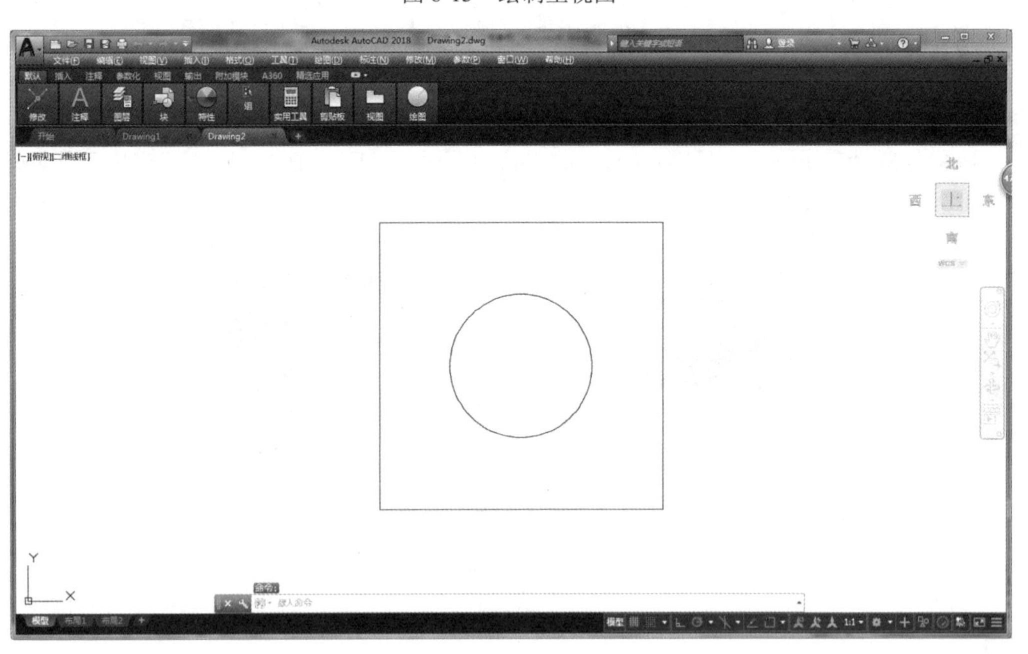

图 8-14　绘制左视图

Step 02 在主视图中使用外部参照。执行 "外部参照" 菜单命令，单击 "附着 DWG" 按钮，如图 8-15 所示。打开 "选择参照文件" 对话框，选择 Drawing2 文件，如图 8-16 所示。

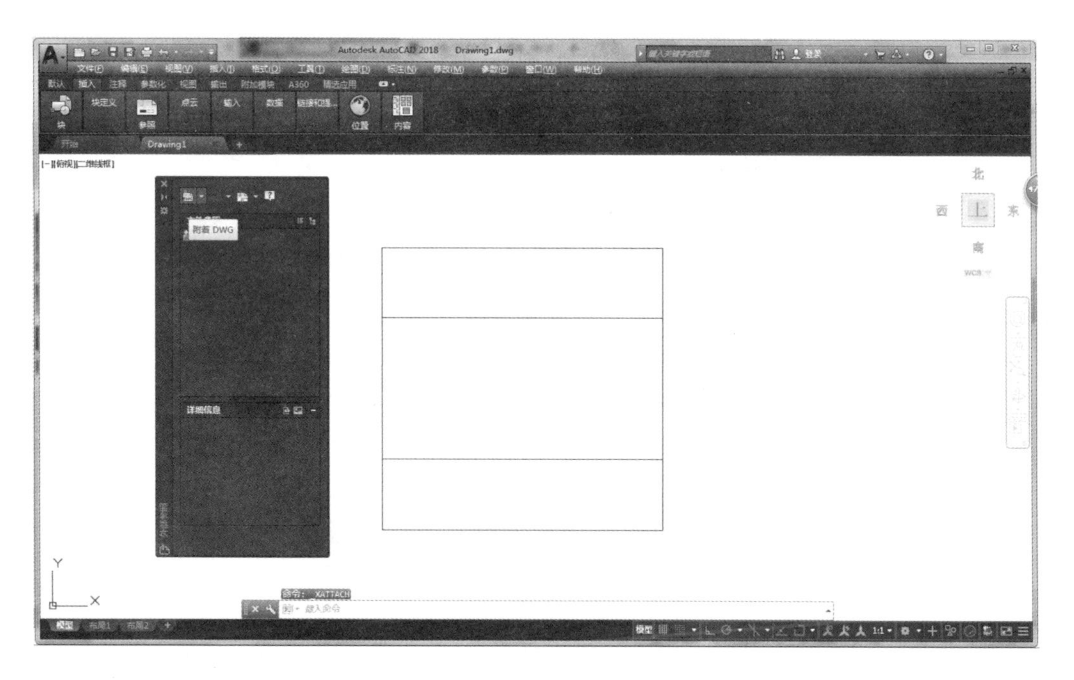

图 8-15　执行外部参照

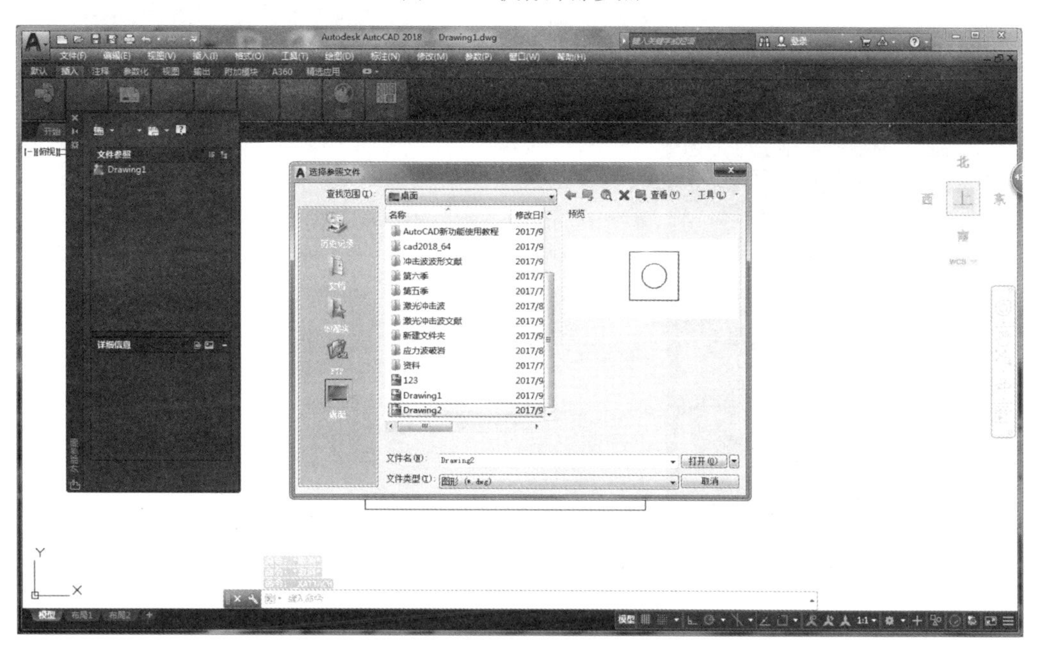

图 8-16　选择外部参照

Step 03 在弹出的“附着外部参照”对话框中，选择“参照类型”为“附着型”，如图 8-17 所示。选择“插入点”为“在屏幕上指定”，在左视图的位置单击，左视图就附着在主视图的右侧，如图 8-18 所示。

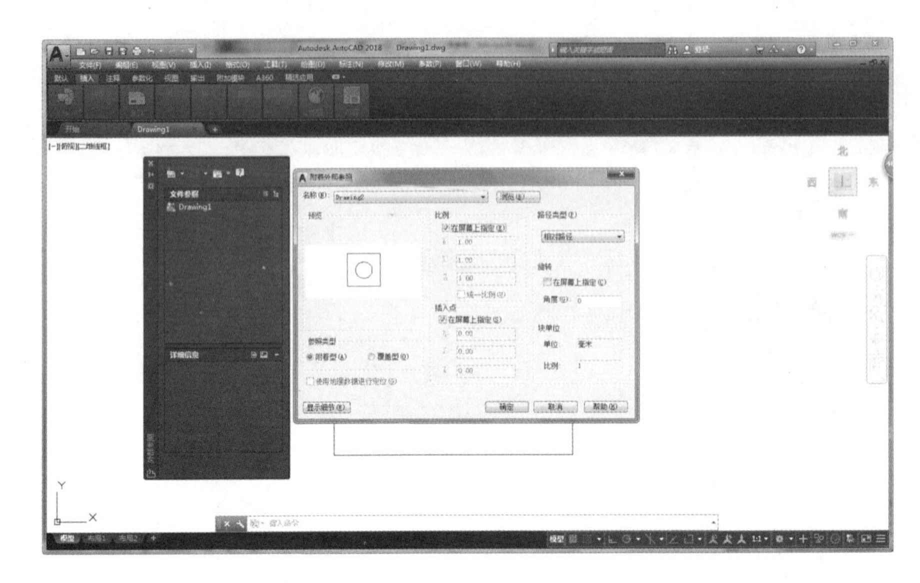

图 8-17　外部参照设置

图 8-18　外部参照结果

8.4 数据链接

将 AutoCAD 中绘制的表格链接 Microsoft Excel（XLS、XLSX 或 CSV 格式）文件中的数据。用户可以链接 Excel 中的整个电子表格或指定行列范围。

Note

<访问方式>

✧ 功能区：【插入】→【数据和提取】→【数据链接】按钮 。

✧ 工具栏：。

✧ 命令行：DATALINK。

<操作步骤>

Step 01 在功能区中选取相应的命令或在命令行输入“DATALINK”回车，打开“数据链接管理器”对话框，如图 8-19 所示。

Step 02 单击“创建新的 Excel 数据链接”选项，打开“输入数据链接名称”对话框，输入名称为 CAD，如图 8-20 所示。单击确定，弹出一个“新建 Excel 数据链接：CAD”对话框，从文件浏览中找到要链接的 Excel 工作表，如图 8-21 所示，建立链接。

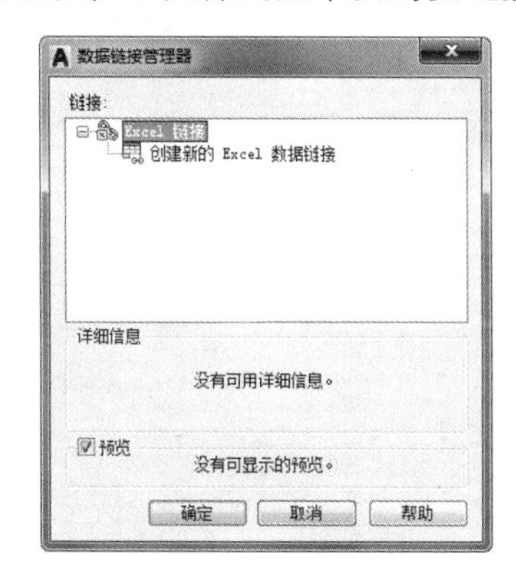

图 8-19　“数据链接管理器”对话框

图 8-20　输入数据链接名称

图 8-21　建立链接

设计中心、图形数据的查询与共享

9.1 AutoCAD 设计中心概述

Note

AutoCAD 设计中心（AutoCAD Design，简称 ADC）是 AutoCAD 中的一个非常有用的工具。它有着类似于 Windows 资源管理器的界面，可管理图块、外部参照、光栅图象以及来自其他源文件或应用程序的内容。ADC 可以将位于本地计算机、局域网或因特网上的图块、图层、外部参照和用户自定义的图形内容复制并粘贴到当前绘图区中。同时，如果在绘图区打开多个文档，在多文档之间也可以通过简单的拖放操作来实现图形的复制和粘贴。粘贴内容除了包含图形本身外，还包含图层定义、线型、字体等内容。这样资源可得到再利用和共享，提高了图形管理和图形设计的效率。

AutoCAD 2018 的设计中心主要包含以下功能：

✓ 浏览用户计算机、网络驱动器和 Web 网页上的图形内容，如图形或符号库。

✓ 查看图形文件中的命名对象，例如块和图层的定义，然后将定义插入、附着、复制或粘贴到当前图形中。

✓ 更新或重定义块。

✓ 创建指向常用图形、文件夹和 Internet 网址的快捷方式。

✓ 向当前图形添加内容，例如外部参照、块和填充等。

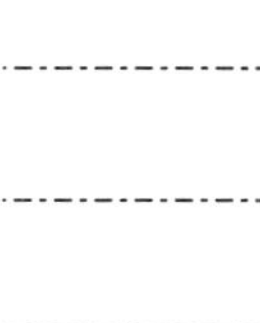

✓ 在新窗口中打开图形文件。

✓ 将图形、块和填充图案拖拽到工具选项板上以方便访问。

在 AutoCAD 2018 的操作界面，设计中心的打开方式如下。

<访问方法>

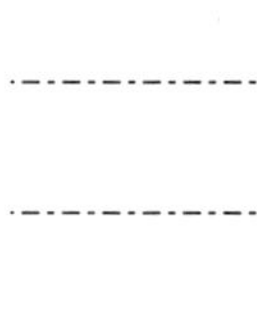

✧ 功能区：【插入】→【内容】→【设计中心】，如图 9-1 所示。

✧ 命令行：ADCENTER，如图 9-2 所示。

✧ 快捷键：Ctrl+2。

<操作过程>

按上述访问方法即可打开设计中心，AutoCAD 2018 弹出的“设计中心”窗口如图 9-3 所示。

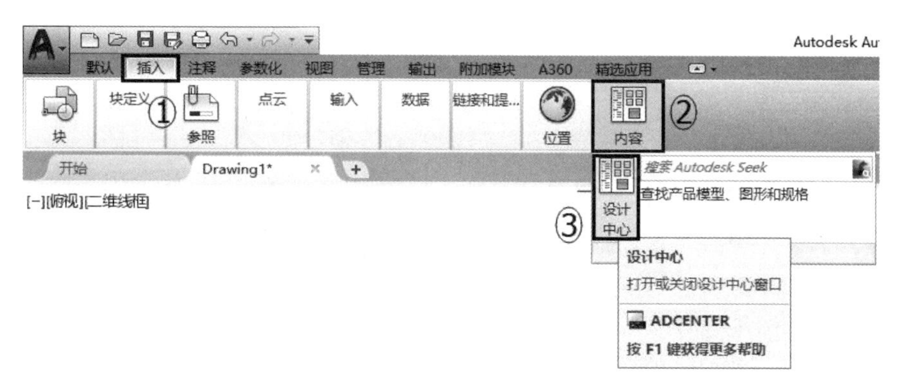

图 9-1　打开 AutoCAD 设计中心方法一

Note

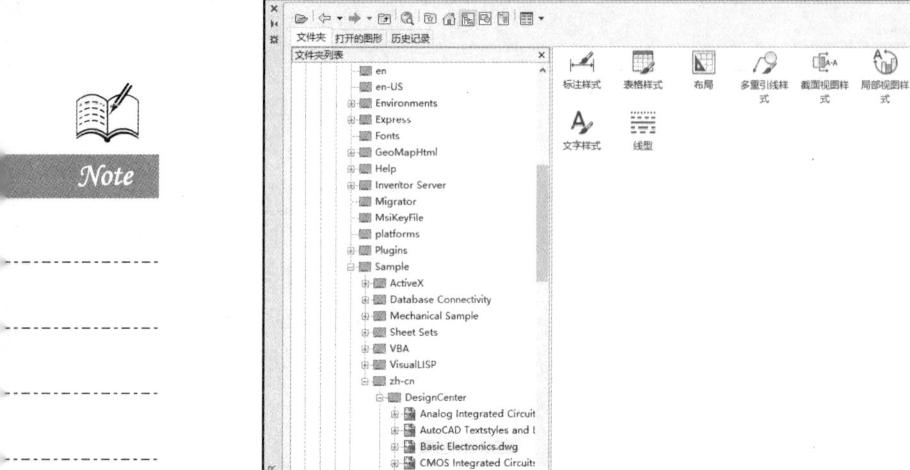

图 9-2　打开 AutoCAD 设计中心方法二

图 9-3　“设计中心”窗口

通过“设计中心”窗口可以浏览、查找、预览和插入内容（包括块、图案填充和外部参照等）。“设计中心”窗口的查看区域包括树状图和内容显示区域。树状图位于设计中心窗口的左侧，内容显示区域位于窗口的右侧。

AutoCAD 2018 设计中心的树状图用于显示用户计算机和网络驱动器上的文件和文件夹的层级结构，显示已经打开的图形列表，以及上次访问过的位置的历史记录。使用设计中心顶部的工具栏按钮可以设置树状图的相关属性。

树状图中有三个选项卡：

✧　“文件夹”选项卡：显示计算机或网络驱动器（包括“我的电脑”和“网络”）中的文件和文件夹的层级结构。

✧　“打开的图形”选项卡：显示当前工作任务中打开的所有图形，包括最小化的图形。

✧　“历史记录”选项卡：显示最近在设计中心打开的文件的列表。对于显示的历史记录，在某一个文件上单击鼠标右键可显示该文件的信息。从“历史记录”的列表中删除该文件记录，不会删除该文件本身。

9.2 使用设计中心打开图形

设计资源是指 AutoCAD 中那些可以重复利用和共享的图形内容。AutoCAD 2018 的设计中心可以访问、浏览的设计资源包括：图形中的标注样式、表格样式、布局、多重引线样式、截图视图样式、块、视觉样式、图层、外部参照、文字样式和线型。按住 Ctrl 键将内容区域中的图形文件的图标拖拽至绘图区域即可打开图形。

AutoCAD 2018 设计中心打开（加载）图形文件内容的操作如下：

Step 01　通过 9.1 节所述的三种方式打开 AutoCAD 2018 的设计中心。

Step 02　在设计中心树状图的文件夹列表中找到需要打开的图形文件，如图 9-4 所示；或者单击设计中心顶部工具栏的按钮，定位到图形文件的目录，选择相应的图形文件，单击“打开”按钮即可，如图 9-5 所示。

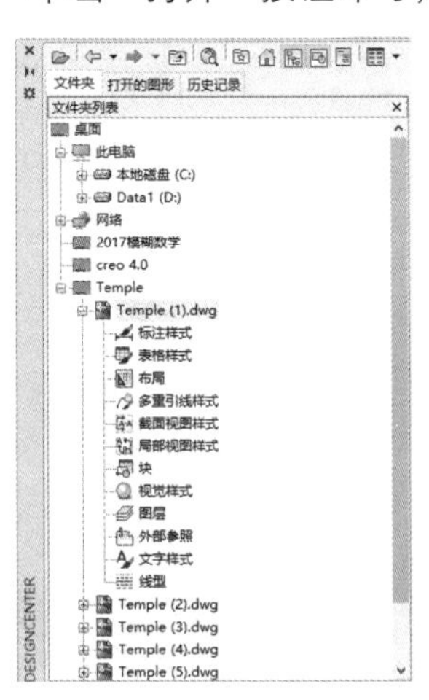

图 9-4　在文件夹列表中选择图形文件

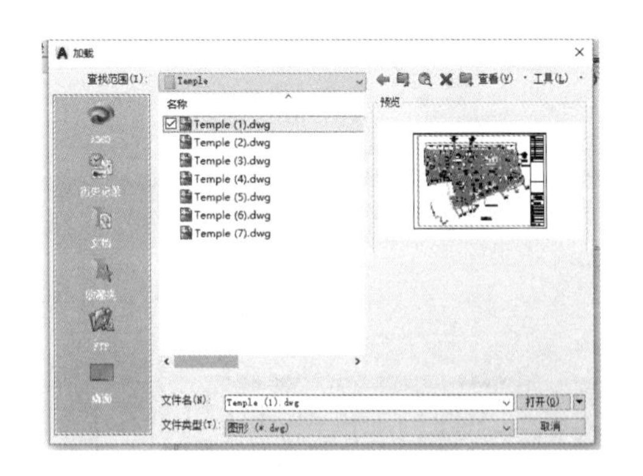

图 9-5　加载图形文件

Step 03　在树状图的文件夹列表中双击图形文件，即可在内容区域中看到所有的设计资源，如块、图层、文字样式等，如图 9-6 所示。

Step 04　双击相应的设计资源，即可查看该图形文件中包含的所有内容。例如双击块，可查看该图形文件中包含的所有块，如图 9-7 所示。

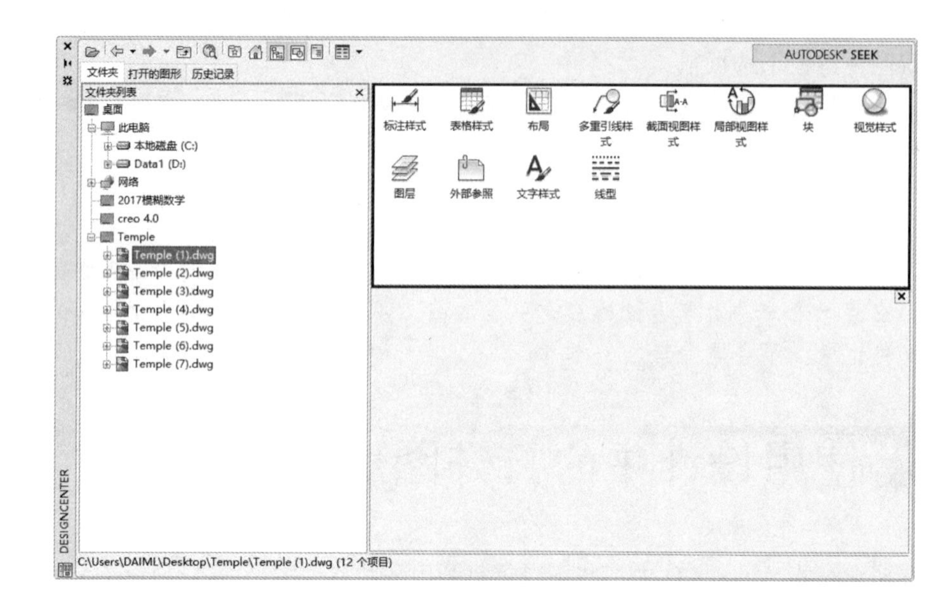

图 9-6　图形文件中的设计资源

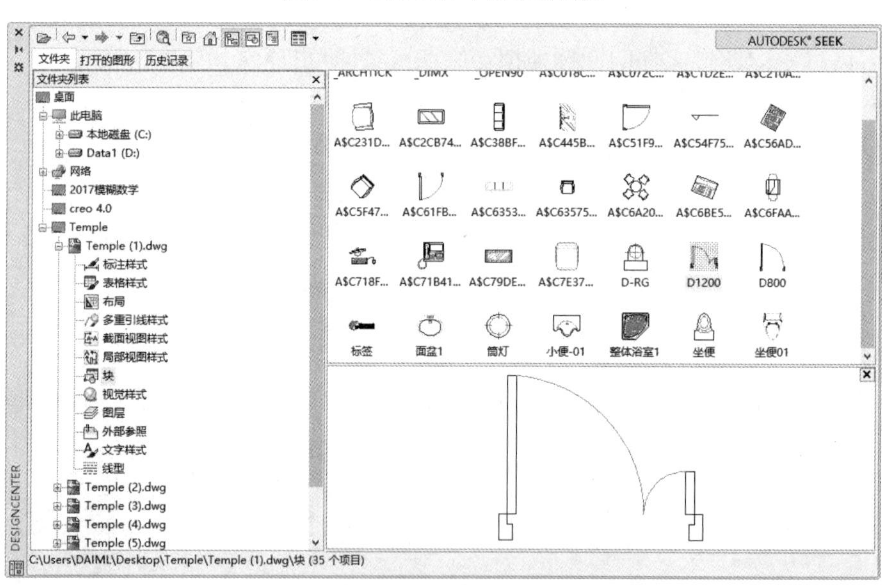

图 9-7　图形文件中所有的块

9.3 使用设计中心查找内容

AutoCAD 2018 的设计中心提供搜索功能，该功能可以实现查找计算机或网络中的图形、填充图案和块等 AutoCAD 信息。单击设计中心顶部工具栏的按钮，打开“搜索”对话框（见图 9-8），选择要搜索的类型及搜索的位置，输入搜索名称，单击“立即搜索”按钮开始搜索。

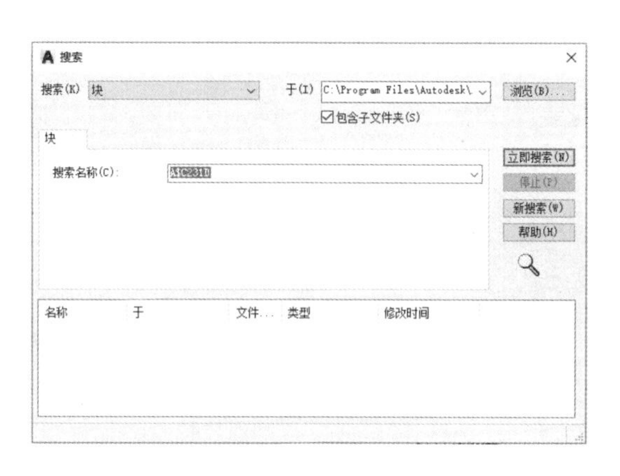

图 9-8　设计中心的搜索对话框

通过“搜索”对话框可以搜索打开的图形文件中包含的标注样式、表格样式、布局、多重引线样式、截图视图样式、块、视觉样式、图层、外部参照、文字样式和线型。对标注样式搜索“标准”结果如图 9-9 所示。

图 9-9　标注样式搜索结果示意图

9.4 向图形文件添加内容

加载的图形文件中包含的设计资源都可以添加到任一打开的图形文件中，例如块、图层、文字样式、尺寸标注样式、表格样式和填充图案等。向图形文件添加内容的方法如下。

Note

Step 01 根据 9.2 节的方法加载图形文件中的设计资源。

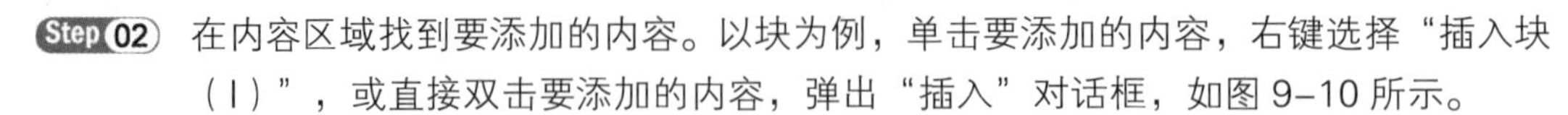

Step 02 在内容区域找到要添加的内容。以块为例，单击要添加的内容，右键选择“插入块（I）”，或直接双击要添加的内容，弹出“插入”对话框，如图 9-10 所示。

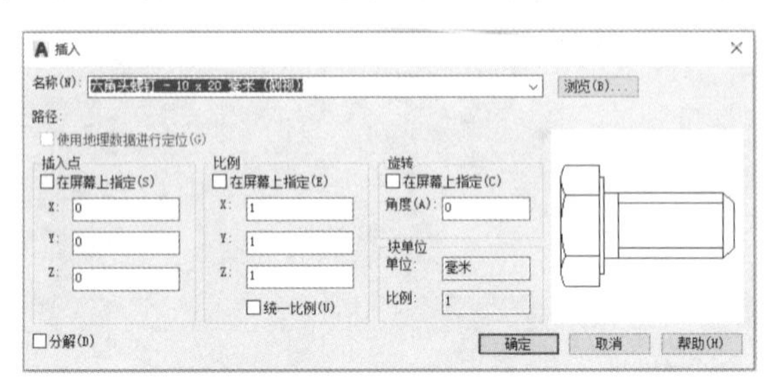

图 9-10　设计中心的插入对话框

Step 03 在“插入”对话框中指定添加块的缩放比例及其旋转的角度，单击“确定”按钮。完成块的添加。注意，当勾选“在屏幕上指定（S）”复选框时，添加的块的位置随鼠标在绘图区域的单击确定而确定；当不勾选“在屏幕上指定（S）”复选框时需要指定块在绘图区域的 *X*、*Y*、*Z* 坐标值，如图 9-11 所示。

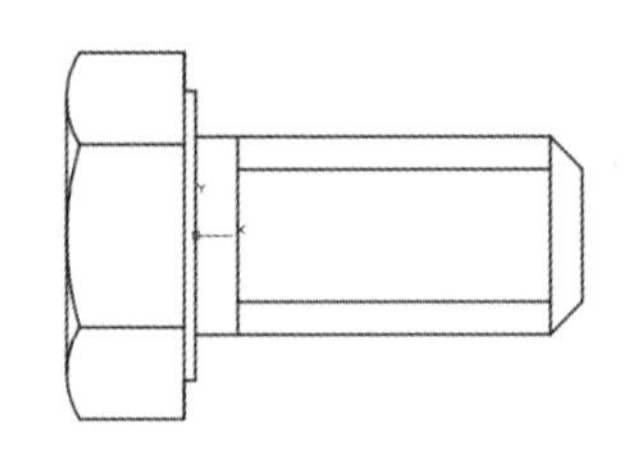

（a）勾选“在屏幕上指定（S）”复选框

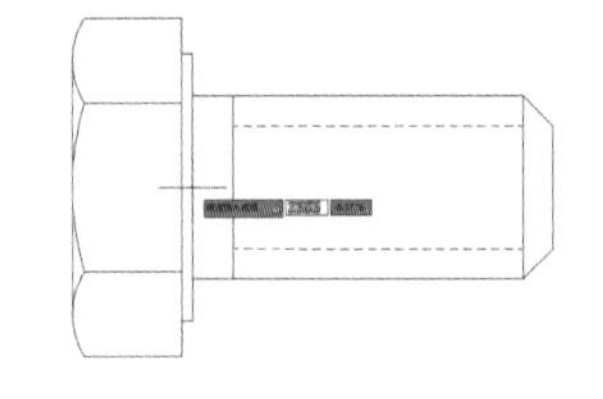

（b）不勾选“在屏幕上指定（S）”复选框

图 9-11　添加内容示意图

9.5 图形数据的查询

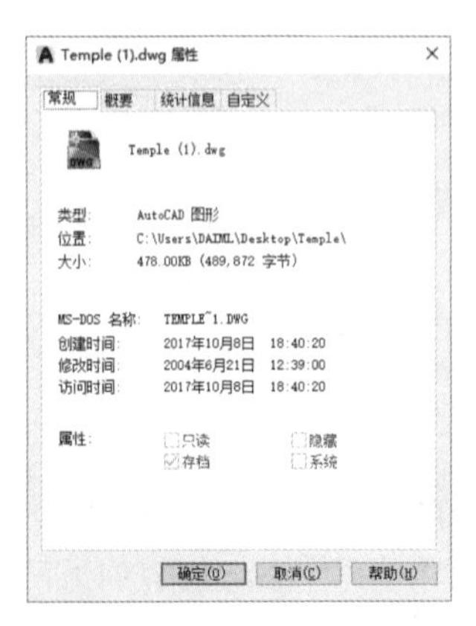

图 9-12　图形属性信息显示

AutoCAD 2018 提供图形数据的查询功能。图形数据查询包括图形属性信息的显示、状态查询、目标列表、全部列表、查询点坐标、显示两点之间的距离、查询面积、查询体积（三维）、查询面域或三维实体的质量特性、查询时间和日期、查询系统变量和使用计算器等。

1．图形属性信息（DWGPROPS 命令）

- 功能：查看当前图形的属性、概要及统计信息等，如图 9-12 所示。

✧　命令行：DWGPROPS。

2．状态查询（STATUS 命令）

- 功能：查看当前图形的状态信息以及统计信息、模式、内存使用等情况，如图 9-13 所示。

✧　命令行：STATUS。

```
放弃文件大小:        1674 个字节
模型空间图形界限      X:    0.0000   Y:    0.0000  (关)
                      X:  420.0000   Y:  297.0000
模型空间使用          X: -44983.8187   Y: 24912.1119 **超过
                      X: -15283.8187   Y: 45912.1119 **超过
显示范围              X: -52937.8793   Y: 23071.7086
                      X: 1190.4731   Y: 47752.4320
插入基点              X: -43116.2590   Y: 1469.6152   Z:    0.0000
捕捉分辨率            X:   10.0000   Y:   10.0000
栅格间距              X:   10.0000   Y:   10.0000
当前空间:             模型空间
当前布局:             Model
当前图层:             7
当前颜色:             BYLAYER -- 7 (白)
当前线型:             BYLAYER -- "CONTINUOUS"
当前材质:             BYLAYER -- "Global"
当前线宽:             BYLAYER
当前标高:             0.0000  厚度:    0.0000
填充 开  栅格 关  正交 关  快速文字 关  捕捉 关  数字化仪 关
```

图 9-13　图形状态信息显示

3．目标列表（LIST 命令）

● 功能：用于列出所选目标的数据结构描述信息，如图 9-14 所示。

✧　命令行：LIST。

```
找到 1765 个
          块参照       图层: "7"
                   空间: 模型空间
            句柄 = 1b16a
        块名: "标签"
          于 点,  X=-17283.8187  Y=32583.6440  Z=   0.0000
     X 比例因子:   50.0000
     Y 比例因子:   50.0000
       旋转角度:       0
     Z 比例因子:   50.0000
   按统一比例缩放: 否
       允许分解: 是
          直线        图层: "7"
                   空间: 模型空间
            句柄 = 1b0d2
          自 点,  X=-24103.5726  Y=40704.4066  Z=   0.0000
          到 点,  X=-23492.2703  Y=40733.3562  Z=   0.0000
   长度 = 611.9874, 在 XY 平面中的角度 =      3
          增量 X = 611.3023, 增量 Y =   28.9496, 增量 Z =   0.0000
```

图 9-14　目标列表信息显示

4．全部列表（DBLIST 命令）

● 功能：用于显示当前图形的全部图形数据结构信息，如图 9-15 所示。

✧　命令行：DBLIST。

```
命令: DBLIST
          直线        图层: "2"
                   空间: 模型空间
           颜色: 1 (红)    线型: BYLAYER
            句柄 = 31
          自 点,  X=5041.5649  Y=2013.4456  Z=   0.0000
          到 点,  X=8101.5649  Y=2013.4456  Z=   0.0000
   长度 =3060.0000, 在 XY 平面中的角度 =      0
          增量 X =3060.0000, 增量 Y =    0.0000, 增量 Z =   0.0000
          直线        图层: "4"
                   空间: 模型空间
           颜色: 4 (青)    线型: BYLAYER
            句柄 = 33
          自 点,  X=5041.5649  Y=2013.4456  Z=   0.0000
          到 点,  X=5041.5649  Y=4413.4456  Z=   0.0000
   长度 =2400.0000, 在 XY 平面中的角度 =     90
          增量 X =    0.0000, 增量 Y = 2400.0000, 增量 Z =   0.0000
          直线        图层: "4"
                   空间: 模型空间
```

图 9-15　全部列表信息显示

5．显示点的坐标（ID 命令）

● 功能：用于显示图中指定点的坐标，如图 9-16 所示。

✧　命令行：ID。

```
命令: *取消*
命令: ID
指定点:  X = 6402.6309      Y = 2013.4456      Z = 0.0000
```

图 9-16　显示指定点的坐标

Note

6．显示两点的距离（DIST 命令）

- 功能：显示指定两点间的距离、角度和 X、Y 方向上的增量，如图 9-17 所示。

✧ 命令行：DIST。

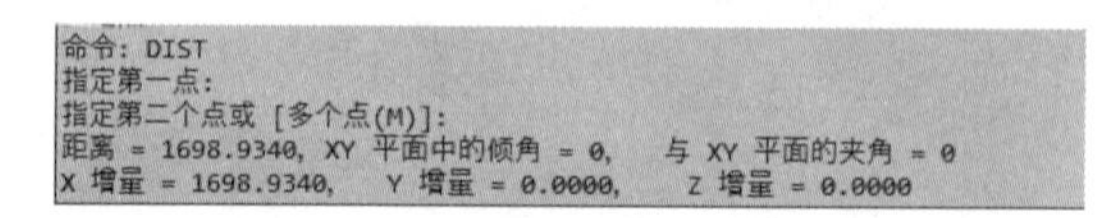

```
命令: DIST
指定第一点:
指定第二个点或 [多个点(M)]:
距离 = 1698.9340, XY 平面中的倾角 = 0,   与 XY 平面的夹角 = 0
X 增量 = 1698.9340,    Y 增量 = 0.0000,    Z 增量 = 0.0000
```

图 9-17 显示两点之间的距离

7．查询面积（AREA 命令）

- 功能：用于计算由若干个点所确定的区域或由多个指定对象所围成的封闭区域的面积和周长，如图 9-18 所示。

✧ 命令行：AREA（'AREA 用于透明显示）。

```
命令: AREA
指定第一个角点或 [对象(O)/增加面积(A)/减少面积(S)] <对象(O)>:
指定下一个点或 [圆弧(A)/长度(L)/放弃(U)]:
指定下一个点或 [圆弧(A)/长度(L)/放弃(U)]: a
指定圆弧的端点(按住 Ctrl 键以切换方向)或
[角度(A)/圆心(CE)/闭合(CL)/方向(D)/直线(L)/半径(R)/第二个点(S)/放弃(U)]:
指定圆弧的端点(按住 Ctrl 键以切换方向)或
[角度(A)/圆心(CE)/闭合(CL)/方向(D)/直线(L)/半径(R)/第二个点(S)/放弃(U)]:
指定圆弧的端点(按住 Ctrl 键以切换方向)或
[角度(A)/圆心(CE)/闭合(CL)/方向(D)/直线(L)/半径(R)/第二个点(S)/放弃(U)]:
区域 = 9793779.2395, 周长 = 13849.4376
```

图 9-18 面积信息显示

8．综合查询（MEASUREGEOM 命令）

- 功能：用于测量选定对象或点序列的距离、半径、角度、面积和体积，它实际是这五种常规查询命令的综合。

✧ 命令行：MEASUREGEOM。

9．查询时间和日期（TIME 命令）

- 功能：用于显示当前的日期和时间，图形创建的日期、时间以及最后一次更新的日期和时间，此外还提供了图形在编辑中的累计时间。

✧ 命令行：TIME。

10．查询系统变量（SETVAR 命令）

- 功能：用于查询并重新设置系统变量。

✧ 命令行：SETVAR。

11．使用计算器（CAL 命令）

- 功能：通过在命令行计算器中输入表达式，用户可以快速解决数学问题或定位图形中的点。

✧ 命令行：CAL。

CAL 命令是一个运行三维计算器实用程序，用于计算矢量表达式（点、矢量和数值的组合）以及实数和整数的表达式。计算器除执行标准数学功能外，还包含一组特殊的函数，用于计算点、矢量和 AutoCAD 几何图形。CAL 命令可以透明使用，即在不中断其他命令的情况下被执行。

参数化绘图

Note

10.1 参数化绘图概述

传统的设计绘图软件所绘制的图形元素都有固定的几何尺寸值，即每一条线都有确定的长度，圆、圆弧都有确定的圆心、半径等。若图形的尺寸有变动，则必须重画。而在工程设计生产中，系列化的产品占有相当比重。设计往往是在已有的基础上进行改进。若采用交互绘图，则系列产品中的每一种产品的设计图纸均需重新绘制，重复绘制的工作量极大。而使用参数化绘图来解决这类问题就非常有效了。

所谓参数化设计是一项用于具有约束设计的技术，约束是应用于平面几何图形的关联和限制。在 AutoCAD 中，约束分几何约束和尺寸约束。几何约束控制对象相对于彼此间的几何关系；尺寸约束控制对象的距离、长度、角度和半径等的值。参数化与变量化建模技术是现代 CAD 技术发展的一个里程碑，AutoCAD 软件在 2010 版之前一直没有参数化绘图功能，在 2009 年 4 月发行的 AutoCAD 2010 版新增该功能，并且可以与动态图块联合使用。相对于 AutoCAD 2010，AutoCAD 2018 在二维截面参数化草图绘制有了新的方法、规律和技巧，更加丰富、完善了其功能。

新的强大的参数化绘图功能，可让用户通过基于设计意图的图形对象约束来大大提高生产力。几何和尺寸约束帮助确保对象在修改后还保持特定的关联关系。由于 AutoCAD 2018 中参数化绘图具有尺寸驱动功能，所以草图在修改尺寸后，图形的大小会随着尺寸的变化而变化。这样就不需要在绘制草图的过程中输入准确的尺寸，从而节省时间，提高绘图效率。参数化绘图适用于结构形状比较定型，并可以用一组关系和参数来约定图形几何关系和尺寸关系的系列化或标准化的图形绘制。

10.2 几何约束

几何约束表示图形对象之间的几何关系的确认和限制，例如对象间的平行、相切、相等、竖直或对齐等关系。按照一般的设计习惯，通常在草绘时先应用几何约束对绘制的草图确定形状，然后再应用尺寸约束来确定形状大小。在 AutoCAD 2018 系统的草图环境中，用户随时可以对草图进行约束。下面对几种几何约束进行详细介绍。

10.2.1 几何约束的种类

使用几何约束可以指定草图对象之间的相互几何关系，通过约束图形中的几何关系来保持设计规范和要求，几何约束相关按钮在功能区“参数化”选项卡“几何”面板中，如图 10-1 所示。

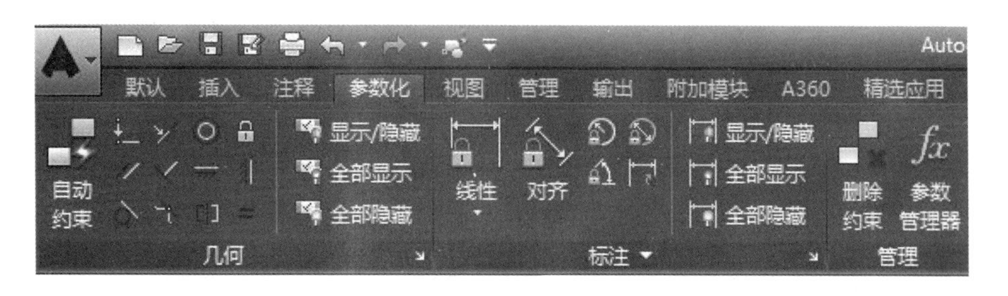

图 10-1　“几何”面板

用户可以根据设计意图建立各种约束关系，AutoCAD 中的几何约束种类见表 10-1。

表 10-1　几何约束种类

按 钮	约　　束
	重合约束：可以使对象上的点与某个对象重合，也可以使它与另一对象上的点重合
	平行约束：使两条直线位于彼此平行的位置
	相切约束：使两对象（圆与圆、直线与圆等）相切
	共线约束：使两条或多条直线段沿同一直线方向
	垂直约束：使两条直线位于彼此垂直的位置
	平滑约束：将样条曲线约束为连续，并与其他样条曲线、直线、圆弧或多段线保持 G2 连续性
	同心约束：将两个圆弧、圆或椭圆约束到同一个中心点
	水平约束：使直线或点对位于与当前坐标的 X 轴平行的位置
	对称约束：使选定对象相对于选定直线对称
	固定约束：约束一个点或一条曲线，使它固定在相对于世界坐标系的特定位置和方向上
	竖直约束：使直线或点对位于与当前坐标系的 Y 轴平行的位置
	相等约束：将选定圆弧和圆弧的尺寸重新调整为半径相同，或将选定直线的尺寸重新调整为长度相同

10.2.2　添加几何约束

仅需选择一个几何约束工具，然后选择希望保持几何关系的对象，几何约束就产生。所选的第一个对象非常重要，相当于几何关系的基准，因为其他对象将根据第一个对象的位置进行几何关系调整。所有的几何约束都遵循上述规则。

下面以图 10-2 所示的相切约束为例，简要介绍创建约束的步骤。

Step 01 绘制如图 10-2（a）所示的图形。

Step 02 在如图 10-1 所示的“几何”面板中单击“相切”按钮 。

Step 03 选取相切约束对象。在系统命令行“选择第一个对象”的提示下，选取图 10-2（b）所示的圆，然后在系统命令行“选择第二个对象”的提示下，选取图 10-2（b）所示的直线，最终结果如图 10-2（c）所示。

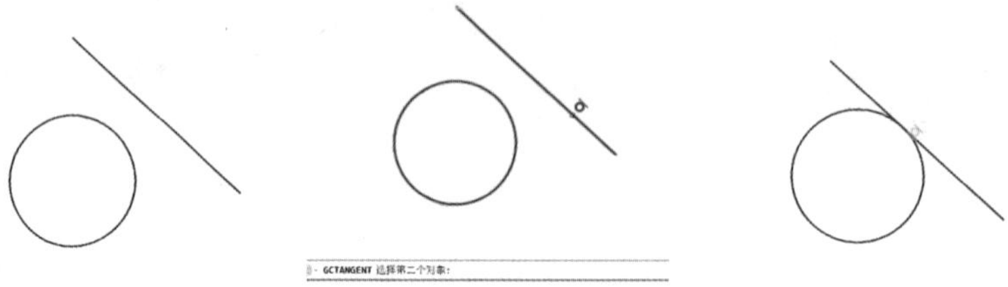

（a）原图　（b）选择直线　（c）结果

图 10-2　相切约束

10.2.3　几何约束设置

在使用 AutoCAD 绘图时，可以单独或全局控制几何约束符号的显示与隐藏。下面通过对实例使用两种方法来讲述几何约束设置操作。

1．通过“几何”面板

Step 01 打开如图 10-3（a）所示的图形。

Step 02 显示约束符号。在如图 10-4 所示的“几何”面板中单击“全部显示”按钮 全部显示，系统会将所有的几何约束类型显示出来，结果如图 10-3（b）所示。

（a）约束显示前　（b）约束显示后

图 10-3　设置约束显示

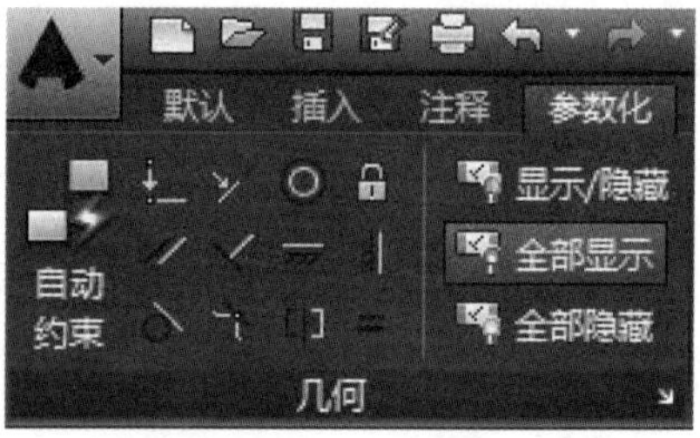

图 10-4　“几何”面板

Step 03 隐藏单个对象约束符号。在绘图区域中选中如图 10-5（a）所示的约束符号右击，在弹出的快捷菜单中选择隐藏命令。

Step 04 隐藏后的结果如图 10-5（b）所示。若单击“几何”面板中的“全部隐藏”按钮，则会返回至如图 10-3（a）所示的结果。

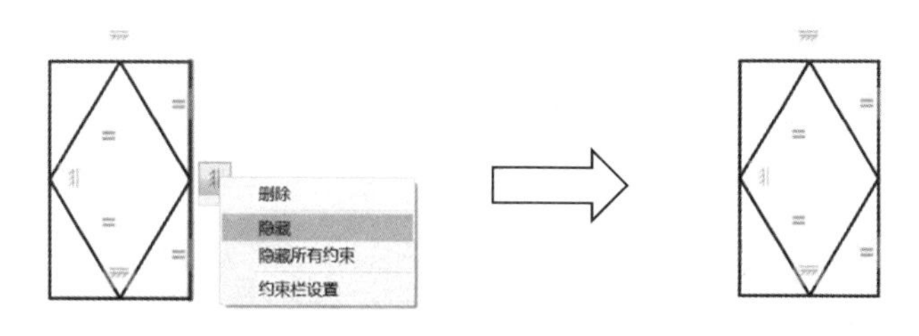

（a）约束隐藏前　　　　（b）约束隐藏后

图 10-5　设置隐藏单个约束

2．通过“约束设置”对话框

Step 01　打开如图 10-3（a）所示的图形。

Step 02　显示约束符号。在图 10-4 所示的“几何”面板中单击“全部显示”按钮，系统会将所有对象的几何约束类型显示出来，结果如图 10-3（b）所示。

Step 03　选择命令。在菜单选择“参数（P）”→“约束设置（S）”命令（或在命令行输入“CONSTRAINTSETTINGS”，按 Enter 键），此时系统弹出如图 10-6 所示的“约束设置”对话框。

Step 04　在“约束设置”对话框中取消勾选“相等（Q）”复选框，然后单击“确定”按钮，结果如图 10-7 所示。

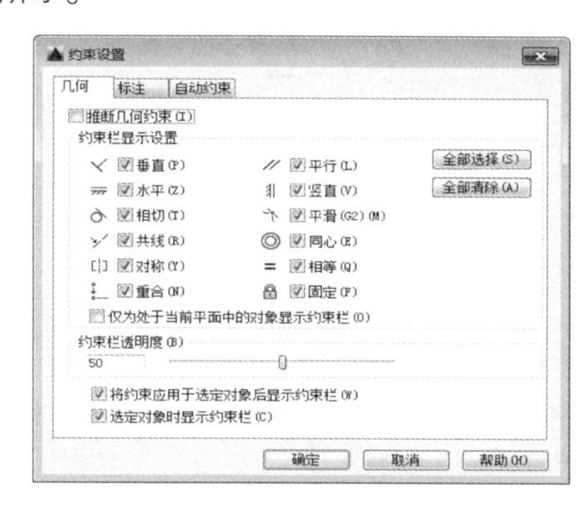

图 10-6　“约束设置”对话框

“约束设置”对话框中的部分区域和按钮功能说明如下：

- “约束栏显示设置”区域：控制图形编辑器中是否为对象显示约束栏或约束点标记。
- “全部选择（S）”按钮：用于显示全部几何约束的类型。
- “全部清除（A）”按钮：用于清除全部选定的几何约束的类型。

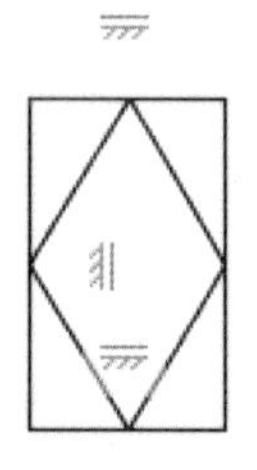

图 10-7　通过约束设置对话框隐藏相等约束

- “仅为处于当前平面中的对象显示约束栏（O）”复选框：仅为当前平面上受几何约束的对象显示约束栏。
- “约束栏透明度（B）”：设置图形中约束栏的透明度。

Note

10.2.4 删除几何约束

通过如图 10-8 所示例子来简要介绍说明如何删除几何约束。

Step 01 打开如图 10-8（a）所示的图形。

Step 02 显示约束符号。在“几何”面板中单击“全部显示”按钮，系统会将所有对象的几何约束类型显示出来。

Step 03 单击如图 10-8（b）所示的水平约束，选中后，约束符号颜色加亮。

Step 04 右击，在快捷菜单中选择“删除”命令（或按下 Delete 键），如图 10-8（b）所示，系统删除所选中的约束，结果如图 10-8（c）所示。

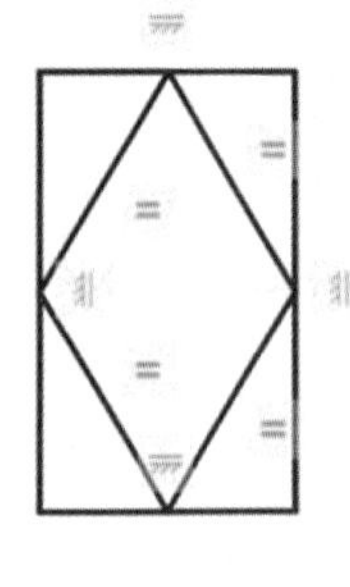

（a）约束

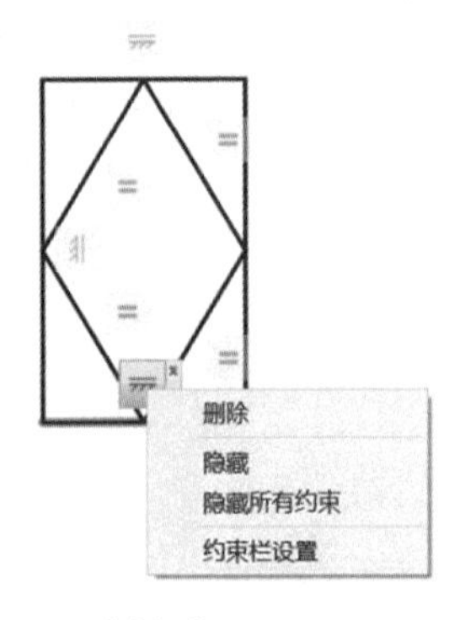

（b）删除操作

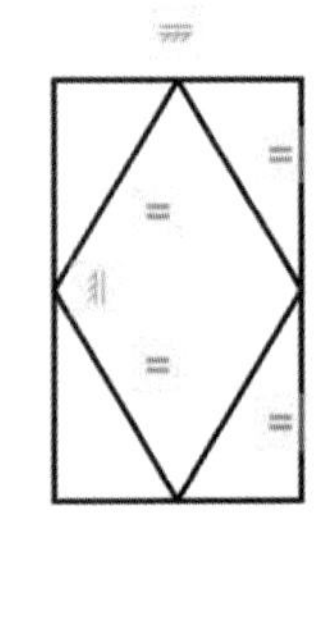

（c）结果

图 10-8　删除约束

10.3 尺寸约束

一张完整的草图除了有图形对象的几何形状、几何约束外，还需要给定确切的尺寸值来确定大小，也就是添加相应的尺寸约束。在 AutoCAD 2018 中的参数化绘图绘制的图形都是由尺寸驱动草图的大小的，所以在绘制图形的形状以及添加几何约束后，草图的形状真实大小还没有完全固定，当添加好尺寸约束后改变尺寸的大小，图形的几何形状的大小会因尺寸的大小而改变，也就是尺寸驱动草图。AutoCAD 中的图形几何和尺寸参数之间始终保持一种定义驱动的关系。根据尺寸对图形进行驱动，当改变尺寸参数值时，图形将自动进行相应更新。

Note

10.3.1　尺寸约束的种类

使用尺寸约束可以限制图形对象的大小，尺寸约束相关按钮在功能区“参数化”选项卡“标注”面板中，如图 10-9 所示。

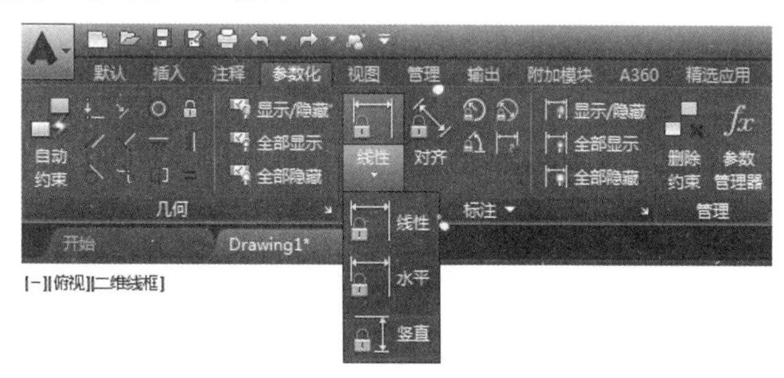

图 10-9　“标注”面板

“标注”面板中各尺寸约束相关类型如表 10-2 所示。

表 10-2　尺寸约束相关类型

按　钮	约　　束
线性	**线性约束**：约束两点之间的水平或竖直距离
水平	**水平约束**：约束对象上的点或不同对象上两个点之间 *X* 方向上的距离
竖直	**竖直约束**：约束对象上的点或不同对象上两个点之间 *Y* 方向上的距离
对齐	**对齐约束**：约束不同对象上两个点之间的距离
	半径约束：约束圆或圆弧的半径
	直径约束：约束圆或圆弧的直径
	角度约束：约束直线段或多段线段之间的角度，由圆弧或多段线圆弧扫掠得到的角度，或对象上三个点之间的角度。
	转换：将关联标注转换为标注约束。

10.3.2　添加尺寸约束

下面以如图 10-10 所示的水平尺寸为例，简要介绍创建尺寸约束的步骤。

Step 01　打开如图 10-10（a）所示的图形。

Note

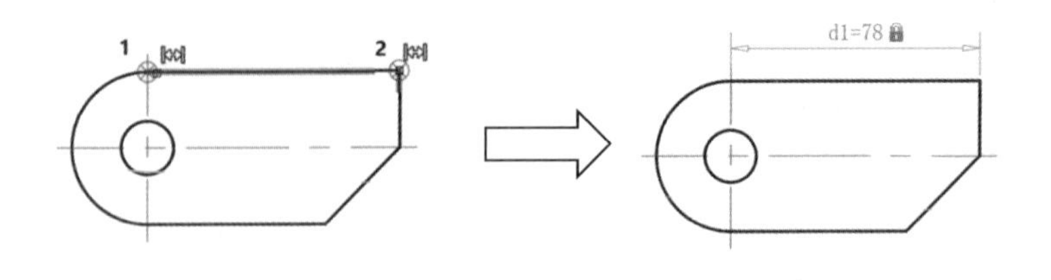

（a）水平尺寸约束　　　　（b）结果

图 10-10　水平尺寸约束

Step 02 在图 10–9 所示的“标注”面板中单击“水平”按钮。

Step 03 选取水平尺寸约束对象。在系统命令行“指定第一个约束点或[对象（O）]<对象>”的提示下，选取图 10–10（a）所示的点 1；在系统命令行“指定第二个约束点”的提示下，选取图 10–10（a）所示的点 2，在系统命令行“指定尺寸线位置”的提示下，在合适的位置单击以放置尺寸，然后按 Enter 键，结果如图 10–10（b）所示。

在选择尺寸约束对象时，也可以在命令行“指定第一个约束点或[对象（O）]<对象>”的提示下输入字母 O，然后按 Enter 键；选取尺寸约束的对象，然后在合适的位置单击以放置尺寸，然后按 Enter 键创建尺寸约束。

Step 04 修改尺寸值。选中如图 10–10（b）所示的尺寸双击，然后在激活的尺寸文本框中输入数值 80 并按 Enter 键，结果如图 10–11 所示。

Step 05 参照第二步到第四步，创建如图 10–12 所示的其余尺寸约束。

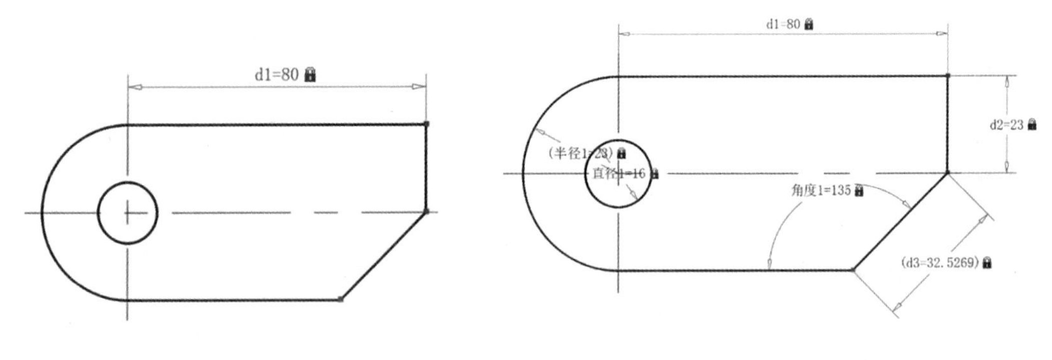

图 10-11　修改尺寸　　　　图 10-12　创建尺寸约束

10.3.3　设置尺寸约束

用户可以控制尺寸约束栏的显示，使用“约束设置”对话框内的“标注”选项卡，可控制显示标注约束时的系统配置，如图 10-13 所示。下面通过一个实例来简要介绍尺寸约束的设置，让约束尺寸只显示尺寸数值。

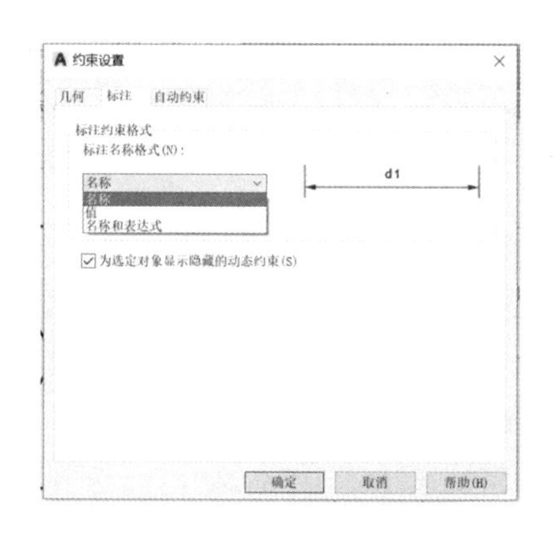

图 10-13　约束设置的标注选项卡

Step 01　打开如图 10-14（a）所示的图形。

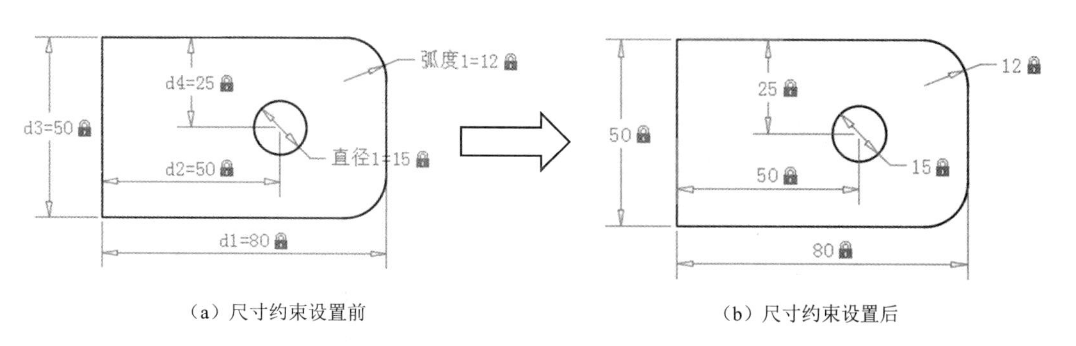

（a）尺寸约束设置前　　（b）尺寸约束设置后

图 10-14　尺寸约束设置

Step 02　选择命令。在菜单选择“参数（P）”→“约束设置（S）”命令（或在命令行中输入命令“CONSTRAINTSETTINGS”，然后按 Enter 键），此时系统弹出“约束设置”对话框。

Step 03　在“约束设置”对话框中单击“标注”选项卡，如图 10-13 所示。

Step 04　在“标注约束格式”区域的“标注名称格式（N）”下拉列表中选择“值”，然后单击“确定”按钮，结果如图 10-14（b）所示，即仅仅显示尺寸约束的数值。

“标注”选项卡各选项说明如下：

- “标注约束格式”区域：可以设置标注名称格式和锁定图标的格式。
- “标注名称格式（N）”选项：该下拉列表选项可以为标注约束时显示文字指定格式，分为“名称”“值”和“名称和表达式”三种形式。
- “为注释性约束显示锁定图标”复选框：选中该复选框，可以对已标注的注释性约束的对象显示锁定图标。
- “为选定对象显示隐藏的动态约束（S）”复选框：选中该复选框时后，选定某对象时将显示其已设置为隐藏的动态约束。

10.3.4 删除尺寸约束

Note

通过如图 10-15 所示的例子来介绍如何删除尺寸约束。

Step 01 打开如图 10-15（a）所示的图形。

Step 02 单击图 10-15（a）所示的半径尺寸，右击，在弹出的快捷菜单中选择“删除”命令（或按下 Delete 键），系统删除所选中的约束，结果如图 10-15（b）所示。

在删除尺寸约束时也可以通过单击“参数化”选项卡中的“删除约束”按钮，然后单击所要删除的尺寸，按 Enter 键来实现。

单击“参数化”选项卡中的“删除约束”按钮，然后选择图形中的对象[见图 10-16（a）所示的圆弧]，则系统会将该对象中的几何约束和尺寸约束同时删除，结果如图 10-16（b）所示。

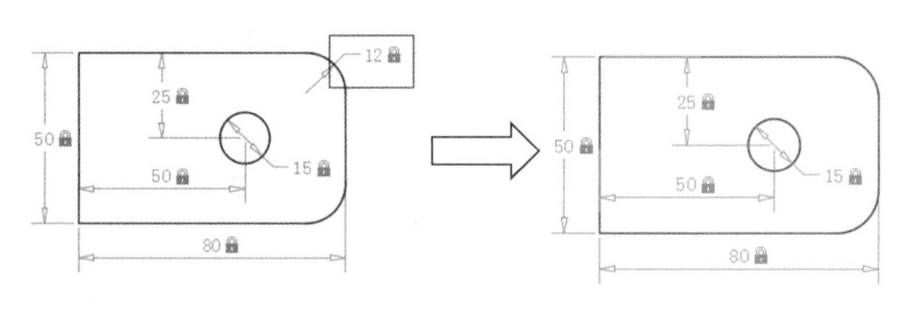

（a）删除约束前　　（b）删除约束后

图 10-15　删除尺寸约束

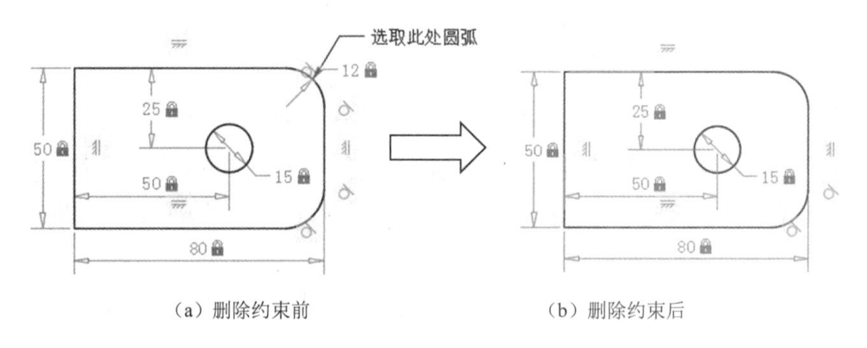

（a）删除约束前　　（b）删除约束后

图 10-16　删除尺寸和几何约束

10.4 自动约束

使用“约束设置”对话框内的“自动约束”选项卡，可将在设定的公差范围内的对象自动设置为相关约束。下面通过一个实例来简要介绍自动约束的设置。

Step 01 打开如图 10–17（a）所示图形文件。

Step 02 显示约束符号。在“几何”面板中单击“全部显示”按钮，系统会将所有对象的几何约束类型显示出来。

Step 03 选择命令。在菜单中选择“参数（P）”→“约束设置（S）”命令（或在命令行中输入命令“CONSTRAINTSETTINGS”，然后按 Enter 键），此时系统会弹出“约束设置”对话框。

Step 04 在“约束设置”对话框中单击“自动约束”选项卡设置约束公差及约束。

Step 05 在“公差”区域“距离（I）”文本框中输入数值 1；在“角度（A）”文本框中输入数值 2，然后单击“确定”按钮。

“自动约束”选项卡各选项说明如下：

◆ “自动约束”区域：该列表中显示自动约束的类型及优先级。可以通过“上移（U）”和“下移（D）”按钮调整优先级的先后顺序；还可以单击✓符号选择或去掉某种约束类型。

● “相切对象必须共用同一交点（T）”复选框：选中该复选框，表示指定的两条曲线必须共用一个点（在距离公差内指定）才能应用相切约束。

● “垂直对象必须共用同一交点（P）”复选框：选中该复选框，表示指定直线必须相交或者一条直线的端点必须与另一条直线上的某一点（或端点）重合（在距离公差内指定）。

◆ “公差”区域：设置距离和角度公差值以确定是否可以应用约束。

● “距离（I）”文本框：设置范围 0~1。

● “角度（A）”文本框：设置范围 0~5。

Step 06 定义自动重合约束。单击“参数化”选项卡中的“自动约束”按钮，然后在系统命令行“选择对象或[设置（S）]”的提示下，按住 Shift 键选取如图 10–17（a）所示的两条边线，然后按 Enter 键，结果如图 10–17（b）所示。

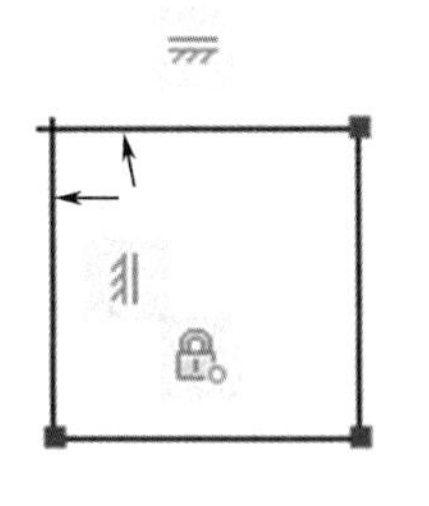

（a）自动重合约束前

（b）自动约束重合后

图 10-17　自动重合约束

Step 07 定义自动垂直约束。单击“参数化”选项卡中的“自动约束”按钮，然后在系统命令行“选择对象或[设置（S）]”的提示下，按住 Shift 键选取 10–18（a）所示的两条边线，然后按 Enter 键，结果如图 10–18（b）所示。

Note

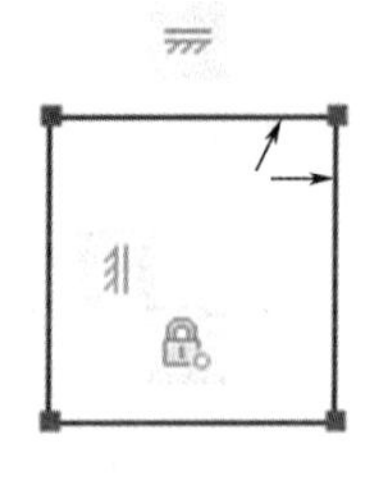

（a）自动垂直约束前

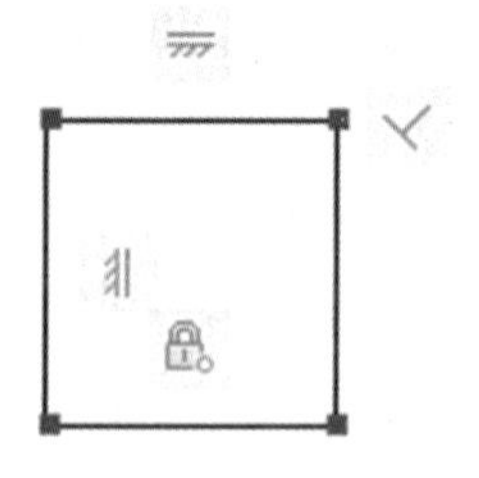

（b）自动垂直约束后

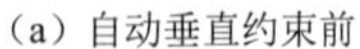

图 10-18　自动垂直约束

例 10-1　利用 AutoCAD 的参数化功能绘制如图 10-19 所示图形。

先绘制出图形的大致形状，然后给所有对象添加几何约束及尺寸约束，使图形处于完全约束状态。

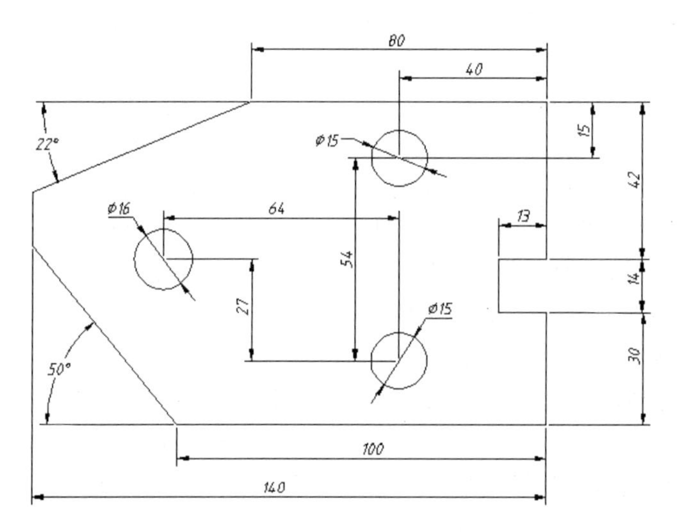

图 10-19　参数化绘图

Step 01 建立新图，将工作空间设置为“草绘与注释”，大体绘制图形的外轮廓线，如图 10-20 所示。

Step 02 给图形添加自动几何约束。在功能区的“参数化”→“几何”面板中单击“自动约束”按钮，结果如图 10-21 所示。

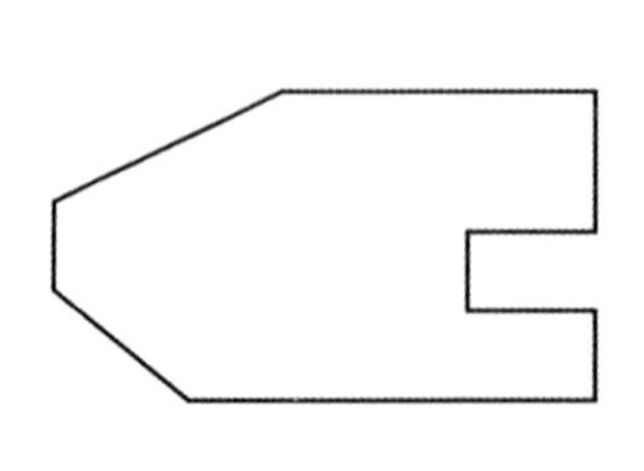

图 10-20　图形轮廓

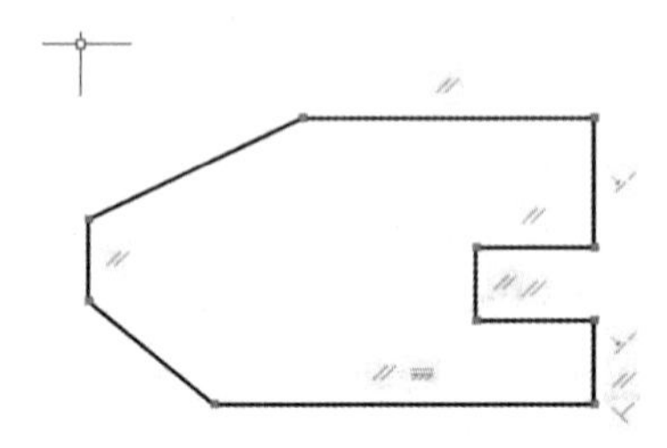

图 10-21　添加自动几何约束

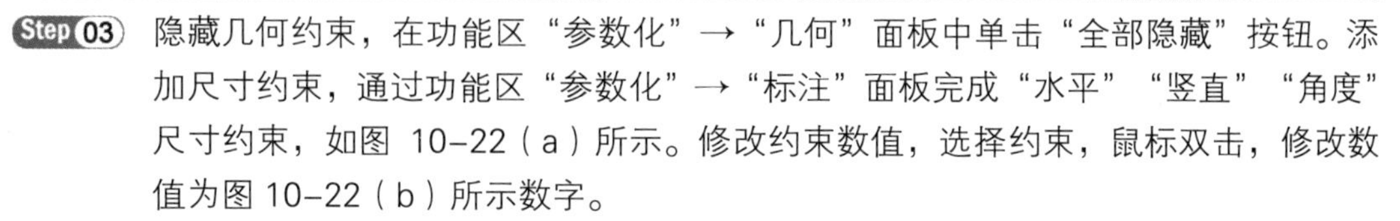

```
命令: _AutoConstrain
选择对象或 [设置(S)]://框选如图 10-20 所示图形
选择对象或 [设置(S)]://回车，结束选择
```

Note

Step 03 隐藏几何约束，在功能区“参数化”→“几何”面板中单击“全部隐藏”按钮。添加尺寸约束，通过功能区“参数化”→“标注”面板完成“水平”“竖直”“角度”尺寸约束，如图 10-22（a）所示。修改约束数值，选择约束，鼠标双击，修改数值为图 10-22（b）所示数字。

Step 04 隐藏尺寸约束，绘制圆，并添加几何约束，让右边两圆直径相等，并且位于同一竖直位置，如图 10-23 所示。

Step 05 给内部圆添加尺寸约束，确定圆心位置，并且修改尺寸约束的数值，结果如图 10-24 所示。

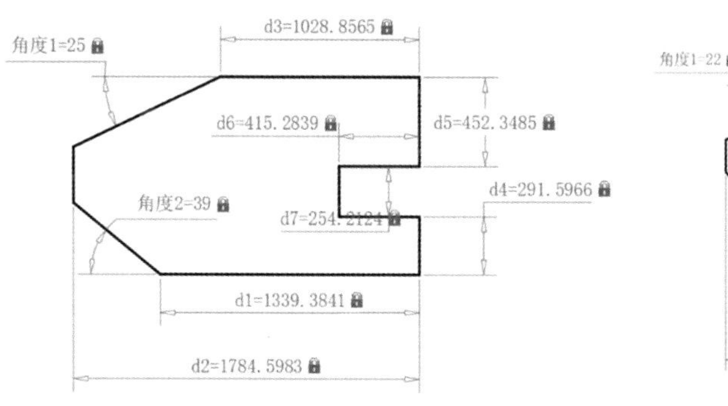

（a）添加尺寸约束

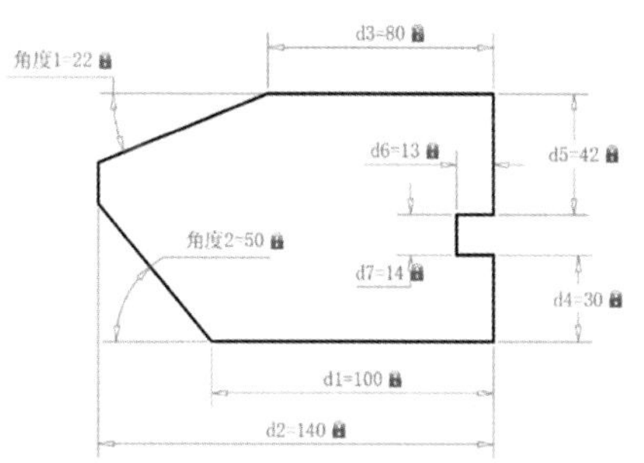

（b）尺寸约束修改结果

图 10-22　添加尺寸约束

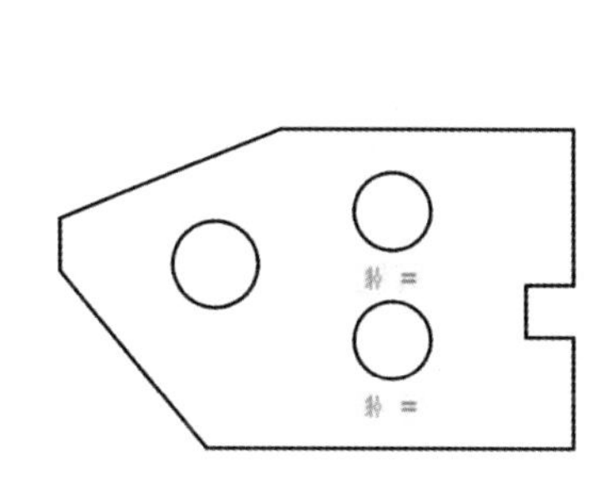

图 10-23　添加几何约束

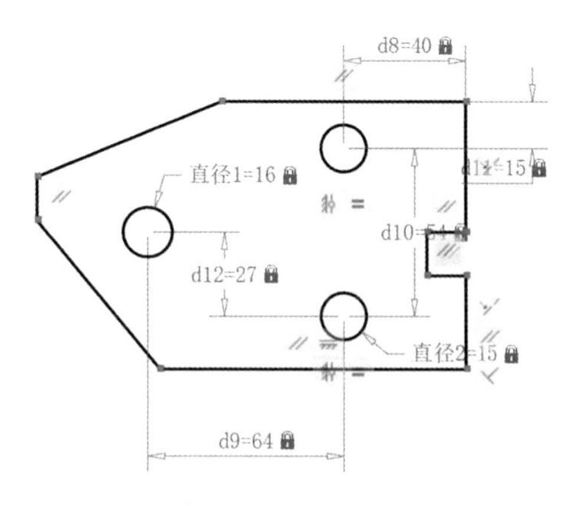

图 10-24　添加内部圆的尺寸约束

Step 06 参数化绘图中修改图形的尺寸约束的数值，可以在图形约束关系不变的情况下，得到新的图形。如图 10-25（a）所示为原图，如图 10-25（b）所示为将图形总高度修改为 95，右边两圆的直径改为 20 的结果。

Note

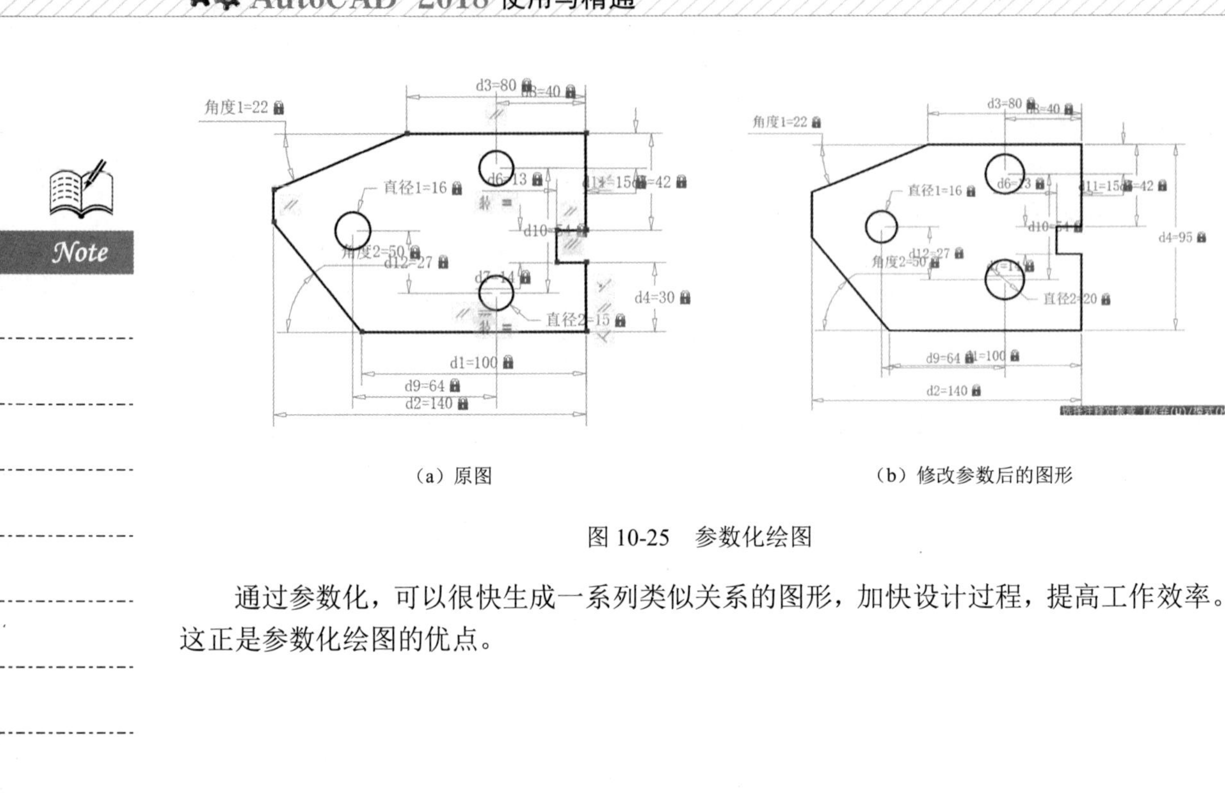

（a）原图

（b）修改参数后的图形

图 10-25　参数化绘图

通过参数化，可以很快生成一系列类似关系的图形，加快设计过程，提高工作效率。这正是参数化绘图的优点。

轴测图的绘制

轴测图是工程上常用的一种辅助图样。与多面正投影视图相比较，它的直观性好，人们容易理解，阅读它不需要专门的训练。因此在建筑、广告设计、产品外形设计等只需表达外形，而对描述物体的精确程度要求又不高的场合，它得到了大量的应用。在AutoCAD中，对于轴测图的绘制有专门的设置，使其绘制非常方便，下面加以介绍。

Note

11.1 轴测模式

11.1.1 轴测面、轴测轴与轴间角

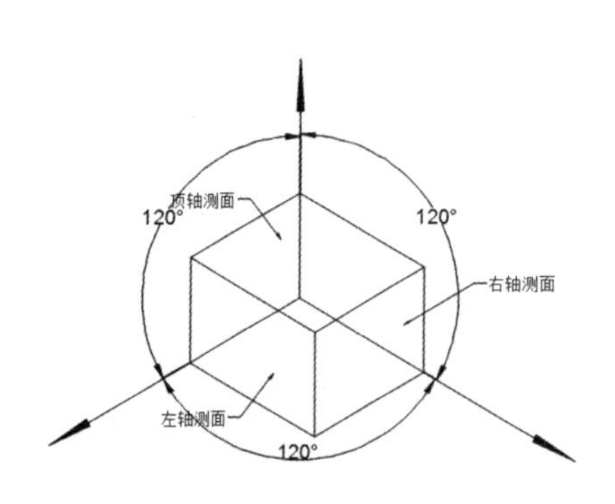

图 11-1 轴测面、轴测轴、轴间角

在轴测图中，平行于坐标平面的面的投影称为轴测面，与 *X-Y* 坐标平面平行的面的投影称为顶轴测面；与 *X-Z* 坐标平面平行的面的投影称为右轴测面；与 *Y-Z* 坐标平面平行的面的投影称为左轴测面；坐标轴的投影称为轴测轴；轴测轴之间的夹角称为轴间角。轴测面、轴测轴和轴间角的构成如图 11-1 所示。

AutoCAD 为绘制轴测图创建了一个特定的环境。在这个环境中，系统提供了绘制正等轴测图的辅助工具，这就是轴测图绘制模式（简称轴测模式）。

11.1.2 轴测模式的设置

<访问方法>

✧ 命令行：SNAP→样式（S）→等轴测（I）。

✧ 状态栏：点亮【等轴测草图】按钮。

✧ 菜单：【工具（T）】→【绘图设置（F）…】。弹出“草图设置”对话框如图 11-2 所示，在该对话框“捕捉和栅格”选项卡中的“捕捉类型”区域中选中“等轴测捕捉”单选项，如图 11-3 所示。

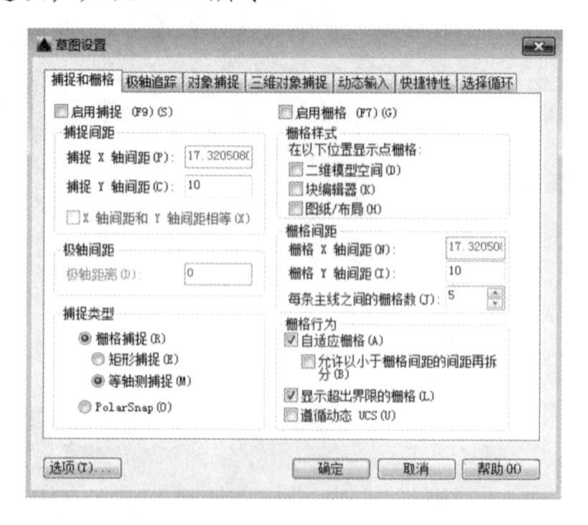

图 11-2 “草图设置”对话框

<切换轴测面的操作>

（1）在轴测模式下，用 F5 键或“Ctrl+E”，可按“等轴测平面 左”“等轴测平面 上”和“等轴测平面 右”的顺序循环切换。

（2）或在“状态栏”图标右侧单击下拉按钮后单击相应的图标选择，如图 11-4 所示。

图 11-3　等轴测捕捉

图 11-4　切换轴测面

11.2 轴测图的绘制

绘制轴测图必须注意的几个问题：

（1）任何时候用户只能在一个轴测面上绘图。因此绘制立体不同方位的面时，必须切换到不同的轴测面上去作图。

（2）切换到不同的轴测面上作图时，十字准线、捕捉与栅格显示都会相应于不同的轴测面进行调整，以便看起来仍像位于当前轴测面上。

（3）正交模式也要被调整。要在某一轴测面上画正交线，首先应使该轴测面成为当前轴测面，然后再打开正交模式。

（4）用户只能沿轴测轴的方向进行长度的测量，而沿非轴测轴方向的测量是不正确的。

11.2.1　平面立体轴测图的绘制

平面立体的轴测投影是由一系列直线组成的，只要绘出这一系列直线，就得到平面立体的轴测投影。下面以图 11-5 为例说明平面立体轴测图的绘制。

<操作步骤>

Step 01　进入等轴测捕捉模式后，单击“正交”按钮，用直线命令绘制长方体。绘制时，循环切换到相应的等轴测平面内，并沿轴测方向直接输入长度即可，结果如图 11–6 所示。

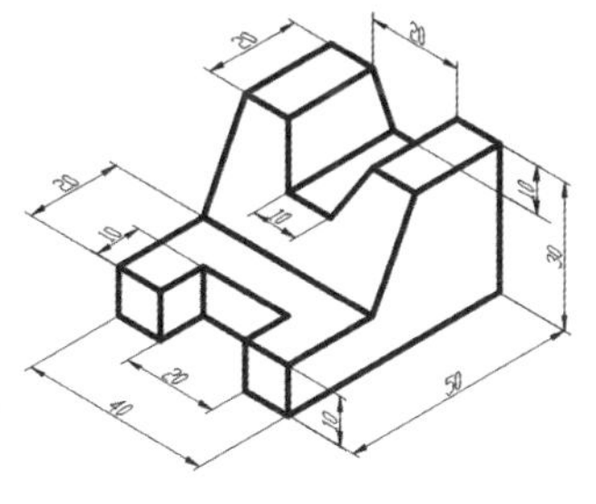

图 11-5　平面立体轴测图

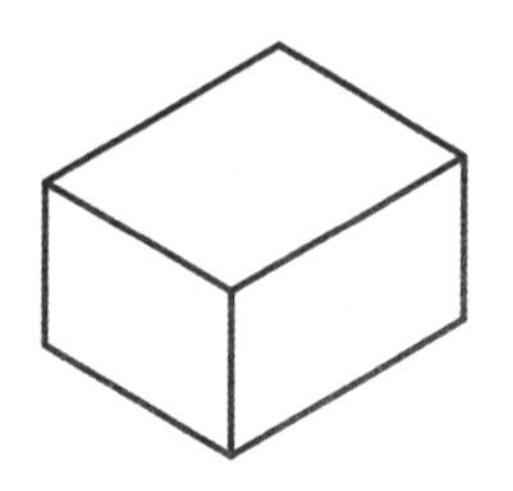

图 11-6　绘制长方体

Step 02 确定图 11–7 中点 2、3、5、6 的位置。由点 1 绘制直线 20mm 确定点 2 的位置；由点 2 绘制直线确定点 3 的位置；由点 4 绘制直线 10mm 确定点 5 的位置，由点 5 绘制直线 20mm 确定点 6 的位置；由点 7 绘制直线 10mm 确定点 8 的位置；由点 8 绘制直线 20mm 确定点 9 的位置。

Step 03 连接点 2 和 6、点 5 和 6、点 5 和 8、点 8 和 9、点 3 和 9 以及点 6 和 9。结果如图 11–8 所示。

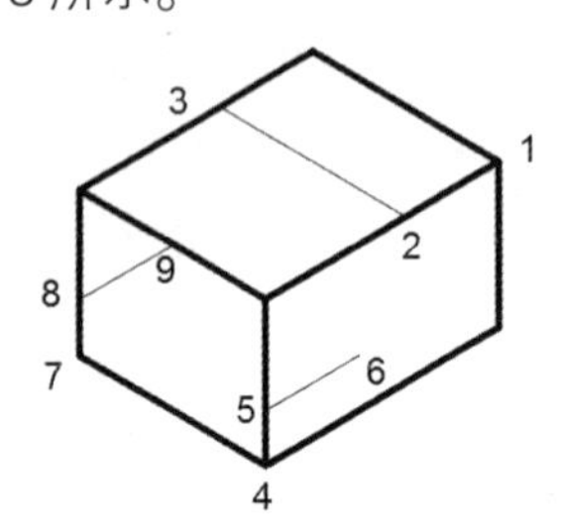

图 11-7　确定点的位置

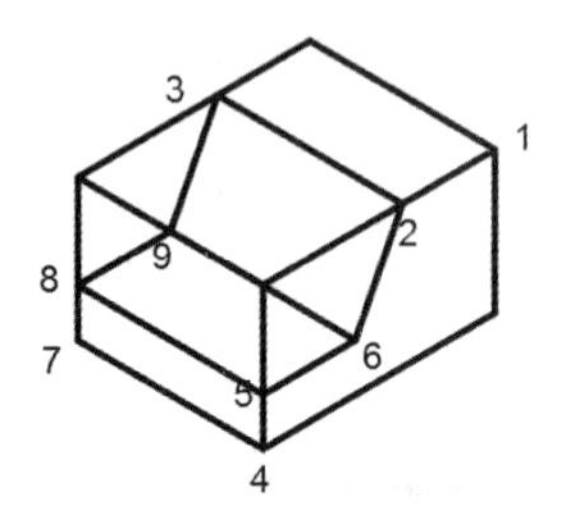

图 11-8　用直线连接点

Step 04 用修剪命令剪切掉左上角的几何体投影。结果如图 11–9 所示。

Step 05 绘制上侧缺口。参照步骤 02 来确定点的位置，绘制结果如图 11–10 所示。

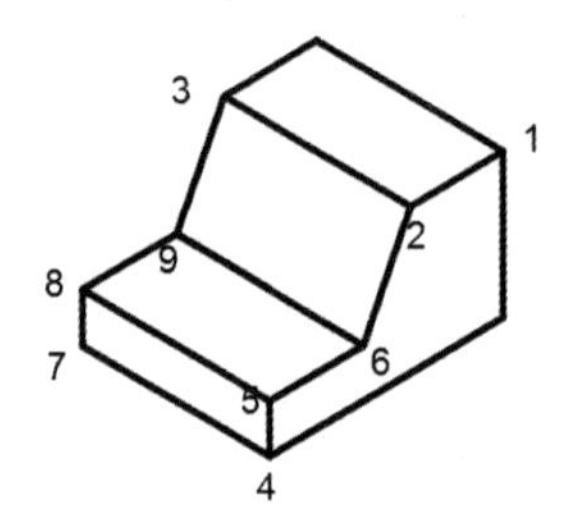

图 11-9　除去几何体投影

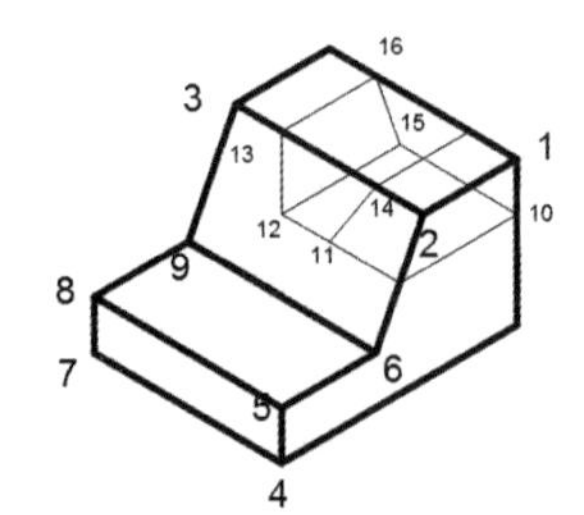

图 11-10　确定上侧缺口点的位置

Step 06 剪切上侧缺口。参照步骤 03 和步骤 04 剪切，绘制结果如图 11–11 所示。

Step 07 绘制下侧缺口。参照上面的步骤来执行，完成图形绘制，如图 11–12 所示。

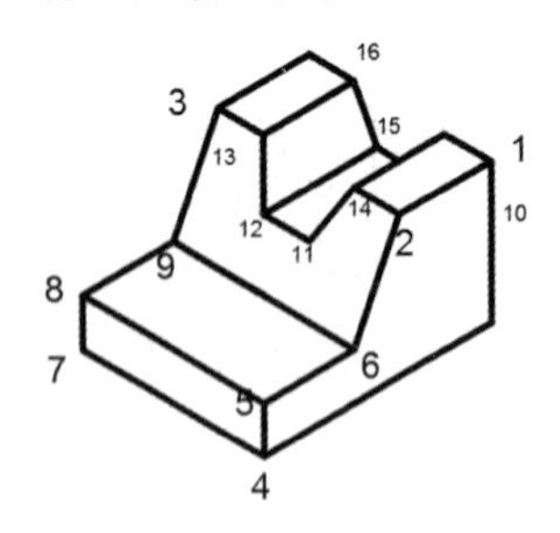

图 11-11　剪切上侧缺口

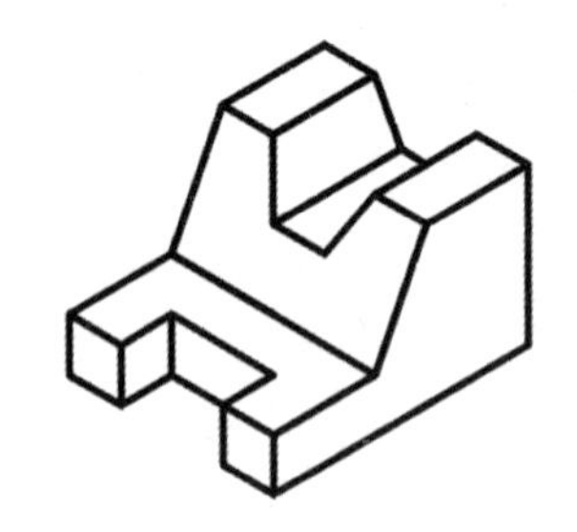

图 11-12　整理完成图形

11.2.2　回转体轴测图的绘制

回转体上有一系列坐标面上的圆，这些圆的轴测投影是一系列的椭圆，因此对于回转体的轴测投影绘制，这些椭圆的绘制就非常重要，下面加以介绍。

1．圆的轴测投影

圆的轴测投影一般是椭圆，当圆位于不同的轴测面时，投影的椭圆长、短轴的位置将不同，如图 11-13 所示。

<操作过程>

Step 01　设置轴测模式。

Step 02　设定当前的轴测面。

Step 03　调用“椭圆”命令绘图。

单击工具栏“绘图”→“椭圆”按钮，命令提示及操作如下。

```
ELLIPSE 指定椭圆弧的轴端点或[中心点 (C) 等轴测圆 (I) ]: //输入“I”按 Enter 键
ELLIPSE 指定等轴测圆的圆心: //指定圆心
ELLIPSE 指定等轴测圆的半径或[直径 (D) ]: //输入圆的半径值
```

在绘制圆的轴测投影时应注意：必须选择“等轴测圆（I）”选项；必须随时切换到合适的轴测面，使之与圆所在的平面相对应。

2．回转体轴测图的绘制

下面以图 11-14 为例来讲解如何绘制回转体的轴测图。

图 11-13　圆在三个轴测面上的正等轴测投影

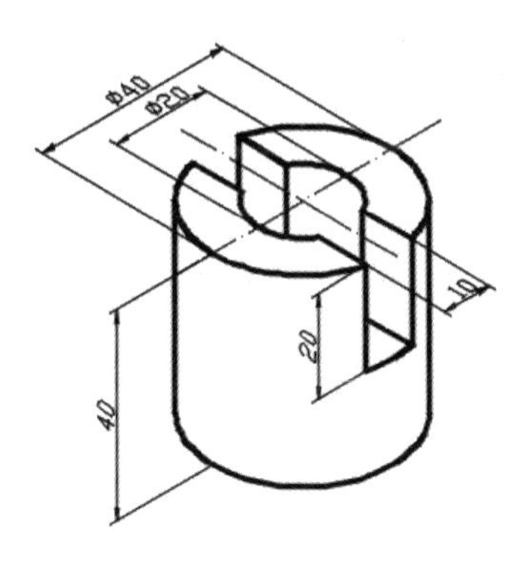

图 11-14　回转体轴测图

<操作过程>

Step 01　绘制圆柱。先绘制出两端面的椭圆，然后画出轮廓线。在绘制轮廓线时，是从象限点到象限点，而不是从切点到切点，最后修剪去不可见的部分，如图 11-15 所示。

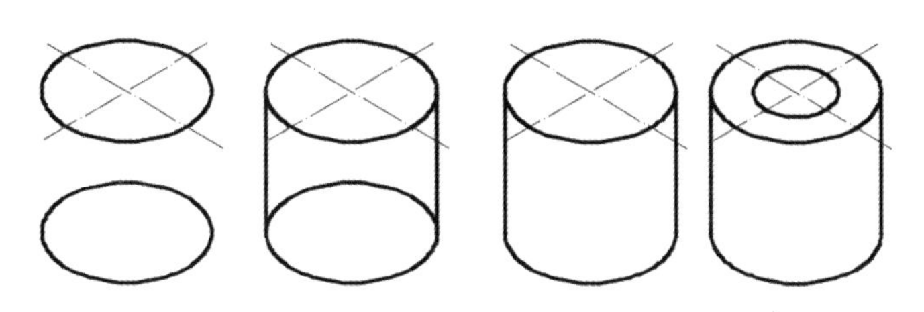

图 11-15　绘制圆柱过程

Note

Step 02 绘制缺口。在圆柱的上端面沿中心线对称绘制距离为 10mm 的两直线；将下端面的大圆向上复制 20mm 距离；从上端面直线与圆的交点绘制向下的直线；修剪去多余的直线；绘制可见轮廓线，过程如图 11–16 所示。

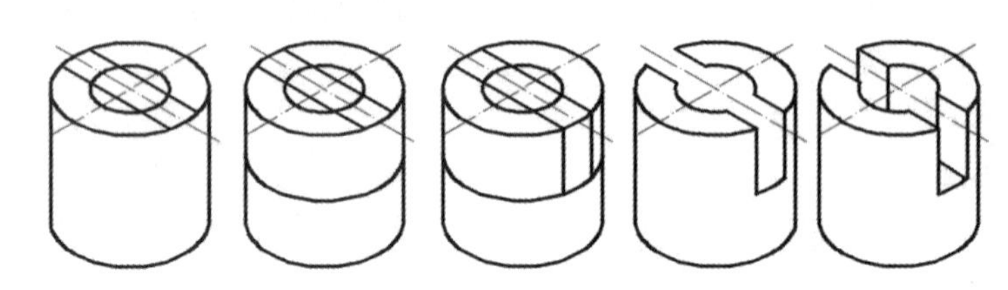

图 11-16 缺口的绘制过程

3．带圆角的立体绘制

绘制圆角的轴测图时，不能用“圆角”命令，而是先用“椭圆”命令绘制出圆的轴测投影，如图 11-17（a）所示，再用“修剪”命令剪切多余部分；最后画出轮廓线，完成图形，如图 11-17（b）所示。

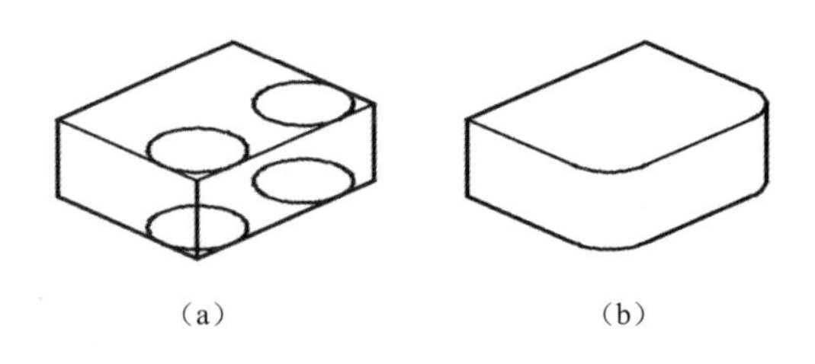

图 11-17 圆角轴测图的画法

11.2.3 组合体轴测图的绘制

组合体是由若干个基本立体组合而成的，因此组合体的轴测投影也是基本立体的轴测投影（如直线、椭圆、椭圆弧等）按照一定的位置关系组合而成的。

下面以图 11-18 所示为例来讲解如何绘制组合体轴测图。

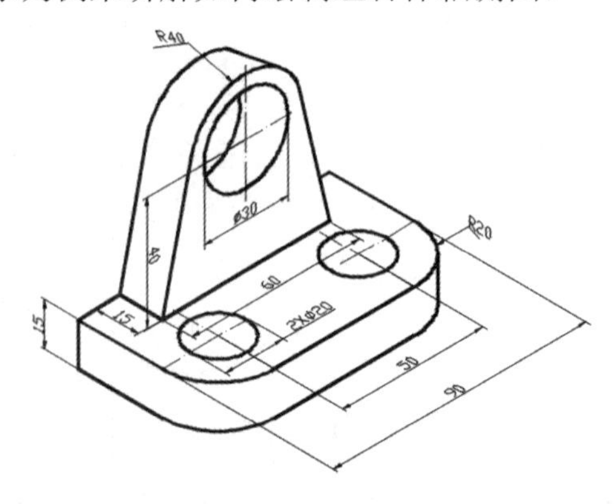

图 11-18 组合体轴测图

<操作过程>

Step 01　绘制带圆角的底板。绘制过程如前面所讲，这里不再重述，结果如图 11–19 所示。

Step 02　确定底板上点 1、2、3、4 的位置及圆心 *A* 点的位置。结果如图 11–20 所示。

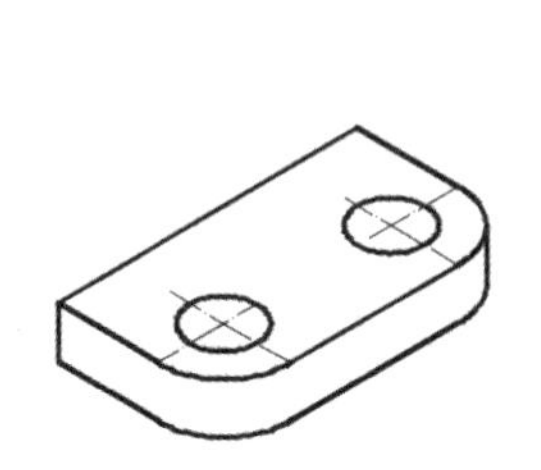

图 11-19　底板的绘制

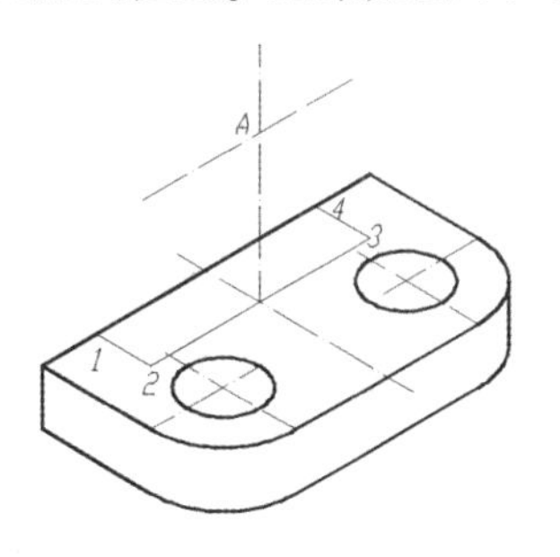

图 11-20　确定点的位置

Step 03　绘制竖板顶部圆。结果如图 11–21 所示。

Step 04　绘制竖板。由点 1、2、3、4 绘制直线与顶部圆相切，修剪不用的线，结果如图 11–22 所示。

Step 05　在竖板上绘制圆柱孔，整理完成图形，结果如图 11–23 所示。

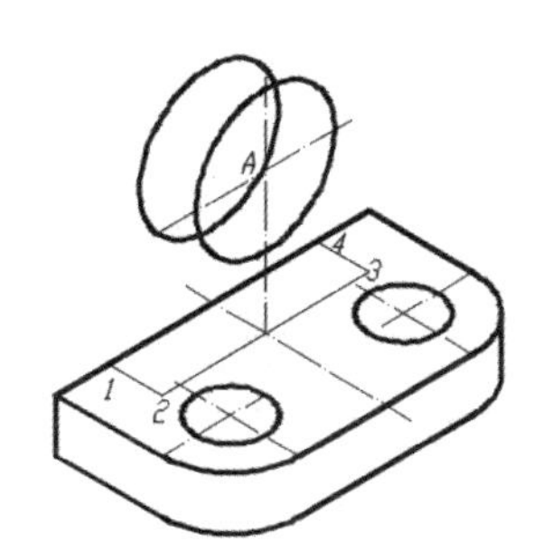

图 11-21　竖板顶部圆

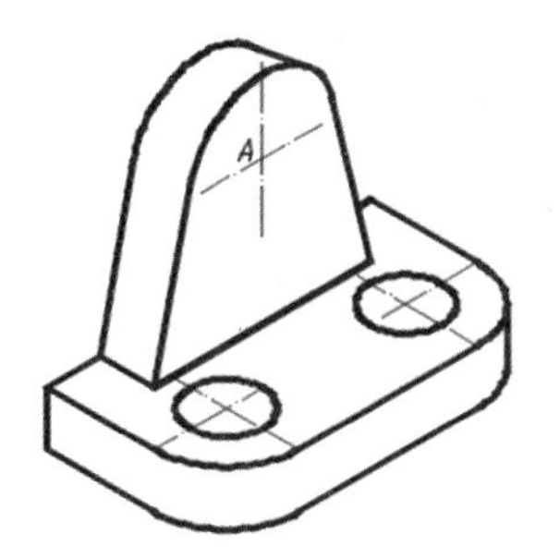

图 11-22　绘制竖板

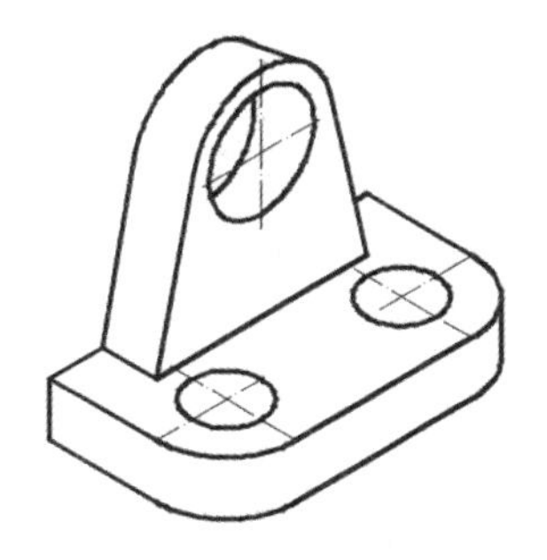

图 11-23　绘制结果

11.3 轴测图的标注

11.3.1　轴测图上文字的标注

在轴测面上的文字应沿一轴测轴方向排列，且文字的倾斜方向与另一轴测轴平行。因此，在轴测图上书写文字时应控制两个角度：一是文字的旋转角度，二是文字的倾斜角度。这两个角度对文本效果的影响如图 11-24 所示。

文字的倾斜角度由文字的样式决定。在轴测图中文字有两种倾斜角度：30°和−30°，因此要建立两个文字样式，以备输入文字时选择。

文字的旋转角度，是在输入文本时确定的。如果是单行文本输入，则在命令提示需指定文字的旋转角度时输入旋转角度；如果是用多行文本输入，则在文字编辑对话框“倾

Note

斜角度”文本框中输入相应的旋转角度。

注意：

(1) 文字倾斜角度是相对倾斜角度为 0°（正体）而言的，逆时针时为“-”，顺时针为“+”；而文字旋转角度是相对系统的 X 坐标而言的，逆时针为“+”，顺时针为“-”。

(2) 文本书写时可先按正常文本书写，再在对象特性选项板中修改文字样式和旋转角度。

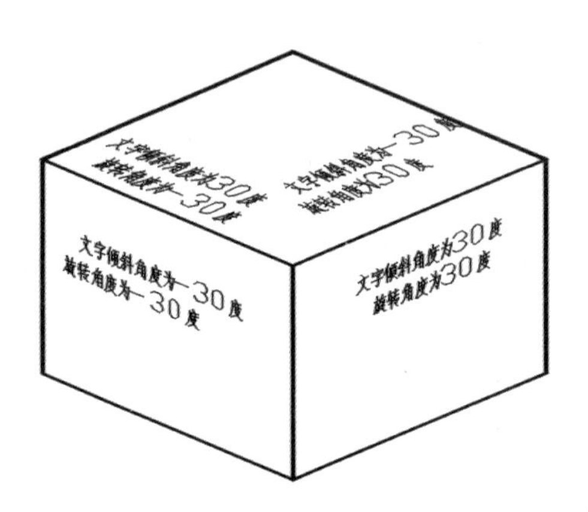

图 11-24　轴测图中文字旋转和倾斜角度

11.3.2　轴测图上尺寸的标注

标注轴测图上的尺寸时，其尺寸界线与轴测轴方向一致，尺寸数字的方向也应与相应的轴测轴方向一致。而用基本尺寸标注命令标注的尺寸，其尺寸界线及尺寸数字总是与尺寸线垂直。因此，在尺寸标注后，需要调整尺寸界线及尺寸文字的倾斜角度。

轴测图上尺寸文字的倾斜角度如表 11-1 所示。

表 11-1　轴测图上尺寸文字的倾斜角度

尺寸所属轴测面	尺寸线平行轴测轴	文字倾斜角度
右	X	30°
左	Z	30°
顶	Y	30°
右	Z	-30°
左	Y	-30°
顶	X	-30°

尺寸界线的倾斜角度是指尺寸界线相对 X 轴的夹角，与轴测轴 X 平行的尺寸界线倾斜角度为 30°，与轴测轴 Y 平行的尺寸界线倾斜角度是-30°，与轴测轴 Z 平行的尺寸界线倾斜角度是 90°。

现以图 11-25 为例说明轴测图尺寸标注的方法和步骤。

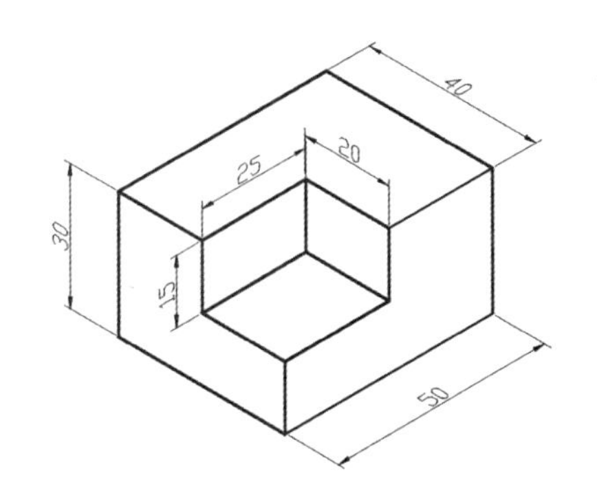

图 11-25　标注轴测图尺寸

<操作过程>

Step 01 建立两种文字样式，样式名称分别是“30”和“-30”。“30”样式中设定倾斜角度为“30°”；“-30”样式中设定倾斜角度为“-30°”。

Step 02 新建两种尺寸样式，尺寸样式名分别是“dim30”和“dim-30”。“dim30”样式中文字样式采用“30”，“dim-30”中文字样式采用“-30”。

Step 03 选择“dim30”尺寸样式，用“对齐”命令标注尺寸 30、25、40；选择“dim-30”尺寸样式，用“对齐”命令标注尺寸 50、20、15，如图 11-26（a）所示。

Step 04 用“编辑标注”命令（ ）的“倾斜（O）”选项修改尺寸界线的倾斜角度，使尺寸界线的方向与轴测轴的方向一致。其中尺寸 40、15 的尺寸界线倾斜角度为 30^{0}，尺寸 30、50 的倾斜角度为 -30^{0}，尺寸 20、25 的倾斜角度为 90^{0}，结果如图 11-26（b）所示。

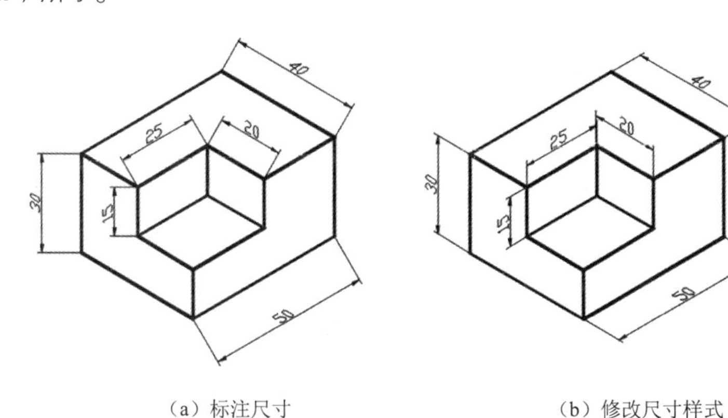

（a）标注尺寸　　（b）修改尺寸样式

图 11-26　轴测图的尺寸标注

三维实体造型

AutoCAD 2018 不仅提供了强大的二维绘图功能，而且还具有很强的三维造型功能。利用 AutoCAD 的三维造型功能可以生成复杂物体的实体模型。本章主要介绍 AutoCAD 的三维造型功能及其相关的命令。

12.1 实体造型基础

Note

AutoCAD 中的三维建模包括三维线框、三维实体、三维曲面和三维网格对象，如图 12-1 所示。

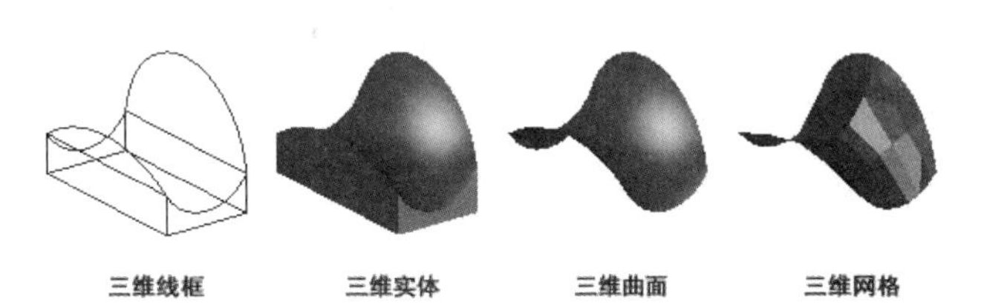

图 12-1　三维模型类型

- “线框模型”对于初始设计迭代非常有用，并且可作为三维实体、曲面和网格建模的参照几何图形，以进行后续的建模或修改。
- “实体模型”不但能高效使用、易于合并图元和拉伸的轮廓，还能提供质量特性和截面功能。
- 通过“曲面模型”，可精确地控制曲面，从而能精确地操纵和分析。
- “网格模型”提供了自由形式雕刻、锐化和平滑处理功能。

12.1.1　AutoCAD 2018 三维建模界面

进行三维建模时，为了方便操作，通常把工作空间切换成三维建模界面。通过单击“工作空间”按钮，然后选择“三维建模”，进入 AutoCAD 的三维建模界面，如图 12-2 所示。

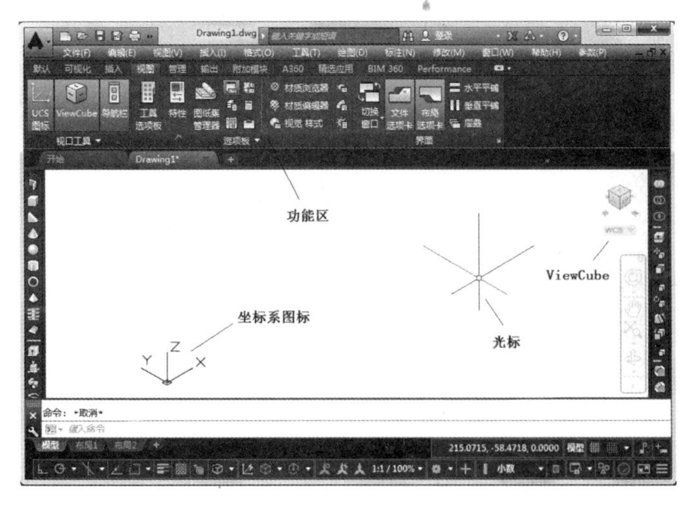

图 12-2　AutoCAD 2018 三维建模界面

AutoCAD 三维建模界面主要由以下几部分组成：

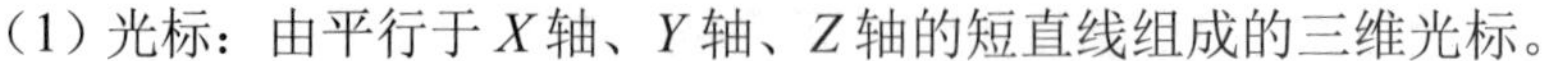

（1）光标：由平行于 X 轴、Y 轴、Z 轴的短直线组成的三维光标。

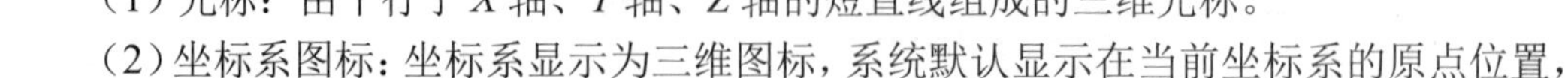

（2）坐标系图标：坐标系显示为三维图标，系统默认显示在当前坐标系的原点位置，而不显示在绘图区的左下角位置。

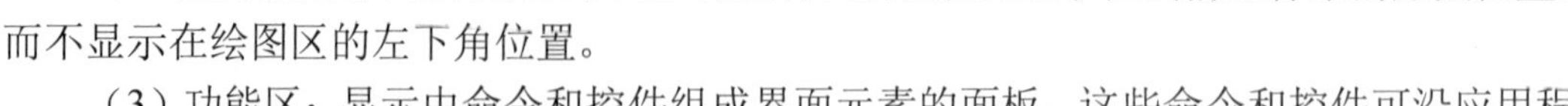

（3）功能区：显示由命令和控件组成界面元素的面板，这些命令和控件可沿应用程序窗口水平或垂直固定。

（4）ViewCube：三维导航工具，便于将视图按不同的方位显示。

12.1.2　三维模型的显示

应用 AutoCAD 进行三维建模时，用户可以控制三维模型的显示效果。AutoCAD 2018 提供了多种显示方式，如三维线框、消隐、三维隐藏、真实等。

（1）三维线框显示。

这是 AutoCAD 中三维物体的默认显示方式。将表示三维模型的棱线、轮廓线显示为直线或曲线来表示对象，效果如图 12-3 所示。

（2）消隐显示。

消隐是三维物体经过投影后在平面表示时，从观察者方向看去，物体上有些线和面是不可见的，这些不可见的线和面称为隐藏线和隐藏面。消隐显示就是消除三维模型线框图中隐藏在表面后的线条，增强图形的立体感，如图 12-4 所示。

（3）三维隐藏显示。

显示用三维线框表示的对象并隐藏表示后向面的直线，同时将物体的外轮廓用粗线显示，如图 12-5 所示。

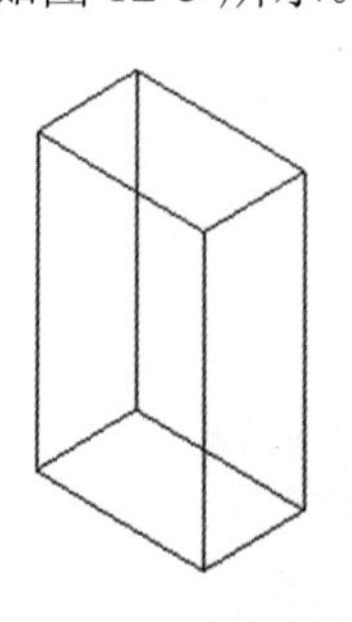

图 12-3　三维线框显示

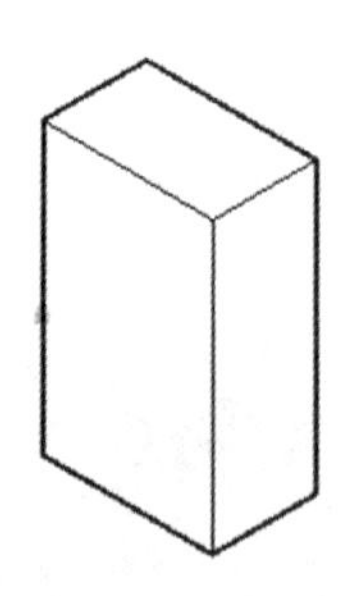

图 12-4　消隐显示

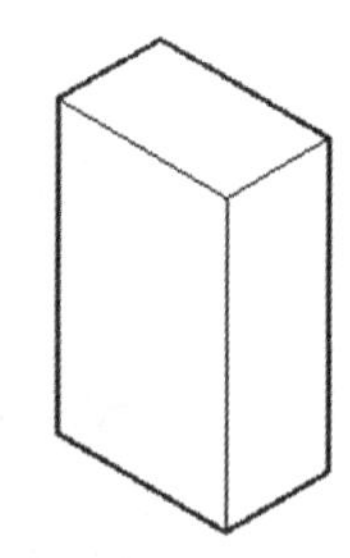

图 12-5　三维隐藏显示

（4）真实显示。

着色多边形平面间的对象，并使对象的边平滑化，如果对象设置了材质，将显示已附着到对象上的材质，效果如图 12-6 所示。

（5）着色显示。

在物体真实显示的基础上，将可见的棱线和轮廓线也加以显示，效果如图 12-7 所示。

（6）X 射线显示。

该方式更改各表面的透明性，使对应的表面具有透明效果，如图 12-8 所示。

（7）概念显示。

着色多边形平面间的对象，并使对象的边平滑化。着色样式为冷色和暖色之间的过渡，而不是从深色到浅色的过渡。效果缺乏真实感，但是可以方便查看模型的细节。效果如图 12-9 所示。

图 12-6　真实显示

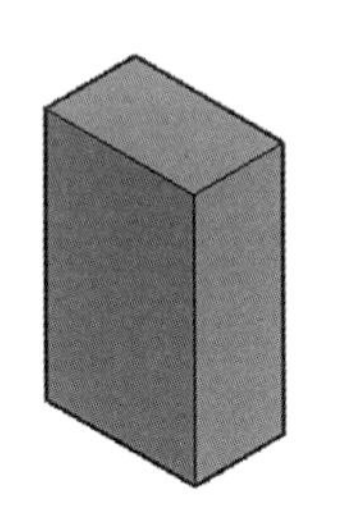

图 12-7　着色显示

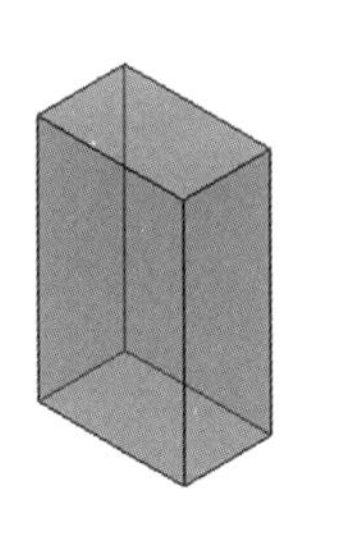

图 12-8　X 射线显示

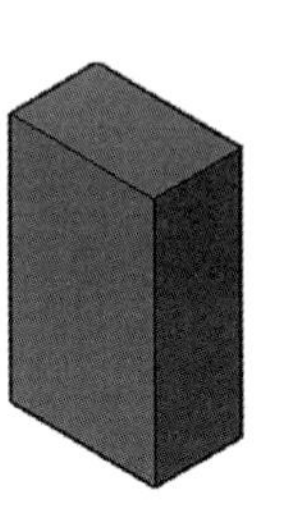

图 12-9　概念显示

关于三维显示，有几个系统变量的设置需要说明。

- DISPSILH：控制三维实体对象和曲面对象轮廓边在线框或二维线框视觉样式中的显示。类型为整数，初始值为 0，表示关闭显示轮廓边；设置为 1 时显示轮廓边。使用 REGEN 命令可以显示设置结果。
- FACETRES：调整三维对象在显示、着色、渲染对象、渲染阴影以及消隐后的对象轮廓线的显示平滑程度。类型为实数，初始值取 0.5，有效值从 0.01 到 10.0。取值越大，显示的三维物体轮廓线越光滑。如果可能的话，建议取值大一点，显示效果会好一些。FACETRES 值取 0.5 与 5 时轮廓线的显示效果对比如图 12-10 所示。

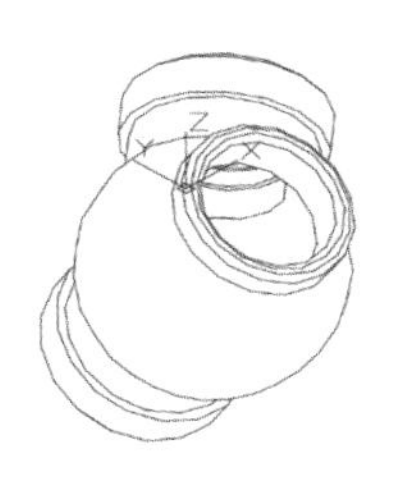

FACETRES=0.5

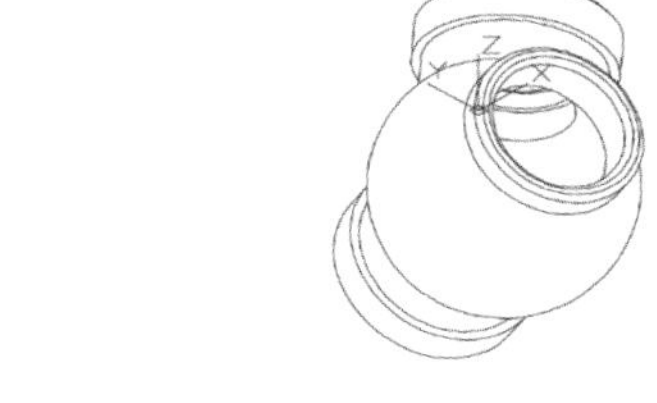

FACETRES=5

图 12-10　FACETRES 变量设置对比

- ISOLINES：确定三维实体的曲面在显示时的等参线的密度。数量越大显示的曲面质量就越好。类型为整数，初始值取 4，有效设置范围为 0 到 2047。ISOLINES 值取 10 与 20 时球面的显示效果对比如图 12-11 所示。

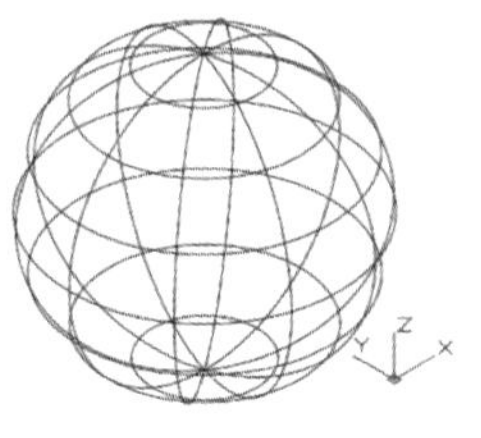

ISOLINES=10

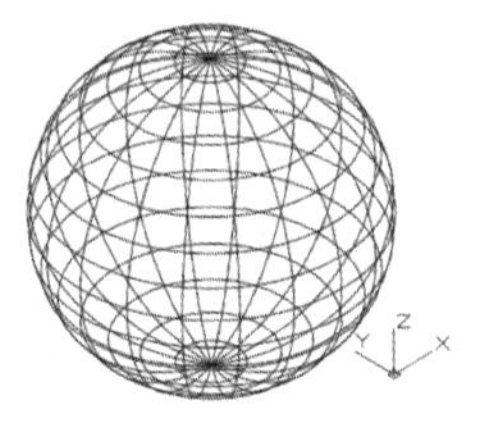

ISOLINES=20

图 12-11　ISOLINES 变量设置对比

Note

• SURFTAB1 和 SURFTAB2：用于控制三维网格面的经、纬线数量。类型为整数，初始值为 6。取值越大，显示的三维曲面越光滑。如果可能的话，建议取值大一点，曲面显示效果会好一些。

12.2 三维环境的设置

12.2.1 三维坐标系

建立三维模型就需要建立三维坐标系。只有正确地掌握三维坐标系的相关知识，才能正确地画出三维实体模型。AutoCAD 使用的是笛卡儿坐标系，分为两种类型。一种是由系统默认的坐标系，即世界坐标系（WCS），又称为通用坐标系或绝对坐标系。对于二维图形来说，世界坐标系就可以满足绘图需要。另一种是用户坐标系（UCS），是用户根据自己的需要而创建的坐标系。对于三维造型而言，要使造型过程高效顺利地进行，设置合适的 UCS 是非常重要的。

12.2.2 用户坐标系设置

用户坐标系是用户根据自己的需要设置的坐标系，是可移动的坐标系。在三维造型时，为了建模方便，往往要建立 UCS。

<访问方法>

✧ 功能区：【常用】→【坐标】→【UCS】。

✧ 工具栏：【UCS】→【UCS】按钮 。

✧ 命令行：UCSMAN。

<操作过程>

Step 01 按照上述访问方法执行 UCS 设置命令。

Step 02 执行命令后，系统会弹出如图 12-12 所示的对话框。该对话框包括以下选项卡。

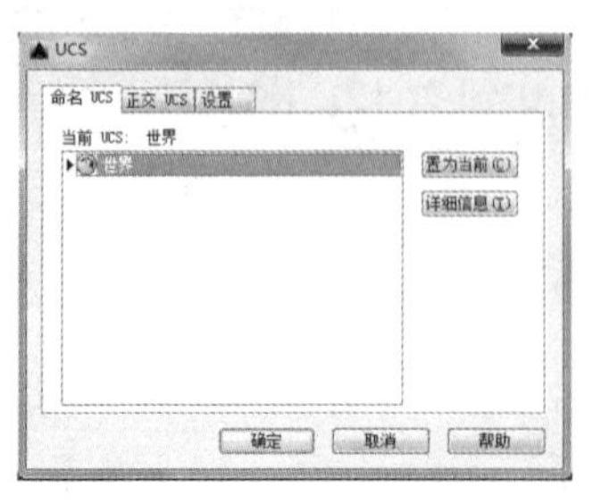

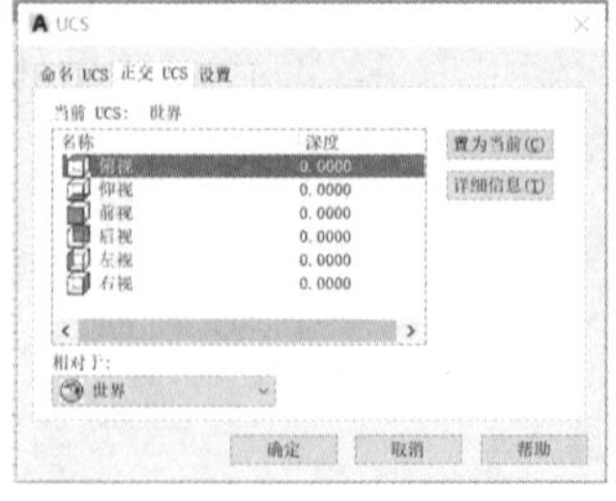

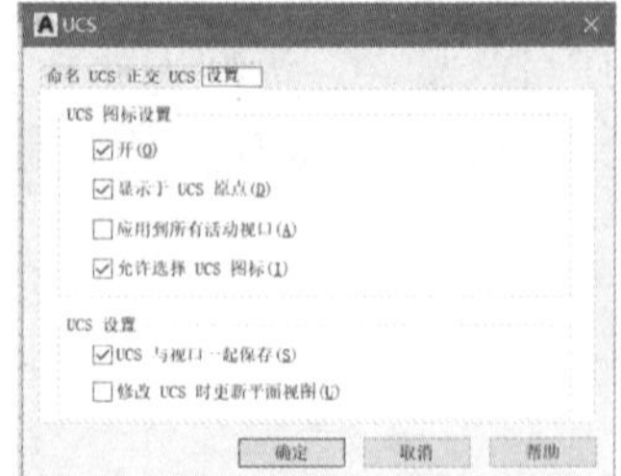

（a）“命令 UCS”选项卡　　（b）“正交 UCS”选项卡　　（c）“设置”选项卡

图 12-12　“UCS”对话框

（1）“命名 UCS”选项卡。

“命名 UCS”选项卡[见图 12-12（a）]用于显示已有的 UCS 和当前坐标系的设置。选项卡中列出了当前图形中定义的坐标系。如果当前 UCS 未被命名，则“未命名”始终是第一个条目。“世界坐标系”始终包含在其中，它既不能被重命名，也不能被删除。

若将某一个坐标系设置为当前坐标系，可先选中某一坐标系，再单击“置为当前”按钮。对某个坐标系修改名字，可单击该坐标系，然后单击鼠标右键，选择“重命名”选项，再输入新的名称即可。

“详细信息”按钮，是为了了解指定坐标系相对于某一坐标系的详细信息。

（2）“正交 UCS”选项卡。

“正交 UCS”选项卡[见图 12-12（b）]用于设定相对选定坐标系的 6 个正交坐标系，如图 12-12（b）所示为相对于 WCS。如果存在用户命名的 UCS，在“相对于”下拉列表中选中“UCS”，则 6 个正交坐标系按该 UCS 建立。深度列用来定义用户坐标系的 *XY* 平面上的正投影与通过用户坐标系原点的平行平面间的距离。

（3）“设置”选项卡。

“设置”选项卡[见图 12-12（c）]用于显示和修改与视口一起保存的 UCS。包括以下复选框。

- 开：显示当前视口中的 UCS 图标。
- 显示于 UCS 原点：在当前视口中当前坐标系的原点处显示 UCS 图标。如果不选择，或坐标系原点在视口中不可见，则将在视口的左下角显示 UCS 图标。
- 应用到所有活动视口：将 UCS 图标设置应用到当前图形中的所有活动视口。
- 允许选择 UCS 图标：控制当光标移到 UCS 图标上时图标是否将亮显，以及是否可以单击以选择它并访问 UCS 图标夹点。
- UCS 与视口一起保存：将坐标系设置与视口一起保存。如果不选择该复选框，UCS 将反映为当前视口的 UCS 状态。
- 修改 UCS 时更新平面视图：用于确定修改视口中的坐标系时是否恢复平面视图。

12.3 三维基本体的生成

三维基本体的生成包括两种方式：由平面图形对象创建三维实体、直接创建基本三维实体。

12.3.1 由平面图形对象创建三维实体

1．拉伸

在 AutoCAD 中，将二维对象沿指定的方向拉伸指定距离来创建三维实体或三维面。拉伸命令用于通过拉伸平面线创建三维实体或面。如果平面线是开放的，那么命令生成空间面，如果线是闭合的，那么命令生成三维实体。

<访问方法>

✧ 功能区：【常用】→【建模】→【拉伸】。

✧ 菜单：【绘图（D)】→【建模（M)】→【拉伸（X)】。

✧ 工具栏：。

✧ 命令行：EXTRUDE。

执行拉伸命令，可按以下两种方式拉伸实体。

（1）按指定的高度拉伸对象。

建立如图 12-13 所示的拉伸实体，操作步骤如下：

Step 01 按照上述访问方法输入拉伸命令。

Step 02 在命令行“选择要拉伸的对象或[模式（MO）]：”的提示下，选择图中封闭的二维图形，如图 12–13(a)所示，按 Enter 键。

Step 03 在命令行“指定拉伸的高度或[方向（D）/路径（P）/倾斜角（T）/表达式（E）]：”的提示下，输入字母 T。

Step 04 在命令行“指定拉伸的倾斜角度或[表达式（E）]：”的提示下，输入倾斜角度值 0，并按 Enter 键。

Step 05 在命令行“指定拉伸的高度或[方向（D）/路径（P）/倾斜角（T）/表达式（E）]：”的提示下，输入拉伸高度值 700，并按 Enter 键，结果如图 12–13（b）所示。

Step 06 在菜单中选择“视图（V）”→“三维视图（D）”→“西南等轴测”命令。

Step 07 在菜单中选择“视图（V）”→“视觉样式（S）”→“概念（C）”命令，结果如图 12–13（c）所示。

高度值为正值时，将沿着+Z 轴方向拉伸；若高度值为负值，将沿着−Z 轴方向拉伸。拉伸的倾斜角度的范围为-90°～+90°。用直线 LINE 命令创建的封闭二维图形，必须用 REGION 命令转化为面域后，才能将其拉伸为实体。

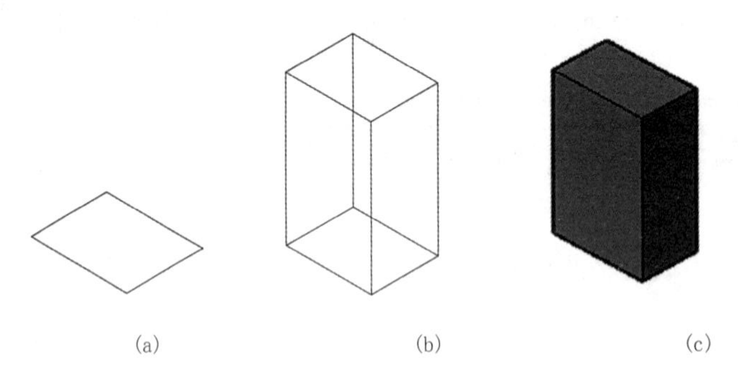

图 12-13　按指定的高度拉伸对象

（2）沿路径拉伸对象。

建立如图 12-14 所示的拉伸实体，操作步骤如下：

Step 01 按照命令访问方法输入拉伸命令。

Step 02 在命令行“选择要拉伸的对象或[模式（MO）]：”的提示下，选择图 12–14（a）中的圆，按 Enter 键。

Step 03　在命令行“指定拉伸的高度或[方向（D）/路径（P）/倾斜角（T）/表达式（E）]：”的提示下，输入字母 P，按 Enter 键。

Step 04　在命令行“选择拉伸路径或[倾斜角（T）]：”的提示下，选取图 12-14（b）中的空间曲线，拉伸结果如图 12-14（c）所示。

Step 05　在菜单中选择“视图（V）”→“视觉样式（S）”→“概念（C）”命令，效果如图 12-14（d）所示。

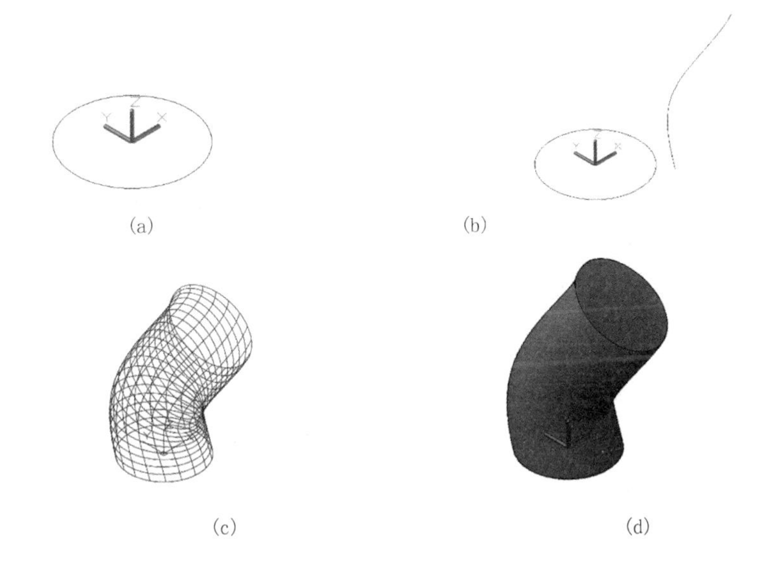

图 12-14　按指定路径拉伸对象

拉伸路径可以是任意的直线或曲线，可以是开放的，也可以是封闭的，但它不能与被拉伸的对象共面。路径若是曲线，则曲线不能带尖角，因为尖角曲线会使拉伸实体自相交，从而导致拉伸失败。若路径是开放的，则路径的起点应与被拉伸的对象在同一平面内，否则拉伸时，系统会将路径移到拉伸对象所在平面的中心处。若路径是一条样条曲线，则样条曲线的一个端点切线应与拉伸对象所在平面垂直，否则，样条曲线会被移到端面的中心，并且起始端面会旋转到与样条起点处垂直的位置。

2. 旋转

旋转是将一个平面图形绕着某一个直线轴旋转一定角度所形成实体的方法。旋转轴可以是 *X* 轴或 *Y* 轴，也可以是一个已存在的直线对象，或是某个指定的直线。用于旋转的二维对象可以是封闭的多段线、多边形、圆、椭圆、封闭样条曲线、圆环及面域。三维对象、包含在块中的对象、有交叉或自干涉的多段线都不能被旋转。

<访问方法>

✧　功能区：【常用】→【建模】→【旋转】。

✧　菜单：【绘图（D）】→【建模（M）】→【旋转（R）】。

✧　工具栏：。

✧　命令行：REVOLVE。

以图 12-15 为例，说明旋转创建实体的操作步骤。

Note

<操作过程>

Step 01 按照命令访问方法输入旋转命令。

Step 02 在命令行“选择要旋转的对象或[模式（MO）]：”的提示下，指定图 12-15（a）中的图形，按 Enter 键。

Step 03 在命令行“指定轴起点或根据以下选项之一定义轴[对象（O）XYZ]<对象>：”的提示下，选取图 12-15（a）中的水平直线的一侧端点。

Step 04 在命令行“指定轴端点：”的提示下，选取该直线的另一端点。

Step 05 在命令行“指定旋转角度或[起点角度（ST）/反转（R）/表达式（EX）]<360>:”的提示下，按 Enter 键，默认为旋转 360°，命令生成一轴。

Step 06 在菜单中选择“视图（V）”→“三维视图（D）”→“西南等轴测”命令，结果如图 12-15（b）所示。

Step 07 在菜单中选择“视图（V）”→“视觉样式（S）”→“概念（C）”命令，结果如图 12-15（c）所示。

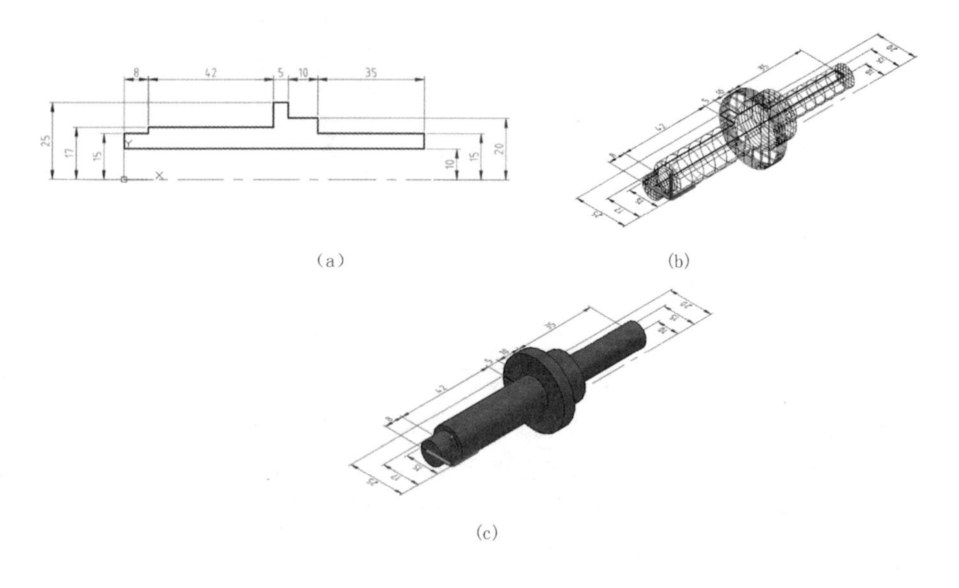

（a）　（b）

（c）

图 12-15　旋转创建实体

3．扫掠

扫掠是通过沿开放或闭合的平面或三维路径扫掠开放或闭合的平面轮廓创建实体的方法。若平面轮廓是开放的，则生成曲面；若平面轮廓是封闭的，则生成实体。

<访问方法>

✧ 功能区：【常用】→【建模】→【扫掠】。

✧ 菜单：【绘图（D）】→【建模（M）】→【扫掠（P）】。

✧ 工具栏：。

✧ 命令行：SWEEP。

以图 12-16 为例，说明扫掠创建实体的操作步骤。

<操作过程>

Step 01 按照上述访问方法输入扫掠命令。

Step 02 在命令行"选择要扫掠的对象或[模式（MO）]："的提示下选择图 12–16（a）中的圆，按 Enter 键。

Step 03 在命令行"选择扫掠路径或[对齐（A）/基点（B）/比例（S）/扭曲（T）]<对象>："的提示下选择图 12–16（a）中的曲线，得到如图 12–16（b）所示实体。

Step 04 在菜单中选择"视图（V）"→"视觉样式（S）"→"概念（C）"命令，结果如图 12–16（c）所示。

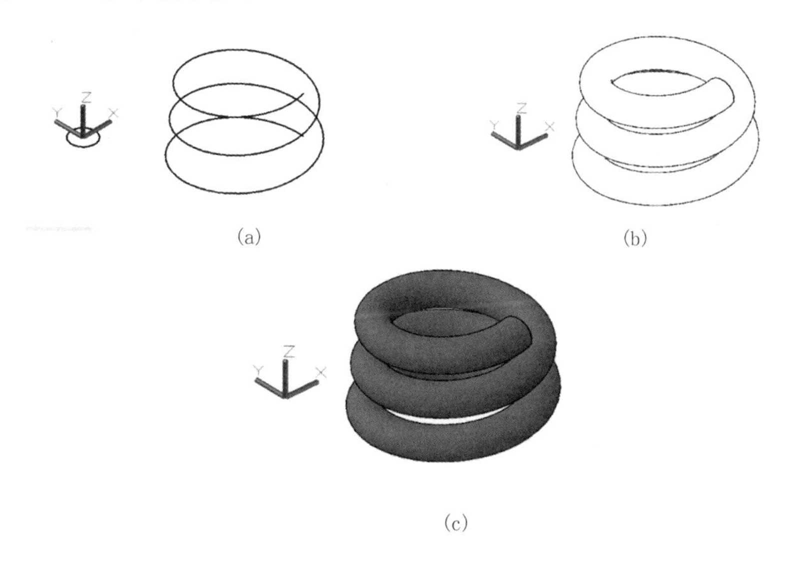

图 12-16　扫掠创建实体

12.3.2　基本三维实体的创建

AutoCAD 中可以通过"常用"→"建模"命令直接创建三维实体，这些三维实体为常用的基本体，包括长方体、圆柱体、球体、多段体、楔体、圆锥体、棱锥体、圆环体等。

1．长方体

该命令用于创建长方体，且长方体的底面与当前用户坐标系的 *XY* 平面平行。在 *Z* 轴方向上指定长方体的高度，沿 *Z* 轴正方向高度值为正值，反之为负值。

<访问方法>

✧ 功能区：【常用】→【建模】→【长方体】。

✧ 菜单：【绘图（D)】→【建模（M)】→【长方体（B)】。

✧ 工具栏：▢。

✧ 命令行：BOX。

<操作过程>

Step 01 按照上述命令访问方法执行长方体命令。

Step 02 在命令行“指定第一个角点或中心[（C）]:”的提示下在绘图区选择一点。

Step 03 在命令行“指定其他角点或[立方体（C）/长度（L）]：”的提示下指定另一角点。如果该角点与第一个角点的 Z 坐标不同，系统将以这两个角点作为长方体的对角点创建长方体。如果第二个角点与第一个角点位于同一高度，需要指定高度。

Step 04 在命令行“指定高度或[两点（2P）]：”的提示下输入数值 500，按 Enter 键，得到图 12-17 所示的图形。

<选项说明>

- 中心（C）：用指定中心的方式确定长方体的底面。
- 立方体（C）：创建一个长、宽、高相同的长方体。
- 长度（L）：根据长、宽、高创建长方体。

2. 圆柱体

该命令用于创建以圆或椭圆为底面的圆柱体。圆柱体的底面始终位于与工作平面平行的平面上。

<访问方法>

✧ 功能区：【常用】→【建模】→【圆柱体】。

✧ 菜单：【绘图（D)】→【建模（M)】→【圆柱体（C)】。

✧ 工具栏：。

✧ 命令行：CYLINDER。

<操作过程>

Step 01 按照上述命令访问方法执行圆柱体命令。

Step 02 在命令行“指定底面的中心点或[三点（3P）/两点（2P）/切点、切点、半径（T）/椭圆（E）]：”的提示下，指定底面中心点。

Step 03 在命令行“指定底面半径或[直径（D）]<默认值>：”的提示下，指定底面半径值 100，按 Enter 键。或者输入 D 指定直径或按 Enter 键输入默认值。

Step 04 在命令行“指定高度或[两点（2P）/轴端点（A）]<默认值>:”的提示下，指定高度值 300，得到如图 12-18 所示的圆柱体。也可以输入其他选项或按 Enter 键输入默认高度值。

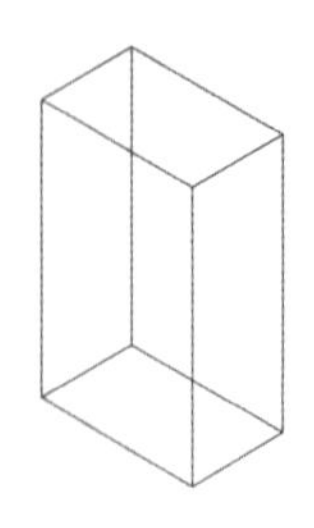

图 12-17 长方体

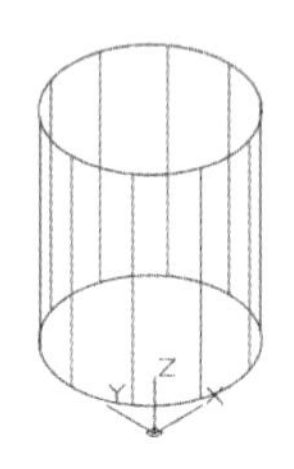

图 12-18 圆柱体

Note

<选项说明>

- 点（3P）：通过指定 3 个点来定义圆柱体的底面周长和底面。选择该选项后，会提示：

指定第一个点：//指定点
指定第二个点：//指定点
指定第三个点：//指定点
指定高度或[两点（2P）/轴端点（A）]<默认值>：//指定高度、输入选项或按 Enter 键输入默认高度值

- 两点（2P）：通过指定两个点来定义圆柱体的底面直径。
- 切点、切点、半径（T）：定义具有指定半径，且与两个对象相切的圆柱体底面。选择该选项后，系统会提示：

指定对象上的点作为第一个切点：//选择对象上的点
指定对象上的点作为第二个切点：//选择对象上的点
指定底面半径<默认值>：//指定底面半径，或按 Enter 键输入默认的底面半径值。有时会有多个底面符合指定的条件。程序将绘制具有指定半径的底面，其切点与选定点的距离最近
指定高度或[两点(2P)/轴端点(A)]<默认值>://指定高度或选择其他选项或按 Enter 键输入默认高度值

- 椭圆（E）：指定圆柱体的椭圆底面。

3．球体

该命令用于生成球体。

<访问方法>

✧ 功能区：【常用】→【建模】→【球体】。
✧ 菜单：【绘图（D）】→【建模（M）】→【球体（S）】。
✧ 工具栏：。
✧ 命令行：SPHERE。

<操作过程>

Step 01 按照上述命令访问方法执行球体命令。

Step 02 在命令行“指定中心点或[三点（3P）/两点（2P）/切点、切点、半径（T）]:”的提示下，指定点或输入选项。

Step 03 在命令行“指定半径或直径[（D）]:”的提示下，指定半径值为 50 或输入 D 再输入直径 100，得到如图 12-19（a）所示的球体。

Step 04 在菜单中选择“视图（V）”→“视觉样式（S）”→“真实（R）”命令，结果如图 12-19（b）所示。

<选项说明>

- 指定中心点：指定球体的中心点。指定中心点后，将放置球体以使其中心轴与当前 UCS 的 *Z* 轴平行。
- 三点（3P）：通过在三维空间的任意位置指定三个点来定义球体的圆周，球体球心位于这三个点确定的平面上，球的直径由这三个点确定。

Note

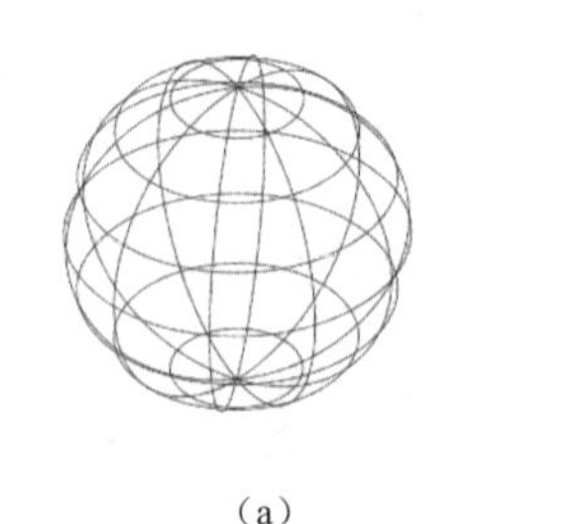

（a）

（b）

图 12-19　球体

● 两点（2P）：通过在三维空间的任意位置指定两个点来定义球体的圆周，球心位于这两点的中点，直径等于两点的距离。

● 切点、切点、半径（T）：通过指定半径定义可与两个对象相切的球体。指定的切点将投影到当前 UCS。

4. 多段体

该命令用于生成多段体。多段体是相当于将平面上的 Pline 线赋予宽度和高度以形成的三维立体。

<访问方法>

✧ 功能区：【常用】→【建模】→【多段体】。

✧ 菜单：【绘图（D)】→【建模（M)】→【多段体（P)】。

✧ 工具栏：。

✧ 命令行：POLYSOLID。

以图 12-20 为例，说明多段体的创建操作。

<操作过程>

Step 01 按照上述命令访问方法输入多段体命令。

Step 02 在命令行“指定起点或[对象（O）/高度（H）/宽度（W）/对正（J）]<对象>:”的提示下，输入字母 W,按 Enter 键。

Step 03 在命令行“指定宽度：”的提示下，输入数值 50，按 Enter 键。

Step 04 在命令行“指定起点或[对象（O）/高度（H）/宽度（W）/对正（J）]<对象>:”的提示下，输入字母 H,按 Enter 键。

Step 05 在命令行“指定高度：”的提示下，输入数值 100，按 Enter 键。

Step 06 在命令行“指定起点或[对象（O）/高度（H）/宽度（W）/对正（J）]<对象>:”的提示下，指定第一点。

Step 07 在命令行“指定下一个点或[圆弧（A）放弃（U）]：”的提示下，指定第二个点。

Step 08 在命令行“指定下一个点或[圆弧（A）放弃（U）]：”的提示下，指定第三个点。

Step 09 在命令行“指定下一个点或[圆弧（A）放弃（U）]：”的提示下，指定第四个点，按 Enter 键，得到如图 12-20（a）所示的图形。

Step 10 在菜单中选择“视图（V）”→“视觉样式（S）”→“概念（C）”命令，效果如图 12-20（b）所示。

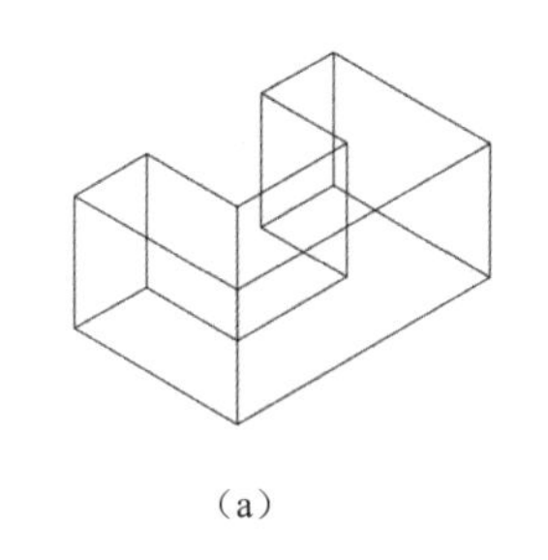

（a）

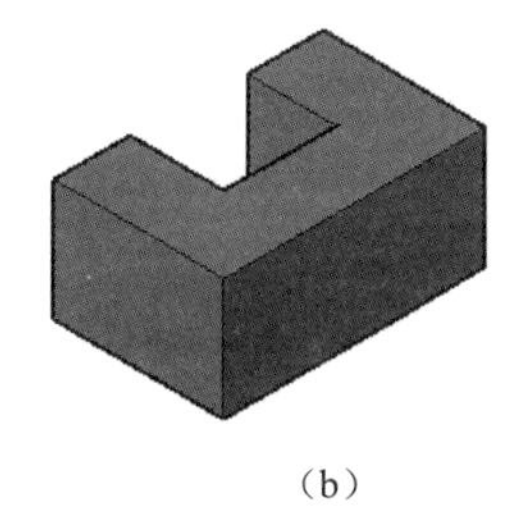

（b）

图 12-20　多段体

<选项说明>

- 对象（O）：选择已有图形，并将其转换为多段体。
- 高度（H）：设置多段体的高度。
- 宽度（W）：设置多段体的宽度。
- 对正（J）：设置多段体的对正方式，即左对正、居中或右对正，默认为居中。

5. **楔体**

该命令用于创建面为矩形或正方形的实体楔体。楔体的底面与当前 UCS 的 *XY* 平面平行，斜面向正 *X* 方向倾斜。楔体的高与 *Z* 轴平行。

<访问方法>

✧　功能区：【常用】→【建模】→【楔体】。

✧　菜单：【绘图（D）】→【建模（M）】→【楔体（W）】。

✧　工具栏：[icon]。

✧　命令行：WEDGE。

<操作过程>

Step 01　按照上述命令访问方法输入楔体命令。

Step 02　在命令行“指定第一个角点或[中心（C）]:”的提示下，指定角点。

Step 03　在命令行“指定其他角点或[立方体（C）/长度（L）]:”的提示下，指定楔体的另一个角点。若使用与第一个角点不同的 *Z* 值指定楔体的其他角点，那么将不显示高度提示。

Step 04　在命令行“指定高度或[两点（2P）]<默认值>：”的提示下，输入高度 200，得到如图 12-21（a）所示的图形。输入正值，将沿当前 UCS 的 *Z* 轴正方向绘制高度，输入负值，将沿 *Z* 轴负方向绘制高度。

Step 05　在菜单中选择“视图（V）”→“视觉样式（S）”→“概念（C）”命令，结果如图 12-21（b）所示。

<选项说明>

- 中心（C）：使用指定的中心点创建楔体。
- 立方体（C）：创建等边楔体。

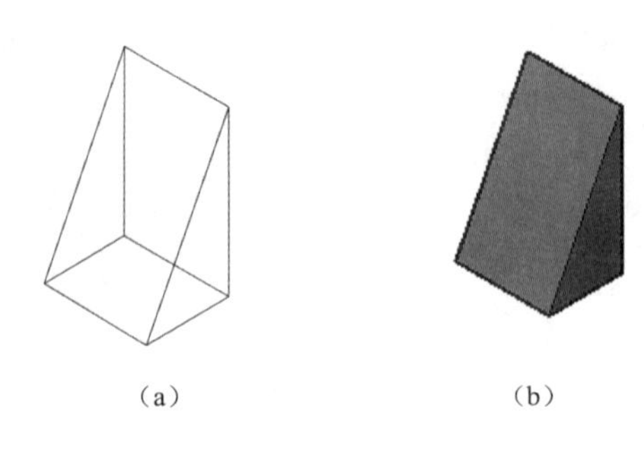

（a）　　　　（b）

图 12-21　楔体

- 长度（L）：指定长、宽、高创建楔体。长度与 X 轴对应，宽度与 Y 轴对应，高度与 Z 轴对应。如果选择“中心（C）”与“长度（L）”命令，则还要指定长度在 XY 平面上的旋转角度。
- 两点（2P）：指定楔体的高度为两个指定点间的距离。

6．圆锥体

该命令用于创建底面为圆形或椭圆的圆锥体或圆台。

<访问方法>

✧ 功能区：【常用】→【建模】→【圆锥体】。
✧ 菜单：【绘图（D)】→【建模（M)】→【圆锥体（O)】。
✧ 工具栏：。
✧ 命令行：CONE。

<操作过程>

Step 01 按照上述命令访问方法输入圆锥体命令。

Step 02 在命令行“指定底面的中心点或[三点（3P）/两点（2P）/切点、切点、半径（T）/椭圆（E）]:”的提示下，指定底面中心点。

Step 03 在命令行“指定底面半径或[直径（D）]<默认值>:”的提示下，指定底面半径 50，按 Enter 键，或输入字母 D 后输入数值 100。

Step 04 在命令行“指定高度或[两点（2P）/轴端点（A）/顶面半径（T）]<默认值>:”的提示下，指定高度 100，按 Enter 键，得到如图 12-22（a）所示的图形。

Step 05 在菜单中选择“视图（V）”→“视觉样式（S）”→“概念（C）”命令，结果如图 12-22（b）所示。

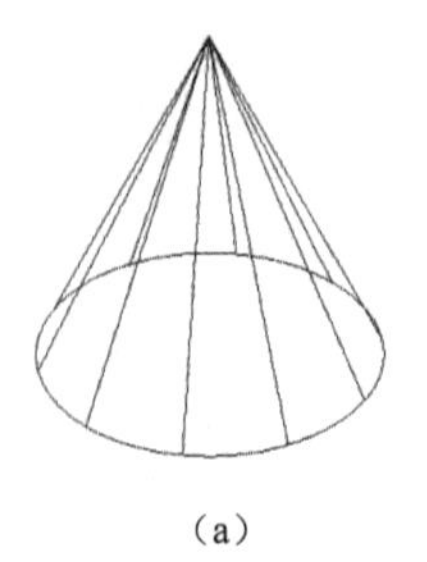

（a）　　　　（b）

图 12-22　圆锥体

Note

<选项说明>

- 三点（3P）：通过指定三个点来定义圆锥体的底面。
- 两点（2P）：步骤 2 中的 2P 选项用于通过指定两点来定义圆锥体的底面直径。步骤 4 中的 2P 选项用于通过指定两点来定义圆锥体的高度。
- 切点、切点、半径（T）：定义具有指定半径，且与两个对象相切的圆锥体底面。
- 椭圆（E）：指定圆锥体的椭圆底面。
- 轴端点（A）：指定圆锥体轴的端点位置，该端点是圆锥体的顶点。
- 直径（D）：指定圆锥体的底面直径。
- 顶面半径（T）：创建圆台时指定圆台的顶面半径。

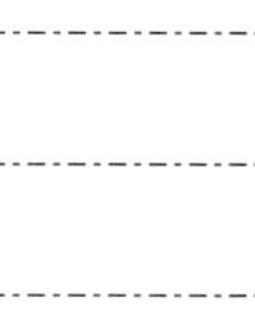

7. 棱锥体

该命令用于创建最多具有 32 个侧面的棱锥体。可以创建倾斜至一个点的棱锥体，也可以创建从底面倾斜至平面的棱台。

<访问方法>

✧ 功能区：【常用】→【建模】→【棱锥体】。
✧ 菜单：【绘图（D）】→【建模（M）】→【棱锥体（Y）】。
✧ 工具栏：。
✧ 命令行：PYRAMID。

<操作过程>

Step 01　按照上述命令访问方法输入棱锥命令。

Step 02　在命令行“指定底面的中心点或[边（E）/侧面（S）]:”的提示下，指定底面中心点。

Step 03　在命令行“指定底面半径或[内接（I）]<200>：”的提示下，指定底面半径 100，按 Enter 键。

Step 04　在命令行“指定高度或[两点（2P）/轴端点（A）/顶面半径（T）]<100>:”的提示下，指定高度 300，按 Enter 键，得到如图 12-23（a）所示的图形。或直接按 Enter 键指定默认高度值，或输入字母 T 使用“顶面半径”选项来创建棱锥平截面。最初，默认底面半径未设置任何值。执行任务时，底面半径的默认值始终是先前输入的任意实体图元的底面半径值。

Step 05　在菜单中选择“视图（V）”→“视觉样式（S）”→“概念（C）”命令，效果如图 12-23（b）所示。

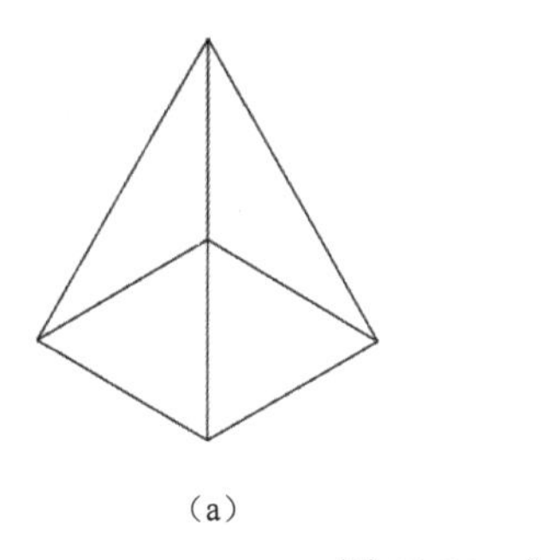
（a）

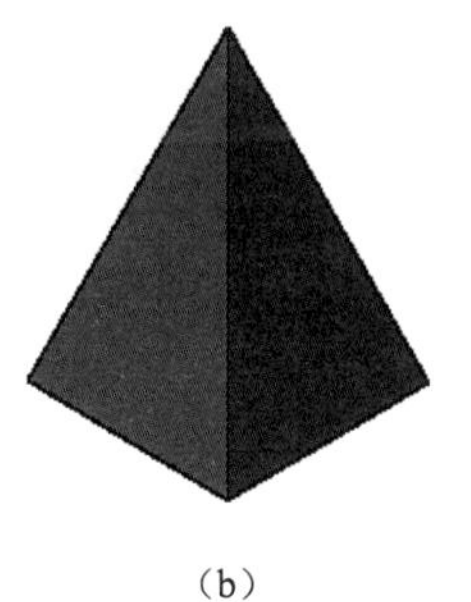
（b）

图 12-23　棱锥体

Note

<选项说明>

- 边（E）：拾取两点指定棱锥体底面一条边的长度。
- 侧面（S）：指定棱锥体的侧面数。可以输入 3～32 的整数。
- 内接（I）：指定内接于（在内部绘制）棱锥底面的圆的半径。
- 两点（2P）：将棱锥体的高度指定为两个指定点间的距离。
- 轴端点（A）：指定棱锥体轴的端点位置。该端点是棱锥体的顶点。轴端点可以位于三维空间中的任何位置。轴端点定义了棱锥体的长度和方向。
- 顶面半径（T）：指定创建棱锥体平截面时的顶面半径。

8．圆环体

该命令用于生成圆环体。

<访问方法>

✧ 功能区：【常用】→【建模】→【圆环体】。

✧ 菜单：【绘图（D)】→【建模（M)】→【圆环体（T)】。

✧ 工具栏：◎。

✧ 命令行：TORUS。

<操作过程>

Step 01 按照上述命令访问方法输入圆环命令。

Step 02 在命令行“指定中心点或[三点（3P）/两点（2P）/切点、切点、半径（T）]:”的提示下，指定中心点。指定中心点后，将放置圆环体以使其中心轴与当前 UCS 的 *Z* 轴平行。圆环体与当前工作平面的 *XY* 平面平行且被该平面平分。

Step 03 在命令行“指定半径或[直径（D）]:”的提示下，指定半径值 100，按 Enter 键或输入字母 D 再输入数值 200，按 Enter 键。

Step 04 在命令行“指定圆管半径或[两点（2P）/直径（D）]：”的提示下，输入数值 30，得到如图 12-24（a）所示的图环体。

Step 05 在菜单中选择“视图（V）”→“视觉样式（S）”→“真实（R）”命令，结果如图 12-24（b）所示。

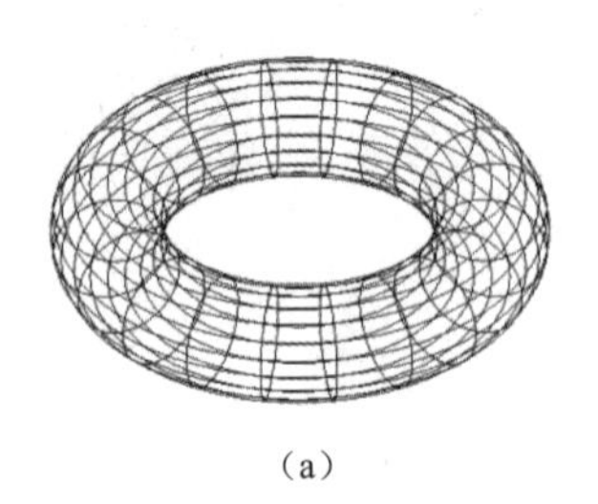

（a）

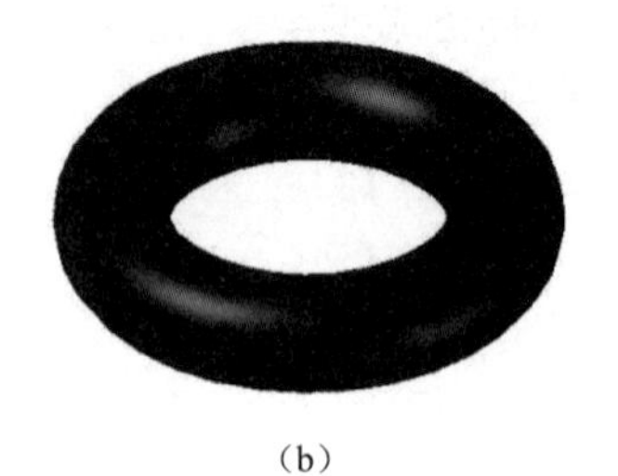

（b）

图 12-24 圆环体

<选项说明>

- 三点（3P）：用指定的 3 个点定义圆环体的圆周。3 个指定点也可以定义圆周所在平面，其中第一第二点的距离定义圆管的直径，第二第三点的距离定义圆环的直

Note

径，生成的圆环轴线与当前用户坐标系（UCS）的 Z 轴平行。

- 两点（2P）：用指定的两个点定义圆环体的圆周。第一点的 Z 值定义圆周所在平面，两点的距离就是圆环的直径。圆管的直径需要在命令中给出。生成的圆环轴线与当前用户坐标系（UCS）的 Z 轴平行。
- 切点、切点、半径（T）：使用指定半径定义可与两个对象相切的圆环体。指定的切点将投影到当前 UCS。

12.4 布尔运算

布尔运算是对三维立体所定义的一种运算，可以通过布尔运算将两个或多个基本实体结合而形成新的实体。三种基本的布尔运算是并集、差集、交集运算。

12.4.1 并集运算

并集运算是将两个或多个实体（或面域）组合成一个新的复合实体。该命令要求选择的实体必须有公共部分。下面以图 12-25 为例来说明操作步骤。

<访问方法>

✧ 功能区：【常用】→【实体编辑】→【并集】。

✧ 菜单：【修改（M)】→【实体编辑（N)】→【并集（U)】。

✧ 工具栏：。

✧ 命令行：UNION。

<操作过程>

Step 01 按照上述命令访问方法执行并集命令。

Step 02 选择图 12-25（a）中的长方体作为第一个要组合的实体对象。

Step 03 选择图 12-25（a）中的球体作为第二个要组合的实体对象。

Step 04 按 Enter 键结束操作，结果如图 12-25（b）所示。

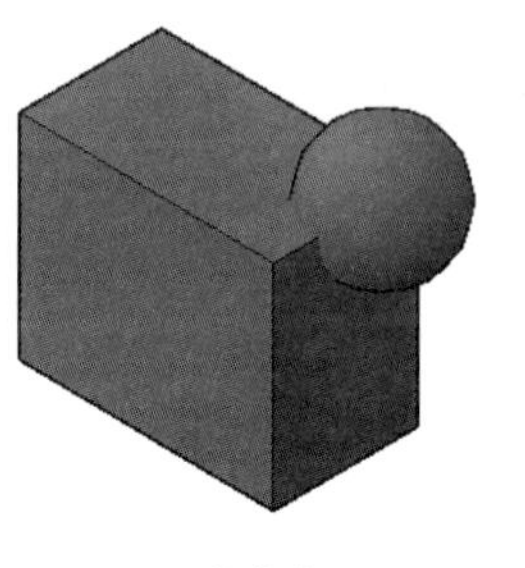

（a）并集前

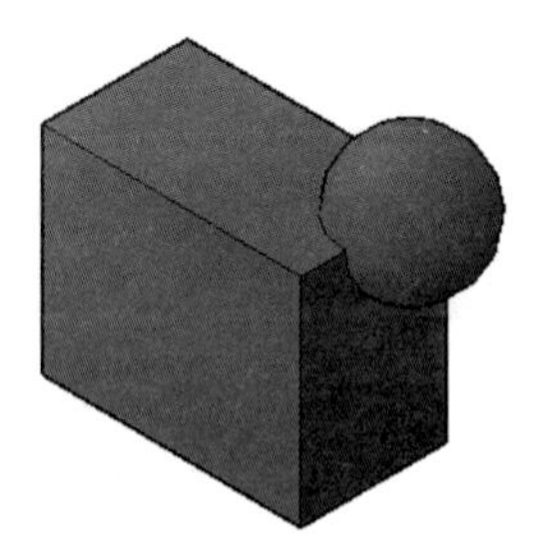

（b）并集后

图 12-25　并集运算

12.4.2 差集运算

Note

差集运算是从选定的实体中减去另一个实体，从而得到一个新实体。在这个命令中必须注意运算中选择两物体的顺序，结果总是第一个物体被第二个物体减掉。

<访问方法>

✧ 功能区：【常用】→【实体编辑】→【差集】。
✧ 菜单：【修改（M)】→【实体编辑（N)】→【差集（S)】。
✧ 工具栏：。
✧ 命令行：SUBTRACT。

<操作过程>

Step 01 按照上述命令访问方法输入差集命令。

Step 02 选择图 12–26（a）中的长方体作为被减去的实体对象，按 Enter 键。

Step 03 选择图 12–26（a）中的球体作为要减去的实体对象，按 Enter 键结束命令，结果如图 12–26（b）所示。

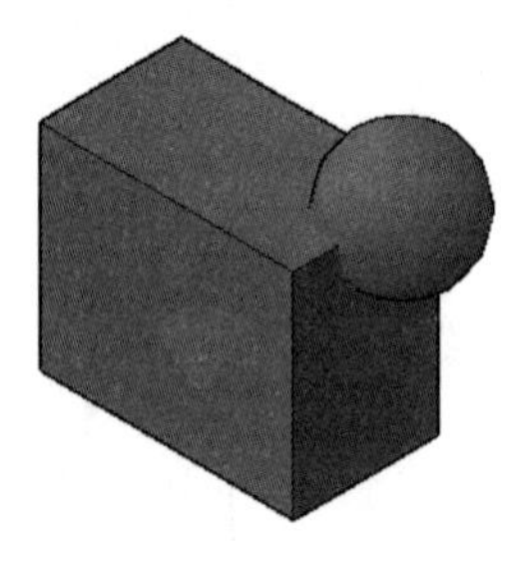

（a）差集前

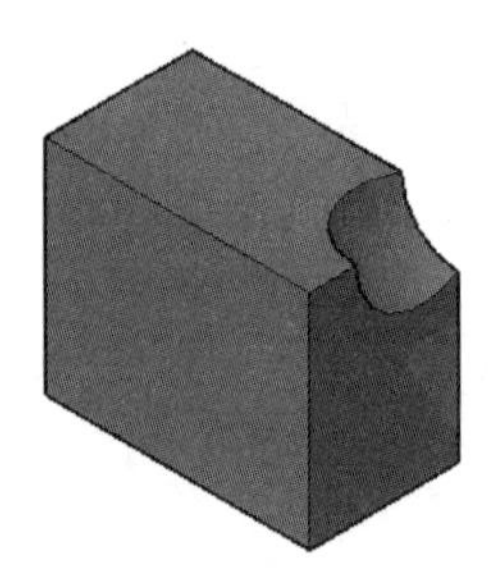

（b）差集后

图 12-26 差集运算，长方体被球减掉

12.4.3 交集运算

交集运算是指创建一个由两个或多个实体相交的公共部分形成的实体。

<访问方法>

✧ 功能区：【常用】→【实体编辑】→【交集】。
✧ 菜单：【修改（M)】→【实体编辑（N)】→【交集（I)】。
✧ 工具栏：。
✧ 命令行：INTERSECT。

<操作过程>

Step 01 按照上述命令访问方法输入交集命令。

Step 02 选择图 12–27（a）中的长方体作为第一个实体对象。

Step 03 选择图 12–27（a）中的球体作为第二个实体对象。

Step 04 按 Enter 键结束操作，结果如图 12–27（b）所示。

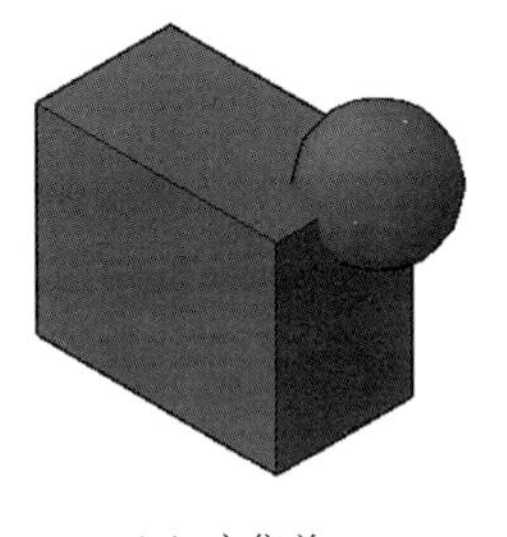

（a）交集前

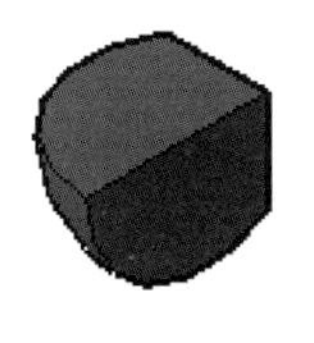

（b）交集后

图 12-27　交集运算

12.4.4　干涉检查

干涉检查是对两组对象或一对一地检查所有实体来检查实体模型中的干涉（三维实体相交或重叠的区域），可在实体相交处创建和亮显临时实体。

<访问方法>

✧ 菜单：【修改（M）】→【三维操作（3）】→【干涉检查（I）】。

✧ 命令行：INTERFERE。

<操作过程>

Step 01　按照上述命令访问方法输入干涉检查命令。

Step 02　命令行提示 选择第一组对象或 [嵌套选择(N) 设置(S)]:，选择图 12-28（a）所示的长方体为第一个实体对象，按 Enter 键。

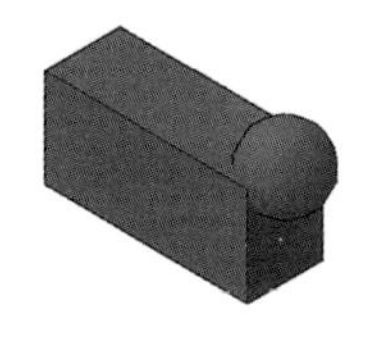

（a）干涉检查前

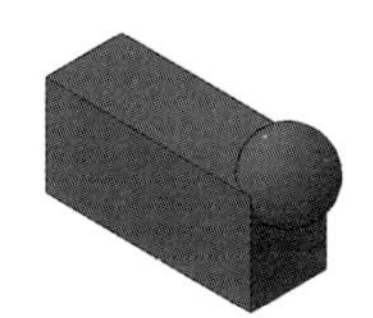

（b）干涉检查后（未移动干涉体）

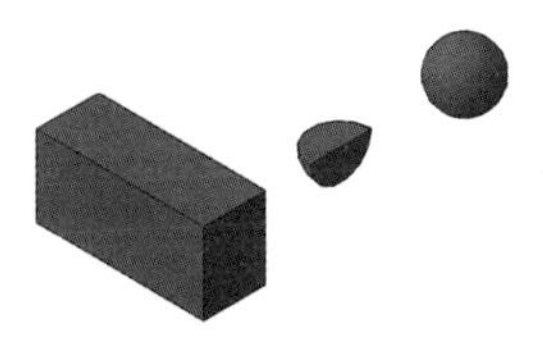

（c）干涉检查后（移动干涉体）

图 12-28　干涉检查

Step 03　命令行提示 选择第二组对象或 [嵌套选择(N) 检查第一组(K)] <检查>:，选择图 12-28（a）所示的球体为第二个实体对象，按 Enter 键。系统弹出如图 12-29 所示的“干涉检查”对话框。

Step 04　对图形进行完干涉检查后，取消选中 关闭时删除已创建的干涉对象(D) 复选框，单击“关闭”按钮。结果如图 12-28（b）所示。

Step 05 选择菜单中“修改（M）”→“移动（V）”命令，分别将长方体和球体移动到合适位置，结果如图 12-28（c）所示。

Step 06 选择菜单中“修改（M）”→“三维操作（3）”→“干涉检查（I）”命令后，在命令行中输入字母 S，系统弹出“干涉设置”对话框，可在该对话框中设置干涉对象的显示，如图 12-30 所示。

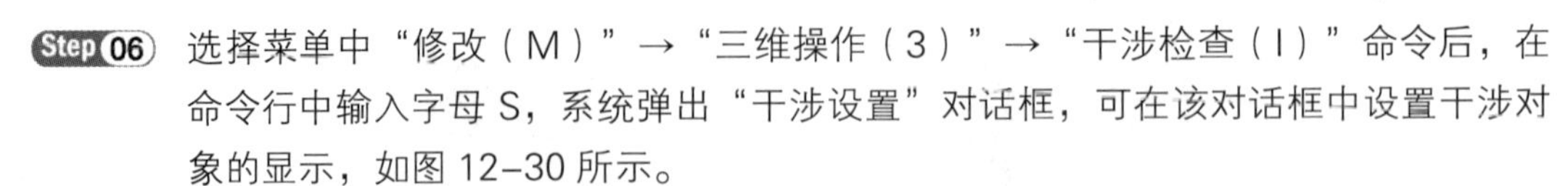

Note

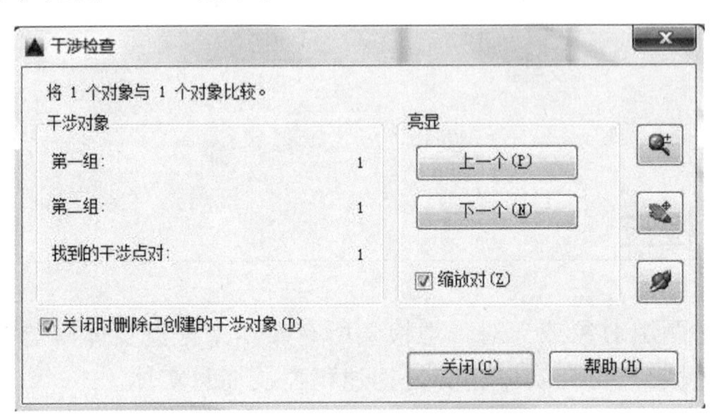

图 12-29 “干涉检查”对话框

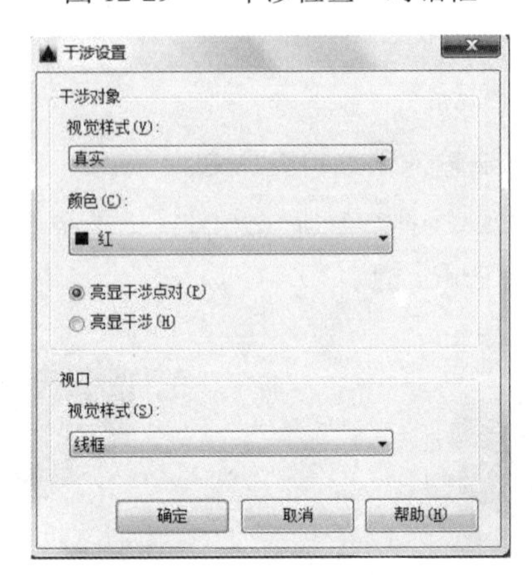

图 12-30 “干涉设置”对话框

12.5 三维实体的编辑

12.5.1 三维移动

三维移动是指将选定的对象自由移动至所需位置。

<访问方法>

✧ 功能区：【常用】→【修改】→【三维移动】。

✧ 菜单：【修改（M）】→【三维操作（3）】→【三维移动（M）】。

✧ 工具栏：。

✧ 命令行：3DMOVE。

<操作过程>

Step 01 按照上述命令访问方法输入三维移动命令。

Step 02 选择图 12-31（a）中的圆锥体作为要移动的实体对象，按 Enter 键结束选择。

Step 03 在命令行“指定基点或[位移（D）]<位移>：”的提示下端点捕捉圆锥底圆圆心。

Step 04 在命令行“指定第二个点或<使用第一个点作为位移>：”的提示下用端点捕捉的方法选择圆柱上端面的圆心。结果如图 12-31（b）所示。

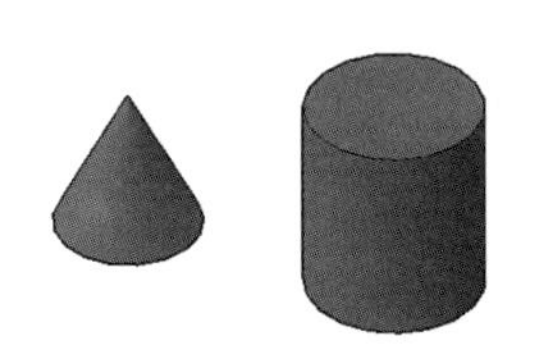

（a）三维移动前

（b）三维移动后

图 12-31　三维移动

12.5.2　三维旋转

三维旋转是指将选定的对象绕空间轴旋转指定的角度。

<访问方法>

✧ 功能区：【常用】→【修改】→【三维旋转】。

✧ 菜单：【修改（M)】→【三维操作（3)】→【三维旋转（R)】。

✧ 工具栏：。

✧ 命令行：3DROTATE。

<操作过程>

Step 01 按照上述命令访问方法输入三维旋转命令。

Step 02 选择图 12-32（a）中的三维物体作为要旋转的实体对象，按 Enter 键结束选择。

Step 03 指定基点。指定上端面的左前角点为基点。

Step 04 拾取旋转轴。拾取 *Z* 轴。

Step 05 指定旋转角度。输入“–90”，按 Enter 键，结果如图 12-32（b）所示。

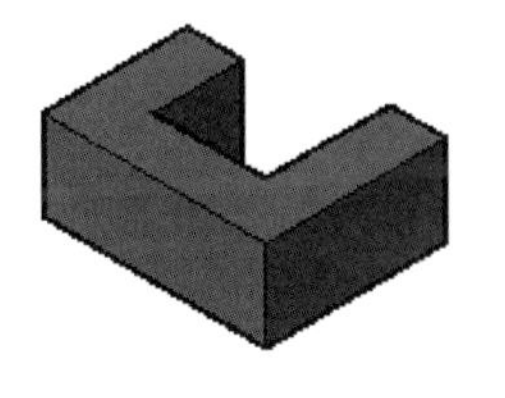

（a）三维旋转前

（b）三维旋转后

图 12-32　三维旋转

12.5.3　三维阵列

Note

三维阵列包括矩形阵列和环形阵列，与二维阵列相似。

1．矩形阵列

<访问方法>

✧　功能区：【常用】→【修改】→【三维阵列】。
✧　菜单：【修改（M)】→【三维操作（3)】→【三维阵列（3)】。
✧　工具栏：。
✧　命令行：3DARRAY。

<操作过程>

Step 01　按照上述命令访问方法输入三维阵列命令。

Step 02　选择图 12–33（a）中的球体作为阵列对象，按 Enter 键结束选择。

Step 03　在命令行“输入阵列类型[矩形（R）/环形（P）]<矩形>：”的提示下，输入字母 R 后按 Enter 键。

Step 04　在命令行“输入行数（---）<1>：”的提示下，输入阵列行数 2，按 Enter 键。

Step 05　在命令行“输入列数（|||）<1>：”的提示下，输入阵列行数 3，按 Enter 键。

Step 06　在命令行“输入层数（…）<1>：”的提示下，输入阵列层数 1，按 Enter 键。

Step 07　在命令行“指定行间距（---）：”的提示下，输入行间距 100，按 Enter 键。

Step 08　在命令行“指定列间距（|||）：”的提示下，输入列间距 100，按 Enter 键。结果如图 12–33（b）所示。

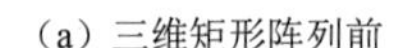

（a）三维矩形阵列前

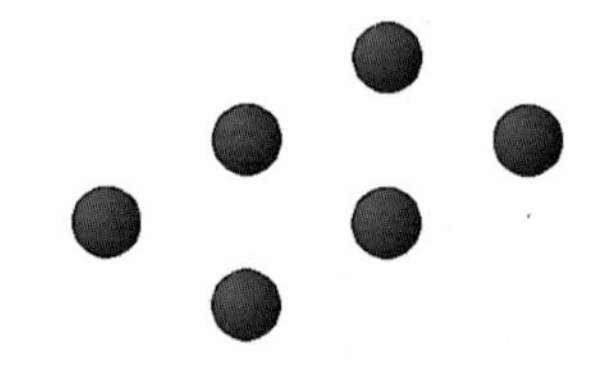

（b）三维矩形阵列后

图 12-33　三维矩形阵列

2．环形阵列

<访问方法>

✧　功能区：【常用】→【修改】→【三维阵列】。
✧　菜单：【修改（M)】→【三维操作（3)】→【三维阵列（3)】。
✧　工具栏：。
✧　命令行：3DARRAY。

<操作过程>

Step 01　按照上述命令访问方法输入三维阵列命令。

Step 02　选择图 12-34（a）中的锥体作为阵列对象，按 Enter 键结束选择。

Step 03　在命令行“输入阵列类型[矩形（R）/环形（P）]<矩形>：”的提示下，输入字母 P 后按 Enter 键。

Step 04　在命令行“输入阵列中的项目数目：”的提示下，输入数值 6，按 Enter 键。

Step 05　在命令行“指定要填充的角度（+=逆时针，-=顺时针）<360>：”的提示下，按 Enter 键，即输入 360。

Step 06　在命令行“旋转阵列对象？[是（Y）/否（N）]<Y>：”的提示下，按 Enter 键。

Step 07　在命令行“指定阵列的中心点：”的提示下，指定一点作旋转轴的端点。

Step 08　在命令行“指定旋转轴上的第二点：”的提示下，选择旋转轴另一端点，按 Enter 键。结果如图 12-34（b）所示。

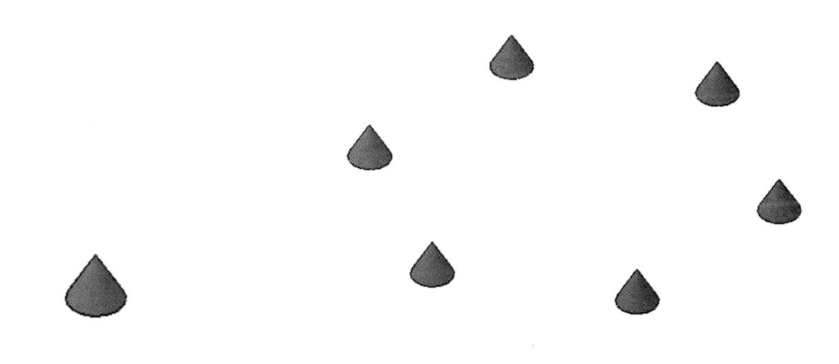

（a）三维环形阵列前　　（b）三维环形阵列后

图 12-34　三维环形阵列

12.5.4　三维镜像

三维镜像是将选择的对象在三维空间相对于某一直线或平面进行镜像。

<访问方法>

✧ 功能区：【常用】→【修改】→【三维镜像】。

✧ 菜单：【修改（M）】→【三维操作（3)】→【三维镜像（D)】。

✧ 工具栏：[图标]。

✧ 命令行：MIRROR3D。

<操作过程>

Step 01　按照上述命令访问方法输入三维镜像命令。

Step 02　选择图 12-35（a）中的圆柱体作为镜像对象。

Step 03　在命令行“指定镜像线的第一点：”的提示下，指定直线的一个端点。

Step 04　在命令行“指定镜像线的第二点：”的提示下，指定直线的另一个端点。

Step 05　在命令行“是否删除源对象？[是（Y）/否（N）]<否>：”的提示下，按 Enter 键，结果如图 12-35（b）所示。

Note

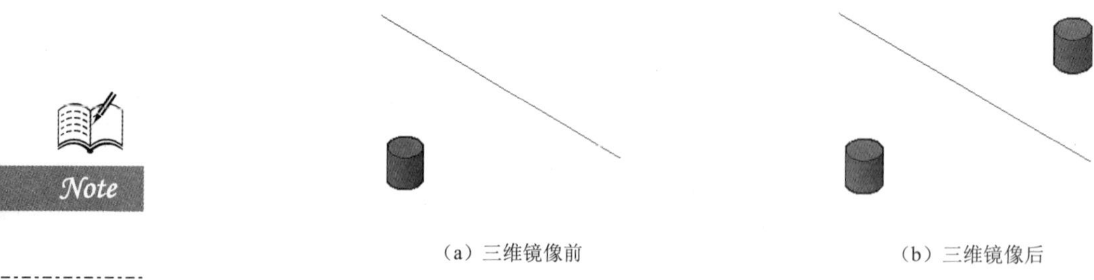

（a）三维镜像前　　（b）三维镜像后

图 12-35　三维镜像

12.5.5　三维对齐

三维对象对齐是以一个对象为基准，将另一个对象与该对象对齐。这种操作在三维造型中需要基本体之间要有非常准确的几何位置关系时非常有用。

<访问方法>

- ✧ 功能区：【常用】→【修改】→【三维对齐】。
- ✧ 菜单：【修改（M）】→【三维操作（3）】→【三维对齐（A）】。
- ✧ 工具栏：。
- ✧ 命令行：3DALIGN。

<操作过程>

Step 01　按照上述命令访问方法输入三维对齐命令。

Step 02　选择图 12-36（a）中的右侧长方体作为要移动的对象，按 Enter 键。

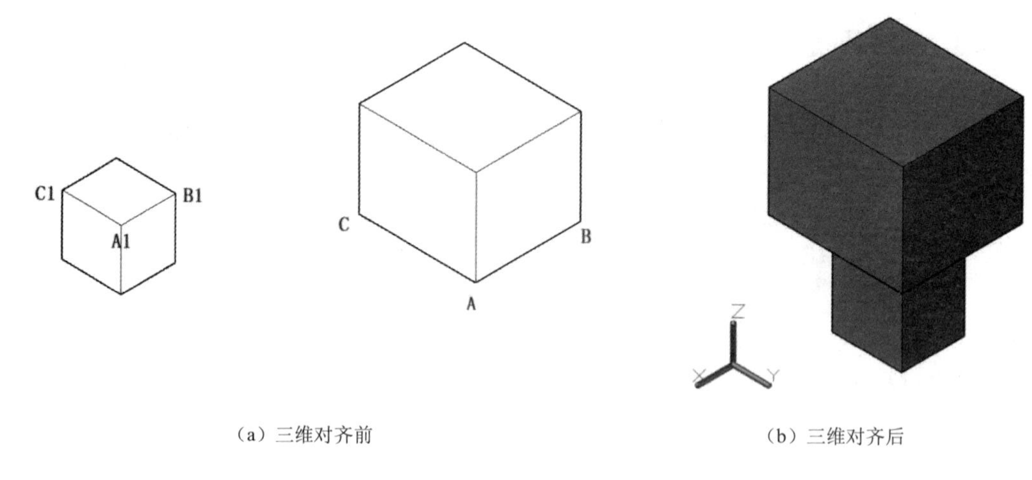

（a）三维对齐前　　（b）三维对齐后

图 12-36　三维对齐

Step 03　在命令行“指定基点或[复制（C）]：”的提示下，用端点捕捉方法选择该长方体的底面 A 点。

Step 04　在命令行“指定第二个点或[继续（C）]<C>：”的提示下，用端点捕捉方法选择 B 点。

Step 05　在命令行“指定第三个点或[继续（C）]<C>：”的提示下，用端点捕捉方法选择 C 点。

Step 06　在命令行“指定第一个目标点：”的提示下，用端点捕捉方法选择第一个长方体的 A1 点。

Step 07　在命令行“指定第二个目标点或[提出（X）]<X>：”的提示下，用端点捕捉方法选择 B1 点。

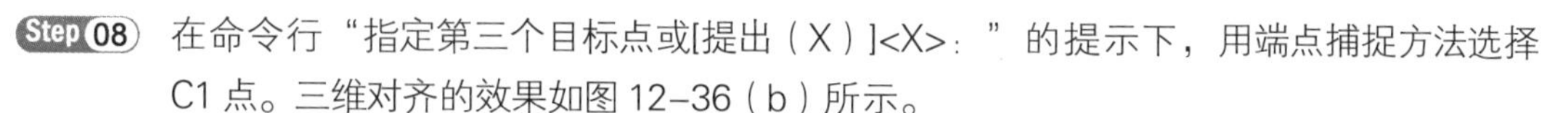

Step 08　在命令行“指定第三个目标点或[提出（X）]<X>：”的提示下，用端点捕捉方法选择 C1 点。三维对齐的效果如图 12-36（b）所示。

12.5.6　三维实体倒方角

该命令将选定对象的边截掉而成一个方角，是二维倒角命令的三维推广。

<访问方法>

✧　功能区：【常用】→【修改】→【倒角】。

✧　菜单：【修改（M)】→【实体编辑（N)】→【倒角边（C)】。

✧　工具栏：。

✧　命令行：CHAMFER。

<操作过程>

Step 01　按照上述命令访问方法输入倒角边命令。

Step 02　选取第一条直线。选取图 12-37（a）中的长方体的前表面的上边线。

Step 03　在命令行“输入曲面选择选项[下一个（N）当前（OK）]<当前 OK>：”的提示下，选取长方体的前表面作为要倒角的基面，按 Enter 键。

Step 04　在命令行“指定基面倒角距离或[表达式（E）]：”的提示下，输入倒角数值 30，按 Enter 键。

Step 05　在命令行“指定其他曲面倒角距离或[表达式（E）]：”的提示下，输入相邻面上的倒角距离 30，按 Enter 键。

Step 06　在命令行“选择边或[环（L）]：”的提示下，再次选择在基面上要倒角的边线，也可连续选择。结果如图 12-37（b）所示。

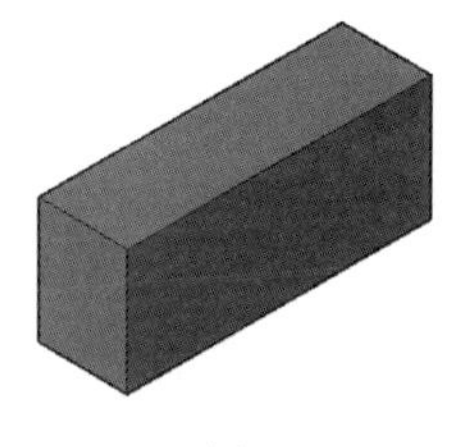

（a）三维倒方角前

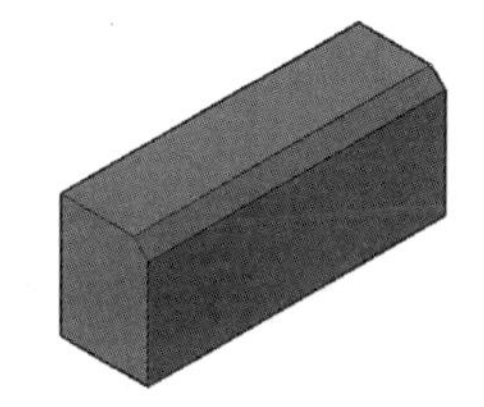

（b）三维倒方角后

图 12-37　三维倒方角

12.5.7　三维实体倒圆角

该命令以给定半径的圆柱面光滑过渡选定的立体棱线。

<访问方法>

✧ 功能区：【常用】→【修改】→【圆角】。

✧ 菜单：【修改（M）】→【实体编辑（N）】→【圆角边（F）】。

✧ 工具栏：。

✧ 命令行：FILLET。

<操作过程>

Step 01 按照上述命令访问方法输入三维实体倒圆角命令。

Step 02 选取图 12–38（a）中长方体的右表面最前边，按 Enter 键。

Step 03 按命令行提示输入字母 R，再输入圆角半径数值 20，按 Enter 键。结果如图 12–38（b）所示。

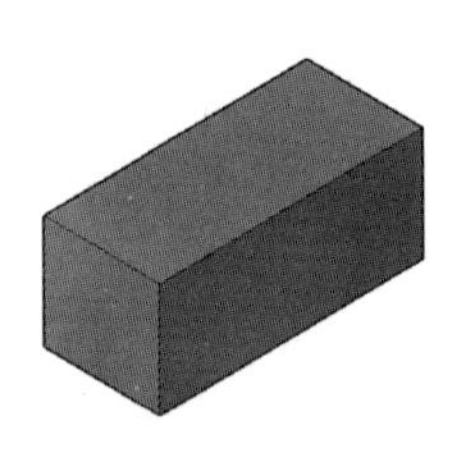

（a）三维倒圆角前

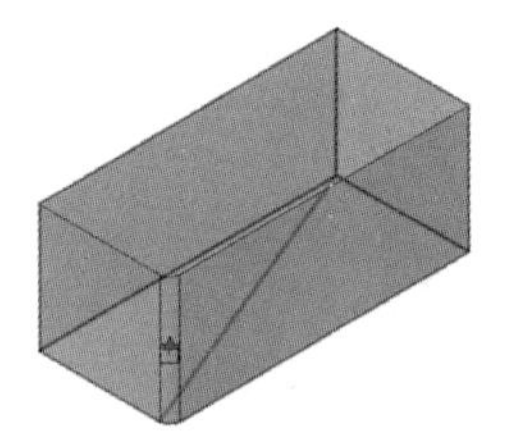

（b）三维倒圆角后

图 12-38　三维倒圆角

12.5.8　三维实体剖切

三维实体剖切命令可以将实体沿剖切平面完全剖开，从而观察实体内部的结构。剖切时，首先选择要剖切的三维对象，然后确定剖切平面的位置，最后指明需要保留的实体部分。

<访问方法>

✧ 功能区：【常用】→【实体编辑】→【剖切】。

✧ 菜单：【修改（M）】→【三维操作（3）】→【剖切（S）】。

✧ 工具栏：。

✧ 命令行：SLICE。

<操作过程>

Step 01 按照上述命令访问方法输入剖切命令。

Step 02 选择要剖切的对象。选取图 12–39（a）中的实体，按 Enter 键。

Step 03 命令行提示 指定切面的起点或 [平面对象(O) 曲面(S) z 轴(Z) 视图(V) xy(XY) yz(YZ) zx(ZX) 三点(3)] <三点>: 输入“ZX”后按 Enter 键，即将与当前 UCS 的 *ZX* 平面平行的某个平面作为剖切平面。

Step 04 命令行提示 指定 ZX 平面上的点 <0,0,0>:，选择如图 12–39（a）所示的圆筒上表面圆心，按 Enter 键，即剖切平面平行于 *ZX* 平面且通过指定的点。

Step 05 命令行提示 在所需的侧面上指定点或 [保留两个侧面(B)] <保留两个侧面>:，在要保留的一侧单击，效果如图 12-39（b）所示。

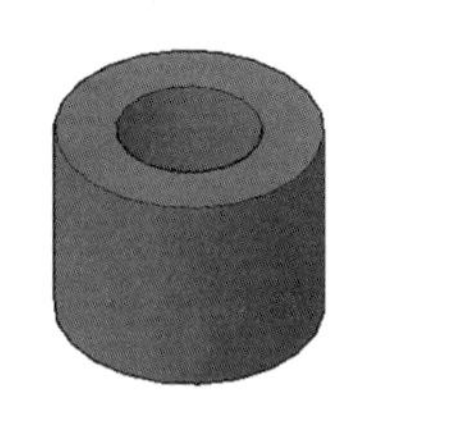

（a）剖切前

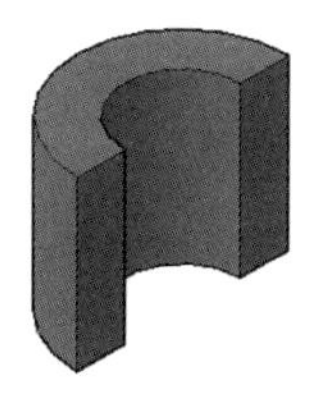

（b）剖切后

图 12-39　三维实体剖切

12.5.9　三维实体的截面

创建三维实体的截面就是将实体沿某一个特殊的分割平面进行切割，从而创建一个截面图形。这种方法可以显示复杂模型的内部结构。它与剖切实体方法的不同之处在于：创建截面命令将在切割截面的位置生成一个截面的面域，且该面域位于当前图层。截面面域是一个新创建的对象，因此创建截面命令不会以任何方式改变实体模型本身。对于创建的截面面域，可以非常方便地修改它的位置、添加填充图案、标注尺寸或在这个新对象的基础上拉伸生成一个新的实体。

<访问方法>

✧　命令行：SECTION。

<操作过程>

Step 01 在命令行输入“SECTION”,按 Enter 键。

Step 02 命令行提示**选择对象:**，选取图 12-40（a）中的实体，按 Enter 键。

Step 03 命令行提示指定 截面 上的第一个点，依照 [对象(O) Z 轴(Z) 视图(V) XY(XY) YZ(YZ) ZX(ZX) 三点(3)] <三点>:，输入“YZ”后按 Enter 键，即将与当前 UCS 的 *YZ* 平面平行的某个平面作为剖切平面。

Step 04 命令行提示指定 YZ 平面上的点 <0,0,0>:，选择图 12-40（b）所示的圆心，按 Enter 键，即剖切平面平行于 *YZ* 平面且通过指定的点。

Step 05 选择菜单中“修改（M）”→“移动（V）”命令，将生成的截面移动到实体的另一侧，以观察截面如图 12-40（c）所示。

（a）三维实体

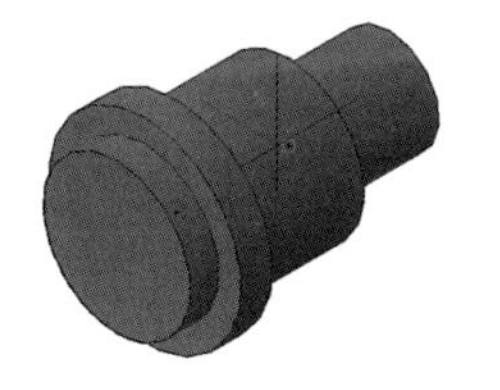

（b）选取剖切点

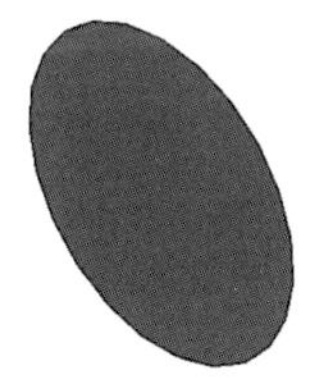

（c）实体的截面

图 12-40　三维实体的截面

12.5.10　三维实体到平面投影图的转换

Note

三维实体到平面图的转换可以很方便地生成平面投影图，从而得到立体的平面工程图。尤其对于复杂的模型，可以更加方便地生成平面工程图。下面介绍得到三维实体的平面投影的命令。

✧　SOLPROF：将三维实体投影到平面上，得到在该平面上的轮廓，以显示在布局视口中。选定三维实体将被投影至与当前布局视口平行的投影平面上。投影的可见轮廓线和隐藏线分别位于独立图层上，且仅显示在该视口中。选择正面投影面、水平投影面、侧面投影面，将物体向其投影，就会得到三视图。下面介绍操作步骤。

Step 01　打开已生成的三维实体。

进入图纸空间。打开三维实体，如图 12-41 所示。由于要使用的由实体产生视图的命令应在图纸空间中使用，所以，首先要进入图纸空间：单击屏幕下方“布局 1”标签，再单击屏幕下方状态栏上的“图纸”按钮使之显示为“模型”，即在图纸空间中打开模型空间的窗口，结果如图 12-42 所示。

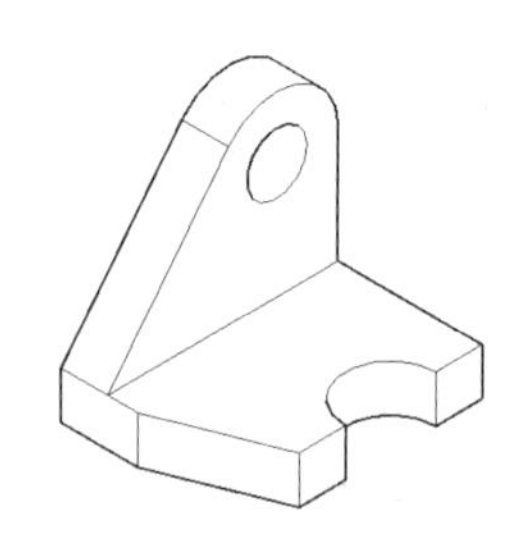

图 12-41　三维实体

这样，可以使用在模型空间中可使用的命令（通常所做的图形绘制和编辑操作都是在模型空间中进行，图纸空间主要是在出图布局中使用）。

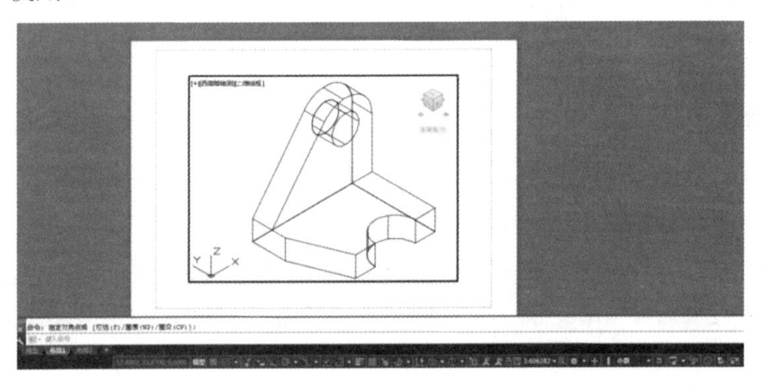

图 12-42　图纸空间中“模型”窗口

Step 02　生成物体在各个投影面上的轮廓线。

① 生成轴测图的轮廓线。执行下拉菜单命令：“绘图”→“建模”→“设置”→“轮廓”，执行命令后命令行提示及操作过程如下。

```
SOLPROF 选择对象：//选择支座实体
SOLPROF 选择对象：//按 Enter 键结束选择
是否在单独的图层中显示隐藏的轮廓线？[是（Y）否（N）]<是>：//按 Enter 键
是否将轮廓线投影到平面？[是（Y）否（N）]<是>：//按 Enter 键
是否删除相切的边？[是（Y）否（N）]<是>：//按 Enter 键，删除相切边
```

此时，已产生轴测图的轮廓线。

② 生成主视图的轮廓线。执行下拉菜单命令：“视图”→“三维视图”→“前视图”，屏幕显示主视图的轮廓线，如图 12-43（a）所示。再执行下拉菜单命令：“绘图”→“建模”→“设置”→“轮廓”，之后的操作步骤与轴测图轮廓线的生成方法相同，便可得到主视图的轮廓线。

③ 生成左视图的轮廓线。执行下拉菜单命令：“视图”→“三维视图”→“左视图”，屏幕显示左视图的轮廓线，如图 12-43（b）所示。再执行下拉菜单命令：“绘图”→“建模”→“设置”→“轮廓”，之后的操作步骤与轴测图轮廓线的生成方法相同，便可得到左视图的轮廓线。

④ 生成俯视图的轮廓线。执行下拉菜单命令：“视图”→“三维视图”→“俯视图”，屏幕显示俯视图的轮廓线，如图 12-43（c）所示。再执行下拉菜单命令：“绘图”→“建模”→“设置”→“轮廓”，之后的操作步骤与轴测图轮廓线的生成方法相同，便可得到俯视图的轮廓线。

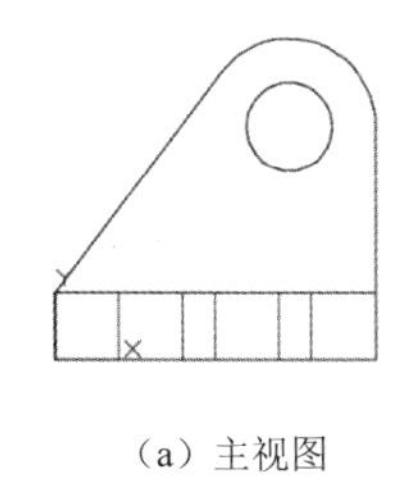

（a）主视图

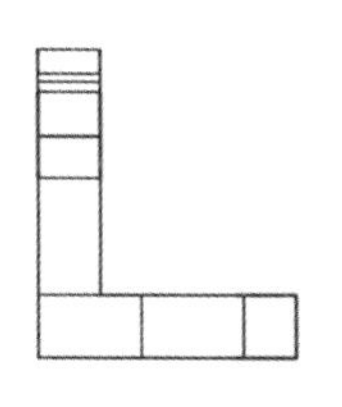

（b）左视图

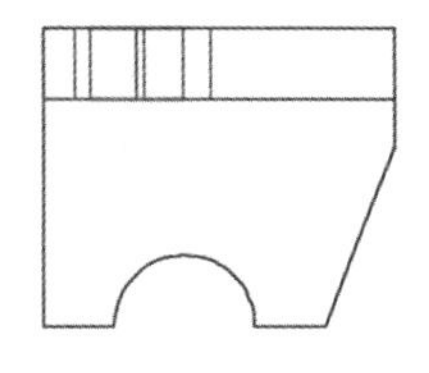

（c）俯视图

图 12-43　建立三视图

⑤ 观察各个视图的轮廓线。单击屏幕下方“模型”标签返回到模型空间，使用移动命令将实体移开，即可看到计算机生成的轮廓线，如图 12-44 所示。此时，计算机会自动将可见轮廓线放在名为“PV-***”的图层上，将不可见轮廓线放在“PH-***”图层上，其中“***”是由计算机随机产生的字母和数字。注意四个投影轮廓线是位于不同的平面上的。

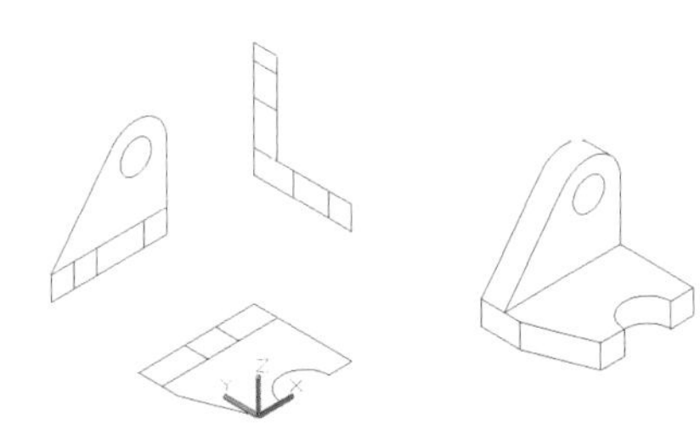

图 12-44　轴测图和三视图的轮廓线

Step 03 将生成的轴测图和三视图的轮廓线布置在一张图纸上。

① 轴测图。首先要改变用户坐标，要把屏幕平面变成 *XOY* 坐标面。单击“视图 UCS”按钮，结果如图 12-45（a）所示，然后，保存轴测图。保存图形方法有两个：一是将轴测图复制到剪贴板上，然后将其粘贴到一个新的图形文件上。二是将其定义成图块保存在磁盘上。

使用剪贴板复制的方法如下：单击标准工具栏上的“复制”按钮，然后选择轴测图对象，再新建一个新图，而后将该轴测图粘贴到新图上。

② 主视图、俯视图、左视图。建立用户坐标系，这个用户坐标系的 *XOY* 坐标面必

须和主视图、左视图、俯视图的坐标面平行。一般应采用“三点 UCS”命令建立用户坐标系，分别指定原点、X轴上某一个点、Y轴上某一个点，用于确定 X、Y 轴的方向，其结果如图 12-45（b）（c）（d）所示。再用复制命令将生成的轮廓线复制到新图中。

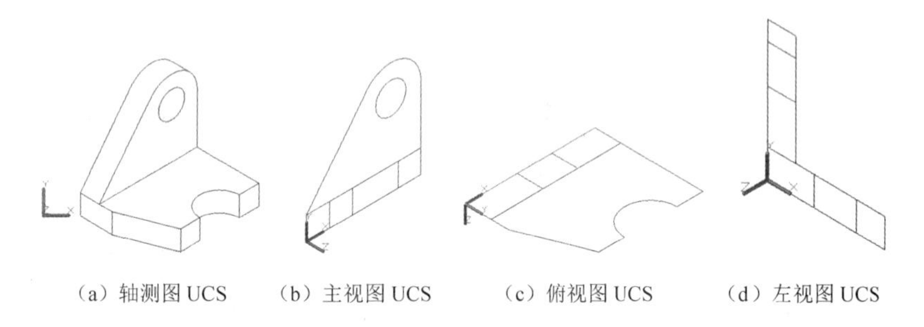

图 12-45　建立 UCS 坐标

Step 04 修改图线线型。此时，这四个图中的可见轮廓线均在一个名为“PV-***”的图层上，不可见的轮廓线在名为“PH-***”的图层上。每一个视图中可见轮廓线和不可见轮廓线都是一个图块（整体），要修改时，要首先使用“分解”命令打散。注意三个视图放在一起时，应保证三视图的“对等”关系。经过修改后的三视图和轴测图如图 12-46 所示。

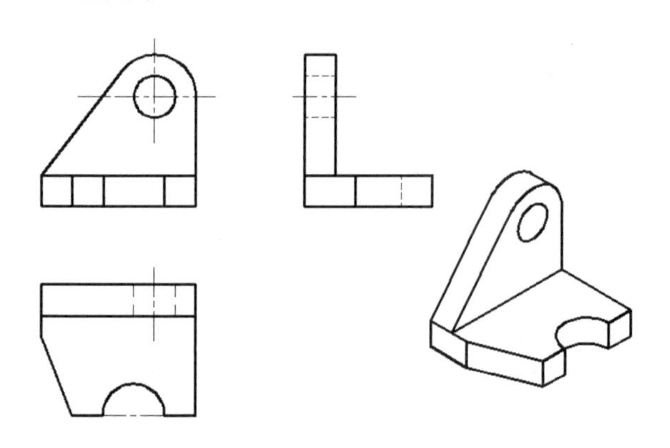

图 12-46　修改后的三视图和轴测图

12.6 三维模型的渲染

渲染是在场景中基于三维对象创建光栅图像的过程。渲染器用于计算附着到场景中对象的材质、外观，以及根据放置在场景中的光源计算光线和阴影。用户可以调整渲染器的环境和曝光设置，以控制最终的渲染图像，效果如图 12-47 所示。

图 12-47　AutoCAD 渲染效果

Note

三维模型的真实感渲染往往可以为产品团队或潜在客户提供比打印图形更清晰的概念设计视觉效果。

基本渲染工作流程是将材质附着到模型的三维对象、贴纹理、放置用户定义的光源、添加背景，然后使用 RENDER 命令启动渲染器。

12.6.1　材质的设置

材质是渲染的基础。在自然界，我们发现不同的物体材料不一样，就会呈现不同的颜色和效果。给物体设置材质，就是为了体现这一效果。

<访问方法>

✧　菜单：【工具（T）】→【选项板】→【工具选项板（T）】。

<操作过程>

Step 01　打开工具选项板。执行命令后，系统会弹出如图 12–48 所示的工具选项板。

Step 02　建立“金属–材质样式”选项卡。

① 任一选项卡上右击，系统弹出快捷菜单，在快捷菜单中选择“新建选项板（E）”选项，系统新建一个空的选项卡，将名称改为“金属–材质样式”，如图 12–49 所示。

② 选择菜单“视图（V）”→“渲染（E）”→“材质浏览器（B）”命令，系统弹出如图 12–50 所示的“材质浏览器”对话框。

③ 在“材质浏览器”对话框中选择 节点下的 Autodesk 库 选项，然后在 Autodesk 库 节点下选择 金属漆 选项。

④ 在“材质浏览器”列表中右击 缎...红 材质，在系统弹出的快捷菜单中选择“添加到–活动的工具选项板”选项，该材质即被添加到新建的“金属–材质样式”选项卡中，如图 12–51 所示，然后关闭“材质浏览器”对话框即可。

Step 03　打开金属选项卡。在工具选项板中选择“金属–材质样式”选项卡。

Step 04 在选项卡面板中右击 缎...红 ，在系统弹出的快捷菜单中选择“将材质应用到对象”命令，在绘图区中选取整个实体对象。

Step 05 设置真实显示效果。选择菜单“视图（V）”→“视觉样式（S）”→“真实（R）”命令查看真实显示效果，结果如图 12-52 所示。

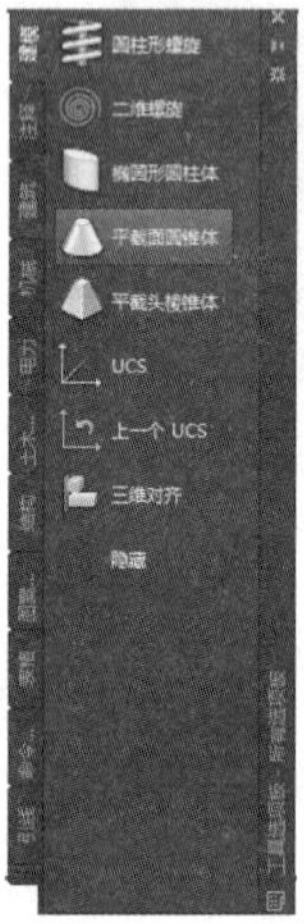

图 12-48　工具选项板

图 12-49　新建选项卡

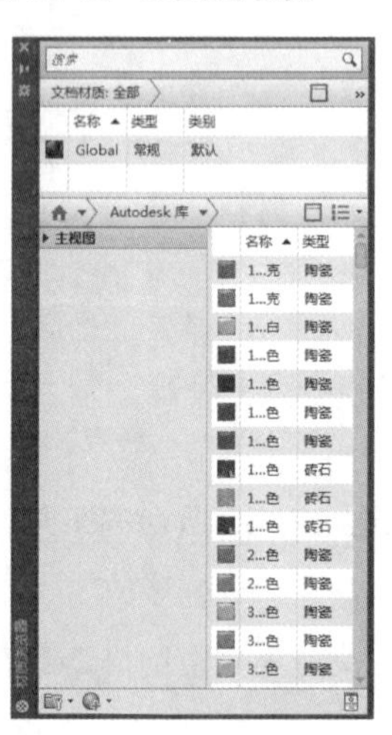

图 12-50　“材质浏览器”对话框

图 12-51　已添加的新材质

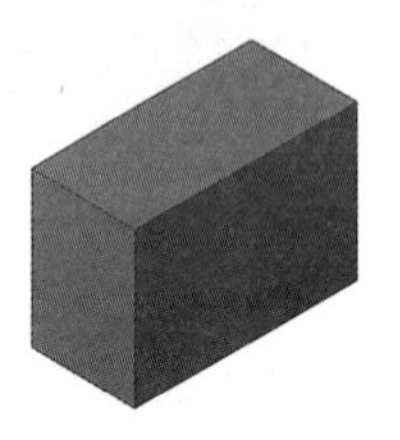

（a）添加材质前

（b）添加材质后

图 12-52　已添加的新材质

12.6.2　灯光的设置

灯光也是渲染中的一个重要因素。渲染得到的颜色，就是因为有光的照射然后物体反射光线到眼睛，我们才看到。合适的灯光设置才会产生合适的渲染效果。

1．点光源

点光源是位于指定位置的很小的光源，且光源的光线是向任意方向发射的。可以看作是对自然界光源如蜡烛和灯泡的模拟。

<访问方法>

✧　菜单：【视图（V)】→【渲染（E)】→【光源（L)】→【新建点光源（P)】。

✧　命令行：POINTLIGHT。

<操作过程>

Step 01　执行新建点光源命令。

Step 02　在命令行“指定源位置<0,0,0>：”的提示下，输入点光源的位置坐标“100,150,0”，按 Enter 键。

Step 03　在命令行“输入要更改的选项[名称（N）/强度（I）/状态（S）/阴影（W）/衰减（A）/颜色（C）/退出（X）]<退出>：”的提示下，按 Enter 键。结果如图 12-53 所示。

Step 04　双击上一步创建的点光源，弹出“特性”选项板，在其中设置特性参数。

Step 05　选择菜单中“视图（V）”→“渲染（E）”→“渲染（R）”命令，查看渲染效果，如图 12-54 所示。

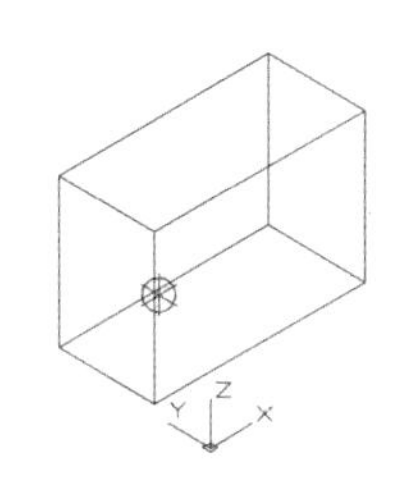

图 12-53　新建点光源

图 12-54　渲染后效果

2．聚光灯

聚光灯是中心位置为最亮点的锥形聚焦光源。聚光灯发射定向锥形光。用户可以控制光源的方向和锥体的尺寸，可以用聚光灯亮显模型中的特定特征和区域。

<访问方法>

✧　菜单：【视图（V)】→【渲染（E)】→【光源（L)】→【新建聚光灯（S)】。

✧　命令行：SPOTLIGHT。

<操作过程>

Step 01　输入新建聚光灯命令。

Step 02　在命令行“指定源位置<0,0,0>：”的提示下，输入一点作为聚光源的位置，按 Enter 键。

Step 03　在命令行“指定目标位置<0,0,-10>：”的提示下，选取一点作为目标点，按 Enter

Note

键。上一点与这点构成的方向就是聚光灯的方向。

Step 04 命令行提示 输入要更改的选项 [名称(N) 强度因子(I) 状态(S) 光度(P) 聚光角(H) 照射角(F) 阴影(W) 衰减(A) 过滤颜色(C) 退出(X)] <退出>: 按 Enter 键结束操作。结果如图 12–55 所示。

Step 05 双击上一步创建的聚光灯，弹出“特性”选项板，在其中设置特性参数。

Step 06 选择菜单中 “视图（V）” → “渲染（E）” → “渲染（R）” 命令，查看渲染效果，如图 12–56 所示。

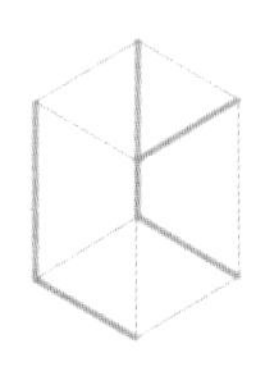

图 12-55　新建聚光灯

图 12-56　渲染后效果

3．平行光源

平行光源是距离模型无限远的一束光柱，光线互相平行，是对自然界太阳光线的模拟。

<访问方法>

✧　菜单:【视图（V)】→【渲染（E)】→【光源（L)】→【新建平行光（D)】。

✧　命令行：DISTANTLIGHT。

<操作过程>

Step 01 执行新建平行光命令。

Step 02 在命令行“指定光源来向<0,0,0>或[矢量（V）]：”的提示下，输入平行光源的位置坐标“100,300,200”，按 Enter 键。

图 12-57　新建平行光

Step 03 在命令行“指定指定光源去向<1,1,1>：”的提示下，选取长方体上表面最前面的直线的中点作为目标点，如图 12–57 所示。

Step 04 在命令行“输入要更改的选项 [名称(N) 强度因子(I) 状态(S) 光度(P) 阴影(W) 过滤颜色(C) 退出(X)] <退出>：”的提示下，按 Enter 键结束操作。

Step 05 选择菜单中“视图（V）” → “渲染（E）” → “光源（L）” → “光源列表” 命令，弹出 “模型中的光源” 对话框。

Step 06 右击“平行光 1”，系统弹出快捷菜单，选择“特性”命令设置参数。

Step 07 选择菜单中 “视图（V）” → “渲染（E）” → “渲染（R）” 命令，查看渲染效果，如图 12–58 所示。

图 12-58　渲染后效果

4．阳光特性

阳光特性用于修改太阳光的特性。太阳光是模拟太阳照射效果的光源，类似于平行光。用户为模型指定的地理位置以及指定的日期和当日时间定义了太阳光的角度，可以用于显示物体的阴影如何影响周围的区域。

<访问方法>

✧ 菜单：【视图（V）】→【渲染（E）】→【光源（L）】→【阳光特性（U）】。

✧ 命令行：SUNPROPERTIES。

<操作过程>

Note

Step 01 输入上述命令，打开“阳光特性”选项板，在其中设置参数，如图 12-59 所示。

Step 02 选择菜单中“视图（V）”→“渲染（E）”→“渲染（R）”命令，查看渲染效果，如图 12-60 所示。

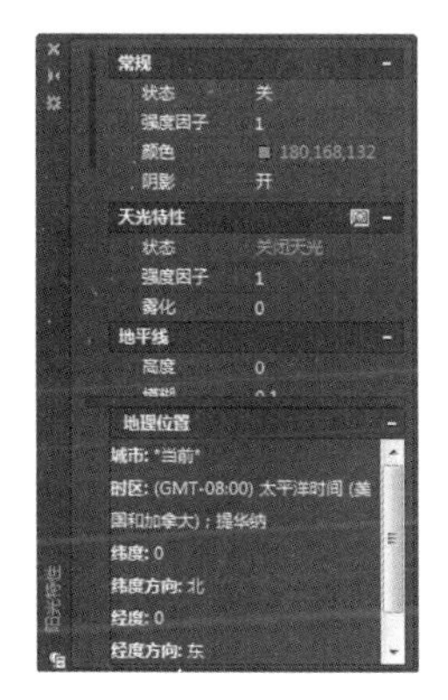

图 12-59　“阳光特性”选项板

图 12-60　渲染后效果

12.6.3　渲染三维对象

渲染是运用几何图形、光源和材质来真实表达产品的效果。选择菜单中“视图（V）”→“渲染（E）”→“渲染（R）”命令，系统会弹出“渲染”对话框，查看渲染真实效果。

1. 渲染背景设置

系统默认情况下，窗口中渲染背景是黑色的，而有些用户需要对渲染背景进行重新设置，步骤如下。

Step 01 选择菜单“视图（V）”→“命名视图（N）”命令，系统弹出“视图管理器”对话框，如图 12-61 所示。

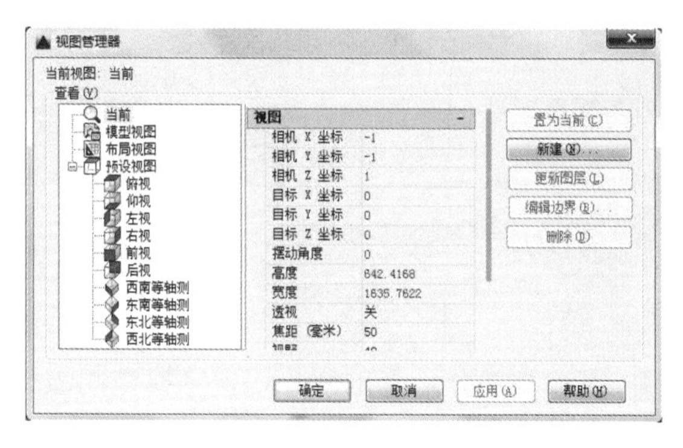

图 12-61　“视图管理器”对话框

Step 02 单击“新建”按钮，弹出“新建视图/快照特性”对话框，如图 12-62 所示。

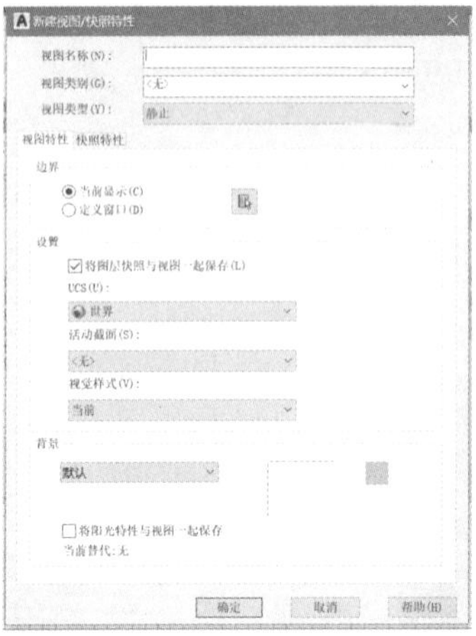

图 12-62 “新建视图/快照特性”对话框

Step 03 设置视图名称，输入“背景”。

Step 04 设置背景类型。在“背景”区域中下拉列表选择“渐变色”选项，系统弹出“背景”对话框，如图 12-63 所示。

Step 05 设置背景颜色。在“背景”对话框中根据需要设置渐变颜色。

Step 06 依次单击前面对话框的“确定”按钮，返回“视图管理器”对话框。

Step 07 选中上一步创建的背景视图，单击“置为当前”按钮，单击“确定”按钮。

Step 08 渲染。选择菜单“视图（V）”→“渲染（E）”→“渲染（R）”，系统弹出渲染对话框，查看渲染真实效果，结果如图 12-64 所示。

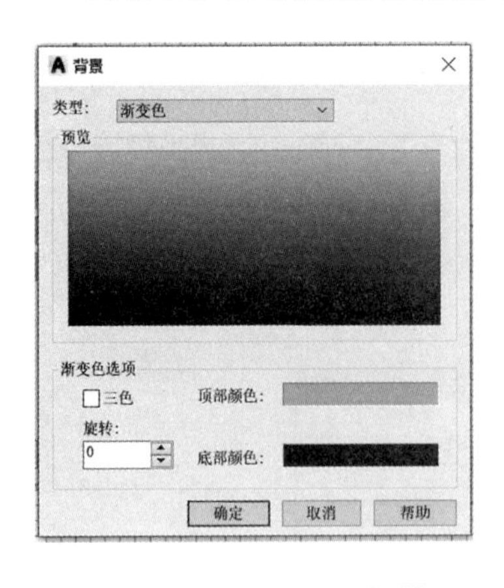

图 12-63 “背景”对话框

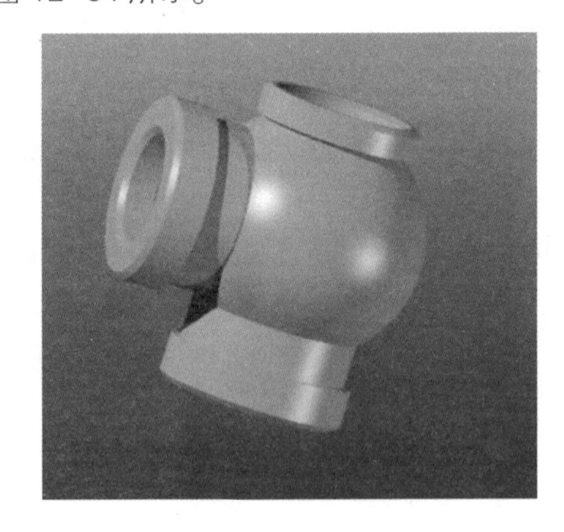

图 12-64 渲染效果

2．高级渲染设置

渲染设置包括基础与高级两部分，基础部分包含了模型的渲染方式、材质和阴影的处理方式等。高级部分包含了光线追踪、间接发光、诊断与处理。用户可以在此设置渲染的参数。

<访问方法>

✧　菜单：【视图（V）】→【渲染（E）】→【高级渲染设置（D）】。

<操作过程>

Step 01　执行“高级渲染设置”命令，弹出“渲染预设管理器”选项板，如图 12-65 所示。

Step 02　根据实际的需要修改“渲染预设管理器”选项板的相应参数。

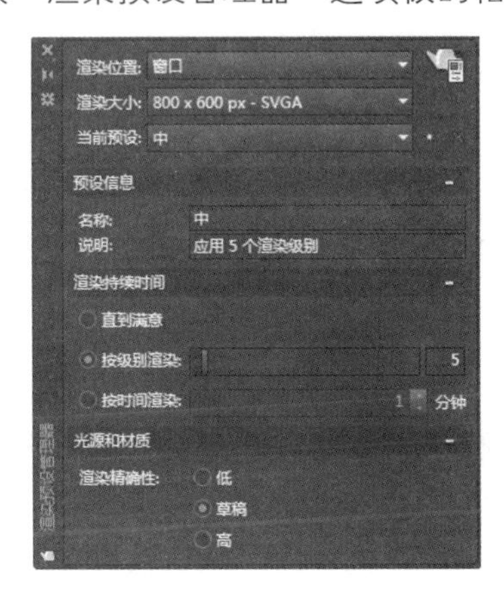

图 12-65　“渲染预设管理器”选项板

3．输出渲染图像

输出渲染图像是将渲染的结果保存为图片文件，文件的格式可以选择。

<访问方法>

✧　菜单：【视图（V）】→【渲染（E）】→【渲染（R）】。

<操作过程>

Step 01　执行渲染命令，弹出“渲染”对话框。

Step 02　在弹出的“渲染”对话框中选择“文件（F）”→“保存（S）”选项，系统弹出“渲染输出文件”对话框，如图 12-66 所示。

Step 03　在“保存于”下拉列表中选择保存路径，在“文件名”文本框中输入保存的名称，在“文件类型”下拉列表中选择保存的类型（如 jpg），单击“保存”按钮，系统弹出“JPG 图像选项”对话框，如图 12-67 所示。

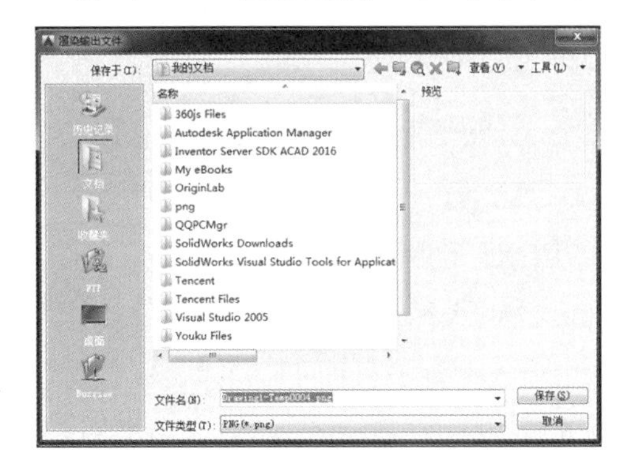

图 12-66　“渲染输出文件”对话框

图 12-67　“JPG 图像选项”对话框

Step 04 在弹出的“JPG 图像选项”对话框中设置生成图片的质量和大小，单击“确定”按钮，完成图像的输出，结果如图 12-68 所示。

Note

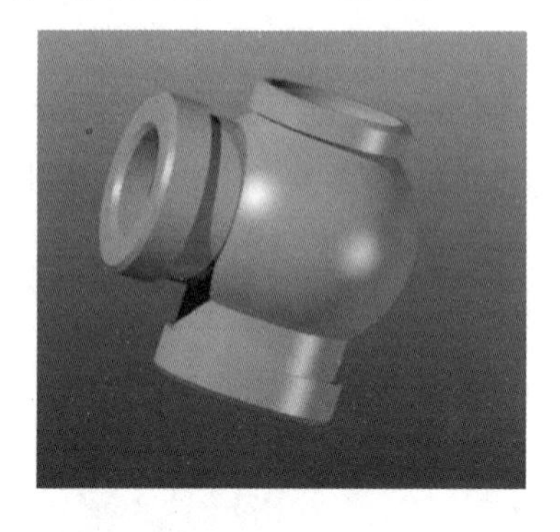

图 12-68　输出的渲染图像

12.7 三维建模实例

例 12-1　根据如图 12-69 所示的三视图，利用 AutoCAD 生成三维实体。

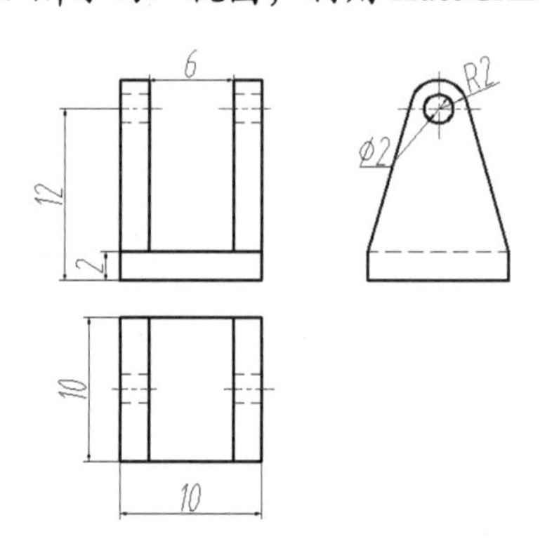

图 12-69　三维实体的三视图

Step 01 设置绘图环境参数。

设置过程参考本书前面内容。为了画图的方便，打开“实体”“视图”“UCS”等工具栏，并泊放在屏幕适当位置。

Step 02 画底板。

（1）建立实体。

单击长方体命令或在命令行输入“BOX”，执行如下操作。

```
BOX 指定第一个角点或[中心 (C) ]: //在屏幕合适处确定底座板的第一个角点
指定其他角点或[立方体 (C) 长度 (L) ]: //@10,10,2 (确定底座板的另一个角点)
```

（2）设置观察视点：“视图”→“三维视图”→“西南等轴测”，结果如图 12-70 所示。

Step 03 建立用户坐标系，用于支承竖板建模。

单击"UCS"→"3点UCS" 按钮，执行如下操作。

```
指定新原点<0,0,0>: //用光标捕捉点1(见图12-71)
在正X轴范围上指定点<110.1582,74.9705,0.0000>://用光标捕捉点2
在UCS XY平面的正Y轴范围上指定点<110.1582,74.9705,0.0000>://用光标捕捉点3，建立的UCS如图12-71所示
```

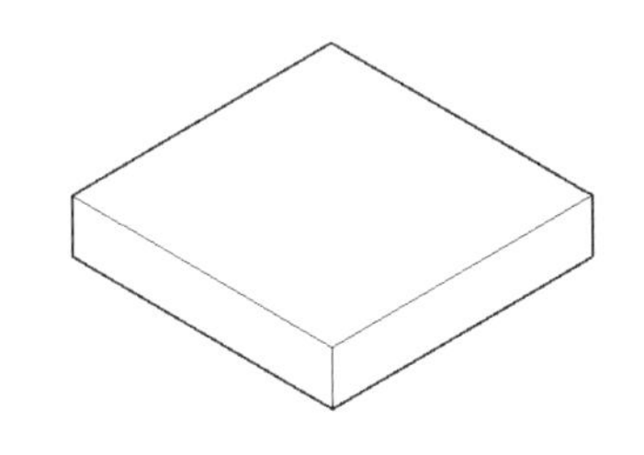

图12-70　底板

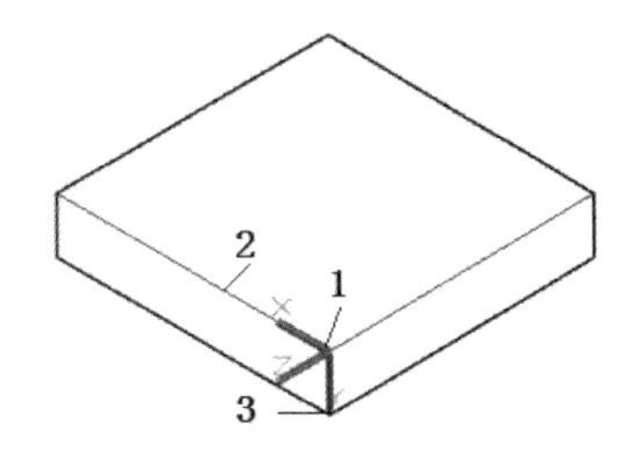

图12-71　建立用户坐标系

Step 04 支承竖板建模。

现在要在新建立的用户坐标系的 *XOY* 坐标面上绘制平面图形。以下输入的坐标都是相对于UCS坐标系的。

（1）画竖板的轮廓线。

① 画R2的圆。

```
命令: CIRCLE
指定圆的圆心或[三点(3P)两点(2P)切点、切点、半径(T)]: //输入"5,-10"，按Enter键
指定圆的半径或[直径(D)]: //输入"2"，按Enter键
```

② 画R2圆弧的两条切线

```
命令: LINE
指定第一个点: //用光标捕捉点1
指定下一点或[放弃(U)]: //使用捕捉切点方式捕捉R2圆的与1点同侧圆弧上的某点
指定下一点或[放弃(U)]: //按Enter键(结束第一条切线的绘制)
```

同理，绘制R2圆的另一条切线。

③ 剪掉R2圆的下半圆弧。

```
命令: TRIM
选择对象或<全部选择>: //选择R2圆弧的一条切线
选择对象: //选择R2圆弧的第二条切线
选择对象: //按Enter键
[栏选(F)窗交(C)投影(P)边(E)删除(R)放弃(U)]: //选择R2圆的下方要修剪掉的部分，按Enter键
```

④ 封闭图形。执行LINE命令，指定点1和点4（见图12-72），按Enter键绘制直线，结果如图12-72所示。

⑤ 封闭线变为多段线。

在菜单中选择“修改”→“对象”→“多段线”命令，并执行如下操作。

```
选择多段线或[多条 (M) ]: //选择圆弧
是否将其转换为多段线?<Y>: //按Enter键
输入选项[闭合 (C) 合并 (J) 宽度 (W) 编辑顶点 (E) 拟合 (F) 样条曲线 (S) 非曲线化 (D) 线型生成 (L) 反转 (R) 放弃 (U) ]: //输入字母J
选择对象: //选择其余的三条直线
输入选项[打开 (O) 合并 (J) 宽度 (W) 编辑顶点 (E) 拟合 (F) 样条曲线 (S) 非曲线化 (D) 线型生成 (L) 反转 (R) 放弃 (U) ]: //按Enter键
```

（2）画竖板圆孔轮廓线。

```
命令: CIRCLE
指定圆的圆心或[三点 (3P) 两点 (2P) 切点、切点、半径 (T) ]: //输入“5,-10”按Enter键
指定圆的半径或[直径 (D) ]<2.0000>: //输入“1”，按Enter键。结果如图12-73所示
```

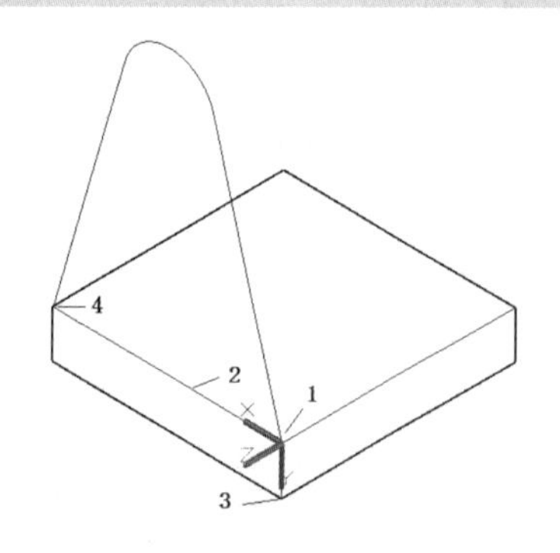

图 12-72　封闭的支承竖板轮廓线

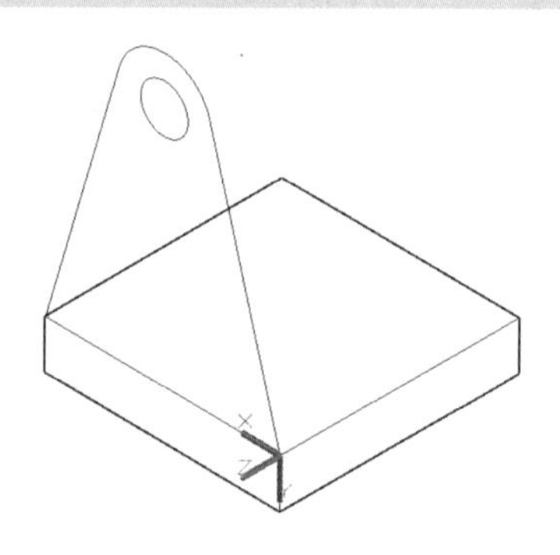

图 12-73　已建立好的支承竖板轮廓线

（3）拉伸形成实体。

在菜单中选择“绘图”→“建模”→“拉伸”命令，并执行如下操作。

```
选择要拉伸的对象或[模式 (MO) ]: //选择竖板轮廓线，按Enter键
指定拉伸的高度或[方向 (D) 路径 (P) 倾斜角 (T) 表达式 (E) ]<2.0000>://-2 (沿着Z轴负方向拉伸)，按Enter键结束。结果如图12-74所示
```

Step 05 支承竖板中减去圆柱得到孔。

在菜单中选择“修改”→“实体编辑”→“差集”命令，并执行如下操作。

```
选择对象: //选择竖板的大轮廓形成的立体，按Enter键
选择对象: //选择要减去的圆柱体，按Enter键
```

单击菜单中“视图”→“视觉样式”→“消隐”命令，进行消隐，结果如图 12-75 所示。

Step 06 画另一侧支承竖板。由于两个支承竖板结构相同，因此，可以将已画好的支承竖板复制到另一侧。

```
命令: COPY
```

选择对象：//选择已画好的支承板

指定基点或[位移（D）模式（O）]<位移>：//指定点 1（见图 12-75）

指定第二个点或[阵列（A）]<使用第一个点作为位移>：//指定点 5，结果如图 12-76 所示

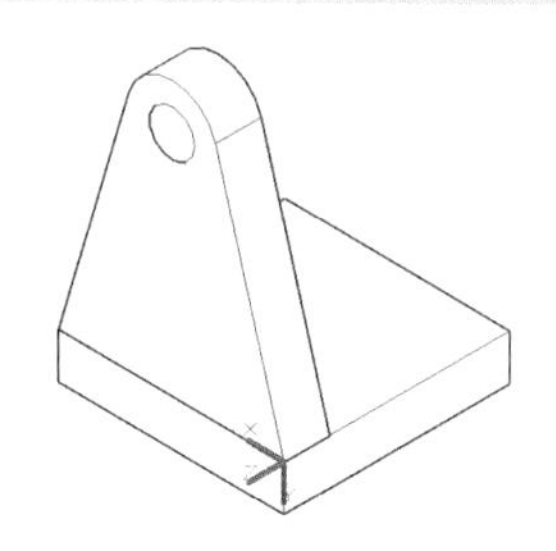

图 12-74　拉伸好的支承竖板

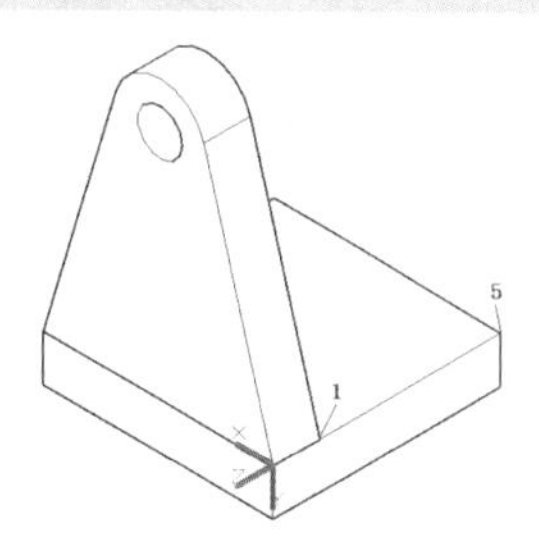

图 12-75　减去圆柱后的支承竖板

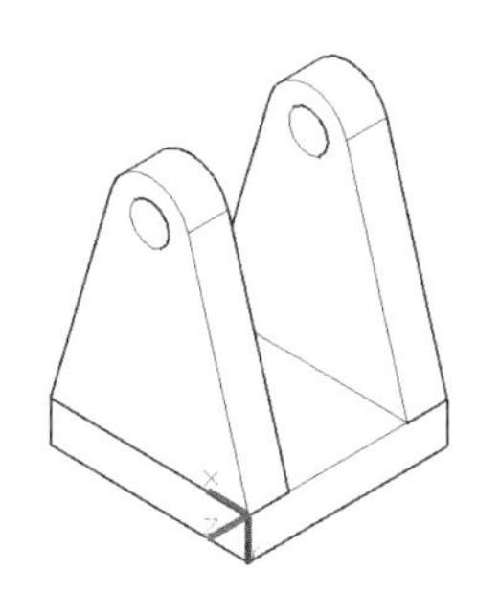

图 12-76　另一侧竖板

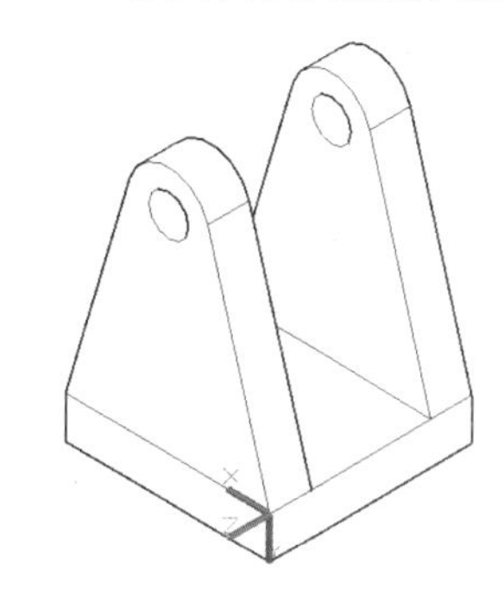

图 12-77　完成后的三维实体

Step 07 并集运算。

在菜单中选择“修改”→“实体编辑”→“并集”命令，并执行如下操作。

选择对象：//选择一个底板和两个竖板，按 Enter 键

依次单击“视图”→“视觉样式”→“消隐”，结果如图 12-77 所示，绘制完成。

例 12-2　根据如图 12-78 所示的零件图，利用 AutoCAD 生成三维实体。

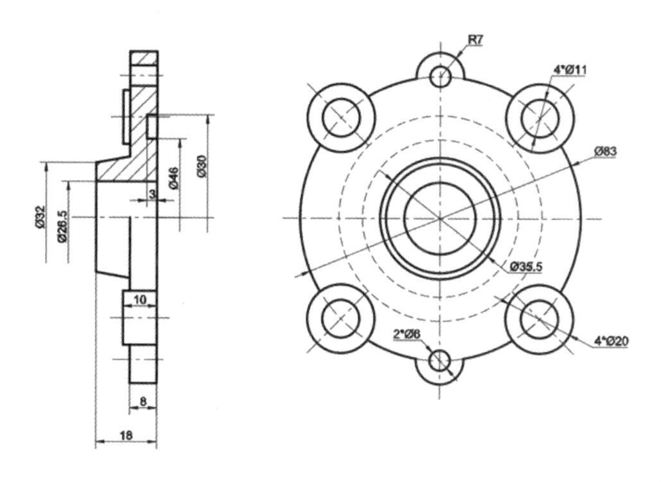

图 12-78　油泵盖零件图

Note

Step 01 设置绘图环境，新建图形文件。

新建图形文件，选“acadiso.dwt”为模板，设置系统变量 ISOLINES 为 30，设置 FACETRES 为 5，将工作空间设置为三维建模，然后将文件另存为“油泵盖”。

Step 02 绘制油泵盖截断面平面图形。

在“草图与注释”工作空间下绘出如图 12-79 所示平面图形。

Step 03 生成面域。

将工作空间设置成“草绘与注释”，在功能区 “默认”→“绘图”中单击“面域” 按钮，按图 12-80 所示窗选线段生成面域。对应的命令行操作如下。

```
命令: _region
选择对象: //窗选区域，如图 12-80 所示
选择对象: //按 Enter 键
```

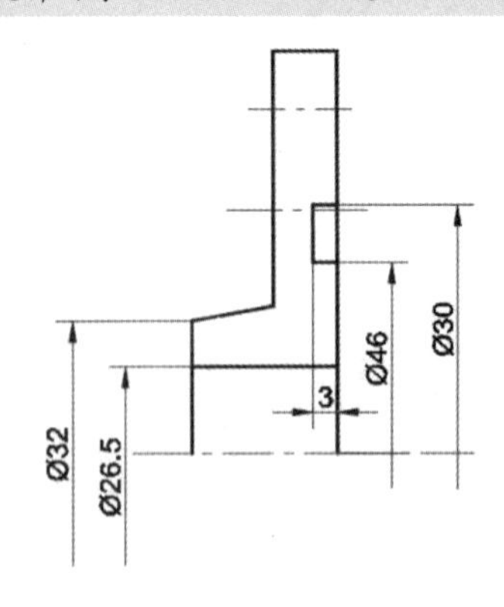

图 12-79 油泵盖截面

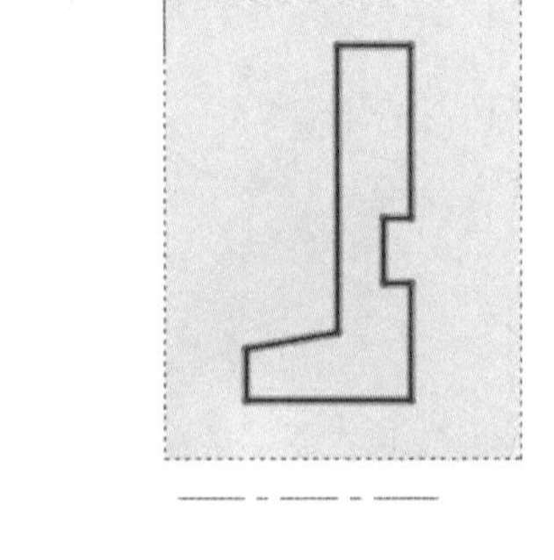

图 12-80 以窗选的方式选择面域的生成对象

Step 04 变换观察方向。

在绘图区的左上角选“西南等轴测”选项，如图 12-81 所示。

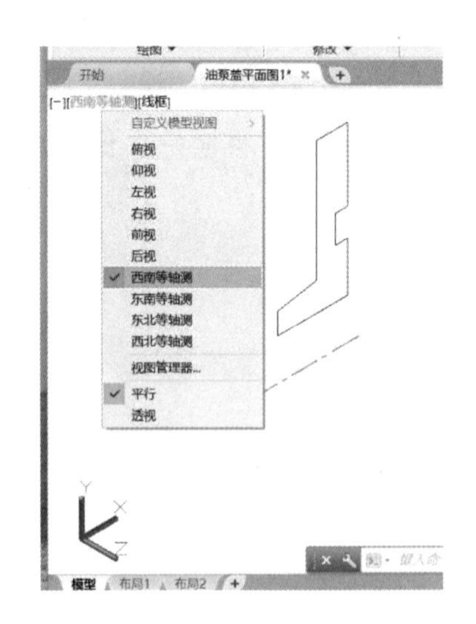

图 12-81 设置西南等轴测

Step 05 创建旋转体。

将工作空间设置成三维建模，在功能区 “常用”→“建模”中单击“旋转”按钮 ，根据提示执行如下操作。

```
选择要旋转的对象或[模式 (MO) ]: //_MO
闭合轮廓创建模式[实体 (SO) /曲面 (SU) ] <实体>: //_SO
选择要旋转的对象或[模式 (MO) ]: //选择面域
选择要旋转的对象或[模式 (MO) ]: //回车
指定轴起点或根据以下选项之一定义轴[对象(O)/X/Y/Z]<对象>: //选择旋转轴的一端点
指定轴端点: //选择旋转轴的另一端点
指定旋转角度或[起点角度 (ST) /反转 (R) /表达式 (EX) ] <360>: //回车，结果如图 12-82 所示。
```

Step 06　将生成的实体与 WCS 坐标系对齐。

让旋转轴成为 *Z* 轴，泵盖右端面成 *XY* 面。执行如下操作。

```
命令：3DALIGN
选择对象：//选择泵盖体
选择对象：//回车
指定源平面和方向...
指定基点或[复制（C）]：//捕捉泵盖右端面圆圆心
指定第二个点或[继续（C）]<C>：//捕捉泵盖左端面圆圆心
指定第三个点或[继续（C）]<C>：//回车
指定目标平面和方向...
指定第一个目标点：//0,0,0（输入点坐标）
指定第二个目标点或[退出（X）]<X>：//0,0,18（输入点坐标）
指定第三个目标点或[退出（X）]<X>：//回车，结果如图 12-83 所示。
```

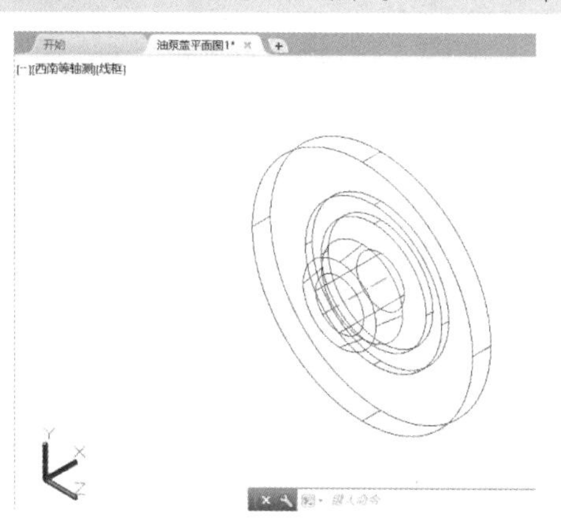

图 12-82　创建旋转体

图 12-83　对齐结果

Step 07　生成圆柱体。

```
命令：_cylinder
指定底面的中心点或 [三点（3P）/两点（2P）/切点、切点、半径（T）/椭圆（E）]://41.5,0（输入中心点坐标）。
指定底面半径或 [直径（D）]：//10（输入底面半径值）
指定高度或 [两点（2P）/轴端点（A）]：//10（输入圆柱体高度），结果如图 12-84 所示。
```

Step 08　三维环形阵列圆柱体。

```
命令：3DARRAY
选择对象：//选择第 7 步建立的圆柱体
选择对象：//回车
输入阵列类型 [矩形（R）/环形（P）]<矩形>://p（选择环形阵列）
输入阵列中的项目数目：//4
指定要填充的角度（+=逆时针，-=顺时针）<360>://回车（选择 360°）
旋转阵列对象？[是（Y）/否（N）] <Y>://回车（执行操作）
```

```
指定阵列的中心点：//0,0,0（输入阵列轴线一端点坐标）
指定旋转轴上的第二点：//0,0,10（输入阵列轴线另一端点坐标），结果如图 12-85 所示。
```

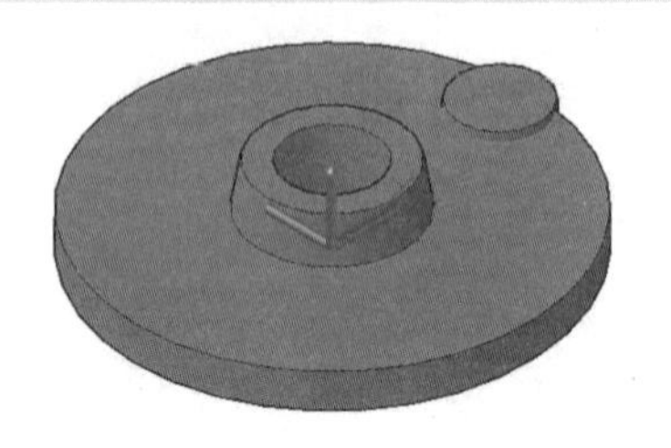

图 12-84　创建圆柱体

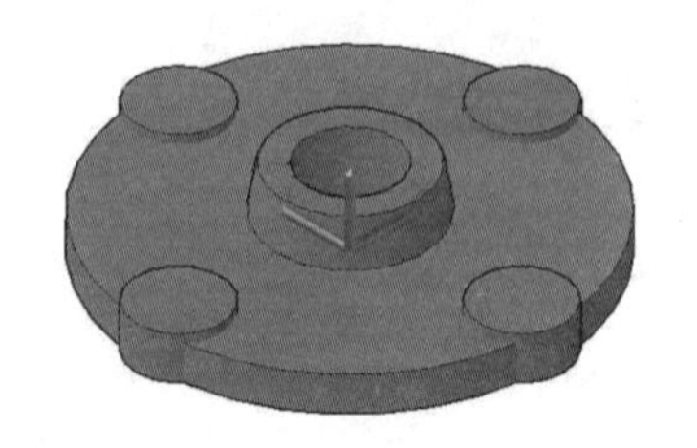

图 12-85　三维环形阵列

Step 09 将生成的 5 个实体并集运算。

在功能区依次单击“常用”→“实体编辑”→“并集” 按钮（或命令行输入“union”），根据提示执行下列操作。

```
选择对象：//用光标选取 5 个实体
选择对象：//回车
```

Step 10 创建小圆柱体。

```
命令：_cylinder
指定底面的中心点或[三点（3P）/两点（2P）/切点、切点、半径（T）/椭圆（E）]://_mid，如图
12-86 所示，用对象捕捉中点的方式选择圆弧中点得到圆柱体底面圆心
指定底面半径或 [直径（D）] <10.0000>：//7
指定高度或 [两点（2P）/轴端点（A）] <10.0000>://8，如图 12-87 所示为完成情况。
```

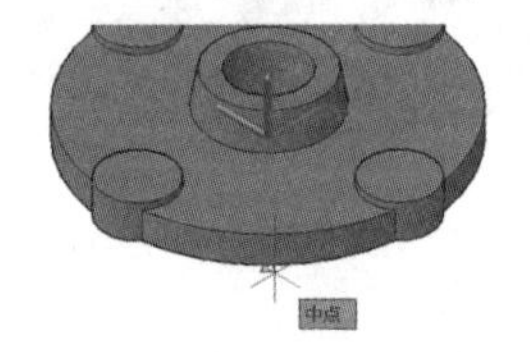

图 12-86　捕捉圆弧中点

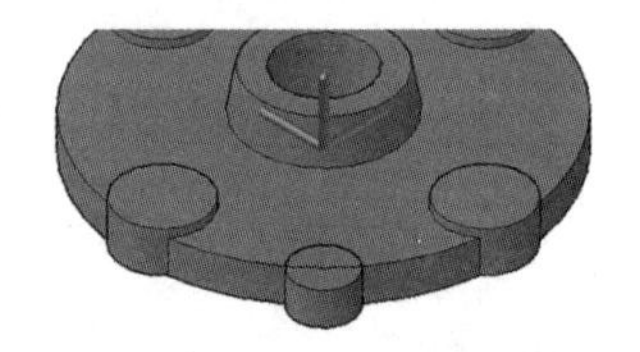

图 12-87　创建小圆柱体

Step 11 复制小圆柱体到另一位置。

```
命令：_copy
选择对象：//选择小圆柱体
选择对象：//回车，结束选择
当前设置：复制模式 = 多个
指定基点或 [位移（D）/模式（O）] <位移>：//选择小圆柱顶面圆心，如图 12-88 所示
指定第二个点或 [阵列（A）] <使用第一个点作为位移>：//_mid，如图 12-89，用对象捕捉中点的
方法，选择复制目标点为圆弧中点
指定第二个点或 [阵列（A）/退出（E）/放弃（U）] <退出>://回车
```

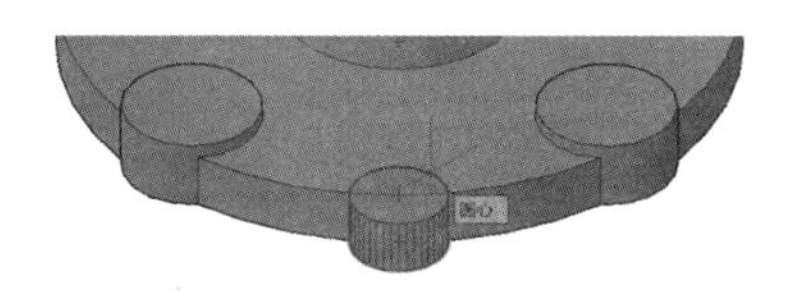

图 12-88 选择复制基点

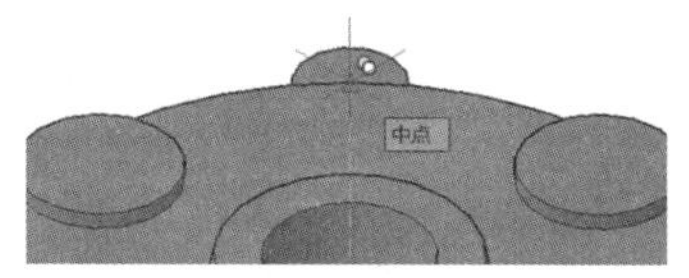

图 12-89 选择复制目标点

Note

Step 12 实体并集，将两圆柱与主体相加。

```
命令: _union
选择对象: //选择所有的 3 个实体
选择对象: //回车，结果如图 12-90 所示
```

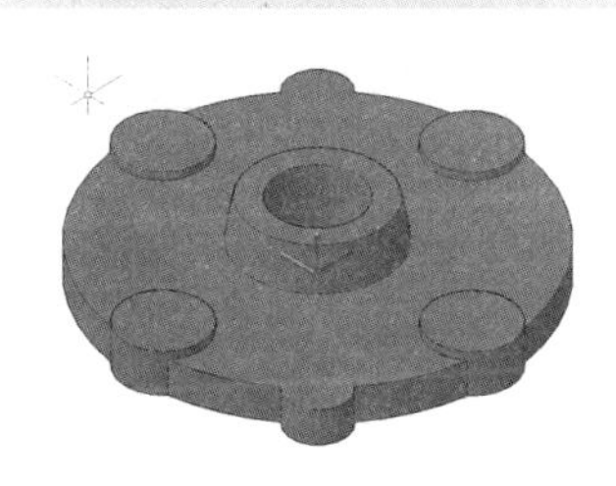

图 12-90 并集运算结果

Step 13 生成抽孔圆柱体。

（1）生成Φ6 圆柱体并复制到另一位置。

```
命令: _cylinder
指定底面的中心点或 [三点 (3P) /两点 (2P) /切点、切点、半径 (T) /椭圆 (E) ]://如图 12-91 所示捕捉圆弧的圆心为圆柱的圆心
指定底面半径或 [直径 (D) ] <5.5000>://3
指定高度或 [两点 (2P) /轴端点 (A) ] <20.0000>://回车输入默认值并结束操作
```

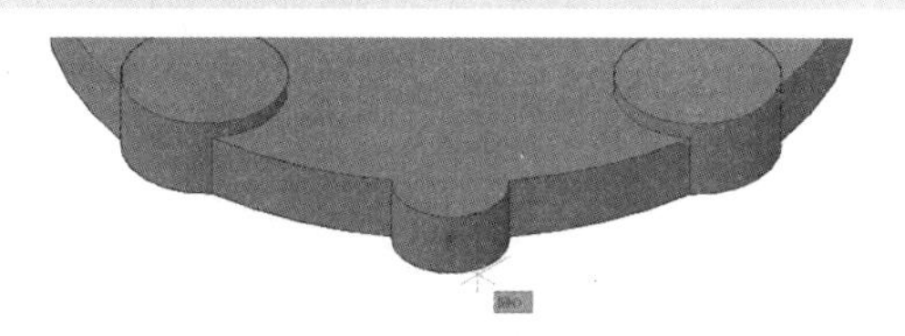

图 12-91 指定圆柱圆心

```
命令: _copy
选择对象: //选择圆柱体
选择对象: //回车，结束选择
当前设置: 复制模式 = 多个
指定基点或 [位移 (D) /模式 (O) ] <位移>://捕捉圆弧圆心，如图 12-92 所示
指定第二个点或 [阵列 (A) ] <使用第一个点作为位移>://捕捉另一个圆弧圆心，如图 12-93 所示
指定第二个点或 [阵列 (A) /退出 (E) /放弃 (U) ] <退出>://回车，结果如图 12-94 所示
```

Note

图 12-92 圆柱复制时基点选择

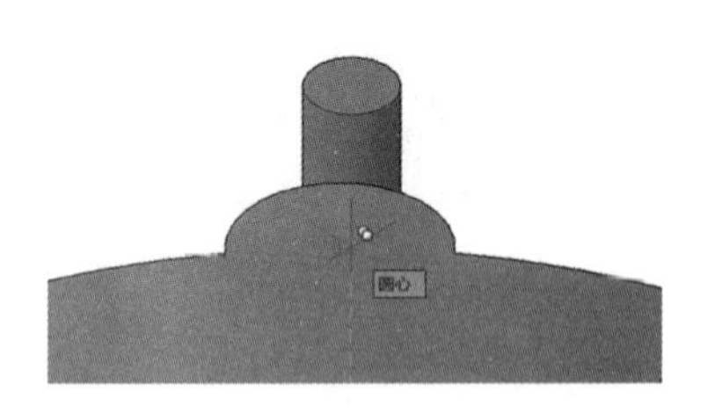

图 12-93 圆柱复制时目标点选择

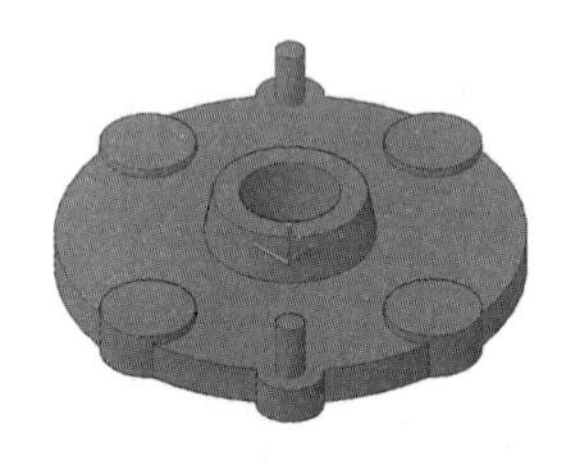

图 12-94 抽孔小圆柱的生成

（2）生成Φ11 圆柱体并复制到其他位置。

与上面介绍的方法一样，生成Φ11 圆柱体并利用对象捕捉的方法确定基点和目标点，复制到其他位置。

```
命令: _cylinder
指定底面的中心点或 [三点 (3P) /两点 (2P) /切点、切点、半径 (T) /椭圆 (E) ]://捕捉Φ20 圆柱体底面圆心作为底面的中心点
指定底面半径或 [直径 (D) ] <3.0000>: //5.5 (输入底面半径值)
指定高度或 [两点 (2P) /轴端点 (A) ] <20.0000>://回车，默认输入上次高度值
```

结果如图 12-95 所示。执行如下命令将圆柱体复制到其他位置。

```
命令: _copy
选择对象: //选择刚生成的圆柱体
选择对象://回车，进入下一步
当前设置:复制模式 = 多个
指定基点或 [位移 (D) /模式 (O) ] <位移>://选择Φ11 圆柱体的底面圆心
指定第二个点或 [阵列 (A) ] <使用第一个点作为位移>://分别选择其他 3 个Φ20 圆柱体底面圆心
指定第二个点或 [阵列 (A) /退出 (E) /放弃 (U) ] <退出>://回车，结果如图 12-96 所示
```

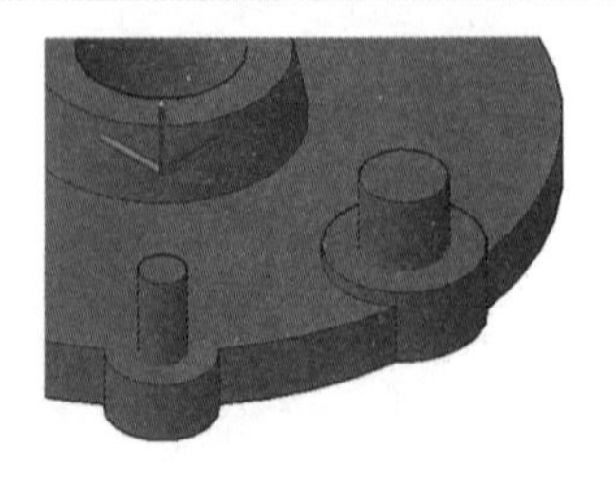

图 12-95 生成圆柱体

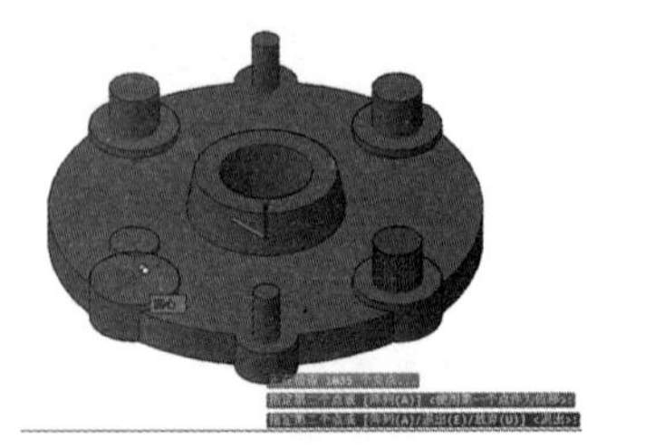

图 12-96 复制圆柱体

Step 14 差集运算，完成孔的创建。

```
命令: _subtract
选择要从中减去的实体、曲面和面域
选择对象: //选择主体（选择旋转体，作为被减去对象）
选择对象: //回车结束选择
选择要减去的实体、曲面和面域...
选择对象: //选择 6 个圆柱体，作为要减去的对象
选择对象: //回车结束选择，结果如图 12-97 所示
```

Step 15 倒圆角操作。

```
命令: _FILLETEDGE
半径 = 1.0000
选择边或 [链 (C) /环 (L) /半径 (R) ]://r
输入圆角半径或 [表达式 (E) ] <1.0000>://输入半径值
选择边或 [链 (C) /环 (L) /半径 (R) ]://选择 4 个倒圆边
选择边或 [链 (C) /环 (L) /半径 (R) ]://回车
已选定 4 个边用于圆角
按 Enter 键接受圆角或[半径 (R) ]://回车，结果如图 12-98 所示
```

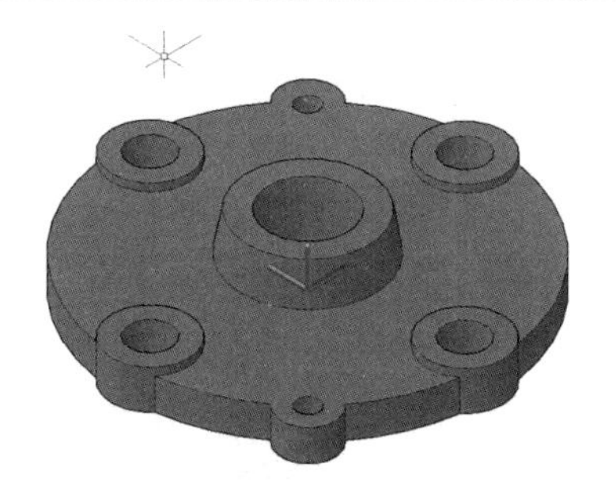

图 12-97　完成抽孔操作

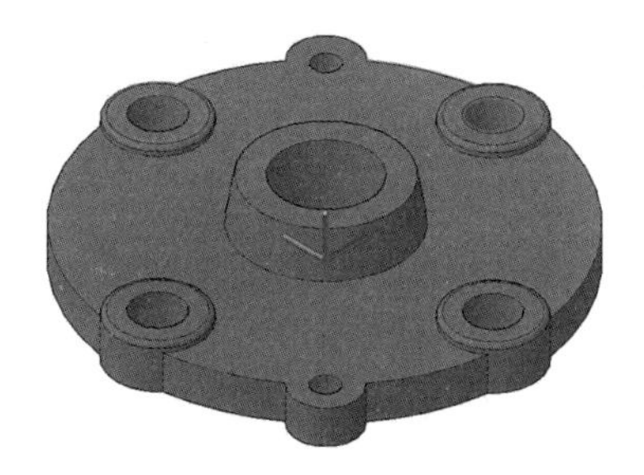

图 12-98　油泵盖模型

第13章

设计共享

13.1 设计共享概述

从 AutoCAD 2017 开始，Autodesk 公司提供了 Autodesk 360。Autodesk 360 简称 A360 是一个可以提供一系列广泛特性、云服务和产品的云计算平台，可随时随地帮助客户显著优化设计、可视化、仿真以及共享流程。它是一组安全的联机服务器，用来存储、检索、组织和共享图形和其他文档，如图 13-1 所示。

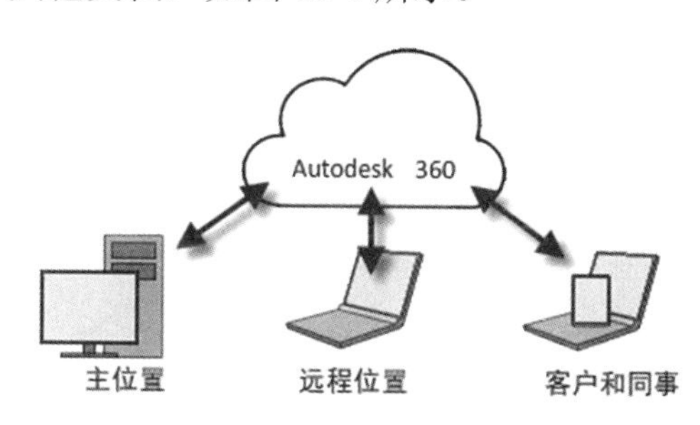

图 13-1　A360 功能

创建 Autodesk 帐户后，用户可以访问由 A360 提供的功能，其功能如下。

1. 安全异地存储

将图形保存到 A360 与将它们存储在安全的、受到维护的网络驱动器中类似。通过 Autodesk® 360 帐户联机存储设计文件，用户可以随时随地访问它们。只要创建帐户即可获得 5 GB 的免费存储空间。

2. 远程访问

用户在办公室、家中或在远程机构中进行工作时，可以访问 A360 中的设计文档，而不需要使用笔记本电脑或 USB 闪存驱动器复制或传送它们。这更易于与其他用户共享设计文件，即使他们缺少用于创建文件的设计软件。用户可以通过 Web 浏览器使用 Autodesk 360 或通过移动设备使用 Autodesk®Design Review 和 AutoCAD 360 mobile App 来查看和编辑二维和三维设计文件。

3. 自定义设置同步

当用户在不同的计算机上打开 AutoCAD 图形时，将自动使用自定义工作空间、工具选项板、图案填充样式、图形样板文件和设置。

4. 移动设备

用户及其客户、同事可以使用常用的手机和平板电脑设备通过 AutoCAD 360 查看、编辑和共享 A360 中的图形。

5. 查看和协作

通过 A360，用户可以单独或成组地授予与其一同工作的人员访问指定图形文件或文件夹的权限级别。用户可以授予其查看或编辑的权限，并且他们可以使用 AutoCAD、AutoCAD LT 或 AutoCAD 360 来访问这些文件。通过设计提要，用户及其联系人可以创建和回复贴子共享注释并协作以进行设计决策。在 Autodesk 360 协作工作空间中轻松共享文件、跟踪文件更新和邀请其他用户对设计进行评论。在文件被编辑或更新后接收电子邮件通知。用户也可以将文件链接发给其他用户，以便他们可以在外出时快速访问和编辑文件。

Note

6. 联机软件和服务

用户可以使用 A360 资源而非本地计算机来运行渲染、分析和文档管理软件。

在 AutoCAD 2018 中，有关设计共享的功能集成在功能区的“A360”选项卡中，如图 13-2 所示。

图 13-2　设计共享功能的集成位置

13.2 打开 A360

在使用 Autodesk 360 之前，必须注册一个 Autodesk 账户。其过程如下：

（1）单击软件右上角的“登录”→“登录到 Autodesk 账户”选项，如图 13-3 所示。系统弹出登录对话框，如图 13-4 所示。

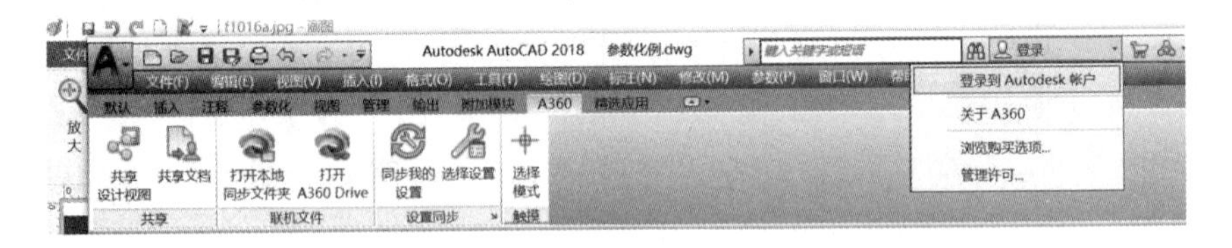

图 13-3　登录 Autodesk 账户

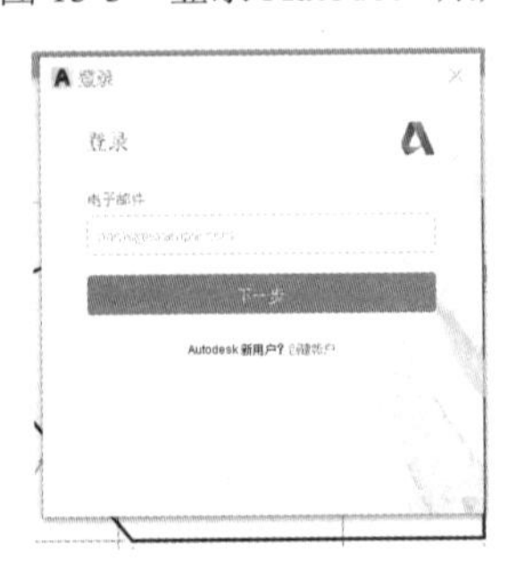

图 13-4　登录对话框

（2）如果已经有 Autodesk 账户，在登录对话框中输入用户名和密码，单击“登录”按钮，进入 A360，如图 13-5 所示。

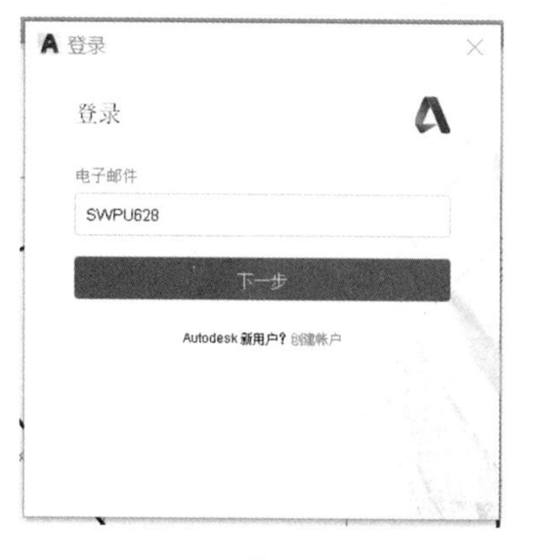

（a）输入用户名

（b）输入密码

图 13-5　A360 登录

如果是第一次在计算机中登录 A360，系统会提示进行同步设置，如图 13-6 所示，单击“在此计算机上启用自定义同步”选项，完成登录。

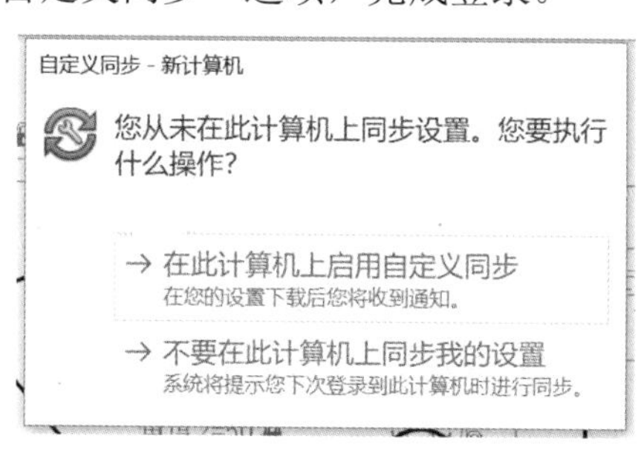

图 13-6　自定义同步对话框

登录完成后，会在软件标题栏的右侧显示登录的用户名，如图 13-7 所示。

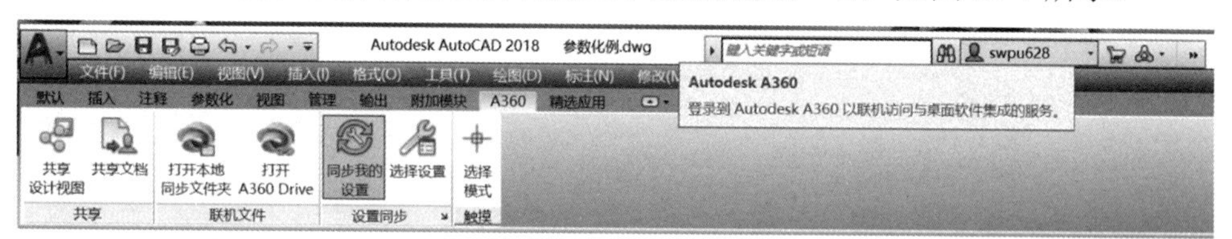

图 13-7　显示登录用户名

在客户和同事建立 A360 帐户后，用户可以和他们联机共享图形和其他文件。在 A360 中，控制访问的方法有两种：

① 指定哪些用户可以访问上载的文件。

② 授予其权限级别。

根据授予客户和同事的权限，他们能够通过 AutoCAD 360 查看、编辑或下载共享的图形，而无需安装任何软件。他们还可以下载其他共享文件，例如 PDF、ZIP 和光栅图象等。

在共享联机图形后，可通过邀请指定的客户和同事查看和编辑该图形，使用 AutoCAD 360 与他们进行实时协作。借助 AutoCAD 360，多个用户可以联机处理同一图形文件，对本地 AutoCAD 图形所做的任何更改都会与存储在 Autodesk A360 中的联机副本同步。

13.3 共享文档用户设置

ONLINESHARE 命令用来指定哪些用户可以从 Autodesk A360 访问当前图形。此命令需要先保存图形到 A360，然后才能使用此命令。从功能区访问时的实现过程如下。

Step 01 单击功能区的“A360”选项卡的“共享”面板中的“共享文档”按钮 共享文档 。系统弹出“A360 Drive”对话框，如图 13-8 所示。

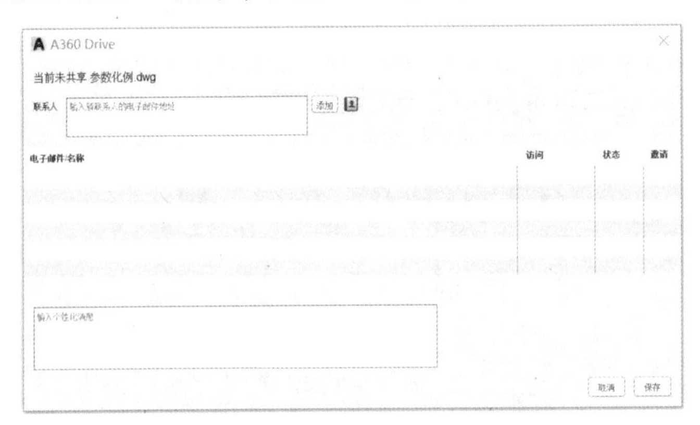

图 13-8 “A360 Drive”对话框

Step 02 在对话框的“联系人”中输入联系人的电子邮件地址，单击“添加”按钮，联系人将加入“电子邮件名称”列表中，如图 13-9 所示。

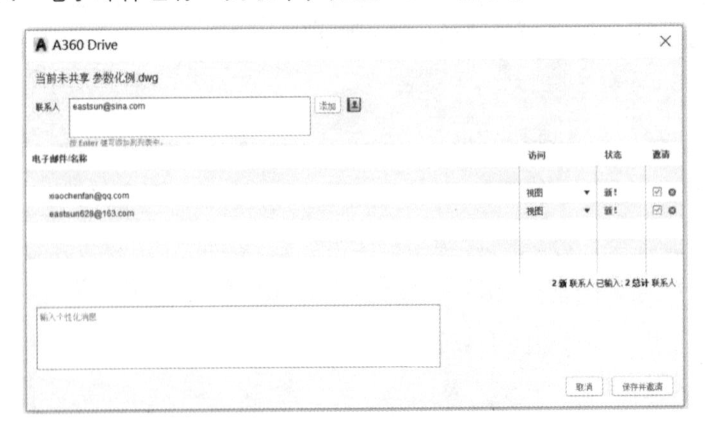

图 13-9 添加联系人

Note

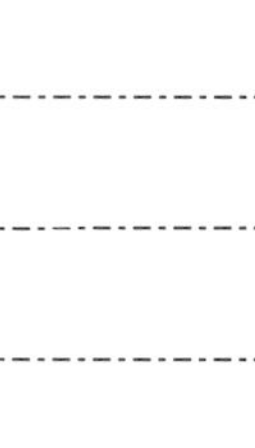

Step 03 设置访问级别。单击对话框“访问”栏右边的“▼”下拉列表按钮，可以设置访问级别，如图 13-10 所示。访问级别由低到高分为“查看文档”“查看和下载文档”“查看、下载和更新文档”“完全访问权限”。用户可以根据需要设置不同的访问级别。单击对话框中的 ⊗ 按钮，可以删除联系人。

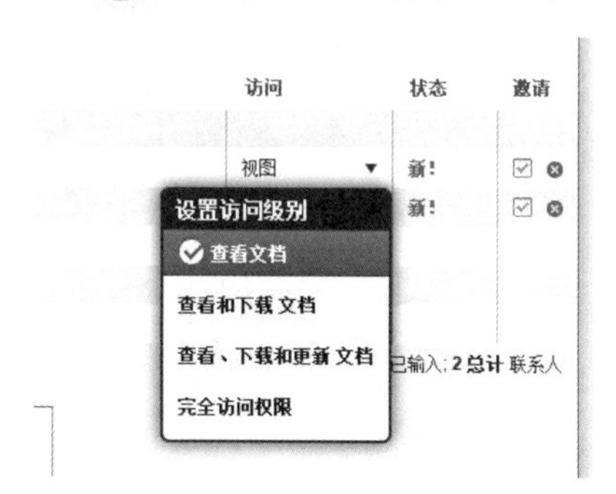

图 13-10　设置访问级别

Step 04 添加完成后单击“保存并邀请”按钮 保存并邀请 ，完成设置。

13.4 共享设计视图

ONLINEDESIGNSHARE 命令用于将当前图形上载到 Autodesk 360 内安全、匿名位置。用户可以通过向指定的人员转发某个链接来共享图形视图。支持通过 Web 浏览器提供对这些视图进行访问，而不要求接收人具有 Autodesk 360 帐户或安装任何其他软件。该命令并不会发布 DWG 文件本身，将仅发布视图。支持的浏览器包括 Chrome、Firefox 和支持 WebGL 三维图形的其他浏览器。从功能区访问时的实现过程如下。

Step 01 打开图形文件“阀体.dwg”。必须保证上载文件是最新的，如果对图形有更改，必须保存以后，才能共享。

Step 02 单击功能区“A360”选项卡→“共享”面板 →“共享设计视图”按钮 ，弹出“DesignShare-发布选项”对话框，如图 13-11 所示。

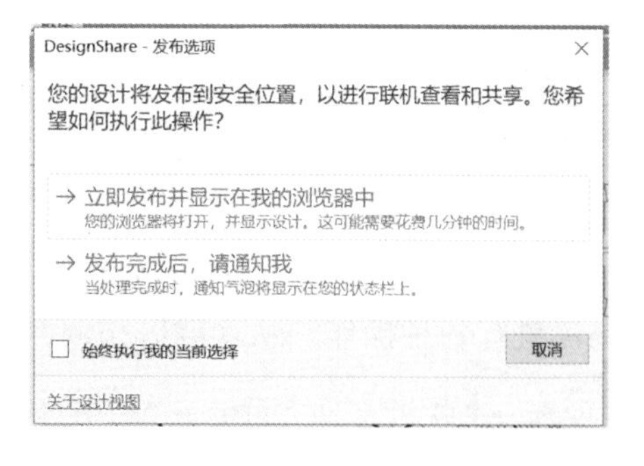

图 13-11　“DesignShare-发布选项”对话框

Note

Step 03 在对话框中选择“立即发布并显示在我的浏览器中”,然后系统打开浏览器，进入Autodesk Viewer 界面，上载发布，如图 13–12 所示。

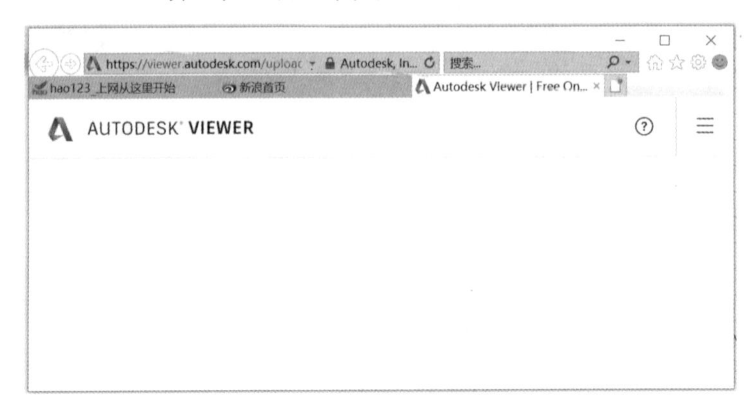

图 13-12　Autodesk Viewer 界面

Step 04 单击“VIEWER”按钮 **VIEWER**，观察发布的视图，如图 13–13 所示。打开浏览器就可以观察发布的图形，并能进行权限允许的各种处理。

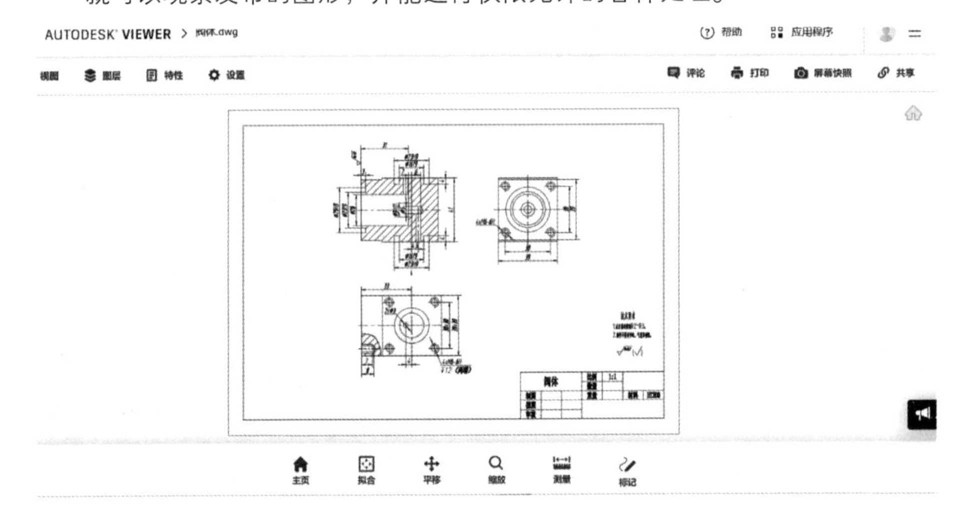

图 13-13　发布的视图

13.5 打开本地同步文件夹

ONLINEOPENFOLDER 命令用于在 Windows 资源管理器中打开本地 Autodesk A360 文件夹。可以利用资源管理器进行各种操作。从功能区访问时的实现过程如下。

单击功能区“A360”选项卡→“联机文件”面板→“打开本地同步文件夹”按钮 打开本地同步文件夹，系统打开本地同步文件夹，如图 13-14 所示。

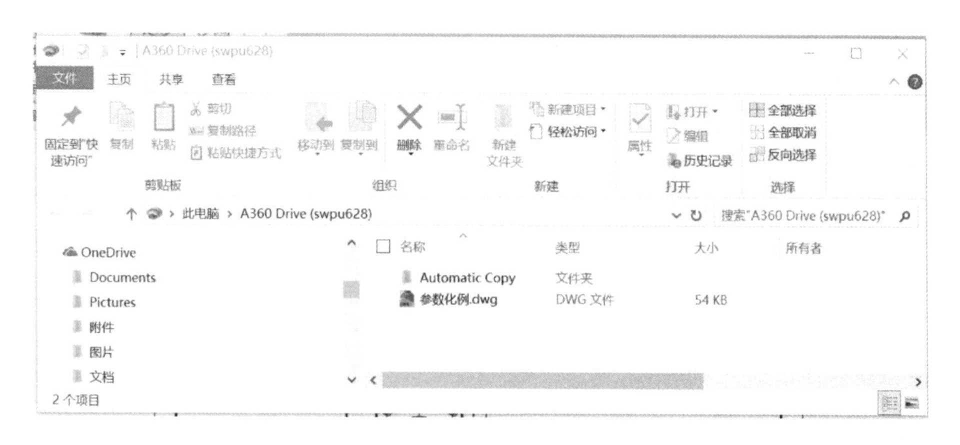

图 13-14　打开本地同步文件夹

13.6 打开 A360 驱动器

ONLINEDOCS 命令用于在浏览器中打开 Autodesk 360 文档列表和文件夹以使用 AutoCAD 360 查看和编辑文件。从功能区访问时的实现过程如下。

Step 01 单击功能区"A360"选项卡→"联机文件"面板→"打开 A360 Drive"按钮 打开 A360 Drive。

浏览器打开 A360 驱动器，所有图形和文件都将在 A360 文档列表中列出，如图 13-15 所示。

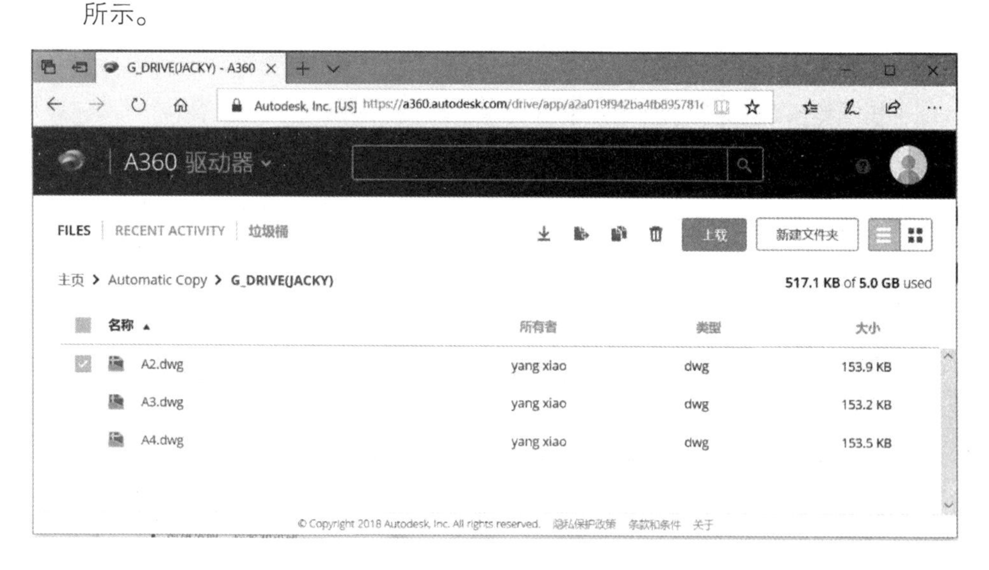

图 13-15　打开 A360 驱动器

Step 02 鼠标左键单击图形文件的名称，就可以在 AutoCAD 中联机查看、编辑图形文件了。

13.7 同步设置

1．同步命令

ONLINESYNC 命令用于开始或停止将自定义设置与 Autodesk A360 同步。

联机存储自定义应用程序设置提供了一种方法，使用户可以在不同的计算机上使用首选设置工作。用户可以将自定义应用程序设置和文件作为 A360 帐户的一部分进行存储和远程访问，可以控制使用 Autodesk 360 帐户存储哪些自定义设置。例如，你可能希望在不同计算机上保持“选项”对话框中的独立设置。你的自定义设置会以一定时间间隔（由 ONLINESYNCTIME 系统变量控制）使用 Autodesk 360 进行自动更新同步。必须首先登录到 Autodesk 帐户才能将自定义设置与 Autodesk 360 同步。

从功能区访问时的开始应用程序同步操作步骤如下。

Step 01 单击功能区“A360”选项卡→“设置同步”面板→“同步我的设置”按钮 同步我的设置。

如果没有登录 Autodesk 帐户，会显示“Autodesk–登录”对话框，以登录到 Autodesk 帐户。如果已经登录，系统弹出“启动自定义同步”对话框，如图 13–16 所示。

Step 02 在“启用自定义同步”对话框中，单击“立即开始同步我的设置”完成同步设置。同步设置打开后，功能区“A360”选项卡→“设置同步”面板→“同步我的设置”按钮的颜色是深色的 同步我的设置，以示同步打开。

如果要停止应用程序的同步，进行以下操作。

Step 01 单击功能区“A360”选项卡→“设置同步”面板→“同步我的设置”按钮 同步我的设置，系统弹出“禁用自定义同步”对话框，如图 13–17 所示。

Step 02 在“禁用自定义同步”对话框中，单击“停止同步我的自定义设置”。

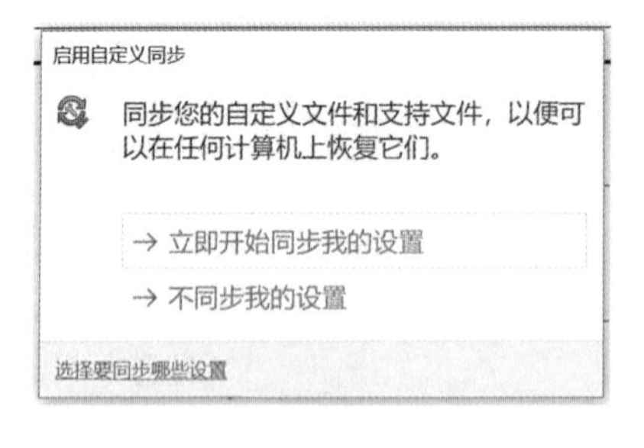

图 13-16 “启动自定义同步”对话框

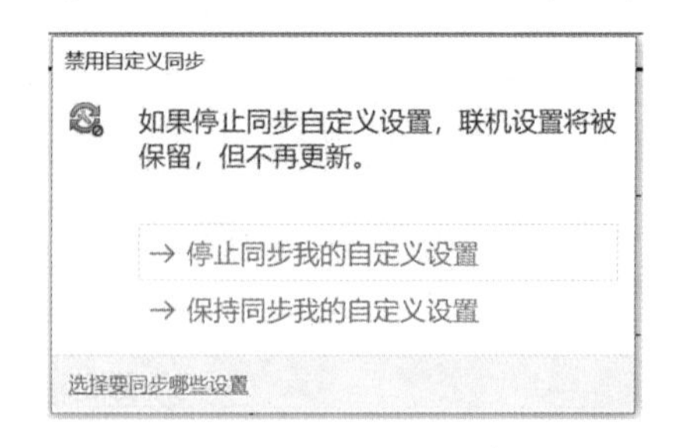

图 13-17 “禁用自定义同步”对话框

2．同步设置

ONLINESYNCSETTINGS 命令用于显示“选择要同步的设置”对话框，用户可以在其中指定同步的选项设置。从功能区访问时的实现过程如下。

Step 01 单击功能区“A360”选项卡→“设置同步”面板→“选择设置”按钮，如果显示“Autodesk–登录”对话框，则登录到 Autodesk 帐户。如果已经登录，系统打开“选择要同步的设置”对话框，如图 13–18 所示。

Step 02 在“选择要同步的设置”对话框中，选择从不同的计算机访问 Autodesk 360 时要保持同步的自定义设置，如图 13–19 所示。

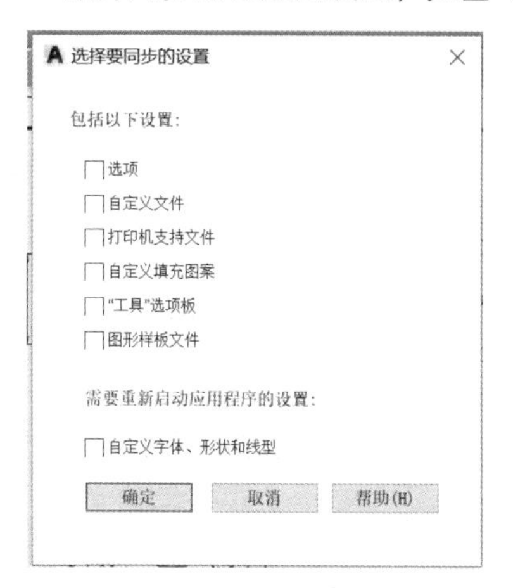

图 13-18 “选择要同步的设置”对话框

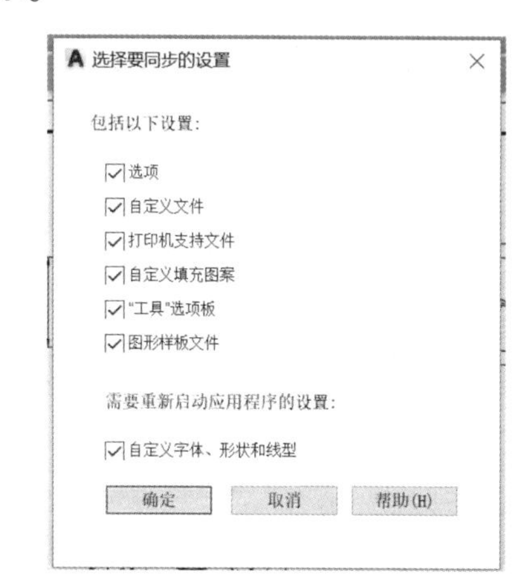

图 13-19 “选择要同步的设置”对话框选项

对话框各选项的内容说明如下。

- 选项：同步用户配置和在“选项”对话框中指定的其他所有设置。
- 自定义文件：包含所有 CUI 和 CUIx 文件、菜单文件、工作空间设置和自定义图标等等。
- 打印机支持文件：包括打印机配置文件（PC3）、打印机说明文件（PMP）和打印样式表（CTB，STB）。
- 自定义填充图案：包括所有自定义填充图案（PAT）文件。
- “工具”选项板：包括所有工具选项板（ATC，AWS）文件。
- 图形样板文件：包括图形样板（DWT）文件。
- 自定义字体、形状和线型：包括所有 SHX、TTF、FMP、SHP 和 LIN 文件。

图形的输入/输出以及与 Internet 连接

Note

14.1 图形的输入/输出

AutoCAD 软件本身不仅可以设计绘图，还可以将不同格式的图形作为输入导入 AutoCAD 图形文件或者将图形输出为其他格式，以便于其他软件使用。

14.1.1 不同格式图形的输入

AutoCAD 可以在绘图时输入其他格式的图形文件到图形中。根据输入图形的类型，AutoCAD 将它们或者转化为 AutoCAD 图形对象，或者转换为图块。

<访问方法>

✧ 菜单：【文件（F）】→【输入（R）...】。

✧ 功能区：【插入】→【输入】→【输入】按钮 。

✧ 命令行：IMPORT。

命令执行后，弹出“输入文件”对话框，如图 14-1 所示。

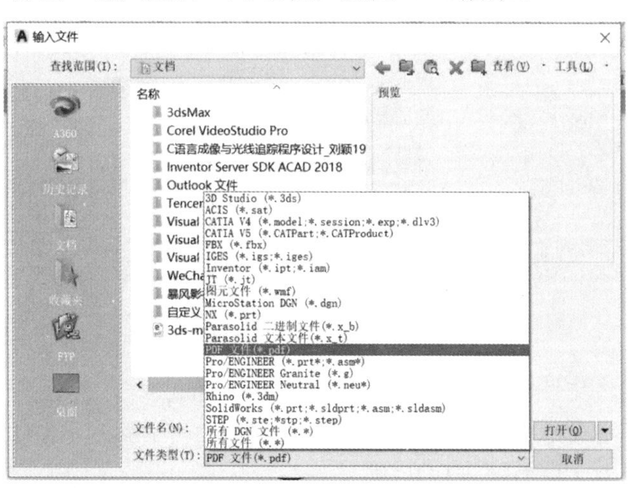

图 14-1　“输入文件”对话框

在对话框中从“文件类型”列表中选择需要的类型，然后在“文件列表”中选择需要输入的文件，单击“打开”按钮，就可以将选定的文件输入到图形。下面对一些常用的输入文件类型进行介绍。

- 3D Studio (*.3ds) : 3D Studio 文件格式。
- ACIS (*.sat) :ACIS 类造型系统文件格式。
- IGES(*,igs;*.iges)： 初始化图形交换规范格式文件。
- Inventor(*.ipt;*.iam) :AutoCAD Inventor 软件文件。
- 图元文件（*.wmf）:Windows 系统下的一种图片文件格式。
- PDF 文件（*.pdf）：便携式文档格式文件，用于电子文档发行和数字化信息传播。

- Pro/ENGINEER(*.prt;*.asm) : Pro/ENGINEER 软件文件格式。
- STEP(*.ste;*.stp;*.step) : 统一 CAD 数据交换标准格式文件。

Note

14.1.2　输出不同格式的图形文件

AutoCAD 除了可以将图形保存为 DWG 格式的文件以外，还可以将图形文件以指定的格式输出。

<访问方法>

✧　菜单:【文件（F)】→【输出（E）...】。

✧　命令行: EXPORT。

命令执行后，弹出“输出数据”对话框，如图 14-2 所示。

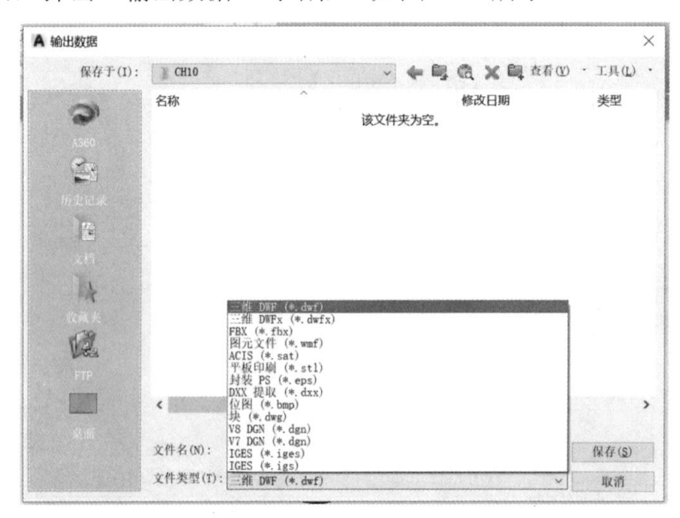

图 14-2　“输出数据”对话框

在对话框中从“文件类型”列表中选择需要输出的类型，然后在“文件名”中指定输出文件的名字和路径，单击“保存”按钮，就可以将图形以指定的文件格式输出。下面对一些常用的输出文件类型进行介绍。

- ACIS (*.sat) :ACIS 类造型系统文件格式。
- 位图（*.bmp）: Windows 系统下的一种常用图片文件格式。
- IGES(*,igs;*.iges) : 初始化图形交换规范格式文件。
- 图元文件（*.wmf）:Windows 系统下的一种图片文件格式。
- STEP(*.ste;*.stp;*.step) : 统一 CAD 数据交换标准格式文件。

14.1.3　输入与输出 DXF 文件

DXF 文件（图形交换文件格式）是许多 CAD 软件的一种通用格式。利用这种格式可以将 AutoCAD 文件在其他 CAD 软件中使用，也可以将其他软件的文件以 DXF 格式保存后在 AutoCAD 中打开。

1. 输入 DXF 文件

<访问方法>

✧ 菜单：【文件（F）】→【打开（O）...】。

✧ 命令行：DXFIN。

命令执行后，弹出“选择文件”对话框，如图 14-3 所示。

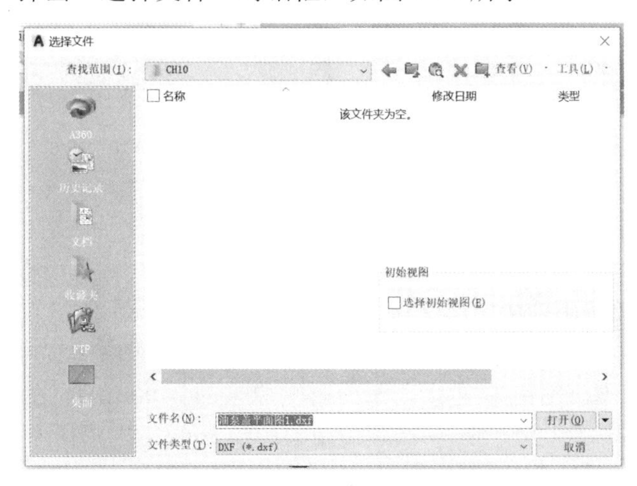

图 14-3　“选择文件”对话框

在对话框中选择所需的 DXF 文件的名字和路径，单击“打开”按钮，就可以将 DXF 文件打开。

2. 输出 DXF 文件

<访问方法>

✧ 菜单：【文件（F）】→【另存为（A）...】。

✧ 命令行：DXFOUT。

命令执行后，弹出“图形另存为”对话框，如图 14-4 所示。

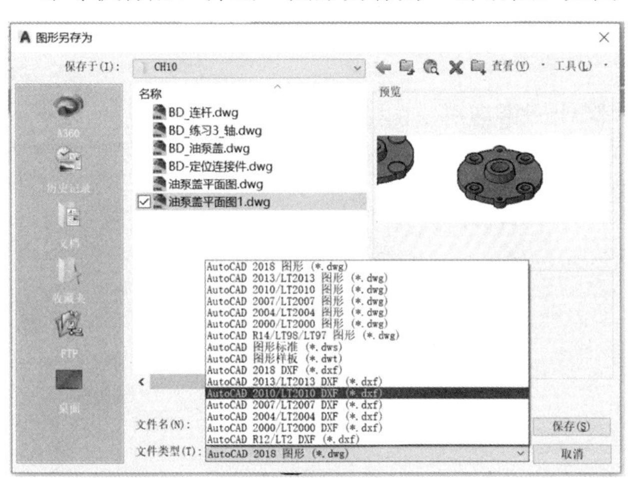

（a）设置保存类型

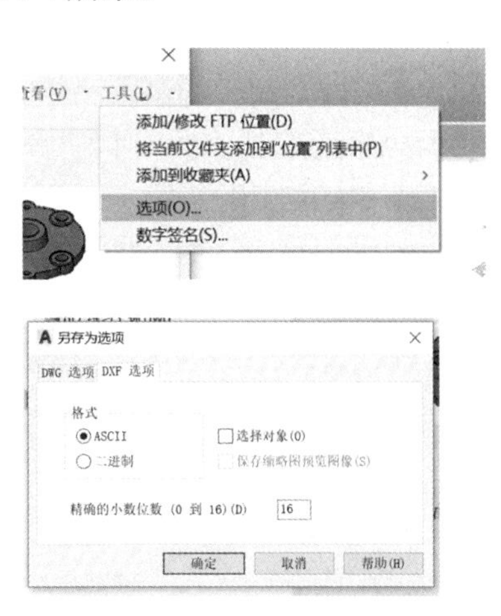

（b）设置 DWG 与 DXF 文件的具体保存类型

图 14-4　“图形另存为”对话框

在对话框中从“文件类型”下拉列表框中选择 DXF 类型文件，并指定文件名和路径，单击“保存”按钮，就可以将图形文件以 DXF 格式保存。单击对话框右上角的“工具”按钮 工具(L) 的“选项（O）...”命令，在弹出的“另存为选项”对话框的“DXF 选项”选项卡中可以指定 DXF 文件的保存格式，可以是 ASCII 格式文件，也可以是二进制格式文件。

14.1.4 插入 OLE 对象

OLE（对象链接与嵌入）是 Windows 操作系统中不同 Windows 应用程序之间共享数据和程序功能的一种方法。

AutoCAD 支持 Windows 的 OLE 功能，AutoCAD 图形文件既可以作为源，又可以作为目标使用。作为源是指将 AutoCAD 图形嵌入或链接到其他应用程序的文档中。作为目标是指可以将其他应用程序的文档嵌入到 AutoCAD 图形中。

嵌入与链接的区别在于当 AutoCAD 图形嵌入到其他应用的文档中时，只是嵌入了图形文件的一个副本。对副本的修改不会影响原来的 AutoCAD 图形，同时对原来的 AutoCAD 图形做的修改也不会影响嵌入的副本。当 AutoCAD 图形链接到其他应用程序的文档中时，在 AutoCAD 图形文档与应用程序文档之间建立了一种双向链接关系。在任何一个应用中对图形的修改都会反应到另一个应用中。

<访问方法>

✧ 菜单：【插入（I）】→【OLE 对象（O）...】。

✧ 功能区：【插入】→【数据】→【OLE 对象】按钮。

✧ 命令行：INSERTOBJ。

下面介绍在 AutoCAD 中插入 Word 文档的操作：

Step 01 建立一个 Word 文档，输入“Hello，World！”，文件名为“Hello.docx”。

Step 02 在 AutoCAD 中新建或打开一图形文件。

Step 03 选择菜单中 插入(I) → OLE 对象(O)... 命令。

Step 04 系统弹出“插入对象”对话框，如图 14-5 所示。选择“由文件创建”单选项，单击“浏览”按钮，在弹出的“浏览”对话框中选择要插入的文件和路径，单击“打开”按钮，系统回到“插入对象”对话框。

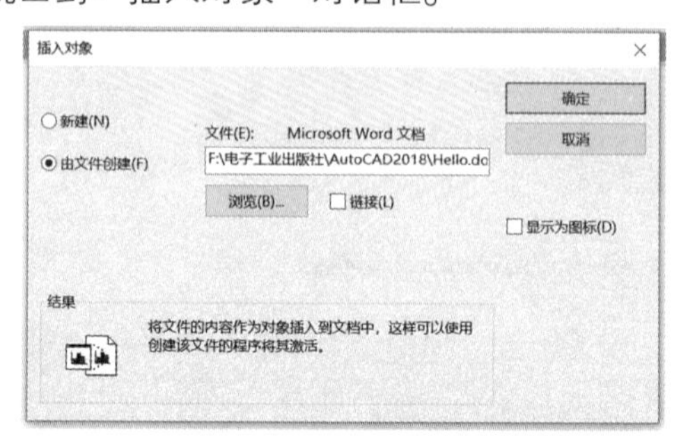

图 14-5 “插入对象”对话框

Note

Step 05 单击“确定”按钮，Word 文档即插入到 AutoCAD 图形中，如图 14–6 所示。

图 14-6　插入 Word 文档

14.2 工程图的打印输出

AutoCAD 提供了图形输入与输出接口。用 AutoCAD 绘制好图形后，可以使用多种方法输出，包括将图形打印在图纸上或者创建文件供其他应用程序使用。其中将图形打印在图纸上主要使用绘图仪、打印机、喷绘机以及 3D 打印机等设备。

14.2.1 打印界面

在 AutoCAD 2018 中，所有关于打印的功能都集中在功能区的“输出”选项卡中，如图 14-7 所示。

图 14-7　“输出”选项卡

打印是通过“打印”对话框来完成的。打印输出图形，首先要了解打印界面。

选择菜单中“文件（F）”→“打印（P）...”命令（或者在命令行中输入命令 PLOT，然后按 Enter 键），可实现图形的打印。执行 PLOT 命令后，系统弹出 14-8 所示的“打印-模型”对话框。

Note

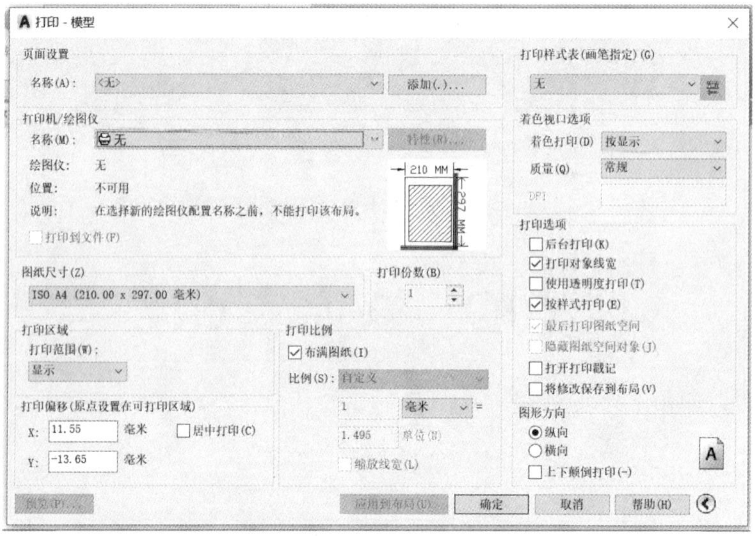

图 14-8 “打印-模型”对话框

对话框中各主要命令功能如下：

● “页面设置”选项组：在该选项组中，选取图形中已命名或已保存的页面设置作为当前的页面设置，也可以单击“添加”按钮，基于当前设置创建一个新的命名页面设置。

● “打印机/绘图仪”选项组：在该选项组的“名称（M）”下拉列表中选取一个当前已配置的打印设备。一旦确定了打印设备，AutoCAD 就会自动显示出与该设备有关的信息，可以通过单击“特性（R）”按钮，浏览和修改当前打印设备的配置和属性。如果选中“打印到文件（F）”复选框，可将图形输出到一个文件中，否则将图形输出到打印机或绘图仪中。

● “图纸尺寸（Z）”选项区域：在该选项区域指定图纸尺寸及纸张单位。

● “打印份数（B）”选项区域：在该选项区域指定打印的数量。

● “打印区域”选项区域：在该选项区域确定要打印图形的范围，其下拉列表中包含下面几个选项。

① “窗口”选项：选择此项，系统切换到绘图窗口，在指定要打印矩形区域的两个角点（或输入坐标值）后，系统将打印位于指定矩形窗口中的图形。

② “范围”选项：选择此项，将打印整个图形上的所有对象。

③ “图形界限/布局”选项：如果从“模型”空间打印，下拉列表中将列出“图形界限”选项，选择此项，将打印由 LIMITS 命令设置的绘图界限内的全部图形。如果从某个布局（如“布局 2”）选项打印，则下拉列表中将列出“布局”选项，此时将打印指定图纸尺寸内的可打印区域所包含的内容，其原点从布局中的（0，0）点计算得出。

④ “显示”选项：选择此项，将只打印当前窗口显示的图形对象。

● “打印偏移（原点设置在可打印区域）”选项组：在该选项组的 X 和 Y 文本框中输入偏移量，用以指定相对于可打印组左下角的偏移。如果选中“居中打印（C）”复选框，则可以自动居中打印指定图形。

- “打印比例”选项组：在该选项组的下拉列表中选择标准缩放比例，或者输入自定义值。布局空间的默认比例为1:1。如果选中“布满图纸（I）”复选框，系统自动确定一个打印比例，以布满所选图纸尺寸。如果要按打印比例缩放线宽，可选中“缩放线宽（L）”复选框。
- “打印样式表（画笔指定）（G）”选项区域（位于延伸区域）：在该选项区域的下拉列表中选择一个样式表，将它应用到当前模型或布局中。
- “着色视口选项”选项组：在该选项组，可以指定着色和渲染视口的打印方式，并确定它们的分辨率及每英寸点数（DPI）。
- “打印选项”选项组（位于延伸区域）：此选项组主要包括以下几个选项。

① “打印对象线宽”复选框：指定是否在打印时打印对象或图层指定的线宽。

② “按样式打印（E）”复选框：指定是否在打印时将打印样式应用于对象和图层。如果选择该选项，则“打印对象线宽”也将自动被选择。

③ “打开打印戳记（N）”复选框：打开绘图标记显示。在每个图形的指定角点放置打印戳记。打印戳记也可以保存到日志文件中。

- “图形方向”选项组（位于延伸区域）：在该选项组中，可以确定图纸的输出方向。选中“纵向”单选项表示图纸的短边位于图形页面的顶部；选中“横向”单选项表示图纸的长边位于图形页面的顶部；“上下颠倒打印”复选框用于确定是否将所绘图形反方向打印。

14.2.2 使用打印样式

打印样式是用来控制图形的具体打印效果的，它是一系列参数设置的集合，这些参数包括图形对象的打印颜色、线型、线宽、封口和灰度等内容。打印样式保存在打印样式表中，每个表都可以包含多个打印样式。打印样式分为颜色相关的打印样式和样式相关的打印样式两种。

颜色相关的打印样式将根据对象的绘制颜色来决定它们打印时的外观，在颜色相关的打印过程中，系统以每种颜色来定义设置。例如，可以设置图形中绿色的对象实际打印为具有一定宽度的宽线，且宽线内填充交叉剖面线。颜色相关的打印样式表保存在扩展名为.CBT的文件中。

样式相关的打印样式是基于每个对象或每个图层来控制打印对象的外观。在样式相关的打印中，每个打印样式表包含一种名为“普通”的默认打印样式，并按对象在图形中的显示进行打印。用户可以创建新的样式相关的打印样式表，其中的打印样式可以不限制数量。样式相关的打印样式表保存在扩展名为.STB的文件中。

为了使用打印样式，在“打印-模型”对话框的“打印样式表（画笔指定）（G）”选项组中选择打印样式表。如果图形使用命名的打印样式，则可以将所选打印样式表中的打印样式应用到图形中的单个对象或图层上。若图形使用颜色相关的打印样式，则对象或图层本身的颜色就决定了图形被打印时的外观。

14.2.3　打印预览

在最终输出打印图形之前，可以利用打印预览功能，检查一下设置的正确性，如图形是否都在有效输出区域内等。单击功能区“输出”→“打印”→“预览”按钮可以执行命令，或者在命令行中输入命令 PREVIEW，然后按 Enter 键，可以预览输出结果。AutoCAD 将根据当前的页面设置、绘图设备的设置以及绘图样式表等内容在屏幕上显示出最终要输出的图纸样式。需要注意的是，在进行“打印预览”之前，必须指定绘图仪，否则系统命令行提示信息“未指定绘图仪。请用‘页面设置’给当前图层指定绘图仪”。

经过打印预览，确认打印设置正确后，可单击左上角的“打印”按钮，打印输出图形。

另外，在“打印”对话框中单击“预览（P）”按钮也可以预览打印，确认正确后，单击“打印”对话框中的“确定”按钮，AutoCAD 即可输出图形。

14.2.4　基本打印设置

要进行打印，首先必须设置绘图仪。没有设置绘图仪是无法进行打印的。绘图仪的设置过程如下。

Step 01　鼠标单击菜单“文件（F）”→“绘图仪管理器（M）”选项，以设置一个新的虚拟打印机，如图 14-9 所示。

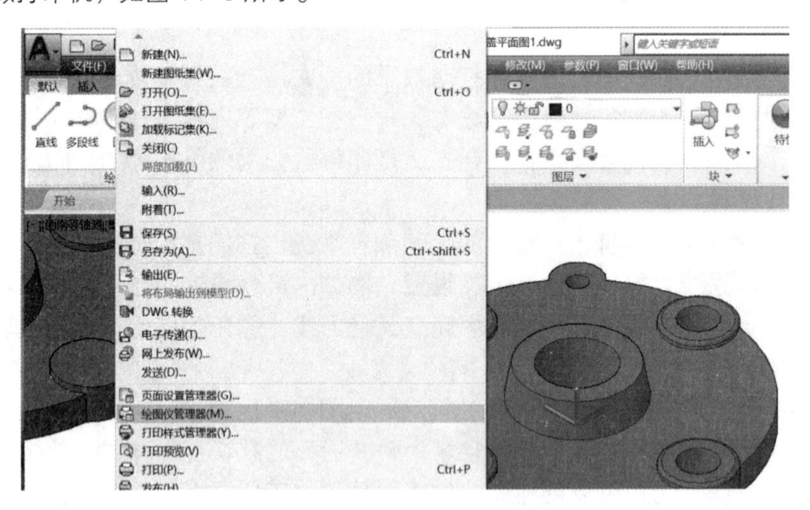

图 14-9　选择绘图仪管理器

Step 02　双击“添加绘图仪向导”选项，单击“下一步（N）”按钮，默认本机配置不需要更改任何选项，直至设置“绘图仪名称”，如图 14-10 所示。

Step 03　如图 14-11 所示设置一个虚拟绘图仪的名称，记住这个名称，单击“下一步（N）”按钮，完成此虚拟绘图仪设置操作。

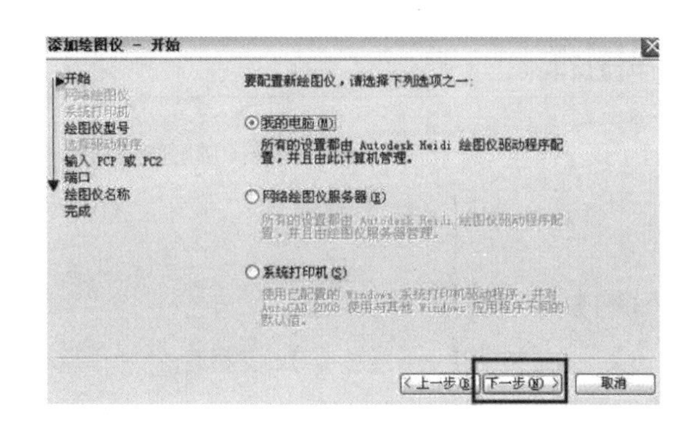

图 14-10　添加绘图仪

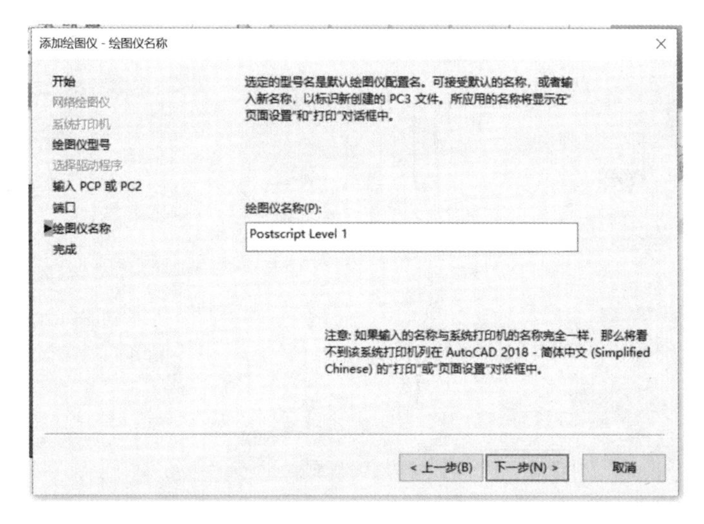

图 14-11　设置绘图仪名称

Step 04 单击“下一步（N）”按钮，出现如图 14–12 所示对话框。单击“完成（F）”按钮，完成绘图仪设置。

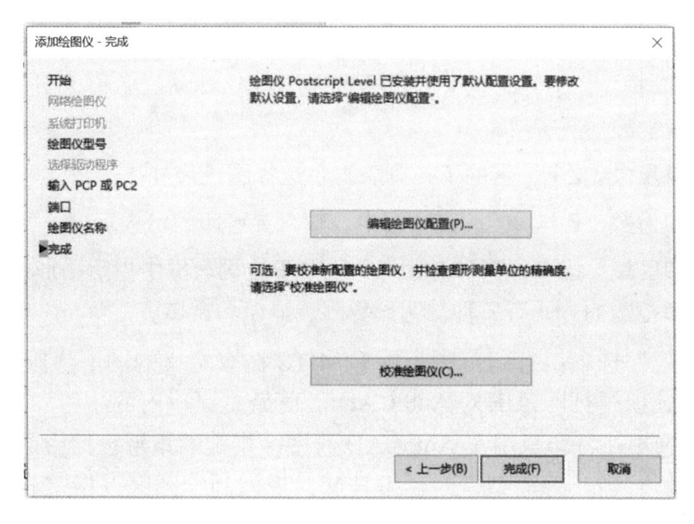

图 14-12　“添加绘图仪-完成”对话框

14.2.5 打印工程图样

在 AutoCAD 中使用 PLOT 命令可以打开“打印-模型”对话框，打印输出工程图样，设置图纸幅面，设置打印样式，如图 14-13 所示。

<访问方法>

- ✧ 菜单：【文件（F）】→【打印（P）...】。
- ✧ 功能区：【输出】→【打印】→【打印】按钮。
- ✧ 工具栏：【标准】→【打印】按钮。
- ✧ 命令行：PLOT。

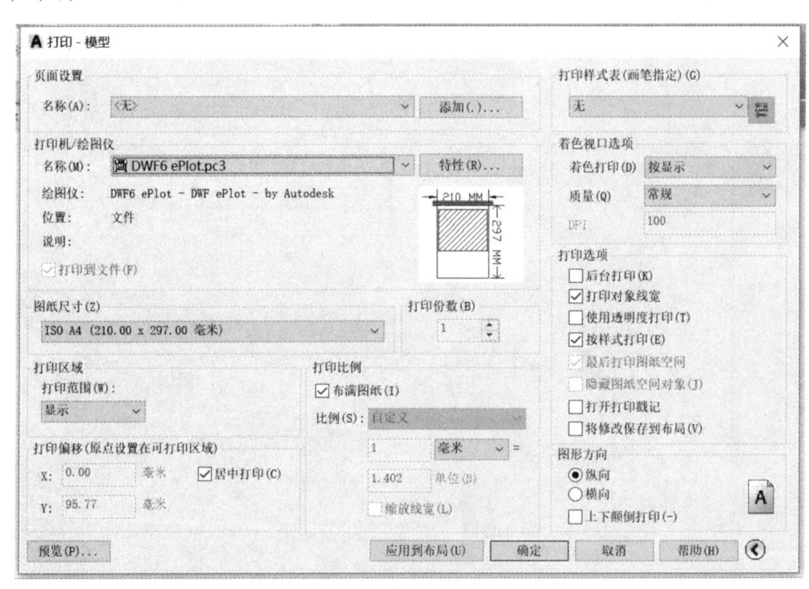

图 14-13　打印设置

<打印设置过程>

Step 01 在“打印-模型”对话框的“打印机/绘图仪”区，从“名称（M）”列表中选择一种绘图仪。

Step 02 在“图纸尺寸（Z）”区的下拉列表框中选择图纸尺寸。

Step 03 在“打印份数（B）”区的文本框中，输入要打印的份数。

Step 04 在“打印区域”区中“打印范围（W）”下拉列表框中指定图形中要打印的区域。指定打印范围的方式有三种：图形界限、显示和窗口。

- “图形界限”选项：打印范围为用 LIMITS 命令定义的图形界限。
- “显示”选项：打印范围为 AutoCAD 当前显示窗口内容。
- “窗口”选项：打印范围在 AutoCAD 绘图区指定的矩形窗口中的内容。选择该选项 AutoCAD 暂时将“打印-模型”对话框挂起，返回到绘图区以指定一个矩形窗口。

Step 05 在“打印比例”区中设置绘图仪打印缩放比例。

- “布满图纸（I）”复选框：将选定的矩形窗口区域的图形填满整个图纸幅面。
- “比例（S）”下拉列表框：设置绘图仪打印比例值。可以在“比例（S）”下拉列表中选择一种 AutoCAD 预先定义的比例值；或者在“比例（S）”下拉列表中选择自定义选项，并输入比例值和单位。

Step 06　在“打印偏移（原点设置在可打印区域）”区如果选中“居中打印（C）”复选框，绘图仪打印输出时按照图纸的尺寸居中打印内容。

Step 07　选择打印样式。

Step 08　单击“预览（P）”按钮显示打印输出效果。

Step 09　单击“确定”按钮执行打印命令，绘图仪打印输出。

14.3　模型空间、图纸空间和布局的概念

14.3.1　模型空间和图纸空间

AutoCAD 提供了两种图形的显示模式，即模型空间和图纸空间。其中模型空间（Model Space）主要用于创建（包括绘制、编辑）图形对象；图纸空间（Paper Space）则主要用于设置视图的布局。布局是打印输出的图纸样式。所以，创建布局是为图纸的打印输出做准备。在布局中，图形既可以处在图纸空间，又可以处在模型空间。

AutoCAD 允许用户在模型空间和图纸空间两种显示模式下工作，并且可以在两种模式之间进行切换。通过单击状态栏的“模型”按钮，可以进行模型、图纸空间的切换，转换的方法和注意点通过下面的文学说明，结果见图 14-14、图 14-15 和图 14-16。

① 当图形处在模型空间时，在命令行输入系统变量 TILEMODE 并按 Enter 键，再输入数字 0 按 Enter 键，可切换到图纸空间；当处在图纸空间时，TILEMODE 设为 1 可切换到模型空间。

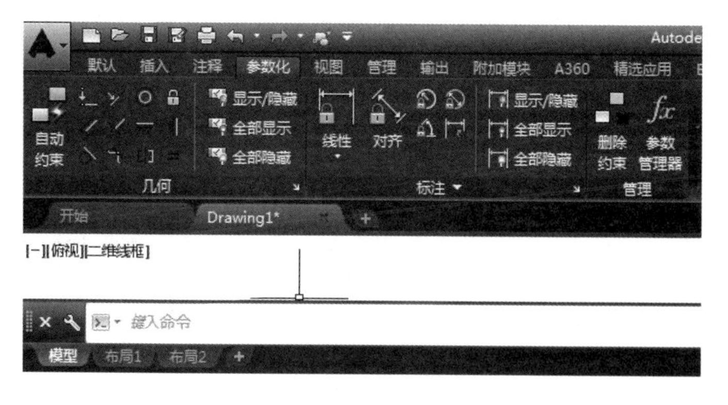

图 14-14　图形处在模型空间模式下

② 在某个布局（“布局”选项卡亮显）中，当图形处在模型空间时，在命令行输入“PS”或“PSPACE”并按 Enter 键，可切换到图纸空间；当处在图纸空间时，通过“MS”

或“MSPACE”命令可切换到模型空间。

图 14-15　在布局中，图形处在图纸空间

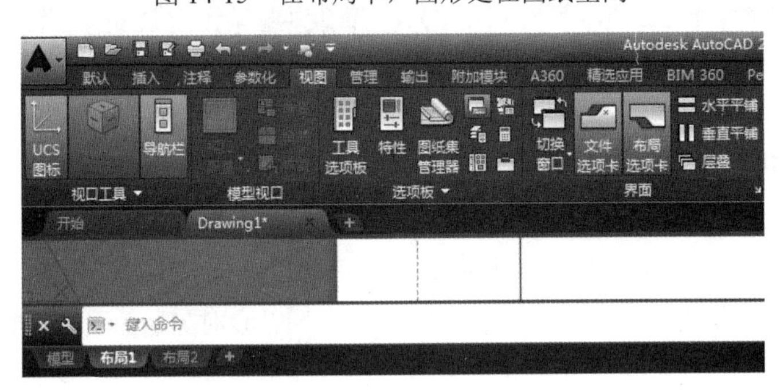

图 14-16　在布局中，图形处在模型空间

③ 可以为一个图形创建多个布局，这些布局都会以标签的形式列在绘图区下部“模型”“布局 1”标签的后面。

④ 在某个布局中，当图形处在图纸空间时，滚动鼠标中键，则缩放整个布局；当图形处在模型空间时，滚动鼠标中键，则缩放布局中的图形。

⑤ 如果想以不同比例显示模型的视图，图纸空间是不可缺少的。图纸空间是一种用于打印的几种视图布局的特殊的工具。它模拟一张用户的打印纸，而且要在其上安排视图。用户借助浮动视口安排视图。

⑥ 在模型空间创建的视口是“固定”的，而在图纸空间创建的视口则是“浮动”的，即视口可以被移动、删除、比例缩放（用 SCALE 命令），也可以通过拖动其夹点来调整视口大小，甚至各个视口可以交叉重叠，这些特点为图形的输出打印提供了极大的方便。

图纸空间是二维的图形环境，用于输出图样。大多数 AutoCAD 命令都能用于图纸空间，但是在图纸空间绘制的二维图形，在模型空间不能显示。

在布局中也可以建立视口，这些视口的位置和大小可以随时调整，视口之间也可以互相重叠，因此也称为“浮动”的视口。布局中视口的数量、形状、大小及位置可根据需要设定。打印输出时，所有打开的视口的可见内容都能被打印。

通过布局中的视口，可以观察、编辑在模型空间建立的模型。

14.3.2　布局

布局模仿一张图纸，是图纸空间的作图环境，在图纸空间可以设置一个或多个布局，每一个布局与输出的一张图样相对应。

布局是依赖于图纸空间的，受到图纸空间的限制。在 AutoCAD 2018 中，可以迅速、灵活地创建多种布局。创建新的布局后，可以在其中创建浮动视口并添加图纸边框和标题栏。在布局中可以设置视口、打印设备的类型、图纸尺寸、图形方向及打印比例等。

在布局中可以建立浮动视口，用以观察、编辑在模型空间建立的实体。在布局的一个视口中对模型空间所做的修改，将影响各个视口的显示内容。在布局中通常安排有注释、标题块等。通过页面设置可以对布局指定不同的打印样式，同一个布局可以获得不同的打印效果。一个图形只有一个模型空间和一个图纸空间，但在图纸空间中可以设置多个布局。多个布局共享模型空间的信息，分别与不同的页面设置关联，实现输出结果的多样性。

1．新建布局

可以选择菜单中“工具（T）”→“向导（Z）”→“创建布局（C）...”命令（或者在命令行中输入命令 LAYOUT，然后按 Enter 键）来创建布局，执行命令后，通过不同的选项可以用多种方式创建新布局，如从已有的模板开始创建、从已有的布局创建或直接从头开始创建。另外，还可用 LAYOUT 命令来管理已创建的布局，如删除、重命名、保存以及设置等。

创建布局的过程如下：

Step 01　打开一个 CAD 图形文件。

Step 02　选择菜单中“工具（T）”→“向导（Z）”→“创建布局（C）...”命令，此时系统弹出“创建布局–开始”对话框，如图 14–17 所示。在该对话框的“输入新布局的名称（M）”文本框中输入新创建的布局的名称，如“新布局”。

Step 03　单击“下一步（N）”按钮，在系统弹出的“创建布局–打印机”对话框中，选择当前配置的打印机（必须连上打印机打印）。

Step 04　单击“下一步（N）”按钮，在系统弹出的“创建布局–图纸尺寸”对话框中，选择打印图纸的大小，如 A4，图形单位是毫米。

Step 05　单击“下一步（N）”按钮，在系统弹出的“创建布局–方向”对话框中，设置打印的方向，这里选中“横向（L）”单选项。

Step 06　单击“下一步（N）”按钮，在系统弹出的“创建布局–标题栏”对话框中，选择图纸的边框和标题栏的样式。此对话框的预览区域中给出了所选样式的预览图像。在“类型”选项组中，可以指定所选择的标题栏图形文件是作为“块（O）”还是作为“外部参照（X）”插入到当前图形中。

Step 07　单击“下一步（N）”按钮，在系统弹出的“创建布局–定义视口”对话框中指定新建布局的默认视口的设置和比例等。在“视口设置”选项区域中选“单个（S）”单选项，在“视口比例（Y）”下拉列表框中选择“按图纸空间缩放”选项。

Step 08 单击“下一步（N）”按钮，在系统弹出的“创建布局–拾取位置”对话框中，单击“选择位置(L) ”按钮，在系统命令行“指定第一个角点”的提示下，在图框的合适位置指定第一个角点，在系统命令行“指定对角点”的提示下，指定另一个对角点后，系统弹出“创建布局–完成”对话框。

Step 09 单击“下一步（N）”按钮，再单击“创建布局–完成”对话框中的“完成”按钮，完成新布局及默认视口的创建。

2. 管理布局

在创建完布局以后，AutoCAD 将按创建的页面设置显示布局。布局名称显示在“布局”标签上。我们可以右击状态栏的“模型”按钮，从系统弹出的如图 14-18 所示的快捷菜单中选择相应的命令编辑布局。

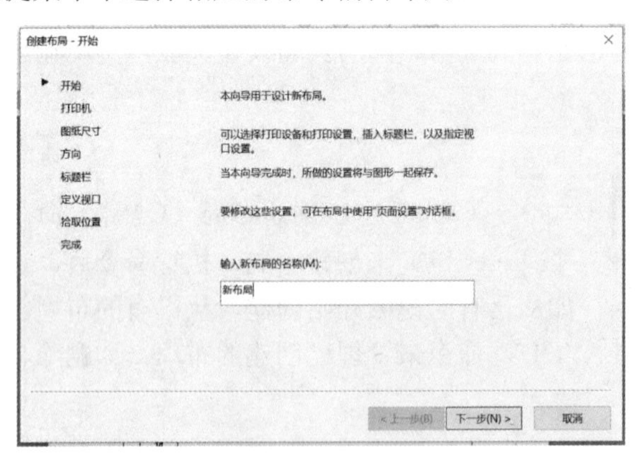

图 14-17　创建布局

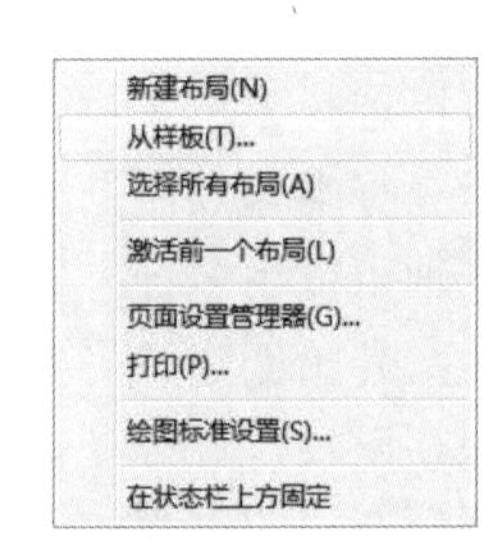

图 14-18　快捷菜单

14.4 设置布局中的视口

视口，好比是观察图形的不同窗口。透过窗口可以看到图形，所有在视口内的图形都能够打印。视口的另一好处是，一个布局内可以设置多个视口，如俯视图、主视图、侧视图、局部放大等视图可以安排在同一布局的不同视口中打印输出。视口可以是不同形状，比如圆形、多边形。多个视口内能够设置图纸的不同部分，并可设置不同的比例输出。这样，在一个布局内，灵活搭配视口，可以创建丰富的图纸输出，使其更加有说服力和可读性。

布局中的视口本身是图纸空间的 AutoCAD 对象，可被编辑；浮动视口之间还可以相互重叠。“视口工具”面板如图 14-19 所示。

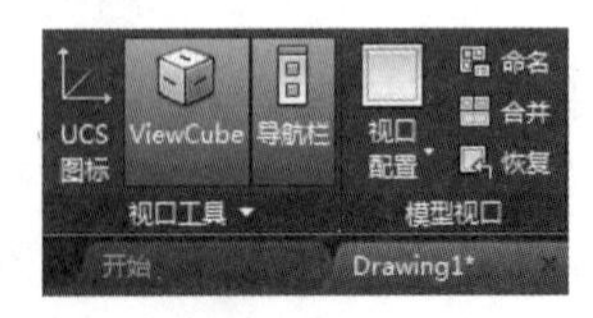

图 14-19　功能区的“视口工具”面板

在调整设置视口时先要激活视口，然后调整设置视口内的图形。在视口区域内双击即可激活视口，然后就可以像在模型空间中一样编辑更改图形。

激活视口后，它的边框线变粗，此时可以用平移（Pan）、放缩（Zoom）命令，进行粗调，比如图形在图纸和视口中尽量居中，图形的大小不要超出视口和打印范围等。

14.4.1　在布局中建立浮动视口

<访问方法>

✧　菜单：【视图（V）】→【视口（V）】→【新建视口（E）】。

✧　工具栏：【视口】或者【布局】→【显示视口对话框】按钮。

✧　命令行：VPORTS。

<操作过程>

执行命令后，AutoCAD 将显示“视口”对话框，如图 14-20 所示。

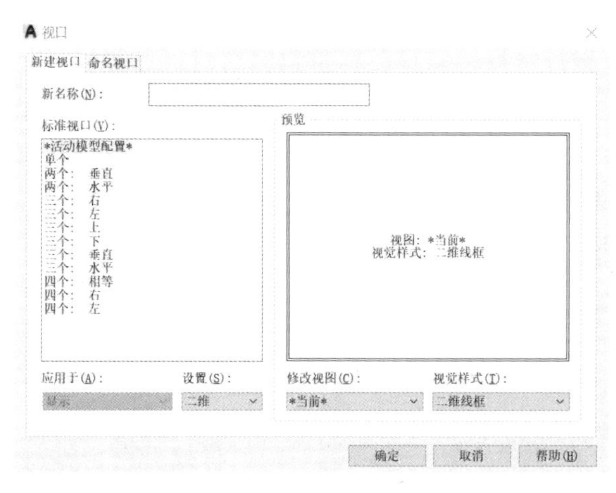

图 14-20　“视口”对话框

Step 01　在“视口”对话框的“新建视口”选项卡中选择一种标准配置方案。

Step 02　在“设置（S）”下拉列表框中，选择“二维”或“三维”选项。

①　“二维”选项：各个视口中配置的都是当前屏幕所显示的图形。

②　“三维”选项：一组默认的标准的三维视图被应用于配置每一个视口。如果需要出立体的三维视图，通常选择该选项。

Step 03　在“预览”区选择要改变视图配置的视口。

Step 04　在“修改视图（C）”下拉列表框中，选择一个要在该视口中显示的视图。列表框中包括前视、俯视、仰视、左视、右视、后视、轴测图等。如果当前图形中存在有使用 VIEW 命令定义的视图，其名称也会显示在“修改视图（C）”下拉列表框中。

Step 05　在“视觉样式（T）”中指定该视口中模型显示的视觉效果。

Step 06　各个视图设置完成后单击“确定”按钮关闭视口对话框，在布局中指定视口矩形区域，或者使用默认的“布满（F）”选项将当前的视口范围指定为新视口的创建范围。

14.4.2 重新排列浮动视口

在布局的图纸空间，可以使用 ERASE、MOVE、SCALE 和 STRETCHT 等命令编辑视口。当移动浮动视口时，视口内的视图也跟随移动。当改变浮动视口的边框大小时，视口中图形的显示比例不变，超出视口边框的部分被自动修剪。当浮动视口被删除时，视口边框和其中的视图都消失。也可以用夹点编辑浮动视口。

14.4.3 布局中模型空间和图纸空间之间的切换

为了方便，可以直接从布局的视口中访问模型空间，以进行编辑对象、冻结和解冻图层，以及调整视图等其他一些操作。

布局中模型空间和图纸空间之间的切换方法如下：

（1）从布局的图纸空间切换到模型空间：在布局的图纸空间的任意的视口中双击，即进入模型空间，并且使光标所在的视口成为当前视口，边界加粗显示。当只在当前视口中显示十字光标时，可以对模型空间的实体进行编辑。绘图区左下角的图纸空间 UCS 图标消失，各个视口中均显示模型空间的 UCS 图标，状态栏显示“模型”。也可以直接从命令行输入“MS”进行切换。

（2）从布局的模型空间切换到图纸空间：在布局的浮动视口外任一区域双击，即切换到图纸空间。所有浮动视口的边框都用细线显示，十字光标在整个绘图区显示，绘图区左下角显示图纸空间 UCS 图标，各个浮动视口不显示 UCS 图标，状态栏显示“图纸”。也可以直接从命令行输入“PS”进行切换。

（3）在布局中也可以单击状态栏上的“图纸”或“模型”图标，在布局的图纸空间和模型空间之间进行切换。

14.4.4 改变视口的特性

用户可以使用“特性”选项板修改视口的特性，设置视口显示比例值。在图纸空间，先选择要修改特性的视口，再发出命令。

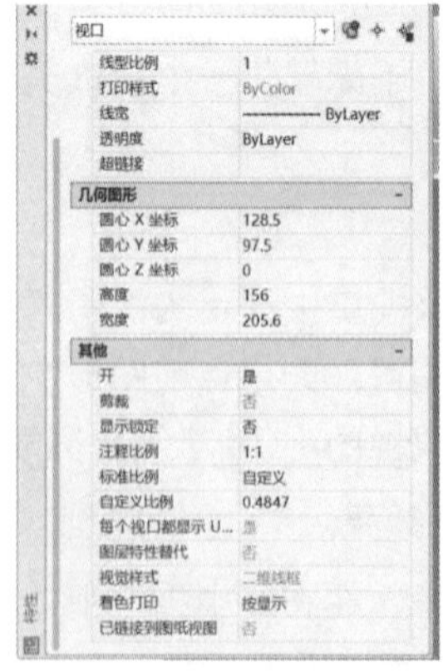

图 14-21　浮动视口的“特性”选项版

<访问方法>

✧　菜单：【修改（M）】→【特性（P）】。

✧　工具栏：【标准】→【特性】按钮 。

✧　命令行：PROPERTIES。

✧　快捷菜单：选择视口，右击再选择“特性（S）”。

激活的“特性”选项板如图 14-21 所示。在特性选项板中，选择要修改的特性，然后输入新值，或者在列表中选择一新值，则新值被赋予到当前布局中的浮动视口。

Note

<选项说明>

● 为按精确比例打印图形，保持各视图间的比例关系，必须将每个视图相对于图纸空间变比例。设置相对于图纸空间变比例的方法有两种。

① “标准比例”选项：从列表中选择一个标准比例值。

② “自定义比例”选项：在文本框中输入一个新比例因子。

● 视口比例锁定控制：在“显示锁定”下拉列表中选择“是”，锁定视口比例，布局默认的打印比例为 1:1。

● 打开或关闭浮动视口：在“开”选项中，选择“是”或“否”以打开或关闭所选视口。浮动视口关闭后，视口内原来显示的内容消失，视口边框仍然显示，关闭的视口不能成为当前的视口。

● 消除视口中的隐藏线：在“着色打印”选项中，选择“隐藏”，在打印时消除指定视口中的三维实体隐藏线。该特性仅影响打印输出，不影响屏幕显示。

14.5 在布局中创建三维模型的多面正投影图和轴测图

在布局中创建三维实体模型的三视图和轴测图是设计绘图时最常用的操作，下面介绍利用布局中的 SOLVIEW 命令和 SOLDRAW 命令来将如图 14-22 所示物体的投影图和轴测图表达在一张图纸上的方法。为了方便操作，将工作空间设置为“三维建模”。

SOLVIEW 命令用在布局中创建浮动视口、生成三维模型的多面正投影图和剖视图，并自动创建 VPORTS 图层放置浮动视口的边框。

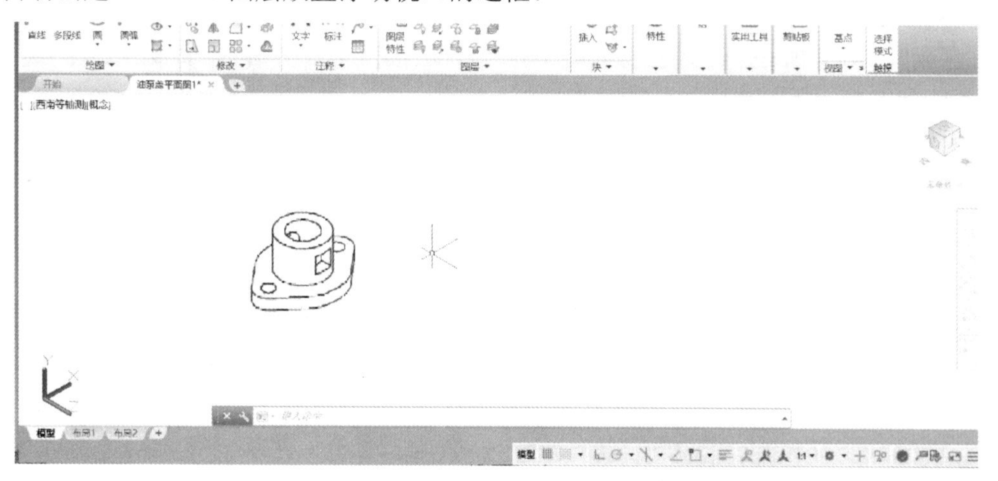

图 14-22　三维物体

<访问方法>

✧　功能区：【常用】→【建模】面板 →【实体视图】按钮。

✧ 命令行：SOLVIEW。

发出命令后，AutoCAD 将出现下列提示：

输入选项[UCS (U) /正交 (O) /辅助 (A) /截面 (S)]

<选项说明>

- UCS（U）：按指定的坐标系创建浮动视口，并在视口中创建实体在当前 UCS 的 *XOY* 面上的投影图。AutoCAD 进一步提示：

```
输入选项 [命令 (N) /世界 (W) /? /当前(C)]<当前>: //指定使用的坐标系
输入视图比例 <1>: //指定投影图在视口中的比例，或滚动鼠标滚轮动态指定
指定视图中心: //指定视图中心位置，直到满意为止
```

- 正交（O）：由已有的视图创建显示正交投影视图的视口，并显示指定的正交投影图。执行该选项，AutoCAD 提示：

```
指定视口要投影的那一侧: //选择已有视口要创建新投影的那一侧边
```

- 辅助（A）：由已有的视图创建斜视图及视口。斜视图是将立体的倾斜部分结构向与该倾斜表面平行的投影面上进行投影而得到的。AutoCAD 进一步提示：

```
指定斜面的第一个点: //在当前视口中确定与投影方向垂直的倾斜投影面上的一点
指定斜面的第二个点: //在当前视口中确定与投影方向垂直的倾斜投影面上的另一点
指定要从哪侧查看: //在上述两点确定的投影面位置线一侧拾取一点，指定投影方向
```

- 截面（S）：创建实体的截面轮廓。执行该选项后，AutoCAD 依次提示：

```
指定剪切平面的第一个点: //在当前视图中，指定剖切位置线上一点
指定剪切平面的第二个点: //在当前视图中，指定剖切位置线上另一点
指定要从哪侧查看: //在剖切位置线一侧指定一点，确定投影方向
输入视图比例 <当前值>: //指定投影图在视口中的比例，或滚动鼠标滚轮动态指定
```

随后确定视图中心位置、视口角点位置的过程与 UCS 选项相同。

<操作过程>

在如图 14-22 所示的三维模型基础上建立三视图和轴测图的过程如下。

Step 01 单击绘图区下面的“布局 2”标签，进入图纸空间的布局 2。此时屏幕上会自动显示一个内容与模型空间一致的视口，将此视口删除。

Step 02 如果需要改变图纸尺寸等页面设置，可以使用 PAGESETUP 命令进行相关设置。

Step 03 输入 SOLVIEW 命令创建并命名主视图视口。

```
命令: SOLVIEW
输入选项[UCS(U)/正交(O)/辅助 (A) /截面 (S) ]://U
输入选项[命名 (N) /世界 (W) /? /当前 (C) ]<当前>: //回车，指定以当前UCS 创建主视图
输入视图比例<1>: //指定视图的比例
指定视图中心: //只是指定一个大概的中心位置，该提示将反复出现，允许调整直到满意为止
指定视图中心<指定视口>: //按Enter 键，结束指定
指定视口的第一个角点: //指定主视图视口的第一个角点，可使用自动捕捉
指定视口的对角点: //指定主视图视口的另一个对角点
输入视图名: //输入当前视口的名称“主视图”，结果如图 14-23 (a) 所示
```

Note

（a）主视图视口

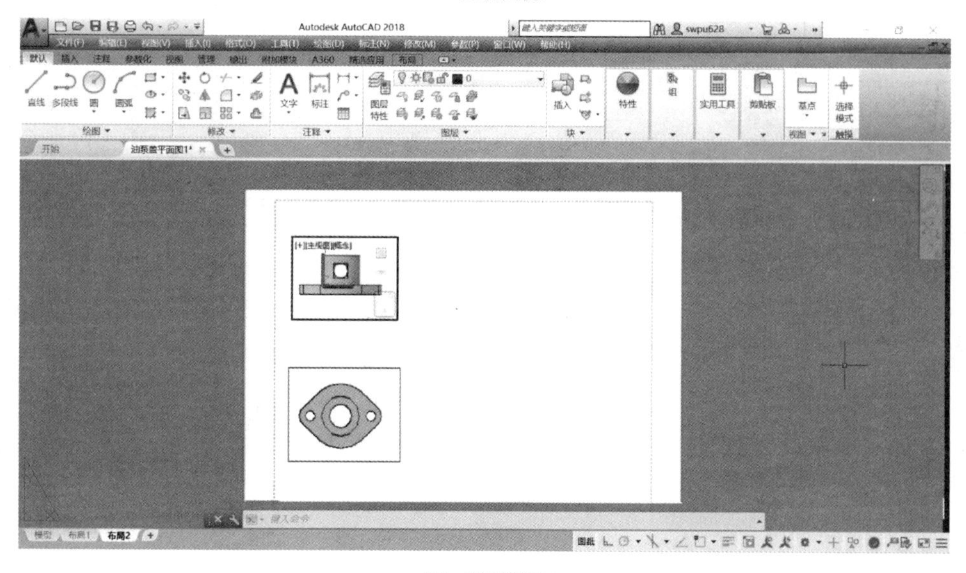

（b）俯视图视口

图 14-23　创建视图视口

Step 04 创建并命名俯视图视口。

```
输入选项[UCS (U) /正交 (O) /辅助 (A) /截面 (S) ]: //O (将要以主视图为父视图创建俯视图)
指定视口要投影的那一侧: //选择主视图视口上方边框线上一点，表明投影方向是从上往下
指定视图中心: //指定俯视图中心位置并调整至满意。俯视图与主视图中心在垂直方向上保持对齐
指定视图中心<指定视口>: //按 Enter 键，结束指定
指定视口的第一个角点: //指定俯视图视口的第一个角点
指定视口的对角点: //指定俯视图视口的另一个对角点
输入视图名: //输入当前视口的名称“俯视图”，结果如图 14-23 (b) 所示
```

Note

Step 05 创建并命名左视图。

输入选项[UCS（U）/正交（O）/辅助（A）/截面（S）]：//S（要创建的左视图是剖视图）

指定剪切平面的第一个点：//在主视图中捕捉剖切平面上的第一个点

指定剪切平面的第二个点：//在主视图中捕捉剖切平面上的第二个点

指定要从哪侧查看：//选择主视图视口左侧边框线上一点，表明投影方向是从左向右

输入视图比例<当前值>：//按回车键，选择默认值

指定视图中心：//指定左视图中心位置并调整至满意。左视图与主视图中心在水平方向上保持对齐

指定视图中心<指定视口>：//按Enter键，结束指定

指定视口的第一个角点：//指定左视图视口的第一个角点

指定视口的对角点：//指定左视图视口的另一个对角点

输入视图名：//输入当前视口的名称“左视图”，结果如图14-23（c）所示

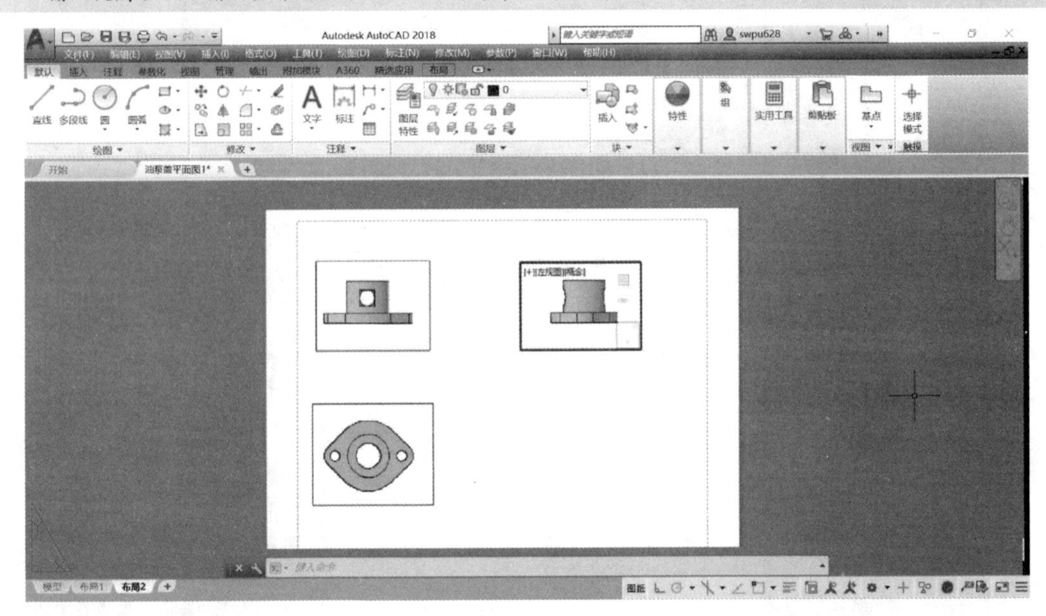

（c）左视图视口

图 14-23　创建视图视口（续）

Step 06 创建并命名轴测图。

输入选项[UCS（U）/正交（O）/辅助（A）/截面（S）]：//U（建立轴测图视口，暂使用主视图方向，后面调整）

输入选项[命名（N）/世界（W）/?/当前（C）]<当前>：//按回车键，选择默认选项

输入视图比例<当前值>：//按回车键，选择默认值

指定视图中心：//指定轴测图中心位置并调整至满意

指定视图中心<指定视口>：//按Enter键，结束指定

指定视口的第一个角点：//指定轴测图视口的第一个角点

指定视口的对角点：//指定轴测图视口的另一个对角点

输入视图名：//输入当前视口的名称“轴测图”，结果如图14-23（d）所示

（d）轴测图视口

图 14-23　创建视图视口（续）

Note

此时轴测图视口中显示的并不是轴测图，从功能区“视图”选项卡→“视图”面板→“预设视图列表”或在菜单“视图（V）”→“三维视图（D）...”中选择“西南等轴测”方向，则得到如 14-23（e）所示图形。此时，系统已自动进入浮动视口中的模型空间，从四个浮动视口的左下角是否有坐标系标记可以看出。

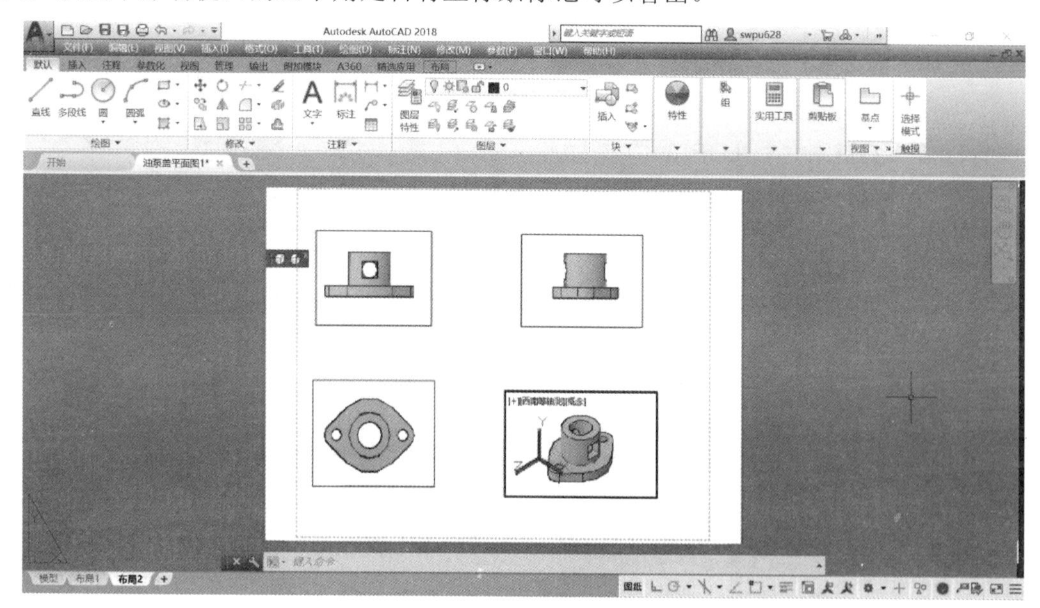

（e）完成轴测图视口

图 14-23　创建视图视口（续）

Step 07　键盘输入“PS”或者在布局的模型空间视口外双击，以切换到布局中的图纸空间。

Step 08 在建立以上四个视口的过程中可能会有图形比例不一致的情况发生，可选中这四个视口，在如图 14–24 所示的“特性”选项板中统一修改视口图形比例。使用 PROPERTIES 命令打开如图 14–24 所示的“特性”选项板，从中指定相同的“自定义比例”并且将“显示锁定”设置为“是”，使得四个视口中图形比例相同。

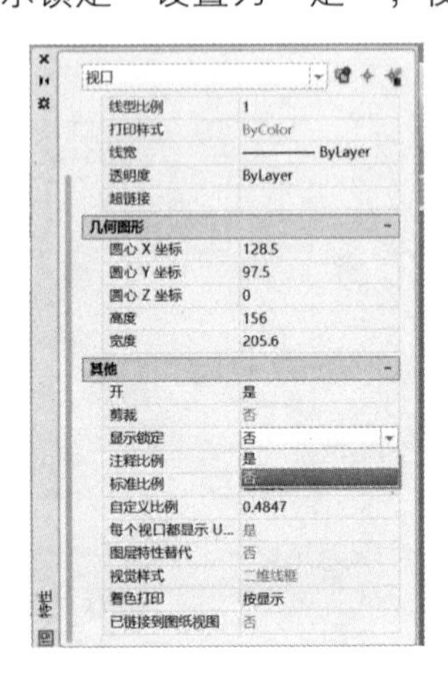

图 14-24　“特性”选项板

Step 09 此时在布局视口中的图形仍都是参考模型空间的同一三维实体，并未真正转化为由点、线和线框构成的二维视图。需要在用 SOLVIEW 命令创建的布局视口中使用 SOLDRAW 命令生成投影图和剖视图。

Step 10 生成投影图。

① 键盘输入“MS”或者在布局的任意图纸空间视口内部双击，进入布局中的模型空间。

② 单击功能区“常用”选项卡→“建模”面板→“实体视图”按钮，或者在命令行键入“SOLDRAW”。

③ 选择对象。指定对角点将四个视口都选中，按 Enter 键，在四个视口中生成二维轮廓图。

④ 使用编辑填充图案命令（HATCHEDIT）选择左视图视口中的系统自动填上的剖面线，将其修改为符合国家标准规定的 45° 方向的剖面线。

Step 11 使用图层命令（LAYER）打开“图层特性管理器”面板，可以看到系统自动创建的图层，如图 14–25 所示。其中名为“VPORTS”的图层，是用于放置布局中视口的边框线。对于已经命名的“主视图”“俯视图”“左视图”和“轴测图”四个视口，建立了带有“**_DIM”“**_HID”“**_VIS”（**为对应视口名）的图层，分别用于控制四个视口中的标注、不可见的隐藏线（虚线）和可见的粗实线，并且自动为“**_HID”图层设置了虚线的线型。此外，对于采用剖视图绘制的左视图还单独建立了一个名称为“左视图_HAT”的图层用于放置剖面线。这些图层在颜色、线型和线宽及打开/关闭、冻结/解冻等一般采用同 0 层相同的设置，用户可以对其进行调整，使得到的图样更加符合国家标准要求。例如，可将“VPORTS”图层关闭以不显示各视口的边框；将所有“**_VIS”图层的线宽设置为粗线 1.0；关闭“轴

测图_HID”图层，使轴测图上的隐藏线不显示。然后单击图形状态栏的“显示线宽”按钮，最后得到的立体的三视图及轴测图，如图 14-26 所示。

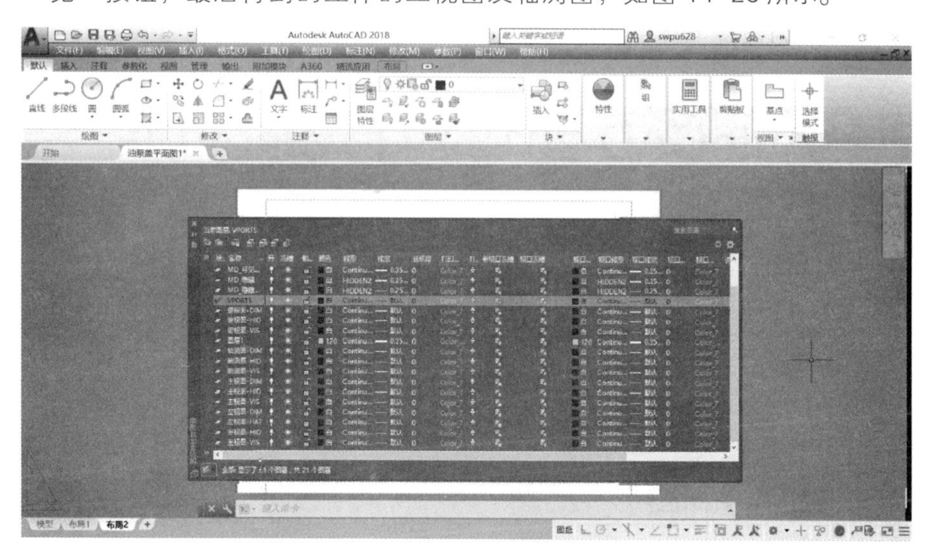

图 14-25　系统自动创建的图层

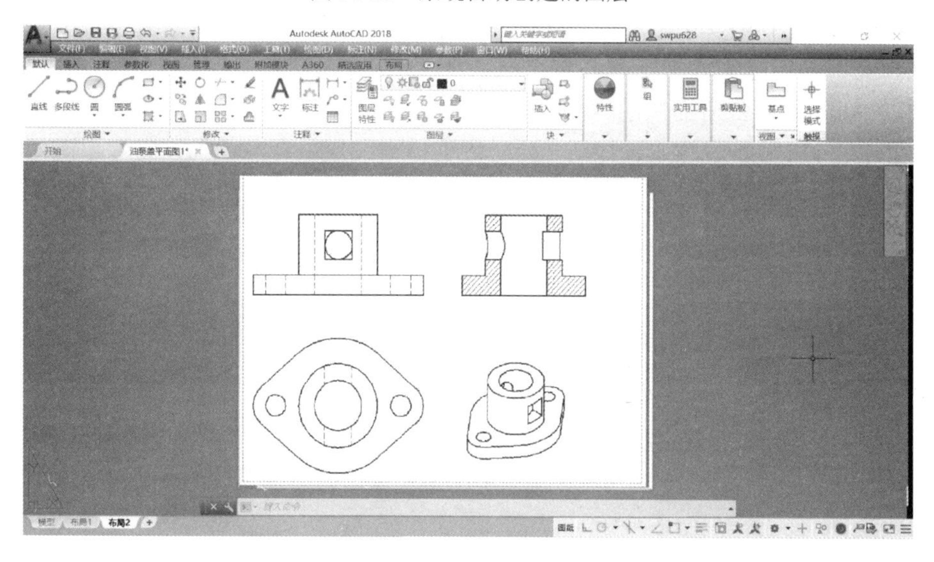

图 14-26　在布局中建立的立体的三视图及轴测图

注意：

(1) SOLDRAW 命令只能在布局中执行，如果当前处于模型空间，发出命令后，AutoCAD 将自动转换到布局中。

(2) 对于模型空间、布局中的模型空间、布局中的图纸空间概念要有明确认识。一些命令例如视口的特性调整只能在布局的图纸空间执行，而修改剖面线时需要进入布局的模型空间。

(3) 最终输出的图样是布局图纸空间中视口的内容。

(4) 在进行上述操作之后，如果进入模型空间，就会发现模型空间的模型已经非常凌乱，甚至难以辨认，而在布局中的一些操作又不是很方便，此时可以使用 EXPORTLAYOUT 命令，打开“将布局输出到模型空间图形”对话框，将当前布局中的所有可见对象输出到模型空间，生产新的“.dwg”格式文件。

Note

14.6 AutoCAD 2018 的 Internet 功能

在 AutoCAD 中，文件的输入和输出命令都具有内置的 Internet 支持功能，用户可以直接从 Internet 下载和保存文件。在进入 Internet 中某站点后，选择需要的图形文件，确认后即可被下载到本地计算机中。在 AutoCAD 绘图区中打开，可对该图形进行各种编辑，再保存到本地计算机或有访问权限的任何 Internet 站点。此外，利用 AutoCAD 的 i-drop 功能，还可直接从 Web 站点将图形文件拖入到当前图形，作为块插入。

14.6.1 输出 Web 图形

AutoCAD 2018 提供了以 Web 格式输出图形文件的方法，即将图形以 DWF 格式输出。DWF 文件是一种安全的、适用于 Internet 上发布的文件格式，它只包含了图形的智能图像，而不是图形文件自身，我们可以认为 DWF 文件是电子版本的打印文件。用户可以通过 Autodesk 公司提供的 WHIP！4.0 插件打开、浏览和打印 DWF 文件。此外，DWF 格式支持实时显示缩放、移动，同时还支持对图层、命名视图、嵌套超链接等对象的控制。

AutoCAD 中创建的 DWF 文件只能在 Web 浏览器里浏览，不能在 AutoCAD 中浏览。

1. 建立 DWF 文件

<操作过程>

Step 01 在功能区“输出”→“输出为 DWF/PDF”→“输出”按钮下选择“DWF”按钮 DWF，弹出对话框，如图 14-27 所示。

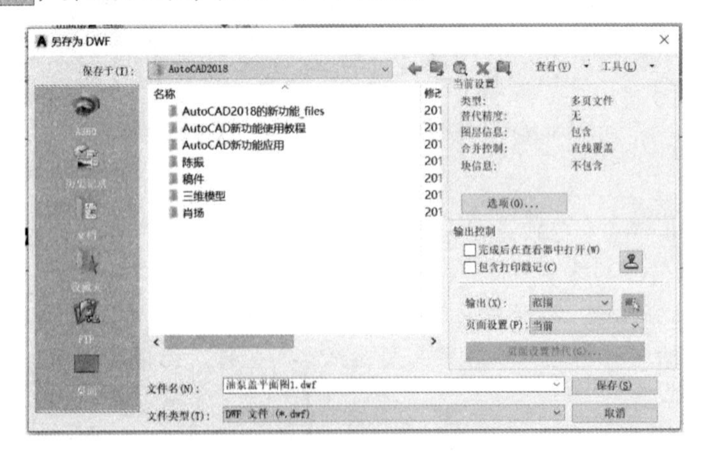

图 14-27 “另存为 DWF”对话框

Step 02　在对话框的“输出”下拉列表中选择图形范围，范围包括：

- 显示：将当前窗口内容保存为 DWF 文件。
- 范围：将图形中所有的有图范围保存为 DWF 文件。
- 窗口：指定窗口，将窗口内容保存为 DWF 文件。

Step 03　指定保存的电子文档的路径和文件名。

Step 04　单击“保存”按钮，输出电子文档。

2. 在外部浏览器中观察 DWF 文件

如果在系统中安装有 Autodesk Express Viewer，可以使用 Autodesk Express Viewer 观察 DWF 文件。

（1）在 IE 浏览器或资源管理器中，打开 DWF 文件。

（2）右键单击 DWF 文件，进行激活。

单击右键弹出快捷菜单，选择“平移”或“缩放”可以方便地实现移动屏幕或缩焦变换。如果当前 DWF 文件包含层信息，则选择“图层”，会显示层控制框，选择某个想要关闭的图层，然后在“开”域单击灯泡图标，可以将选中的层关闭。若要重新打开关闭的层，再次单击灯泡图标。在建立 DWF 文件时，只有当前 UCS 确定的命名视图被写入 DWF 文件。其他 UCS 确定的命名视图被排除在 DWF 文件之外。

14.6.2　创建 Web 页

可以使用 AutoCAD 提供的网上发布向导来完成 Web 页创建。利用此向导，即使用户不熟悉网页的制作，也能够很容易地创建出一个规范的 Web 页，该 Web 页将包含 AutoCAD 图形的 DWF、PNG 或 JPG 格式的图像。Web 页创建完成后，就可以将其发布到 Internet 上，供位于世界各地的相关人员浏览。

创建 Web 页步骤过程如下：

Step 01　选择菜单中“文件（F）”→“网上发布（W）”命令（或者在命令行中输入命令 PUTLISHTOWEB，然后按 Enter 键），此时系统弹出“网上发布−开始”对话框，选中该对话框中的“创建 Web 页（C）”选项。

Step 02　单击“下一步（N）”按钮，系统弹出“网上发布−选择图形类型”对话框，在左面的下拉列表中选取“DWF”图像类型（另外的类型还有 DWFx、JPG 和 PNG），并指定 Web 页的名称。

Step 03　单击“下一步（N）”按钮，系统弹出“网上发布−选择样板”对话框，在 Web 页样板列表中选取“图形列表”选项。此时，在预览框中将显示出相应的样板示例。

Step 04　单击“下一步（N）”按钮，系统弹出“网上发布−应用主题”对话框，在下拉列表中选择主题，如“经典”主题选项，在预览框中将显示出相应的外观样式。

Step 05　单击“下一步（N）”按钮，系统弹出“网上发布−启用 i-drop”对话框。选中“启用 i-drop（E）”复选框创建 i-drop 有效 Web 页。

Note

Step 06 单击“下一步（N）”按钮，系统弹出“网上发布–预览并发布”对话框，如图 14–28 所示。单击“预览（P）”按钮，系统打开 Web 浏览器显示刚创建的 Web 页面，单击“立即发布（N）”按钮即可发布新创建的 Web 页。

Step 07 单击“完成”按钮。

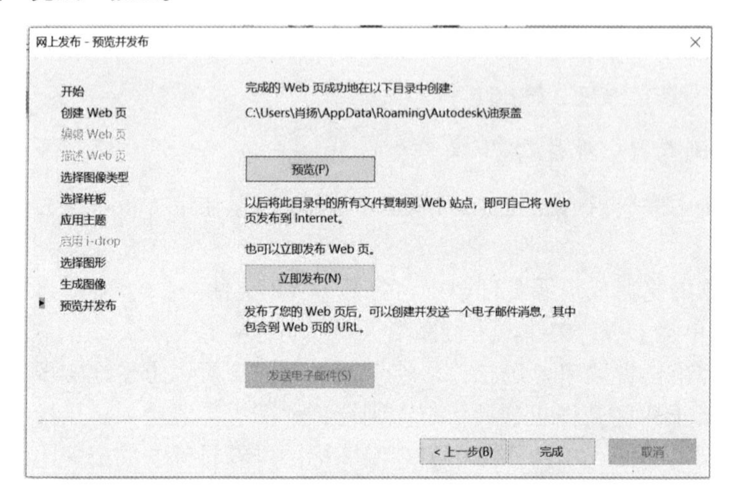

图 14-28　创建 Web 页

14.6.3　建立超链接

AutoCAD 可以在图形中添加超链接，以跳转到特定文件或网站。超链接是使 AutoCAD 图形和其他各种文件迅速链接在一起的一种简单有效的方法。

在 AutoCAD 中可以创建两种类型的超链接文件，即“绝对超链接”和“相对超链接”。绝对超链接存储文件位置的完整路径，而相对超链接存储文件位置的相对路径，该路径是由系统变量 HYPERLINKBASE 指定的默认 URL 或目录的路径。

使用 AutoCAD 的超级链接功能，可以将 AutoCAD 图形对象与其他文档、数据表格等对象建立链接关系。

<访问方法>

✧ 菜单：【插入（I）】→【超链接（H）...】。

✧ 功能区：【插入】→【数据】→【超链接】按钮。

✧ 命令行：HYPERLINK。

下面举例说明超链接的建立过程。

<操作过程>

Step 01 打开或新建一张 CAD 图形文件。

Step 02 选择菜单“插入（I）”→“块（B）... ”命令，系统弹出“插入”对话框，单击“浏览（B）”按钮，将打开的图形（块）文件插入。

Step 03 创建超级链接。

（1）选择菜单中“插入（I）”→超链接（H）...”命令（或在命令行中输入命令

HYPERLINK，然后按 Enter 键）。

（2）在“选择对象”的提示下，选择要建立超链接的图形——刚插入的图形块，按 Enter 键，系统弹出“插入超链接”对话框，如图 14-29 所示。

（3）在该对话框的“显示文字（T）”文本框中输入“Hello”。

（4）单击右侧浏览选项组中的“文件（F）”按钮，从打开的文件搜索界面中选取文件“Hello.doc”。

（5）单击“确定”按钮，完成超链接的创建。

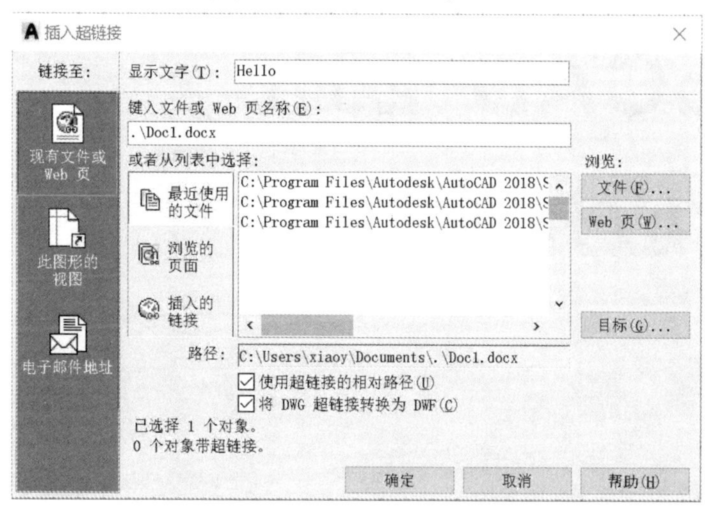

图 14-29　“插入超链接”对话框

“插入超链接”对话框中的“链接至”选项组用于确定要链接到的位置，该选项组中包含下面几个选项。

- “现有文件或 Web 页”按钮：用于给现有（当前）文件或 Web 页创建链接，此项为默认选项。在该界面中，可以在“显示文字（T）”的文本框中输入链接显示的文字；在“键入文件或 Web 页名称（E）”的文本框中直接输入要链接的文件名，或 Web 页名称（带路径），或通过单击“文件（F）”按钮检索要链接的文件名，或单击“Web 页（W）”按钮检索要链接的 Web 页名称，或单击“最近使用的文件”按钮并从“或者从列表中选择”列表框中选择最近使用的文件名，单击“浏览的页面”按钮并在列表框中选择浏览过的页面名称，单击“插入的链接”按钮并在列表框中选择网站名称。此外，通过“目标（G）”按钮可以确定要链接到图形中的确切位置。
- “此图形的视图”按钮：显示当前图形中命名视图的树状图，可以在当前图形中确定要链接的命名视图并确定链接目标。
- “电子邮件地址”按钮：可以确定要链接到的电子邮件地址（包括邮件地址和邮件主题等内容）。

AutoCAD 2018 综合应用实例

15.1 平面图形的绘制

本节通过举例介绍综合利用 AutoCAD 进行平面图形的绘制，介绍了绘图的一般过程和基本设置。涉及的主要内容包括创建新图；设置图层、文字样式、标注样式；使用各种图形绘制和修改命令进行图形绘制；尺寸标注以及操作中精确绘图技巧的应用和显示控制的使用等。需要绘制的图形如图 15-1 所示。

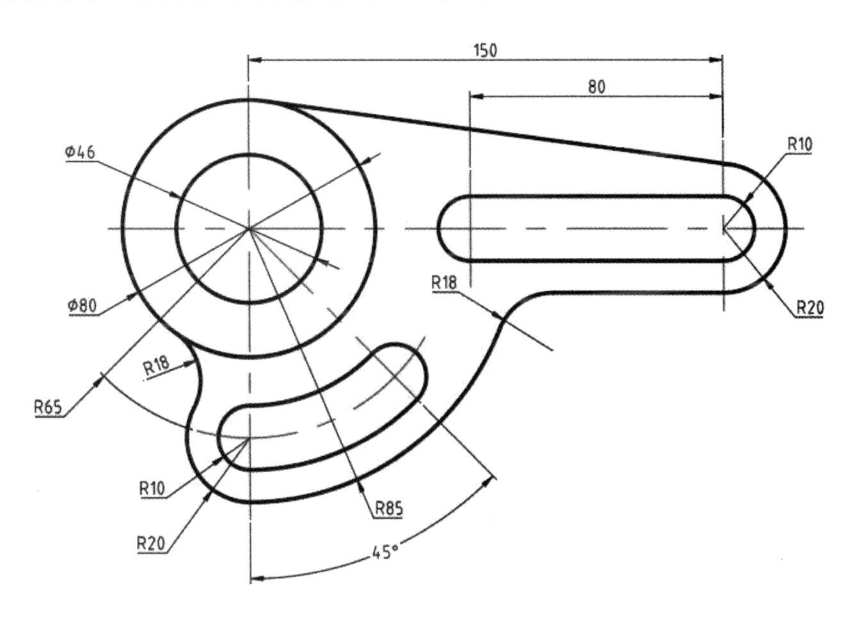

图 15-1　绘制的平面图

下面介绍具体绘制过程。

Step 01 新建一个图形文件。单击“快速启动”工具栏的“新建”按钮，或者选择“文件”菜单的“新建”命令，创建一个新图形文件，该文件以“Acadiso.dwt”为样板（“Acadiso.dwt”为 AutoCAD 2018 自带的一个符合国际标准化组织规定的样板文件）。将新图形文件的操作界面切换为“草绘与注释”工作空间。

Step 02 定制所需要的图层。样板图形中存在的图层还不能满足本例设计绘图的需要，因此需要由用户定制所需的图层。

在功能区的“默认”选项卡的“图层”面板中单击“图层特性”按钮，或者在“格式”菜单中选择“图层”命令，打开“图层特性管理器”对话框。利用该对话框分别创建“标注与注释”图层、“粗实线”图层、“细实线”图层、“虚线”图层和“中心线”图层，各图层的颜色、线型和线宽特性如图 15–2 所示。

Step 03 设置文字样式。在“格式”菜单中选择“文字样式”命令，或者在功能区“注释”选项卡的“文字”面板右下角单击按钮，打开“文字样式”对话框。利用“文字样式”对话框创建符合国家标准的文字样式。在本例中，单击“新建”按钮来新

Note

建一个名为“BC-5”的文字样式，设置其“SHX 字体”为“gbenor.shx”，选中“使用大字体”复选框，大字体为“gbcbig.shx”，字体高度为 5，宽度因子为 0.8，其他设置如图 15-3 所示。

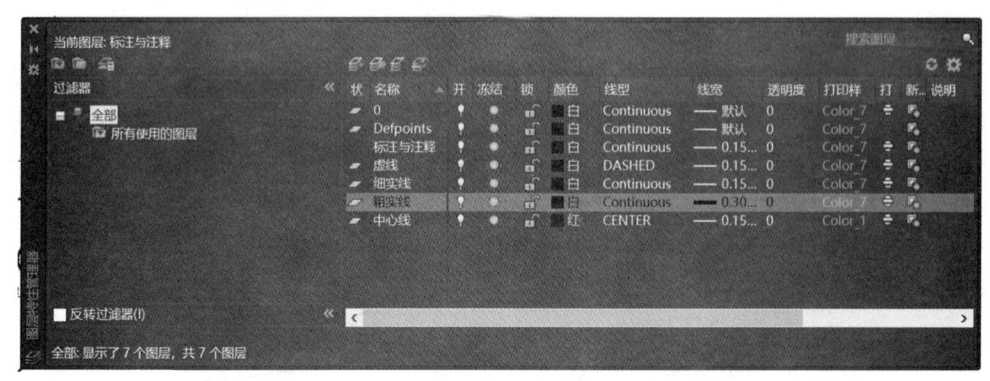

图 15-2　图层设置

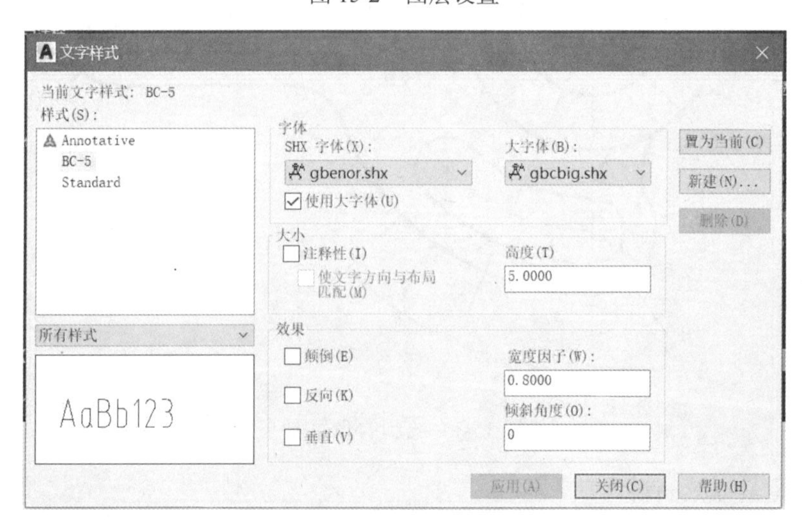

图 15-3　设置文字样式

在“文字样式”对话框中单击“应用”按钮，然后单击“关闭”按钮完成设置。

Step 04 定制符合机械制图国家标准的标注样式。在“格式”菜单中选择“标注样式”命令，或者在功能区“注释”选项卡的“标注”面板右下角单击按钮 ↘，打开“标注样式管理器”对话框。利用该对话框创建一个符合机械制图国家标准的标注样式，该标注样式在本例中被命名为“BC-5”，该标注样式需要应用“BC-5”的文字样式。注意在“BC-5”标注样式下还创建了“半径”子样式、“角度”子样式和“直径”子样式，如图 15-4 所示。

由于 AutoCAD 软件是美国公司出品，因此默认的标注样式不符合国家标注标准，所以在进行尺寸标注时都要进行设置。设置好标注样式后，单击“标注样式管理器”对话框中的“关闭”按钮完成设置。

标注样式管理器
当前标注样式：BC-5
样式(S)：
Annotative
BC-5
半径
角度
直径
ISO-25
Standard
预览：BC-5
28,22
33,21
56,13
60°
R22,35
置为当前(U)
新建(N)...
修改(M)...
替代(O)...
比较(C)...
列出(L)：
所有样式
不列出外部参照中的样式(D)
说明
BC-5
关闭
帮助(H)

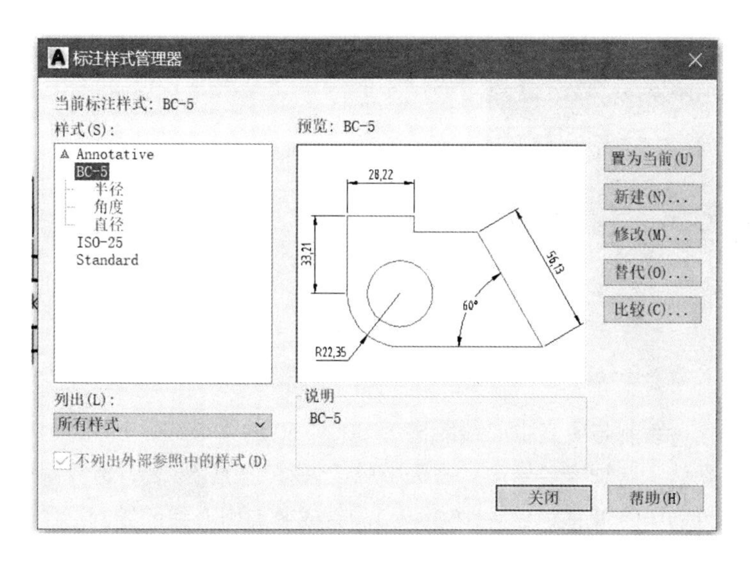

图 15-4　设置标注样式

Step 05 设置对象捕捉模式。在绘制平面图时，需要采用某些对象捕捉模式。在状态栏中右击“对象捕捉”按钮，从出现的快捷菜单中选择“设置”选项，打开“草图设置”对话框，在“对象捕捉”选项卡中设置对象捕捉模式选项，如图 15-5 所示。设置好之后，单击“确定”按钮。

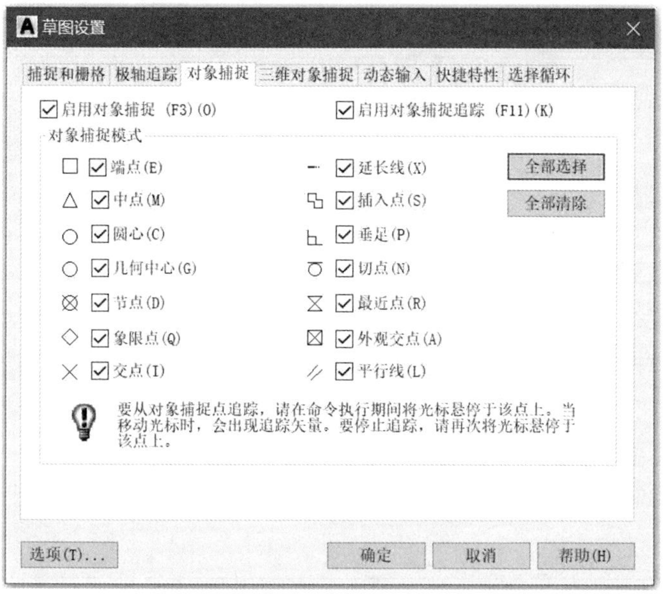

草图设置
捕捉和栅格
极轴追踪
对象捕捉
三维对象捕捉
动态输入
快捷特性
选择循环
启用对象捕捉 (F3)(O)
启用对象捕捉追踪 (F11)(K)
对象捕捉模式
端点(E)
中点(M)
圆心(C)
几何中心(G)
节点(D)
象限点(Q)
交点(I)
延长线(X)
插入点(S)
垂足(P)
切点(N)
最近点(R)
外观交点(A)
平行线(L)
全部选择
全部清除
要从对象捕捉点追踪，请在命令执行期间将光标悬停于该点上。当移动光标时，会出现追踪矢量。要停止追踪，请再次将光标悬停于该点上。
选项(T)...
确定
取消
帮助(H)

图 15-5　设置对象捕捉模式

Step 06 绘制部分中心线。在功能区“默认”选项卡的“图层”面板中，从图层列表中选择“中心线”层，如图 15-6 所示。

单击功能区“默认”选项卡“绘图”面板中的“直线”按钮，在绘图区中绘制如图 15-7 所示的两条正交的中心线，其中水平的中心线大约长 220mm。

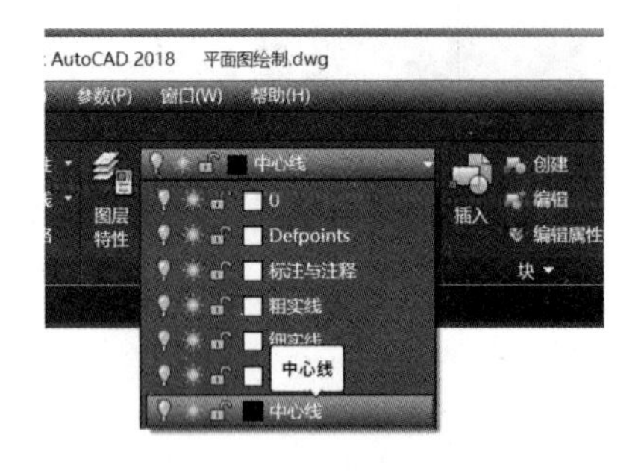

图 15-6 将“中心线”层设置成当前层

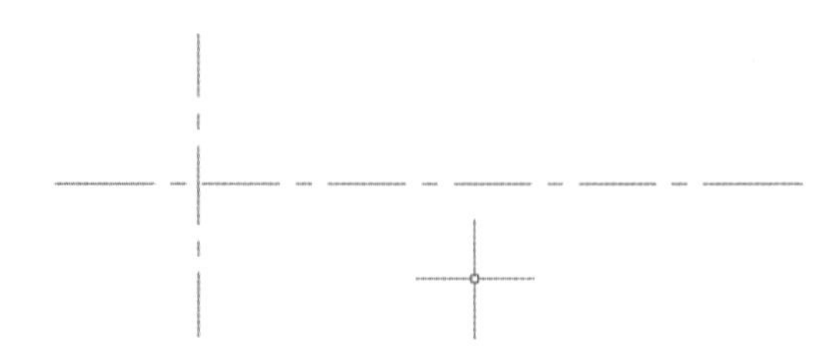

图 15-7 绘制中心线

Step 07 偏移操作，绘制与竖直中心线距离为 80、150 的中心线，如图 15-8 所示。单击功能区“默认”选项卡“修改”面板中的“偏移”按钮，选择偏移对象为竖直中心线，分别给定偏移距离为 150、80，完成竖直中心线的绘制。

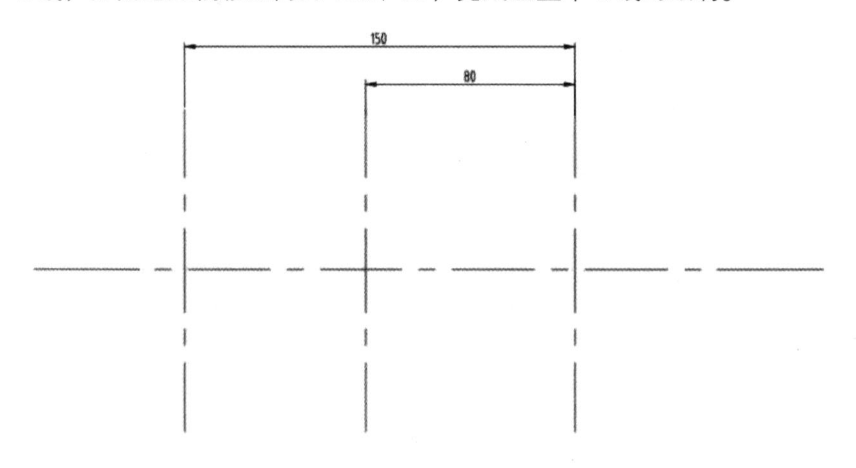

图 15-8 偏移竖直中心线

Step 08 绘制与水平中心线成 45° 的中心线。展开功能区“默认”选项卡“绘图”面板，单击“构造线”按钮，绘制 45° 斜线。然后展开功能区“默认”选项卡“修改”面板，单击“打断”按钮，执行命令去掉构造线多余部分，结果如图 15-9 所示。

Step 09 绘制圆环中心线。单击功能区“默认”选项卡“绘图”面板中的“圆”按钮，进行圆的绘制，如图 15-10 所示。

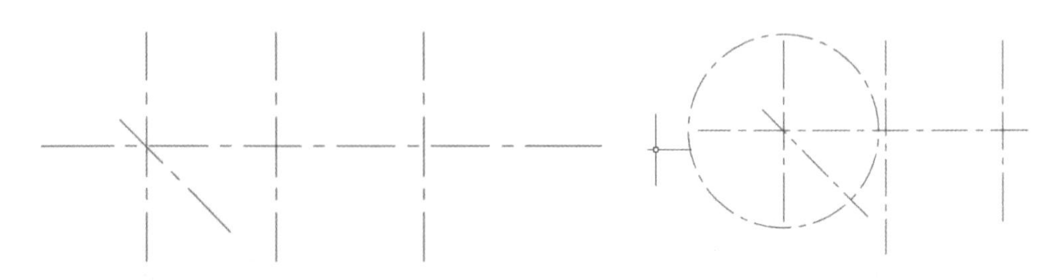

图 15-9 绘制 45° 斜线

图 15-10 绘制圆的中心线

Step 10 将“粗实线”层设为当前层，绘制粗实线圆。单击“圆”按钮来绘制，圆位置及半径由图 15-1 给定，结果如图 15-11 所示。

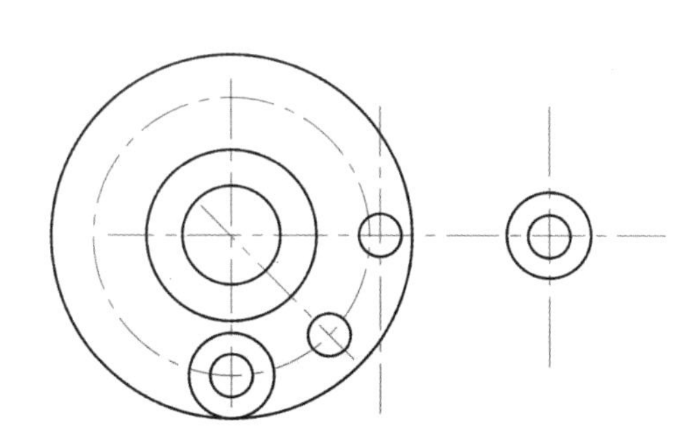

图 15-11　绘制粗实线圆

Step 11 绘制圆弧。在功能区“默认”选项卡“绘图”面板中的“圆弧”按钮下拉选项中选择“圆心、起点、端点”命令，如图 15-12 所示。在图形中依次捕捉圆心位置、圆弧的起点和端点位置，绘出两端圆弧，如图 15-13 所示。

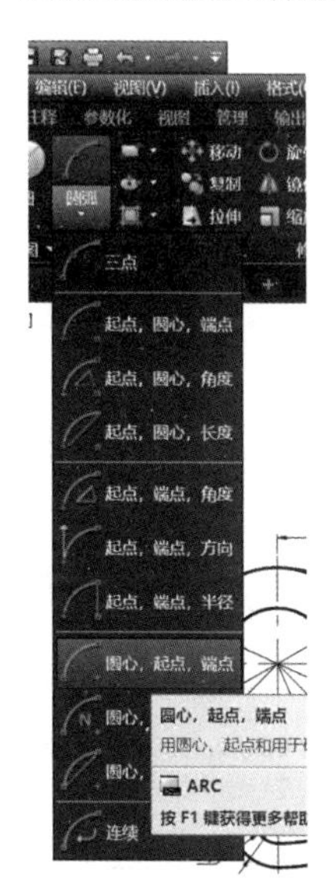

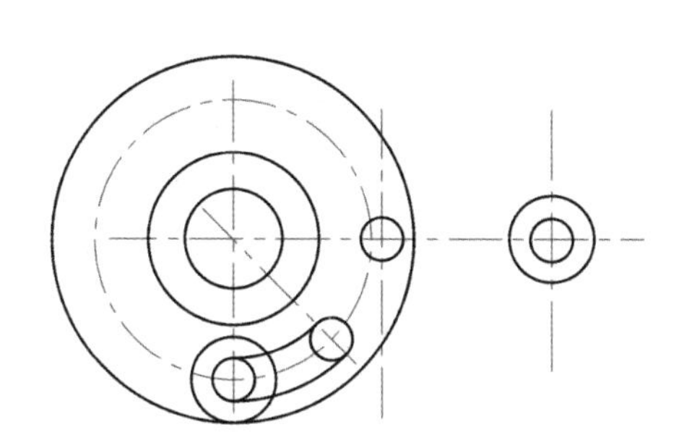

图 15-12　圆弧绘制命令　　　　图 15-13　绘制圆弧

Step 12 绘制水平直线。单击“直线”按钮，绘制如图 15-14 所示的两条直线。

Step 13 绘制相切直线。利用对象捕捉功能，可以方便地绘制与两圆或圆弧相切的直线。首先设置对象捕捉方式，在状态栏中单击“对象捕捉”按钮，在弹出的选项中只保留“相切”选项，如图 15-15 所示。然后执行绘直线命令，当 AutoCAD 提示指定直线端点时将光标移到圆弧附近捕捉递延切点并单击，如图 15-16 所示，确定直线的一个端点。再将鼠标光标移到第二段圆弧捕捉递延切点并单击，如图 15-17 所示，从而绘制出切线。

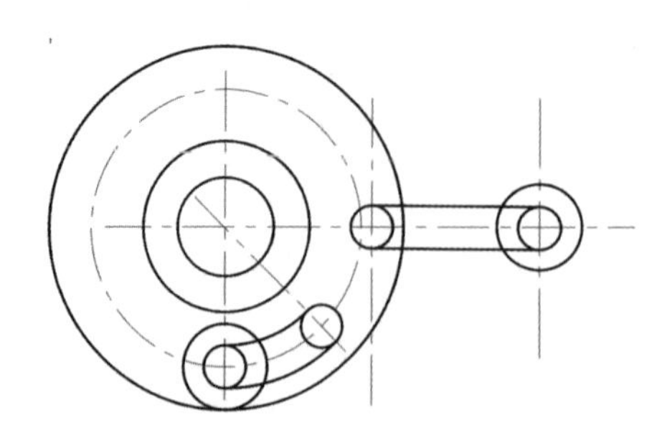

图 15-14　绘制水平直线

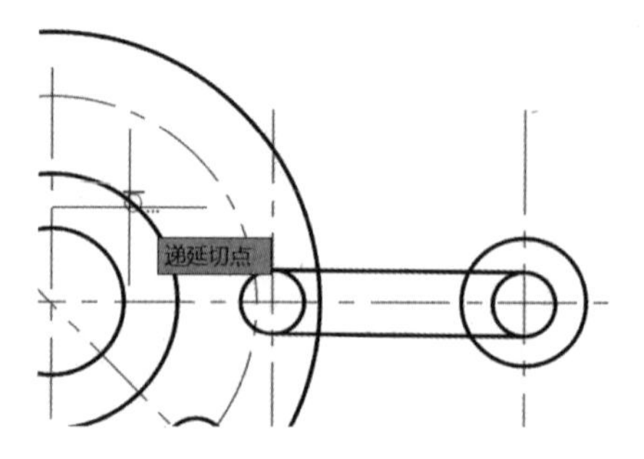

图 15-16　指定直线第一个切点

图 15-15　设置相切对象捕捉

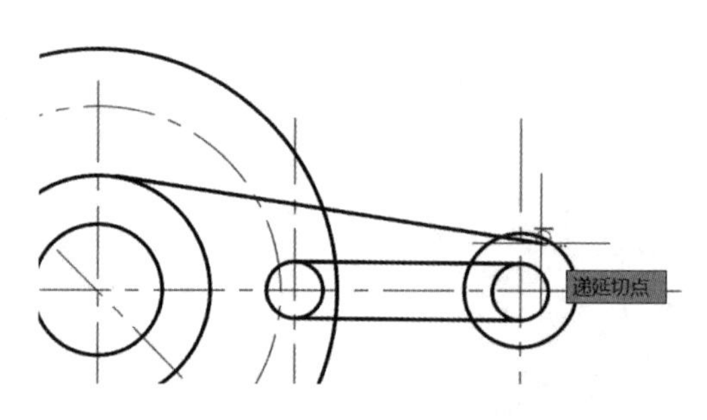

图 15-17　指定直线第二个切点

Step 14 绘制水平直线。单击状态栏“正交”按钮，打开正交模式。打开对象捕捉模式，绘制如图 15-18 所示的水平直线。

Step 15 修剪图形。单击功能区“默认”选项卡“修改”面板中的“修剪”按钮 修剪，修剪图形，结果如图 15-19 所示。

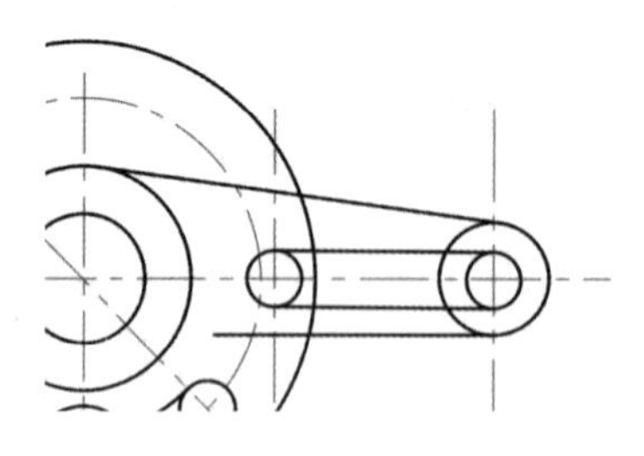

图 15-18　绘制水平直线

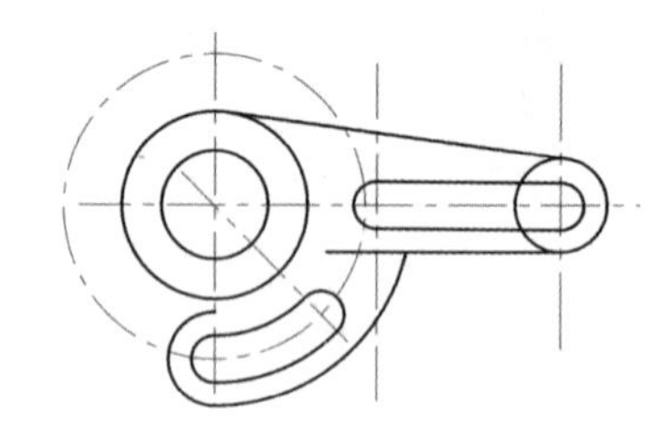

图 15-19　修剪图形

Step 16 倒圆角。单击功能区“默认”选项卡“修改”面板中的“圆角”按钮 圆角，将图形圆角画出，如图 15-20 所示。

Step 17 将多余的中心线去掉。展开功能区“默认”选项卡“修改”面板，单击“打断”按钮，执行命令，去掉多余的线，结果如图 15-21 所示。在执行断开操作时，最好把对象捕捉关闭，以使作图方便。

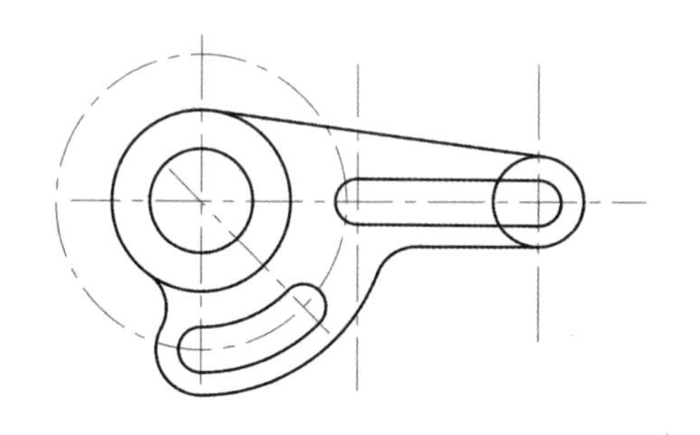

图 15-20　倒圆角结果

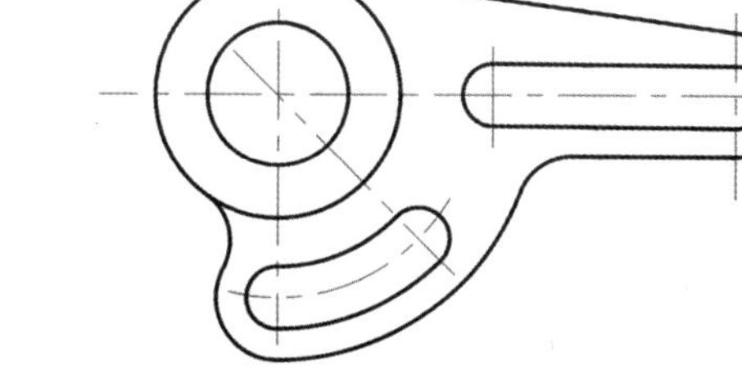

图 15-21　打断中心线结果

Step 18 标注尺寸。将当前层设置为“标注与注释”层。执行功能区“注释”选项卡“标注”面板中的尺寸标注命令进行标注，结果如图 15-22 所示。

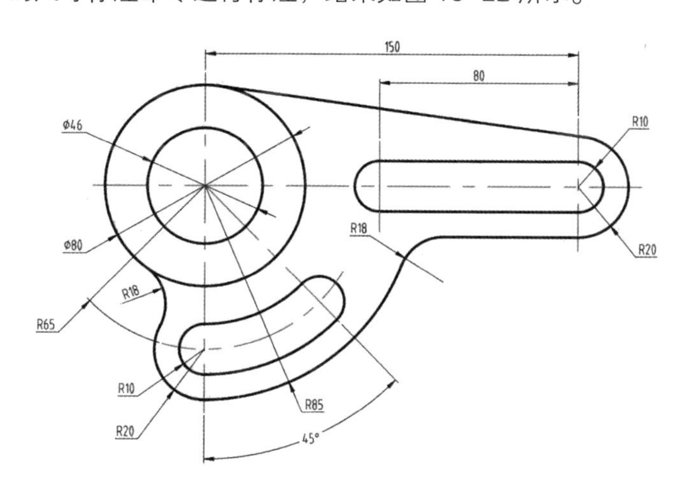

图 15-22　尺寸标注结果

Step 19 保存文件。在标题栏左边单击“另存为”按钮，将图形保存为“平面图绘制.dwg”。

15.2 图形编辑的应用

本例绘制如图 15-23 所示的把手。在进行绘制时需要用到大量的图形编辑命令和对象捕捉功能，下面加以介绍。

Step 01 新建图形文件并设置图层特性与文字、尺寸标注样式。与上节一样，选“acadiso.dwt”为样板，将操作界面切换为“草绘与注释”工作空间。

① 设置图层。分别创建“标注”图层、“粗实线”图层、“细实线”图层、“剖面线”图层、“虚线”图层和“中心线”图层，各层的颜色、线型和线宽特性如图 15-24 所示。

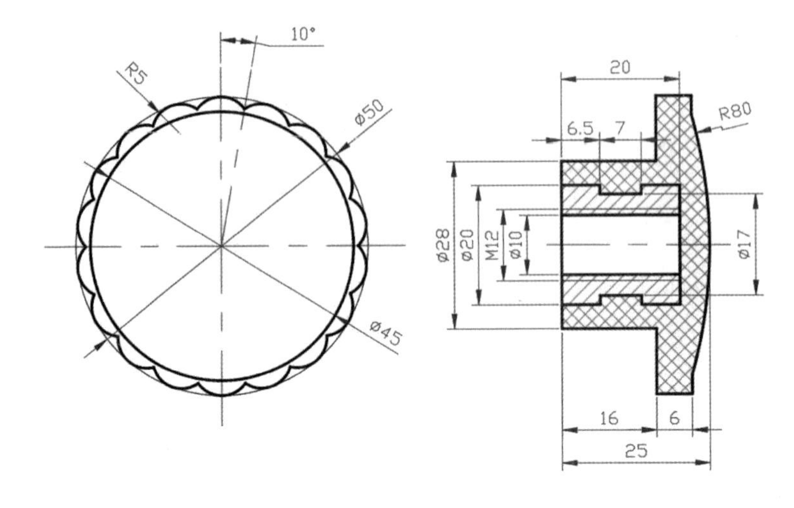

图 15-23　把手

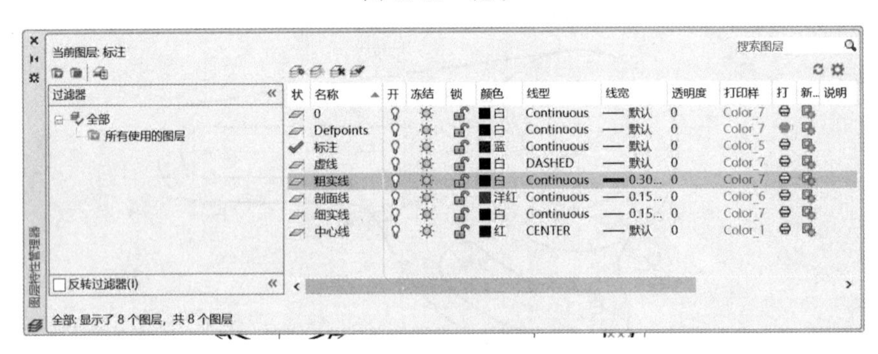

图 15-24　图层设定

② 设置文字样式。设置字体为“仿宋”，字体高度为 4，宽度因子为 0.8，其他设置如图 15-25 所示。

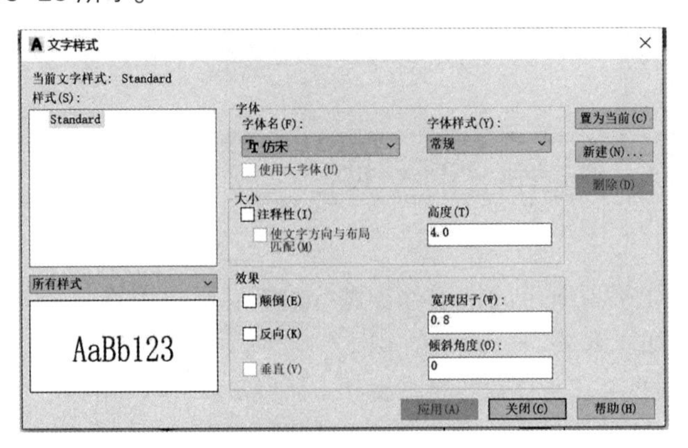

图 15-25　设置文字样式

③ 设置尺寸标注样式。如图 15-26 所示，设置文字高度为 3.5，小数点保留 1 位。

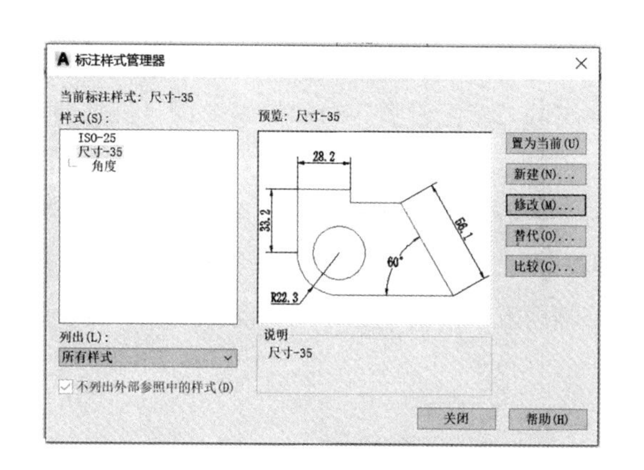

图15-26　设置尺寸标注样式

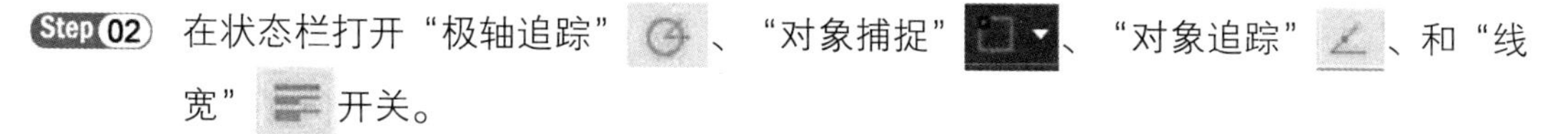

Step 02 在状态栏打开“极轴追踪”、“对象捕捉”、“对象追踪”、和“线宽”开关。

Step 03 绘制中心线。将当前层设置为“中心线”层，单击功能区“默认”选项卡“绘图”面板中的“直线”按钮，在绘图区域中绘制如图15–27所示的两条正交的中心线。

Step 04 将当前层设置为“粗实线”层，绘制一个半径为22.5，圆心在O点的圆，如图15–28所示。

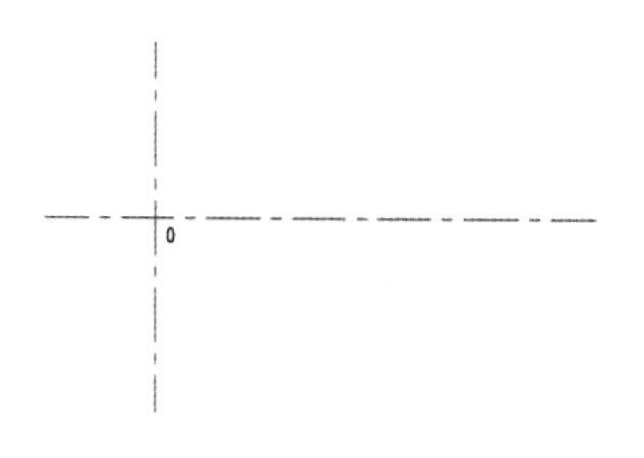

图15-27　绘制中心线

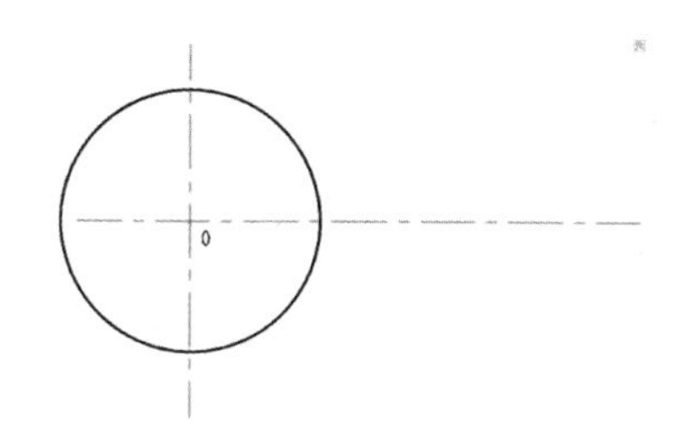

图15-28　绘制圆

Step 05 将当前层切换为“细实线”层，以O为圆心绘制半径为20、25的两圆，如图15–29所示。

Step 06 将当前层设置为“粗实线”层，以竖直中心线与半径为20的圆的交点为圆心，半径为5画圆，如图15–30所示。

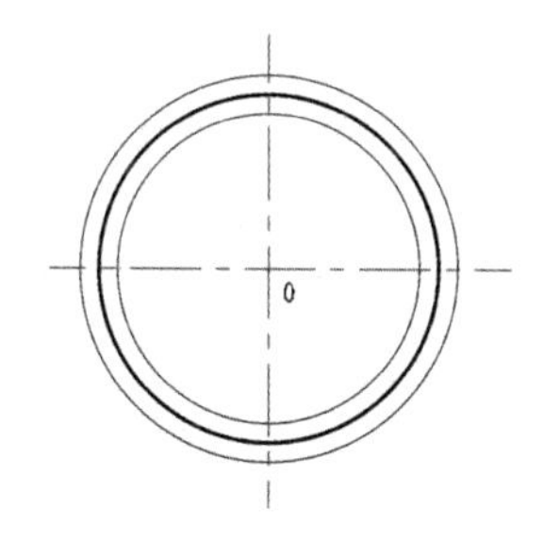

图15-29　绘制细实线圆

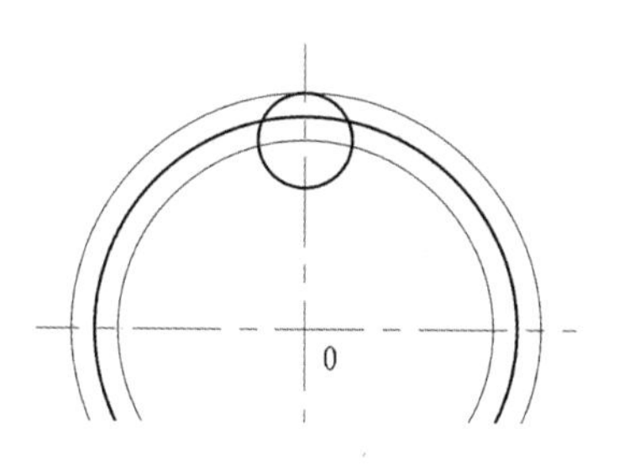

图15-30　绘制小圆

Note

Step 07 将当前层设置为“细实线”，鼠标右击“极轴”按钮，从弹出的快捷菜单中选择“设置”选项，在弹出的“草图设置”对话框中选择“极轴追踪”选项卡，设置增量角为 10，并选中“用所有极轴角设置追踪”单选项，如图 15-31 所示。

Step 08 将当前层切换为“中心线”层，画直线。直线一端为 O 点，另一点沿 80° 极轴追踪，结果如图 15-32 所示。然后将直线沿竖直中心线镜像，如图 15-33 所示。

Step 09 用刚绘制的两条辅助直线修剪小圆，并且删除半径为 20 的圆和辅助直线，结果如图 15-34 所示。

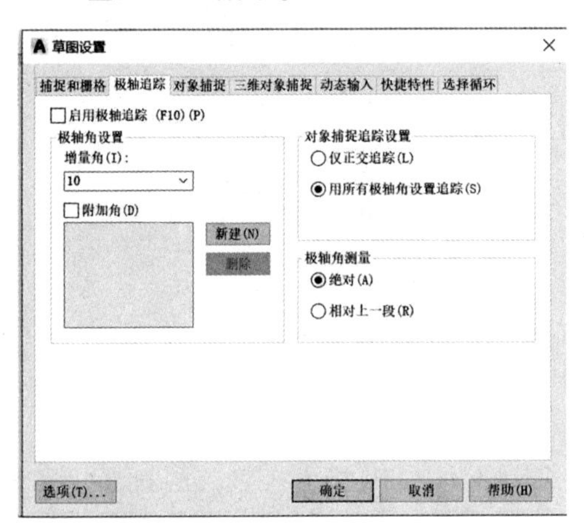

图 15-31　极轴追踪设置

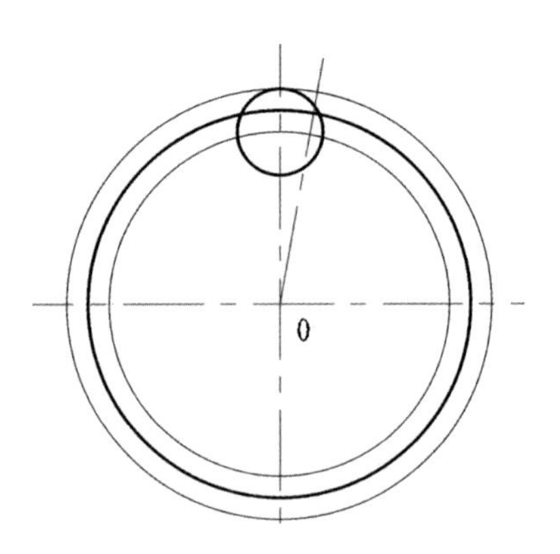

图 15-32　绘制辅助直线

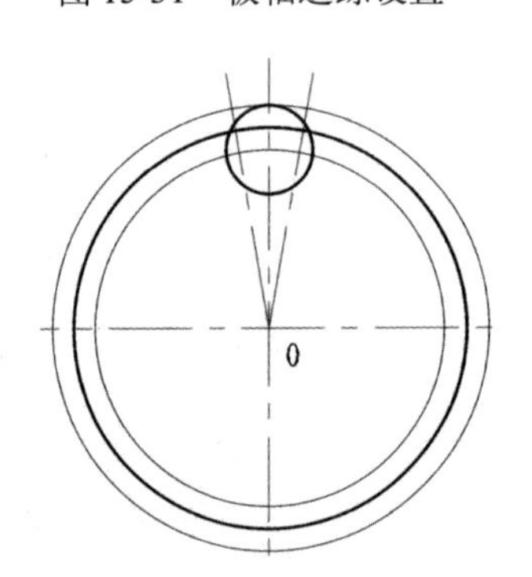

图 15-33　镜像辅助直线

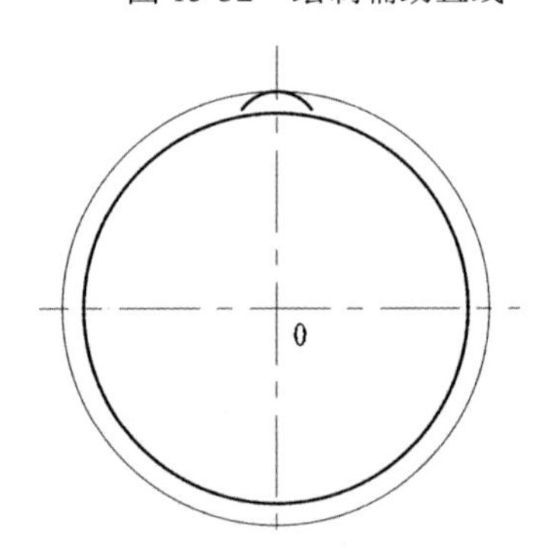

图 15-34　修剪并删除图线

Step 10 环形阵列修剪圆弧。单击功能区“默认”选项卡“修改”面板“阵列”下拉列表中的“环形阵列”命令，如图 15-35 所示。选圆弧为阵列对象，O 为阵列中心，阵列数量为 18，阵列角度为 360° ，结果如图 15-36 所示。

Step 11 将当前层转换为粗实线层，开始绘制左视图。用“Line”命令绘制竖直线 AB，然后执行“偏移”命令分别以距离 6.5、13.5、16、20、22 和 25 向右偏移绘出一系列直线，如图 15-37 所示。

Step 12 绘制水平平行线。执行“偏移”命令，以水平中心线为偏移对象，5、6、8.5、10、14 和 25 为偏移距离向上偏移直线，结果如图 15-38 所示。

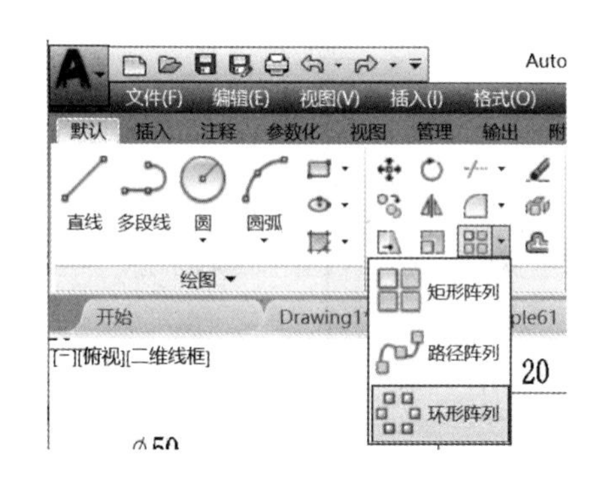

图 15-35　执行环形阵列命令

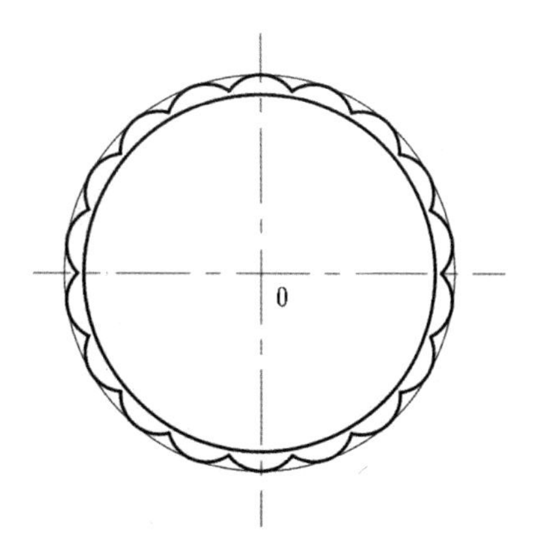

图 15-36　环形阵列结果

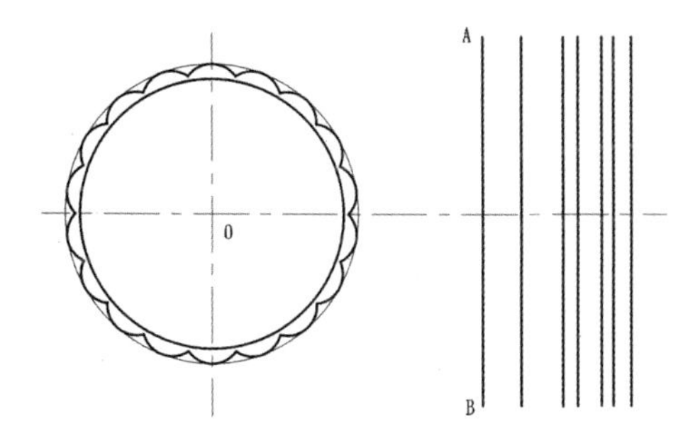

图 15-37　绘制竖直平行线

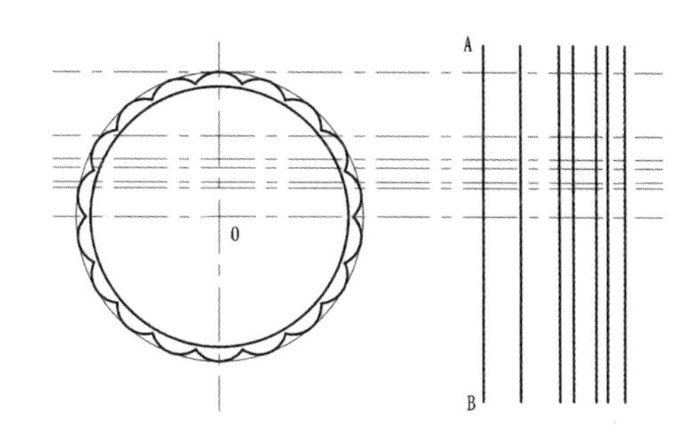

图 15-38　绘制水平平行线

Step 13　执行“修剪”命令，修剪出左视图轮廓，如图 15-39 所示。

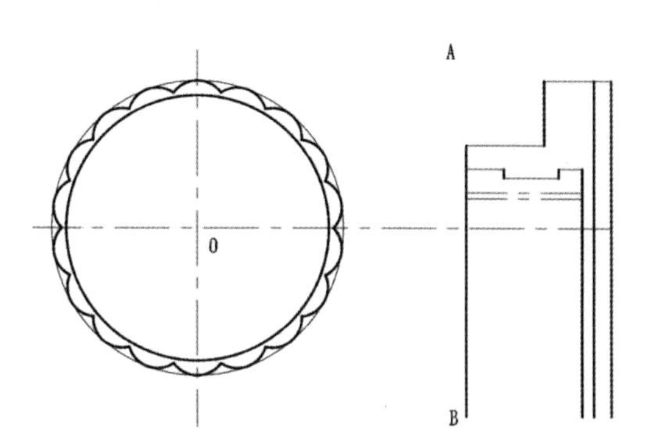

图 15-39　修剪结果

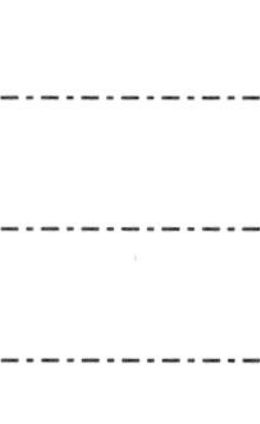

Step 14　利用“对象特性”将左视图中为中心线的轮廓线改成粗实线。选中直线，单击鼠标右键，在弹出的快捷菜单中选“对象特性”，在弹出的“特性”选项板中将直线的图层由“中心线”改为“粗实线”，结果如图 15-40 所示。

Note

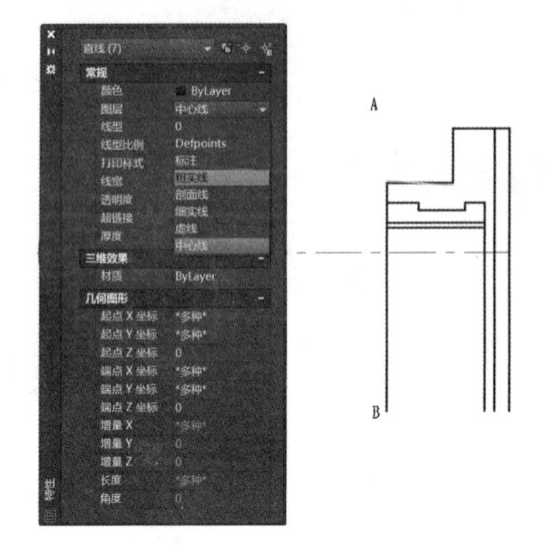

图 15-40　更改直线图层

Step 15 绘制辅助圆。以 O 为圆心，80 为半径画圆，如图 15-41 所示。

Step 16 移动刚绘制的圆，以圆上的 M 点为基点，N 点为目标点移动圆，如图 15-42 所示。

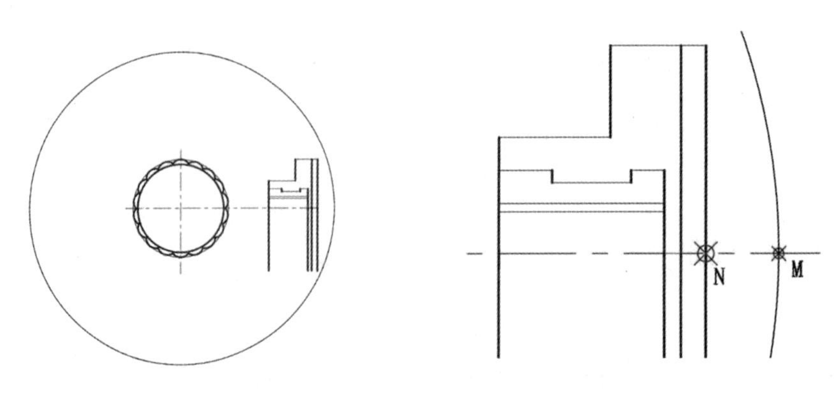

图 15-41　绘制辅助圆　　　　图 15-42　移动圆的位置

Step 17 修剪多余的线段，得到左视图图形轮廓，如图 15-43 所示。

Step 18 镜像轮廓，完成左视图。以水平中心线为对称轴，对称左视图上半图形，整理后的结果如图 15-44 所示。

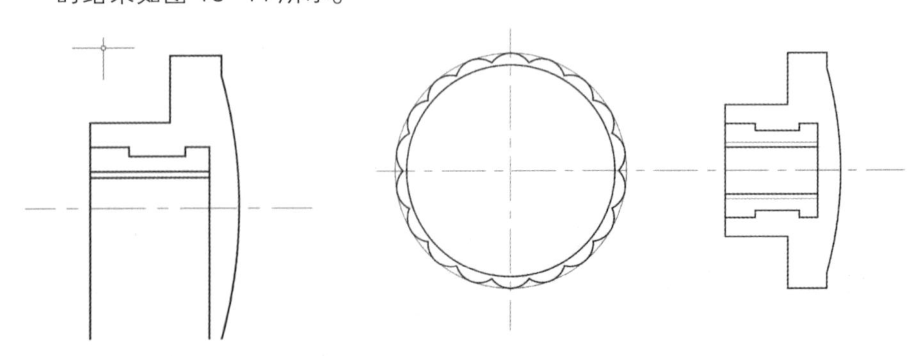

图 15-43　左视图轮廓　　　　图 15-44　修剪、删除后的图形

Step 19　绘制剖面线。将当前层设置为“剖面线”层，执行“图案填充”命令。图案名称选“ANSI31”,图案填充比例选 0.5，填充角度选 0° ，填充金属剖面线，如图 15-45 所示。另一区域进行非金属剖面线的填充。图案名称选“ANSI37”,图案填充比例选 0.5，填充角度选 0° ，完成结果如图 15-46 所示。

Note

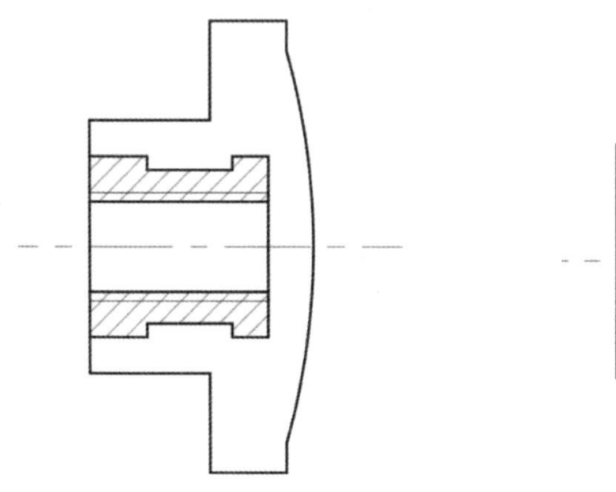

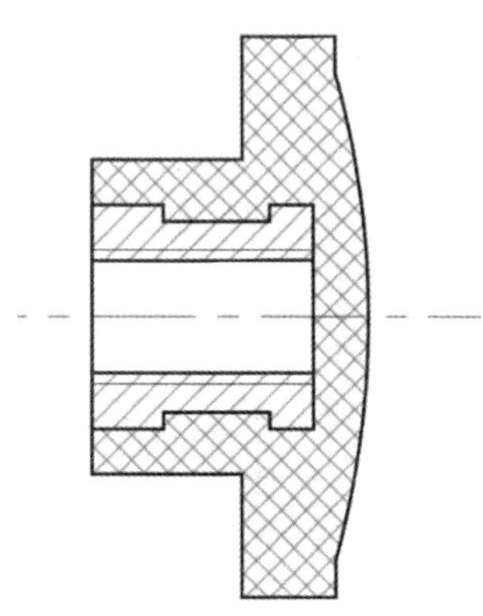

图 15-45　填充金属剖面线　　　　图 15-46　填充非金属剖面线

Step 20　打断水平中心线，完成图形的绘制，结果如图 15-47 所示。

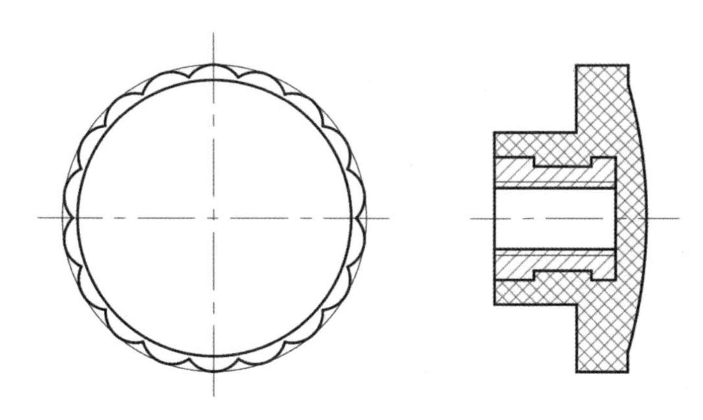

图 15-47　完成绘制后的图形

Step 21　将当前层设置为“标注”层，对图形进行标注。标注结果如图 15-23 所示。保存文件，结束操作。

15.3　尺寸标注的应用

本例将标注如图 15-48 所示阀盖的尺寸。在本例的尺寸标注中，需要用到线性尺寸标注、基准尺寸标注、直径尺寸标注、公差尺寸标注和几何公差尺寸标注。

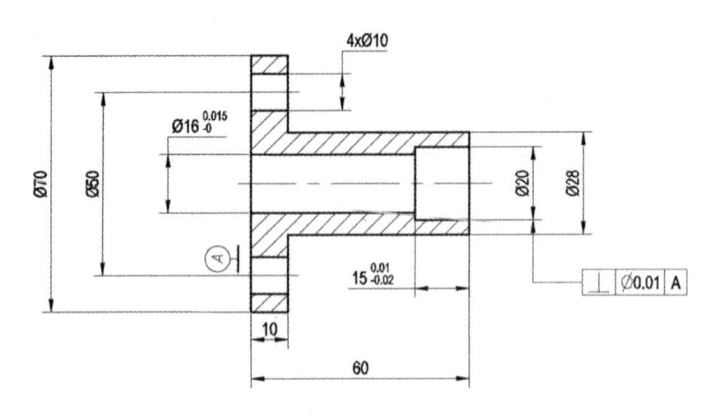

图 15-48　阀盖

Step 01 打开“阀盖.dwg”文件，设置标注样式。将标注样式中文字的宽度比例设置为 0.8，如图 15-49 所示。将当前层切换为“尺寸线层”。

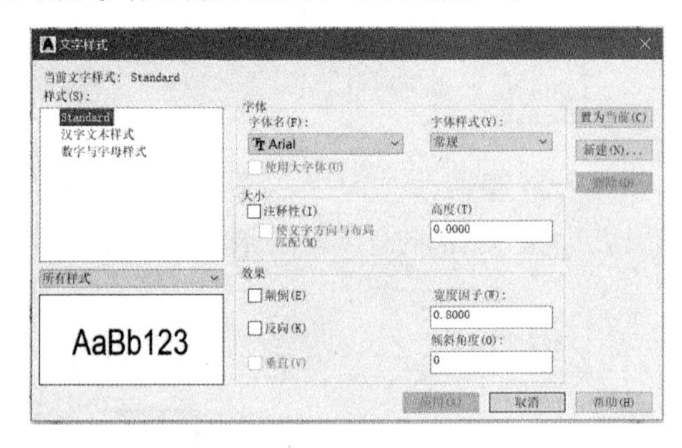

图 15-49　设置标注文字宽度比例

Step 02 标注线性尺寸。单击功能区“注释”选项卡“标注”面板中的“线性”按钮 线性，标注尺寸。分别单击需要标注尺寸的线段的两端点和指定尺寸线位置，完成标注，如图 15-50 所示。

Step 03 线性标注无公差的直径。单击功能区“注释”选项卡“标注”面板中的“线性”按钮 线性，标注尺寸。分别单击两小孔中心线的左侧端点后在命令行输入“T”然后回车，在弹出的文字输入处输入“%%c50”后回车，然后指定尺寸线位置，完成直径标注。用同样方法标出其他直径尺寸，结果如图 15-51 所示。

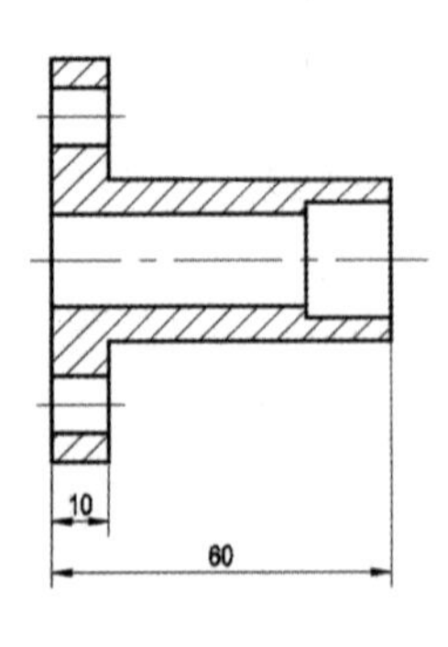

图 15-50　线性尺寸标注

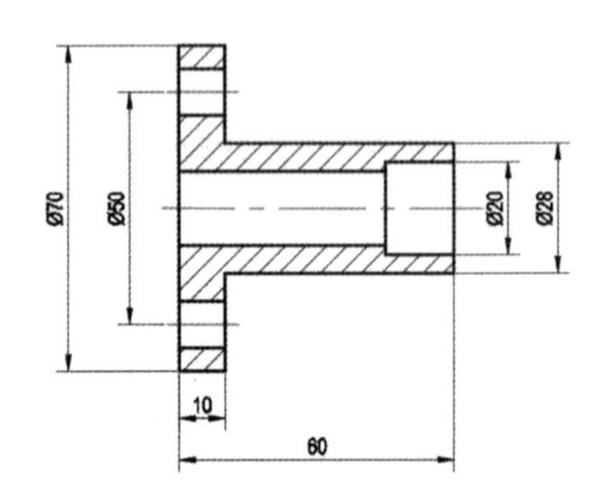

图 15-51　直径尺寸标注

Step 04 标注带公差的线性尺寸。单击功能区“注释”选项卡“标注”面板中的“线性”按钮 线性，标注尺寸。分别单击需要标注的孔长的两端点后在命令行输入“M”然后回车，在弹出的文字输入处输入字符“15 0.01^-0.02”，选中“0.01^-0.02”，单击鼠标右键，在弹出的快捷菜单中选择“堆叠”选项，完成文字编辑，然后指定尺寸线位置，完成带公差的线性尺寸标注，如图15-52所示。

Step 05 标注带公差的直径尺寸。单击功能区“注释”选项卡“标注”面板中的“线性”按钮 线性，标注尺寸。分别单击需要标注的孔径的两端点后在命令行输入“M”然后回车，在弹出的文字输入处输入字符“%%c16 0.015^-0”，选中“0.015^-0”，单击鼠标右键，在弹出的快捷菜单中选择“堆叠”选项，完成文字编辑，然后指定尺寸线位置，完成带公差的直径尺寸标注，如图15-53所示。

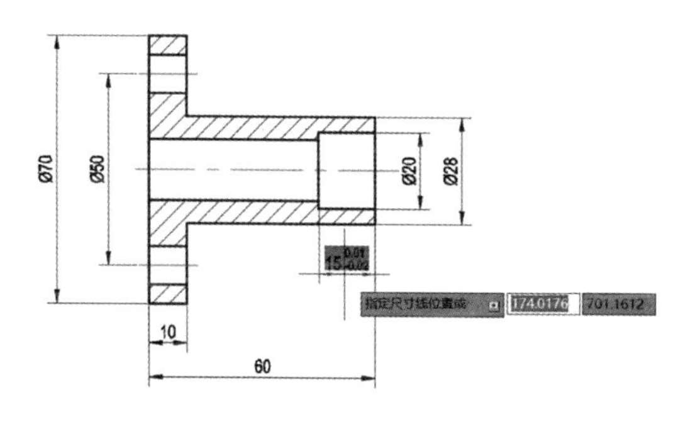

图15-52 带公差的线性尺寸标注

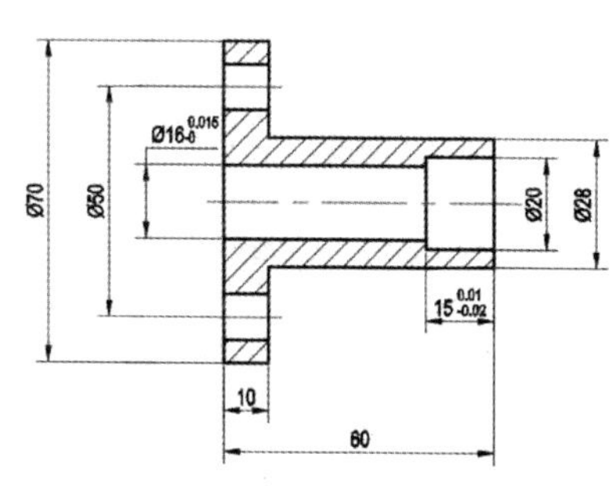

图15-53 带公差的直径尺寸标注

Step 06 标注带文字的直径。单击功能区“注释”选项卡“标注”面板中的“线性”按钮 线性，标注尺寸。分别单击需要标注的孔径的两端点后在命令行输入“T”然后回车，在弹出的文字输入处输入“4x%%c10”后回车，然后指定尺寸线位置，完成带文字的直径标注，如图15-54所示。

Step 07 基准符号的标注。单击功能区“插入”选项卡“块”面板中的“插入”按钮 插入，执行图块插入。单击选择“基准符号（一）”图块，然后在命令行输入“R”回车，输入“90”回车，然后指定图块插入位置，输入基准符号“A”后回车，完成基准标注，如图15-55所示。

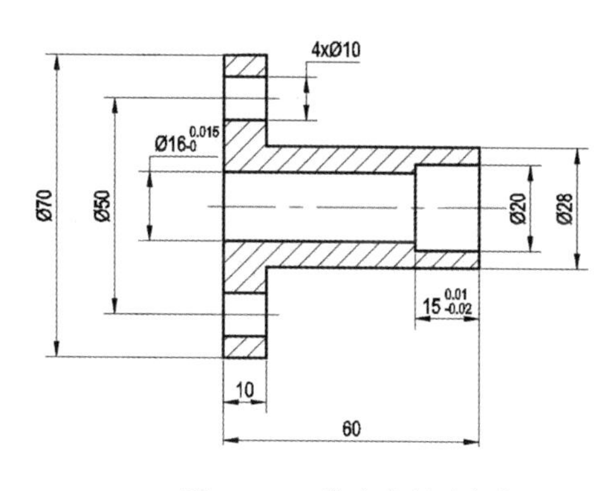

图15-54 带文字的直径标注

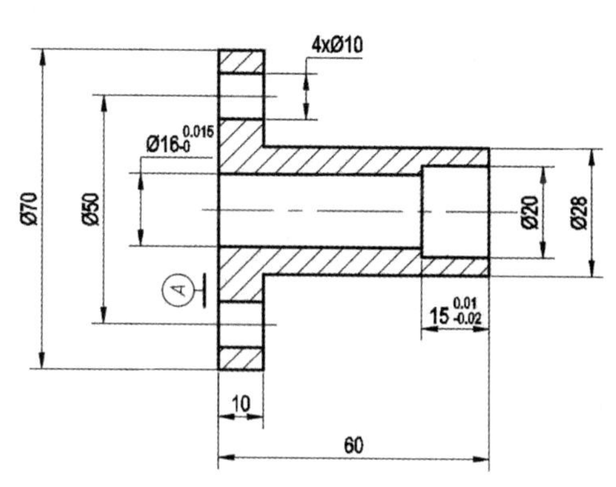

图15-55 基准标注

Note

Step 08 几何公差的标注。在命令行输入“QLEADER”回车，输入“S”回车，系统进行引线标注设置，在“注释”选项卡中选 ◉公差(T) 单选项，单击“确定”按钮。然后指定三个点标明指引线的位置，系统弹出“形位公差”对话框，对话框的设置如图 15-56 所示，单击“确定”按钮，完成标注，如图 15-57 所示。

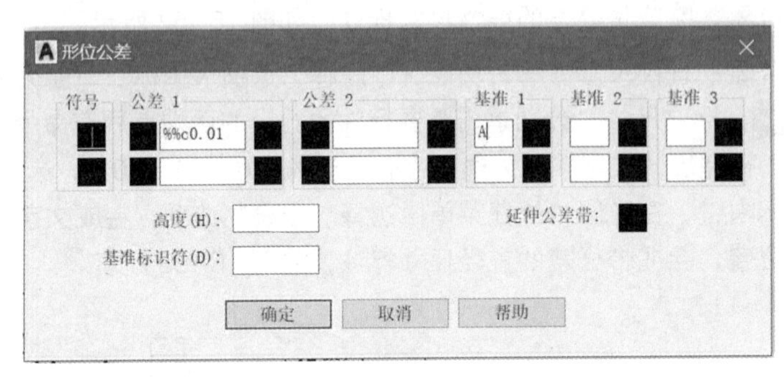

图 15-56　定义形位公差内容

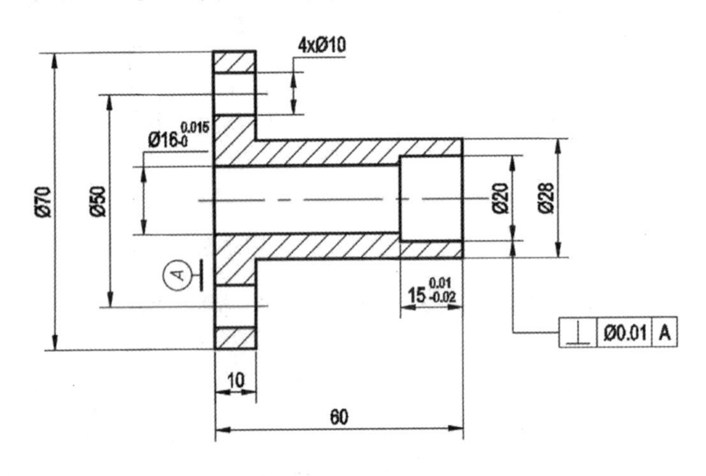

图 15-57　阀盖的尺寸标注

Step 09 保存图形。将图形命名为“阀盖尺寸标注.dwg”保存。

15.4 综合应用

本例综合应用 AutoCAD 2018 绘制如图 15-58 所示的联轴器零件图。

Step 01 新建图形文件与设置绘图环境。对于每次绘图来讲，绘图环境的设置都是必须的。如前所述，绘图时图层线型、颜色、线宽的设定及文字标注样式的设定、尺寸标注样式的设定、线型比例的设定等每次绘图都要进行。要绘制上面的零件图，还必须有符合国家标准要求的图幅与标题栏。在本例中，所有的设置完成后将文件保存为样板文件“A3 横幅.dwt”，以后绘制 A3 幅面横幅图时，新建图形时选“A3 横幅.dwt”为样板文件即可。

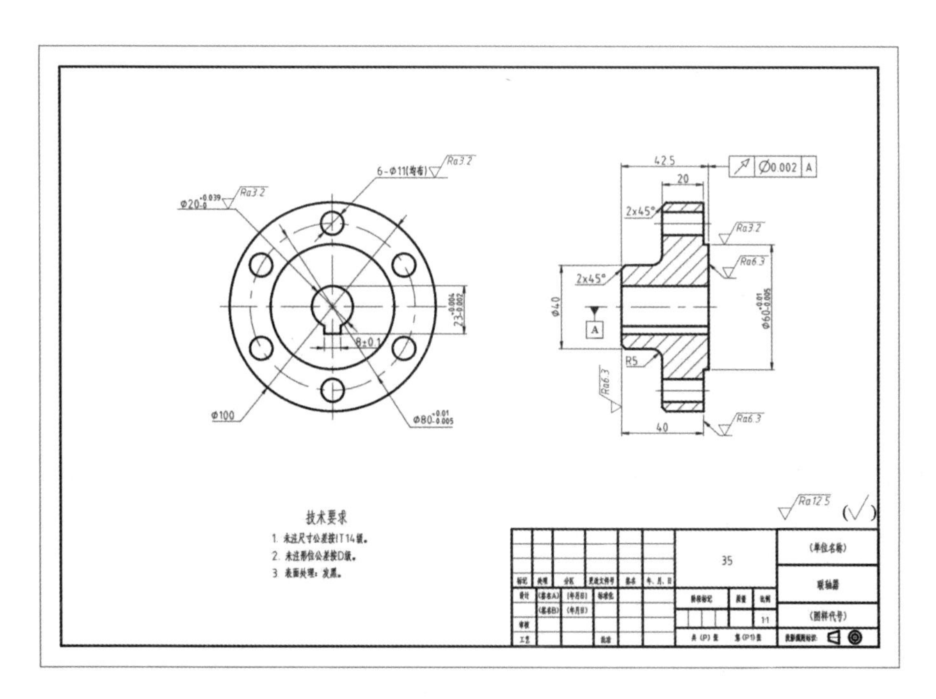

图 15-58　联轴器零件图

Step 02 绘制中心线。将当前图层切换为“中心线”层，打开“正交”模式，将工作空间设置成“草绘与注释”，执行“Line”命令绘制中心线，绘制结果如图 15-59 所示。

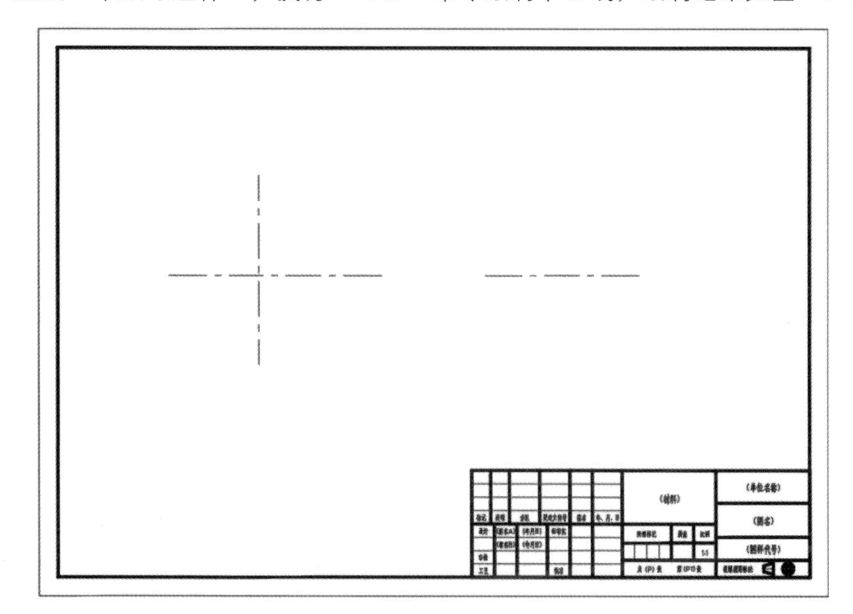

图 15-59　绘制中心线

Step 03 绘制中心线圆。利用圆命令绘制直径为 80 的圆，如图 15-60 所示。

Step 04 绘制粗实线圆。将当前层设置为“粗实线”层，绘制一系列粗实线圆，如图 15-61 所示。

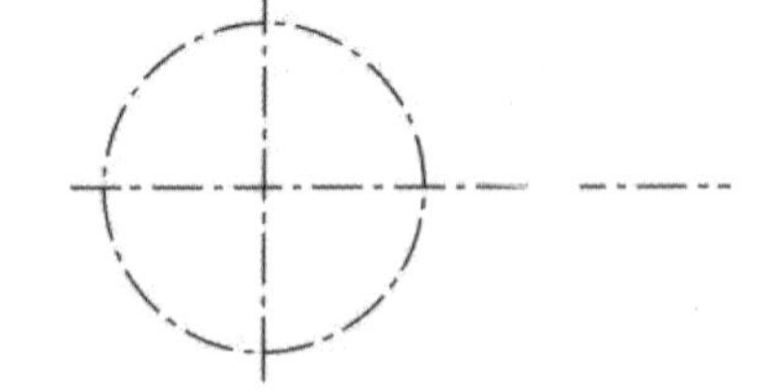

图 15-60　绘制中心线圆

图 15-61　绘制粗实线圆

Step 05 环形阵列小圆。执行“环形阵列”命令，绘出均匀分布的 6 个小圆，如图 15-62 所示。

Step 06 绘制键槽。利用“偏移”命令确定键槽形状，如图 15-63 所示。修剪掉多余的线以后，利用“对象特性”将键槽图线由中心线型修改为粗实线型，如图 15-64 所示。

Step 07 绘制左视图图形。将当前层设置成粗实线层，绘制一条竖直直线，并偏移 40，得到轮廓左右范围线，如图 15-65 所示。

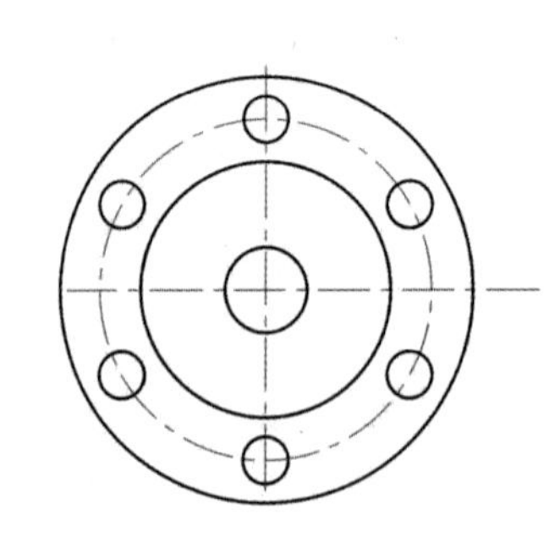

图 15-62　环形阵列结果

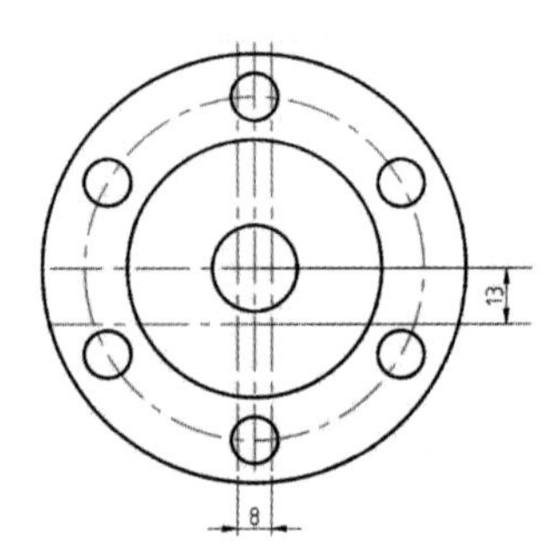

图 15-63　绘制偏移线

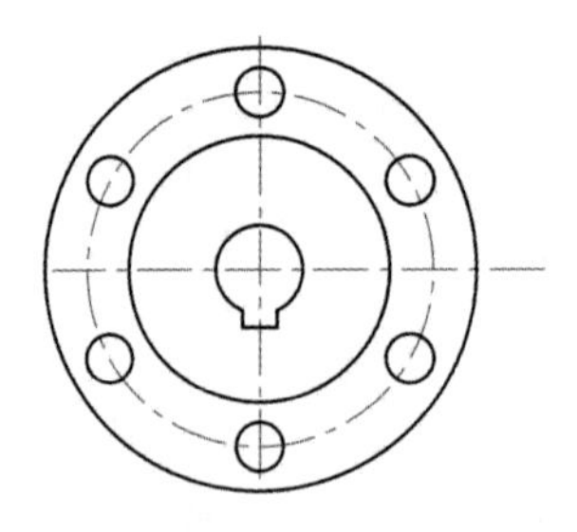

图 15-64　绘制键槽

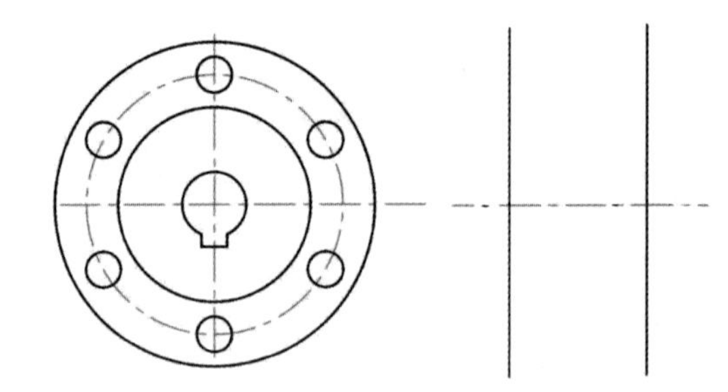

图 15-65　绘制左视图轮廓

Step 08 将当前层切换为构造线层，根据投影关系绘制水平构造线，如图 15-66 所示。

Step 09 偏移竖直直线，并修剪出轮廓及更改线型。结果如图 15-67 所示。

Step 10 镜像操作，得到联轴器左视图下半部分，并修剪多余的线条，结果如图 15-68 所示。

Step 11 倒圆角与倒方角。执行倒圆角命令，圆角半径为 5。执行倒方角命令，倒角距离为 2，结果如图 15-69 所示。

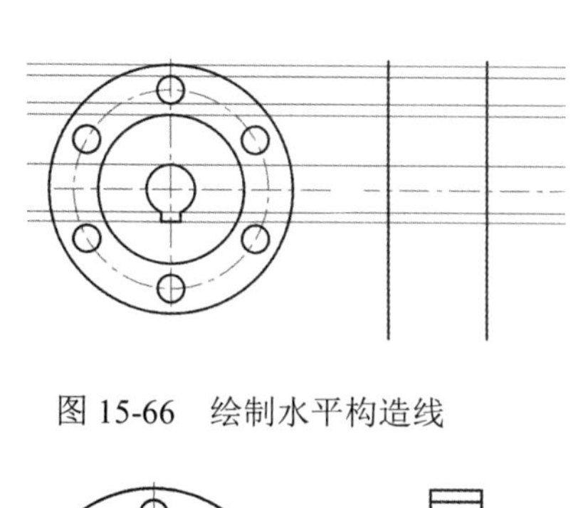

图 15-66　绘制水平构造线

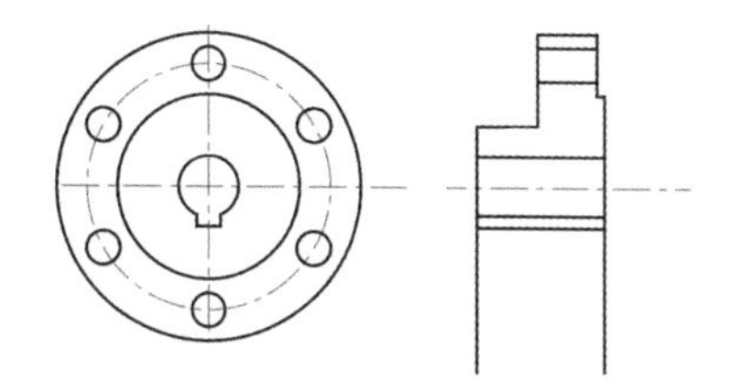

图 15-67　修剪线段及更改线型

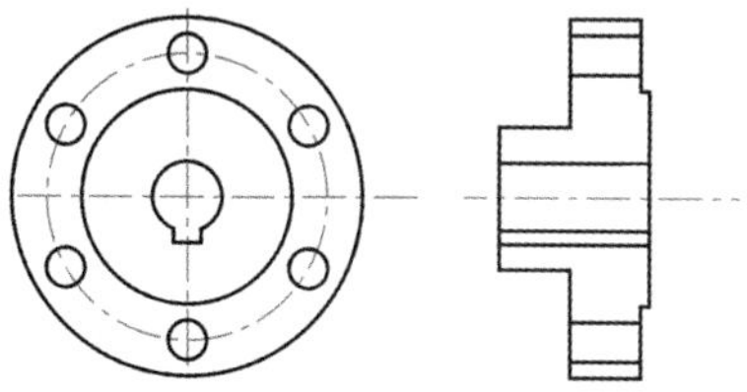

图 15-68　镜像、修剪结果

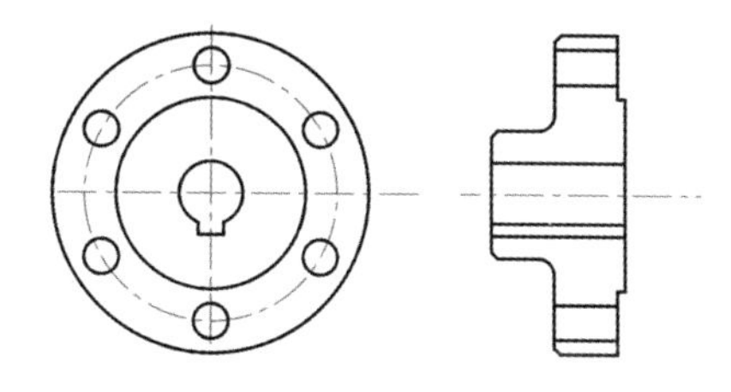

图 15-69　倒角

Step 12 绘制小孔中心线。切换当前层到“中心线”层，使用对象追踪功能画出左视图两小孔的中心线，结果如图 15-70 所示。

Step 13 绘制剖面线。将当前层切换到“标注及剖面线”层，执行图案填充命令。在“图案填充”选项卡中“类型和图案”选项组的“图案”下拉列表框中选择“ANSI31”，在“角度和比例”选项组中将角度设置为 0，比例设置为 1.2，填充结果如图 15-71 所示。

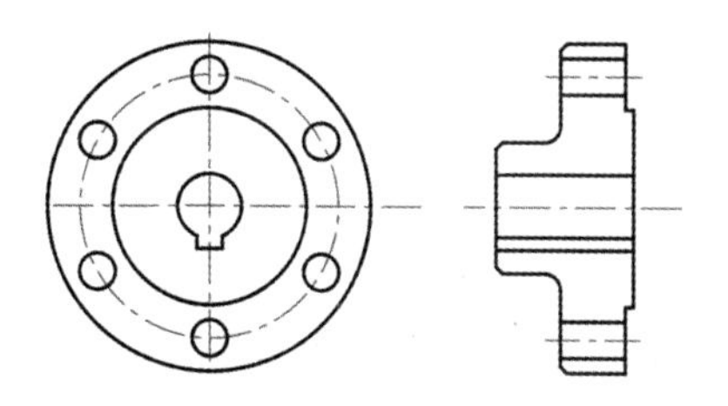

图 15-70　绘制小孔中心线

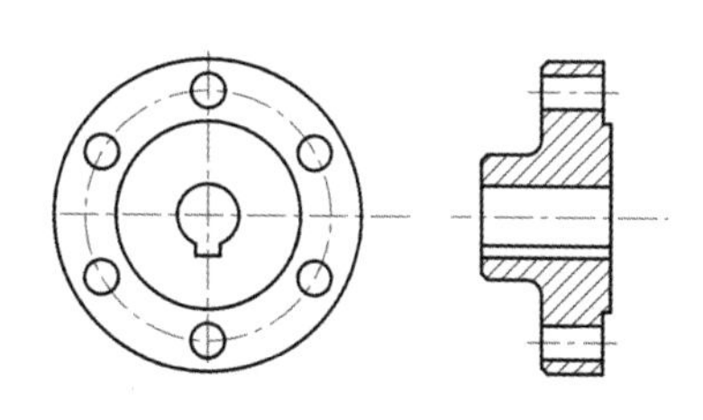

图 15-71　绘制剖面线

Step 14 标注基本尺寸。确保“标注及剖面线”层为当前层，将功能区的选项卡切换到“注释”，设置文字样式为“BD-5”，标注样式为“ISO-25”，如图 15-72 所示。

图 15-72　指定标注相关样式

分别执行“标注”面板中的相关命令进行图形基本尺寸的标注，结果如图 15-73 所示。

Note

Step 15 倒角的标注。在命令行输入“LEADER”回车，指定引线的第一点和第二点，然后输入“A”回车，输入字符“2x45%%d”回车，完成倒角标注。利用半径标注命令标注 R5 的倒圆，标注完成如图 15-74 所示。

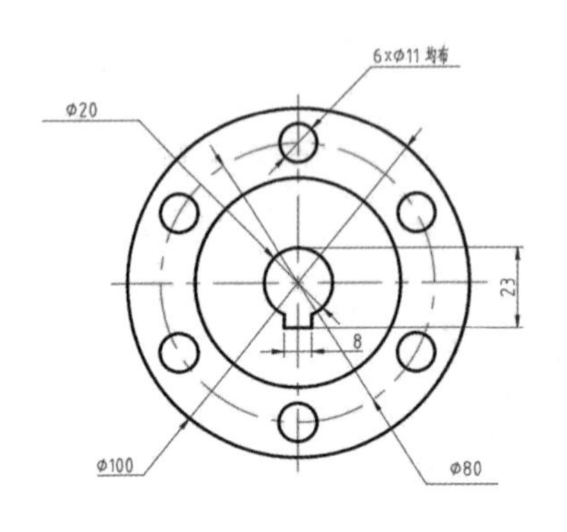

图 15-73　标注基本尺寸

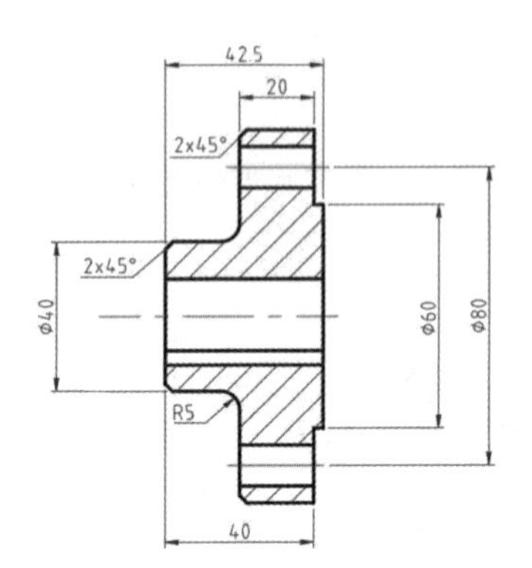

图 15-74　倒角的标注

Step 16 添加尺寸公差。利用对象特性给选定的尺寸添加公差。选中 Φ80 尺寸，如图 15-75 所示，鼠标右击，在弹出的快捷菜单中单击“特性”选项，弹出特性选项板，在“公差”区域设置相关的公差，如图 15-76 所示。用同样的方法可以对另外两个尺寸添加公差，结果如图 15-77 所示。

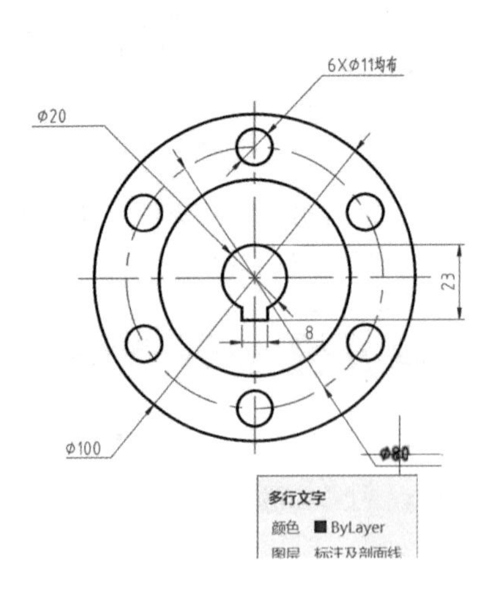

图 15-75　选定尺寸设置公差

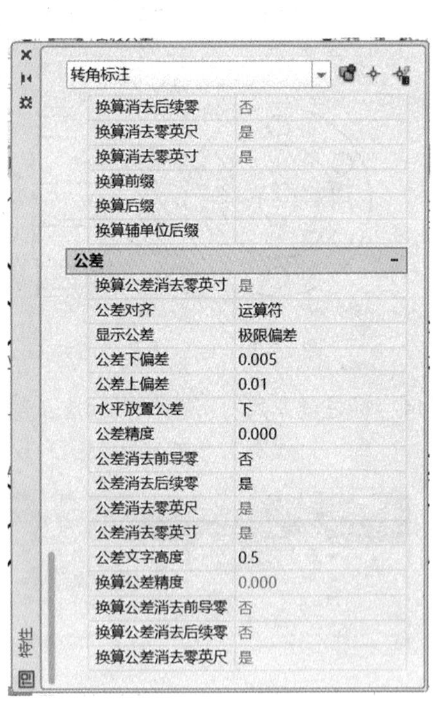

图 15-76　尺寸公差设置

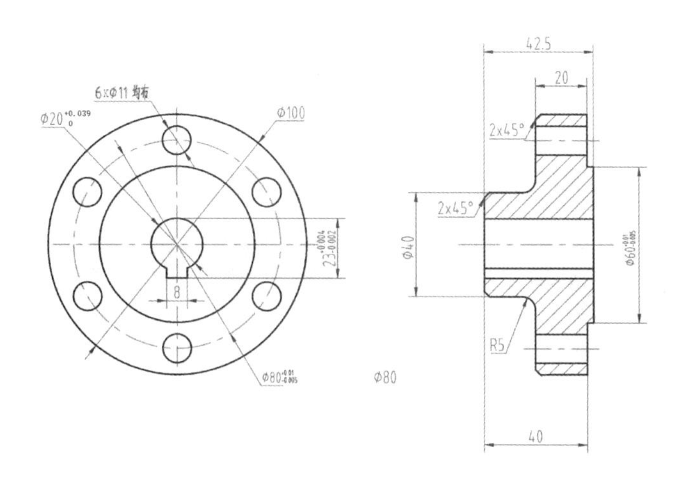

图 15-77 添加尺寸公差

Step 17 表面粗糙度标注。表面粗糙度已经做成了一个带属性的块，块名为“粗糙度”。在功能区的“插入”选项卡中单击“插入”按钮，如图 15–78 所示，选“粗糙度”块，给出插入基点、插入角度和比例，输入粗糙度数值，完成标注，如图 15–79 所示。

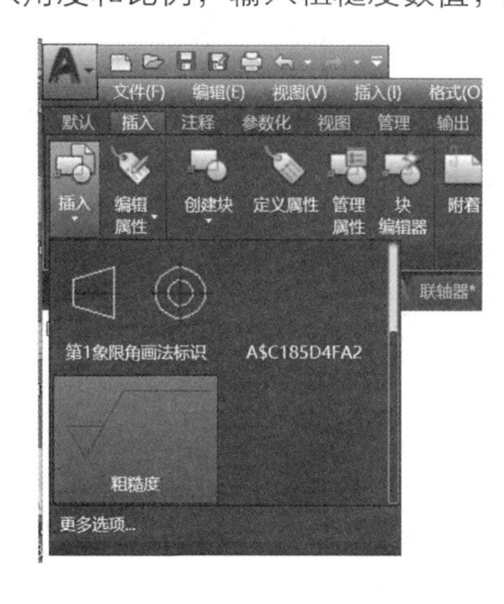

图 15-78 选择粗糙度块

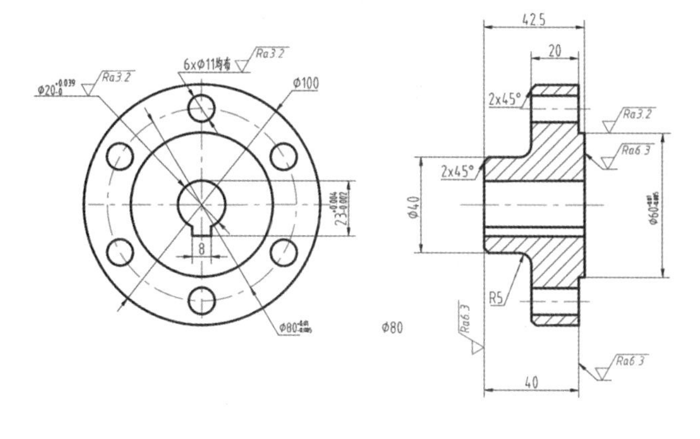

图 15-79 粗糙度标注

Step 18 标注几何公差。执行“QLEADER”命令进行引线标注。执行命令后按提示首先给出指引线的两个端点，然后按回车，系统弹出“形位公差”对话框，具体设定如图 15-80 所示，点“确定”按钮完成标注，如图 15-81 所示。

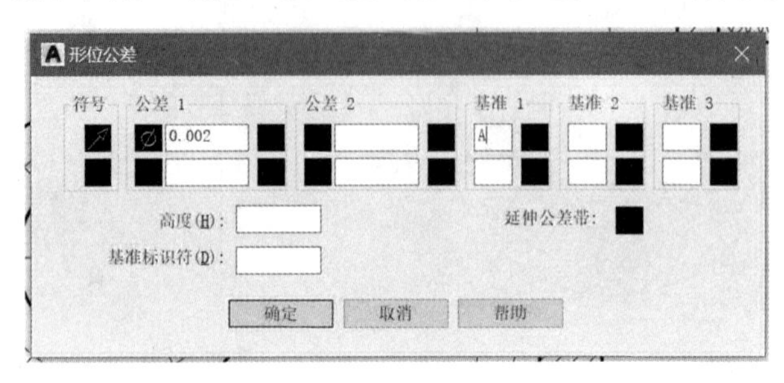

图 15-80　定义形位公差

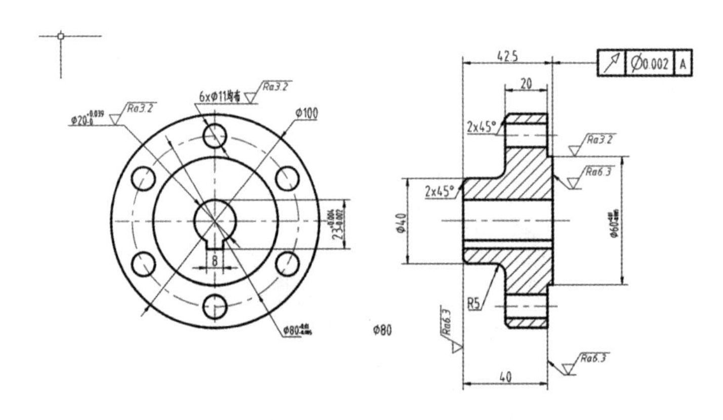

图 15-81　几何公差标注

Step 19 基准符号和其余表面质量符号的标注。几何公差的基准符号已经做成带属性的块，名字为“基准”，在需要的地方插入该块即可。其余表面质量的粗糙度符号应该比图面的标注要大一些，因此插入粗糙度块时取 1.2 的比例标出，放置在标题栏上的右上角，完成后如图 15-82 所示。

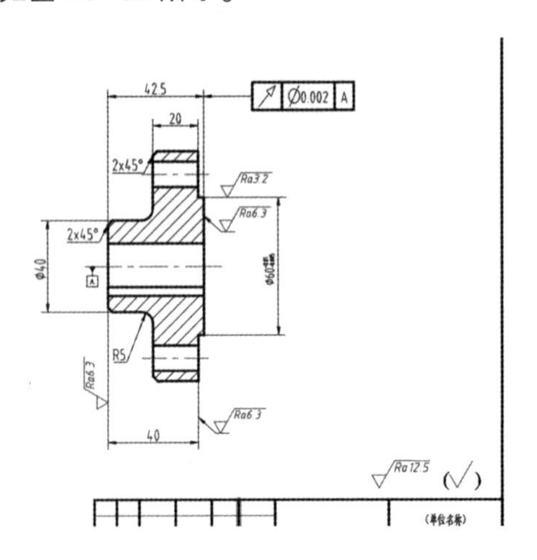

图 15-82　基准与其余表面质量标注

Step 20 填写技术要求和标题栏。利用“文字标注”命令在图上填写技术要求，并且填写好标题栏，如图 15-83 所示。

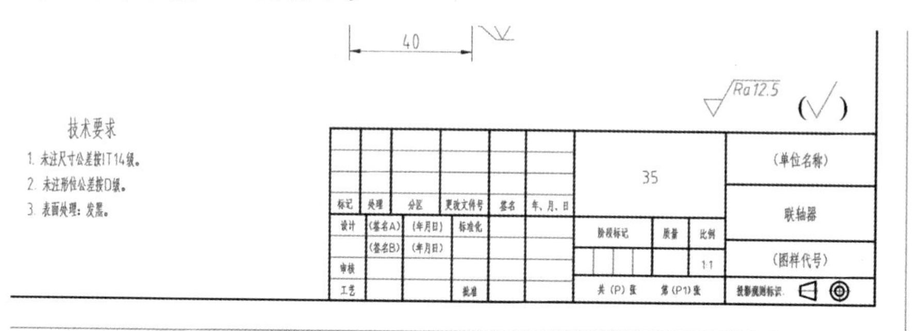

图 15-83　填写技术要求与标题栏

Step 21 最后检查，完成联轴器零件图的绘制并保存。最终完成的零件图如图 15-84 所示。

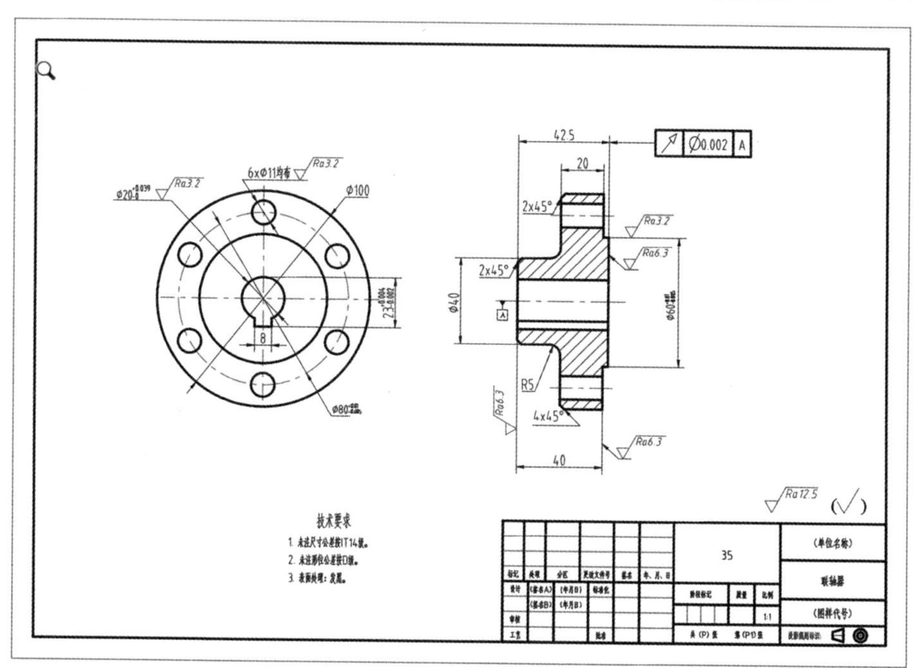

图 15-84　联轴器零件图

第16章

常见工程图的绘制

16.1 机械图的绘制

机械图是用来确切表示机械的结构形状、尺寸大小、工作原理和技术要求的图样。图样由图形、符号、文字和数字等组成，是表达设计意图和制造要求以及进行经验交流的技术文档。

机械图样主要有零件图和装配图，此外还有布置图、示意图和轴测图等。机械图的绘制是工程设计的主要部分，也是最耗时的部分，是整个工程设计的核心之一，绘图过程的快慢对工程设计的效率有非常大的影响。所以，一名合格的设计人员应该熟练掌握 CAD 工程图的绘制，提高设计效率。

16.1.1 零件图的绘制

零件图是用于表达零件结构形状、大小和技术要求的图样，又是指导生产和检验零件的主要图样，其中包含了制造和检验零件的全部技术要求和设计信息，是生产中的重要技术文件。它除了要将零件的内外结构、形状和大小表达清楚，还要对零件的材料、加工、检验和测量提出必要的技术要求。一张完整的零件图一般应包含四项内容，即一组视图、完整的尺寸、技术要求和标题栏。

1．零件图绘制的过程

在绘制零件图时，必须遵守机械制图国家标准的规定。下面是零件图一般绘图过程及需要注意的一些基本问题。

（1）创建零件图模板。

在绘制零件图之前，应根据图纸幅面大小和格式的不同，分别创建符合机械制图国家标准的机械图样模板，其中包括图纸幅面、图层、使用文字的一般样式和尺寸标注的一般样式，以及符合国标要求的标题栏等。这样在绘制零件图时，就可以直接调用创建好的模板进行绘图，有利于提高工作效率。

（2）绘制零件图。

在绘制过程中，应根据结构的对称性、重复特性等，灵活运用镜像、阵列、复制等编辑命令，以避免重复劳动，从而提高绘图效率；同时还要利用正交、对象捕捉、对象追踪等功能命令，以保证绘图的精确性和效率。

（3）添加工程标注。

可以首先添加一些操作比较简单的尺寸标注，例如线型标注、角度标注、直径和半径标注等；然后添加复杂的标注，例如尺寸公差标注、几何公差标注及表面粗糙度标注等；最后注写技术要求，填写标题栏并保存图形文件。

2．零件图绘制方法

绘制零件图时要保证视图布局清晰且符合“三等”投影规律，即“长对正，高平齐，宽相等”的原则。使用 AutoCAD 绘制零件图保证投影关系的方法有坐标定位法、辅助线法和对象捕捉追踪法等。下面对其进行简要说明。

（1）坐标定位法。

在绘制一些大而复杂的零件图时，为了满足图面布局及投影关系的需要，经常通过给定视图中各点的精确坐标值来绘制作图基准线，以确定各个视图的位置，然后再综合运用其他方法完成图形的绘制。该方法的优点是绘制图形比较准确，但计算各点的精确坐标值比较费时。

（2）辅助线法。

通过构造线命令，绘制一系列的水平与垂直辅助线，以保证视图之间的投影关系，并利用图形的绘制与编辑命令完成零件图。

（3）对象捕捉追踪法。

利用 AutoCAD 提供的对象捕捉与对象追踪功能，来保证视图之间的投影关系，并利用图形的绘制与编辑命令完成零件图。

3．零件图上的标注

（1）尺寸标注。

为了合理地标注尺寸，必须对零件进行结构分析，根据分析先确定尺寸基准，然后选择合理的标注形式，结合零件的具体情况标注尺寸。

（2）尺寸公差标注。

为了标注出带有公差的尺寸，一种是直接输入尺寸公差标注。第二种是使用“特性”选项板添加尺寸公差。

（3）表面粗糙度标注。

我国《机械制图》标准规定了表面粗糙度符号，但在 AutoCAD 中并没有提供这些符号。一般是将表面粗糙度符号定义为带有属性的块再进行标注。按照 8.1 节的方法创建表面粗糙度符号及块，之后在需要的地方插入该块，指定插入点，再根据命令行输入属性值的提示，输入要标注的表面粗糙度值。

（4）基准符号与几何公差的标注。

在零件图的工程标注中还有几何公差的基准符号，如图 16-1 所示。可以参照标注表面粗糙度符号的方法，将基准符号创建为一个带属性的图块，以后使用时插入即可。

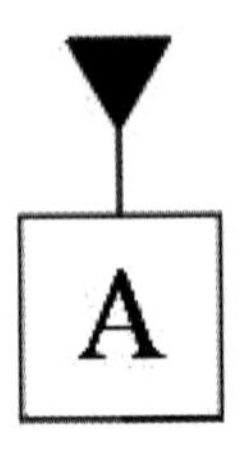

图 16-1　基准符号

零件图中几何公差的标注分两种情况：带引线的几何公差标注与不带引线的几何公

Note

差标注。直接利用 AutoCAD 的标注命令就可以完成标注。

下面介绍利用上述方法绘制如图 16-2 所示的座体零件图的操作过程。

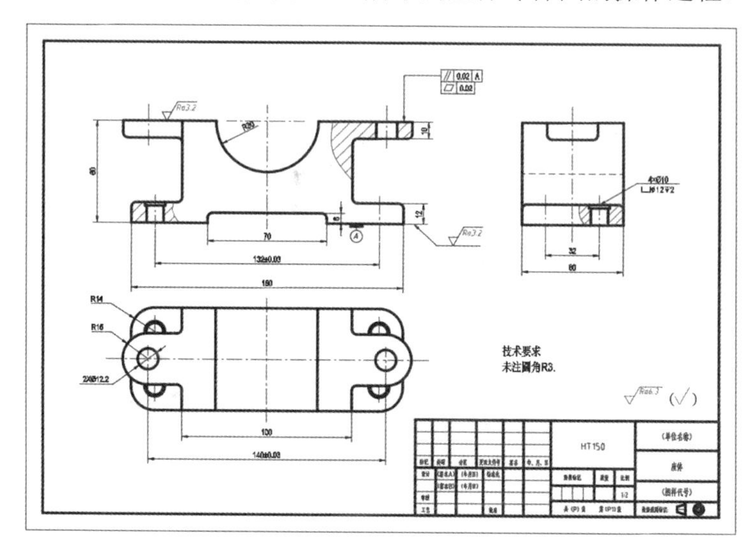

图 16-2　座体零件图

Step 01 建立新图，设置绘图环境。如前面所述，进行绘图前都必须根据要求设置绘图环境。比如设置文字样式、设置尺寸标注样式、设置图层颜色与线型线宽、设置国家标准要求的图纸幅面格式和标题栏等。这些设置做好之后，保存为样板，命名为“A3 横幅.dwt”。绘制零件图时选它做模板，建立新图，如图 16–3 所示。

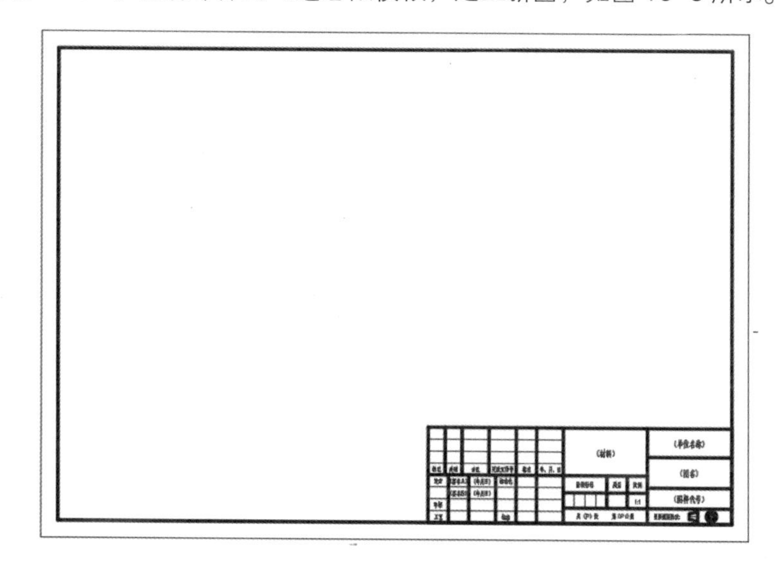

图 16-3　A3 横幅图纸

Step 02 在图纸幅面内绘制中心线。将当前层切换为“中心线”层，绘制中心线，确定三视图位置，如图 16–4 所示。

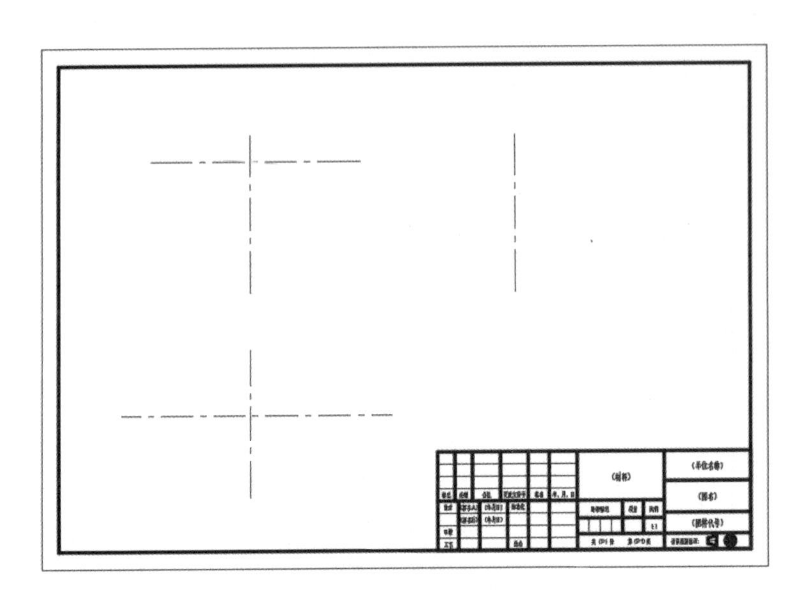

图 16-4　绘制中心线

Step 03　绘制主视图。根据给定的尺寸，利用绘制直线和圆等的命令绘制一半图形，再镜像，最后绘制剖面部分，如图 16-5 所示。

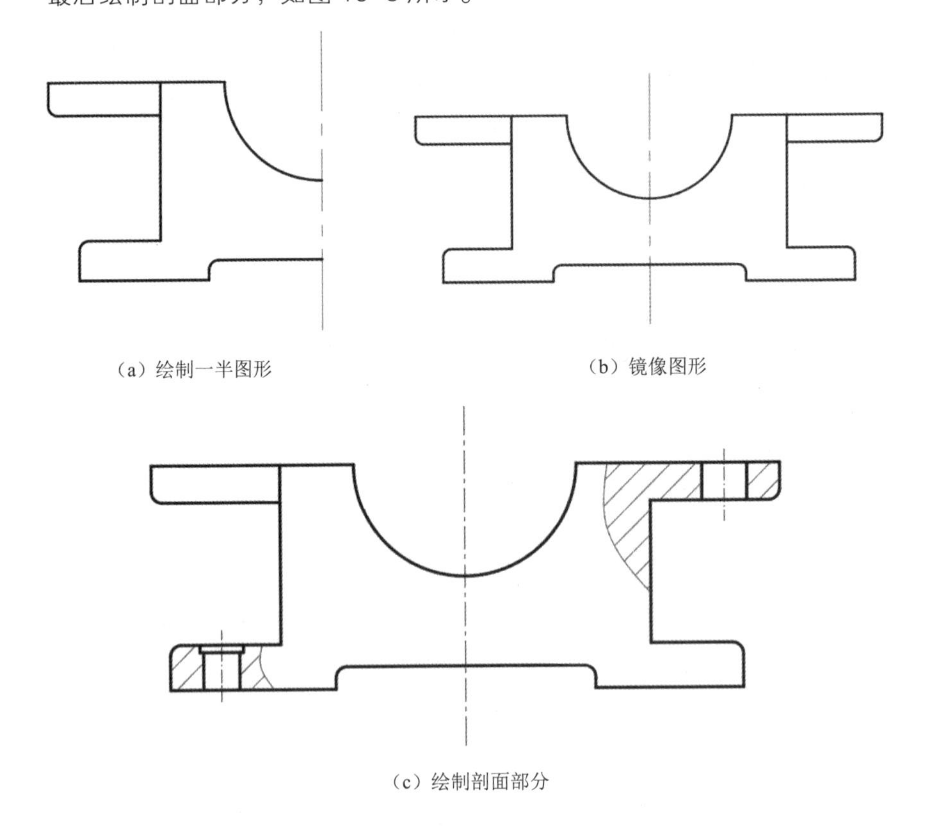

（a）绘制一半图形　　（b）镜像图形

（c）绘制剖面部分

图 16-5　主视图的绘制

Step 04　绘制左视图。将当前层设置为“粗实线”层，打开正交方式和极轴追踪方式，根据投影关系绘制四条水平线，然后根据宽度尺寸绘制轮廓，完成左视图的绘制，如图 16-6 所示。

Note

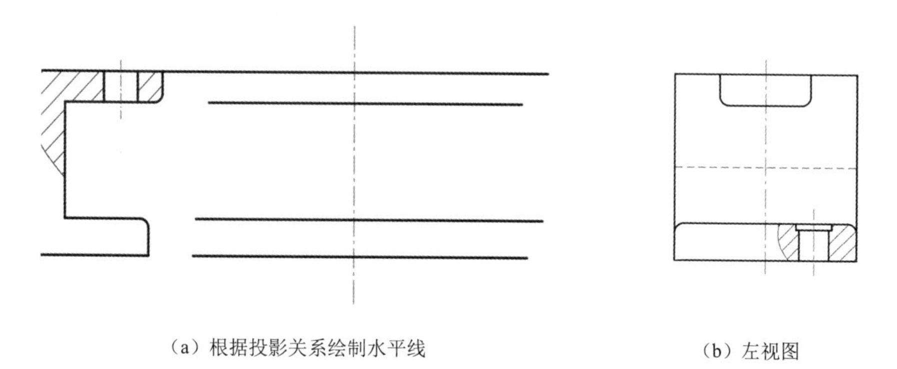

（a）根据投影关系绘制水平线　　（b）左视图

图 16-6　左视图的绘制

Step 05 绘制俯视图。首先根据投影关系绘出俯视图轮廓，然后完成俯视图的绘制，如图 16-7 所示。

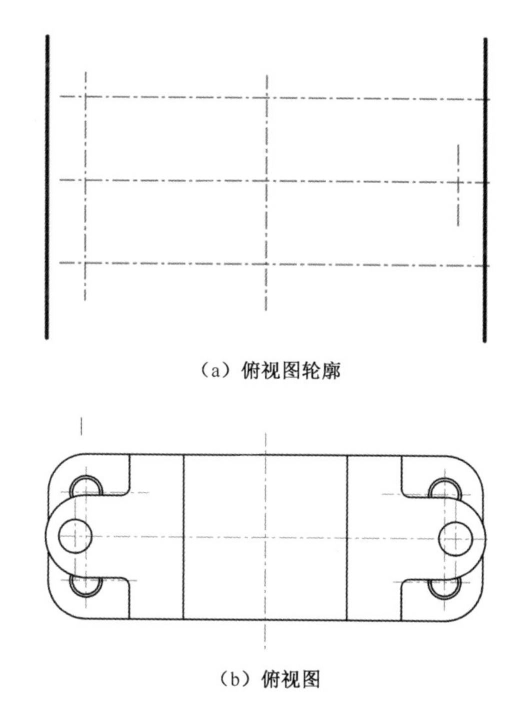

（a）俯视图轮廓

（b）俯视图

图 16-7　俯视图的绘制

Step 06 零件图标注。利用线性尺寸标注命令标注线性尺寸及公差；利用几何公差标注命令标注几何公差；插入基准符号块标注基准；插入粗糙度块标注表面粗糙度；用文字标注命令标注技术要求，结果如图 16-8 所示。

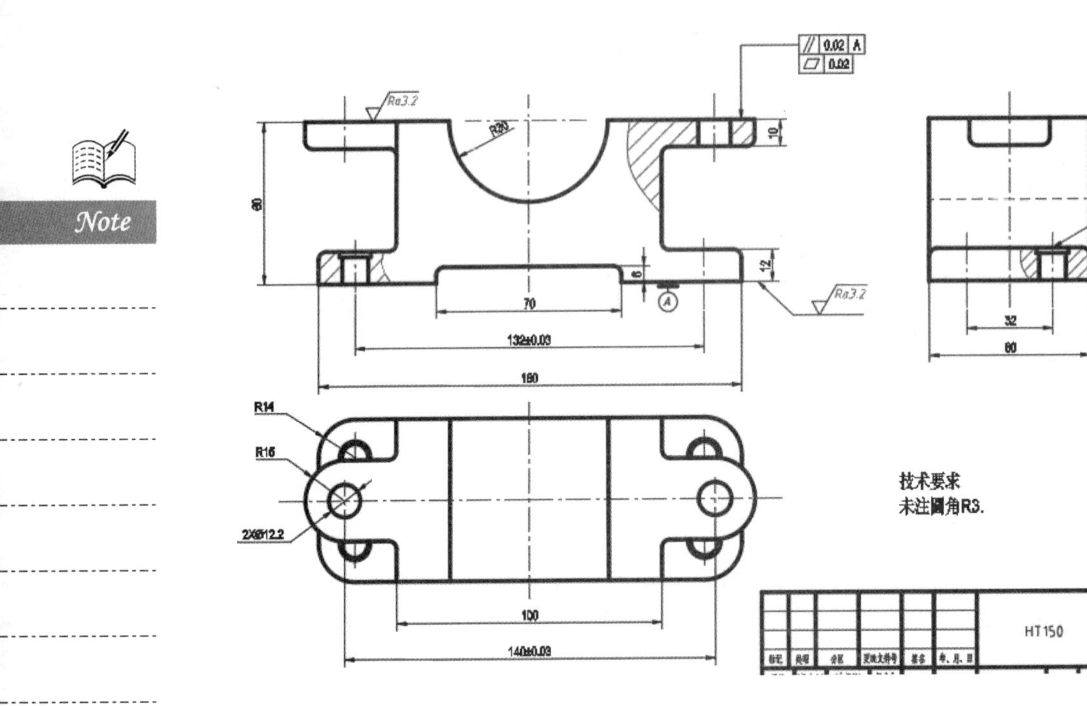

图 16-8　座体零件图标注

Step 07　填写标题栏并保存文件，最终完成结果如图 16-2 所示。

16.1.2　装配图的绘制

装配图是用来表达部件或机器的工作原理、零件之间的装配关系和相互位置以及装配、检验、安装所需的尺寸数据的技术文件。装配图的绘制一般是根据已完成的零件图来拼画的。

（1）装配图的绘制方法。

如果已经有机器或部件的所有零件图，绘制装配图时可以用“复制—粘贴法”，将各零件图复制粘贴到装配图中，按装配关系修改粘贴后的图形得到装配图；也可以用插入图块的方法绘制装配图，将各零件图分别定义成块，用插入图块的方法分别将各零件块插入再将块打散，按装配关系修改图形而绘出装配图；还可以用插入文件的方法绘制装配图，分别将各零件图插入（在“插入”图块对话框中单击“浏览”按钮，再选择文件），将文件打散，按装配关系修改图形，绘出装配图。

（2）装配图的标注。

装配图的标注和零件图的标注基本一致，前面在零件图的绘制部分详细介绍了标注，装配图的标注可参照零件图的标注，明细表可以用表格命令绘制，零部件编号可以用标注的方法绘制，这里不再做详细说明。

下面介绍利用上述方法绘制如图 16-9 所示的千斤顶装配图的操作过程。

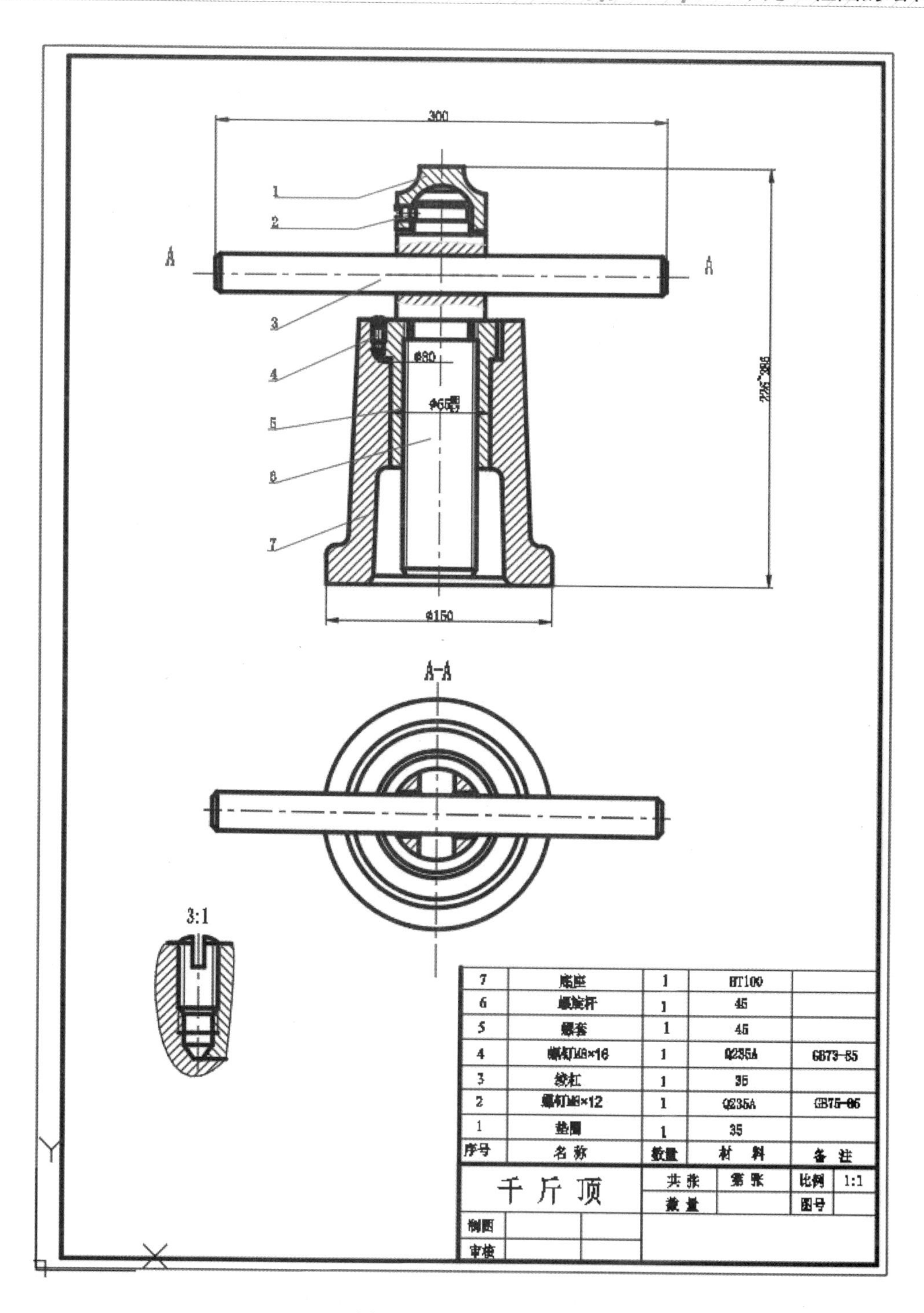

图 16-9　千斤顶装配图

Step 01 建立新图，设置绘图环境。根据要求设置好绘图环境，保存为样板文件，名为“A2竖幅.dwt”。绘制装配图建立新图时选它做模板，建立新图，如图 16-10 所示。

图 16-10　建立装配图图纸

Step 02 在图纸幅面内绘制中心线，布置图面。将当前层切换为“中心线”层，绘制中心线，确定装配图视图位置，如图 16-11 所示。

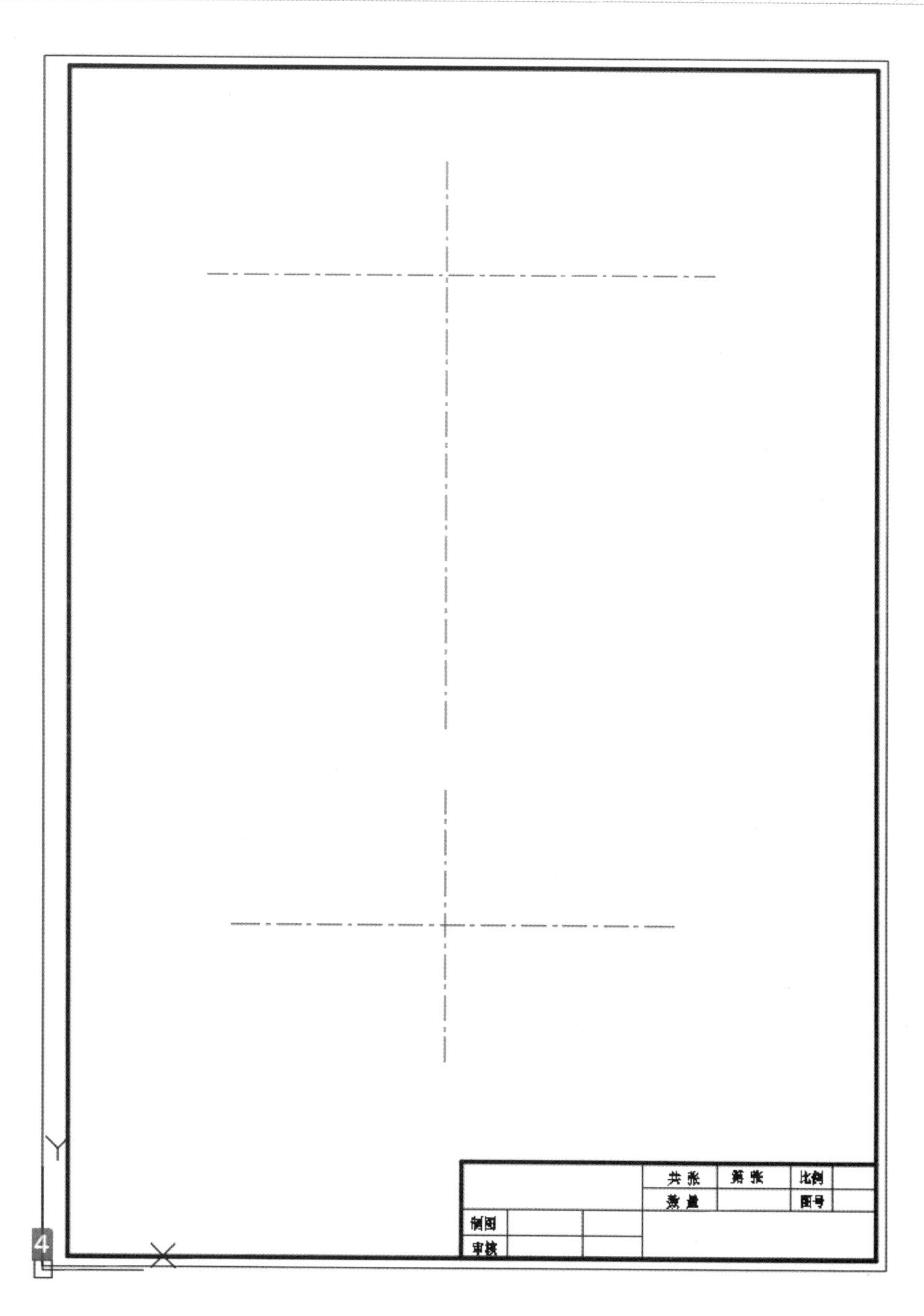

图 16-11　绘制中心线布图

Step 03 打开千斤顶的所有零件的零件图，根据零件间的安装关系，将每个零件的视图复制粘贴到装配图的相应位置上（利用带基点复制命令）。

（1）将底座零件图粘贴到装配图中，如图 16-12 所示。

（2）将螺套放入座体中，如图 16-13 所示。由于在螺套的零件图中其轴线是水平的，所以带基点复制时选择基点后先将零件水平复制到装配图中，然后旋转 90°后装入底座零件图中，装入后把两零件图重叠的线条删除。

Note

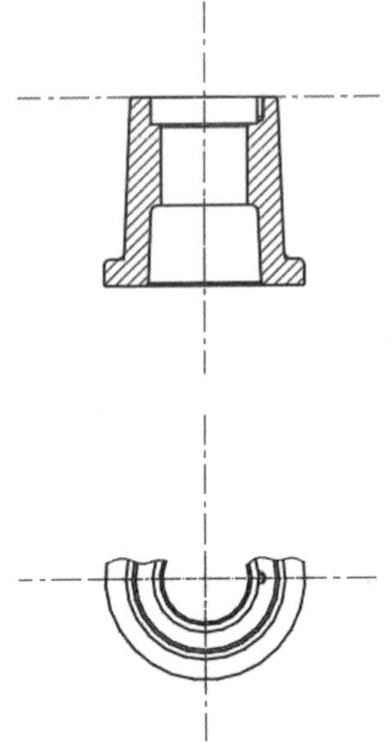

图 16-12　粘贴底座

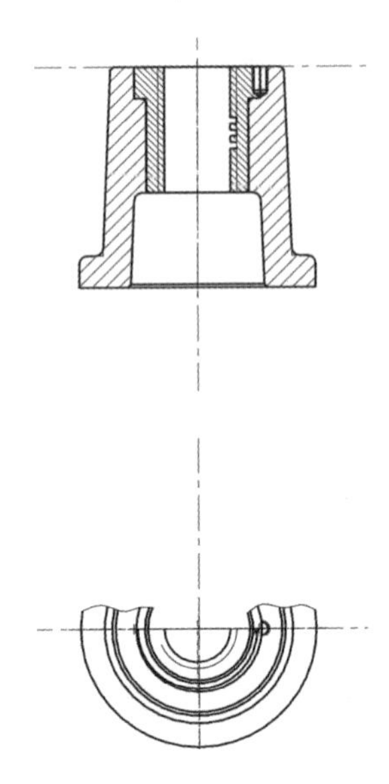

图 16-13　将螺套放入座体

（3）将螺旋杆放入螺套，如图 16-14 所示，并整理轮廓。

（4）将绞杆装入螺旋杆，如图 16-15 所示，并整理轮廓。

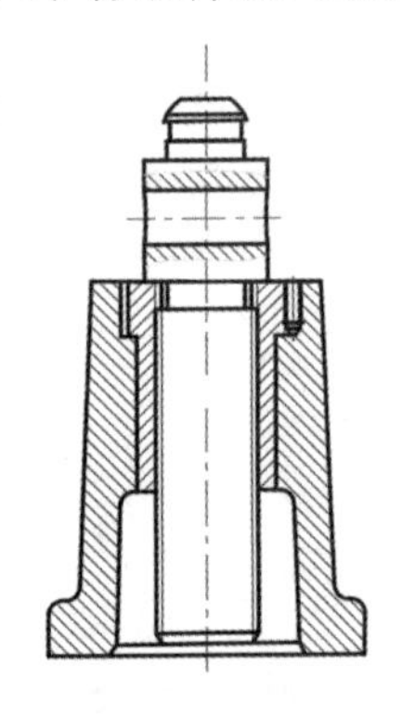

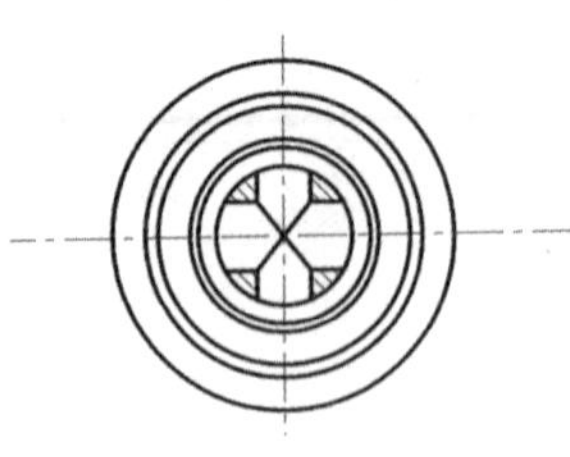

图 16-14　将螺旋杆放入螺套

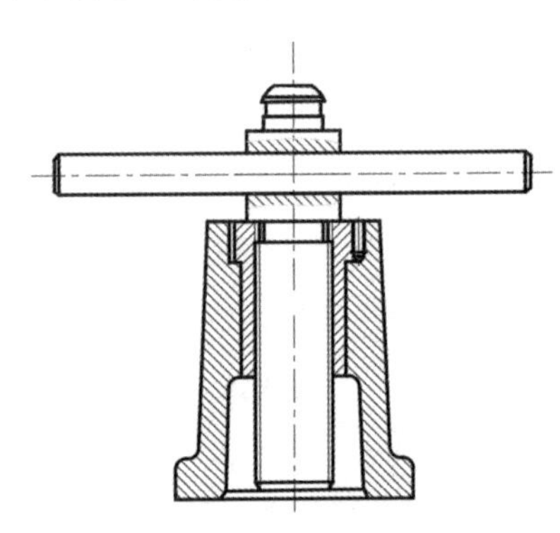

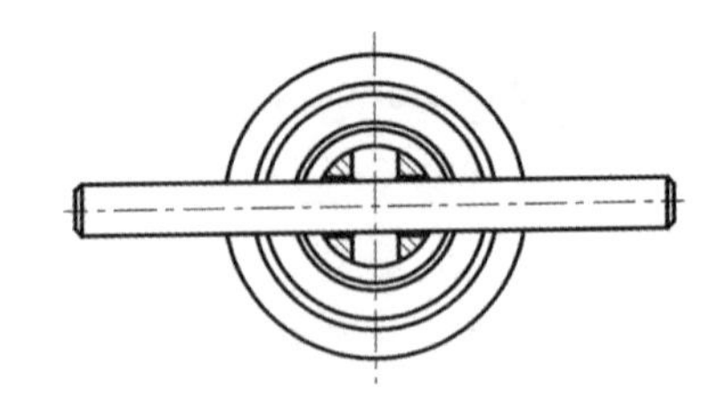

图 16-15　将绞杆装入螺旋杆

（5）将垫圈和螺钉装入，并绘制局部放大图，如图 16-16 所示。

Step 04 装配图标注。

（1）标注尺寸。利用尺寸标注命令标注装配图尺寸，如图 16-17 所示。

（2）标注零件编号与填写明细表。利用表格命令绘制明细表，结果如图 16–18 所示。

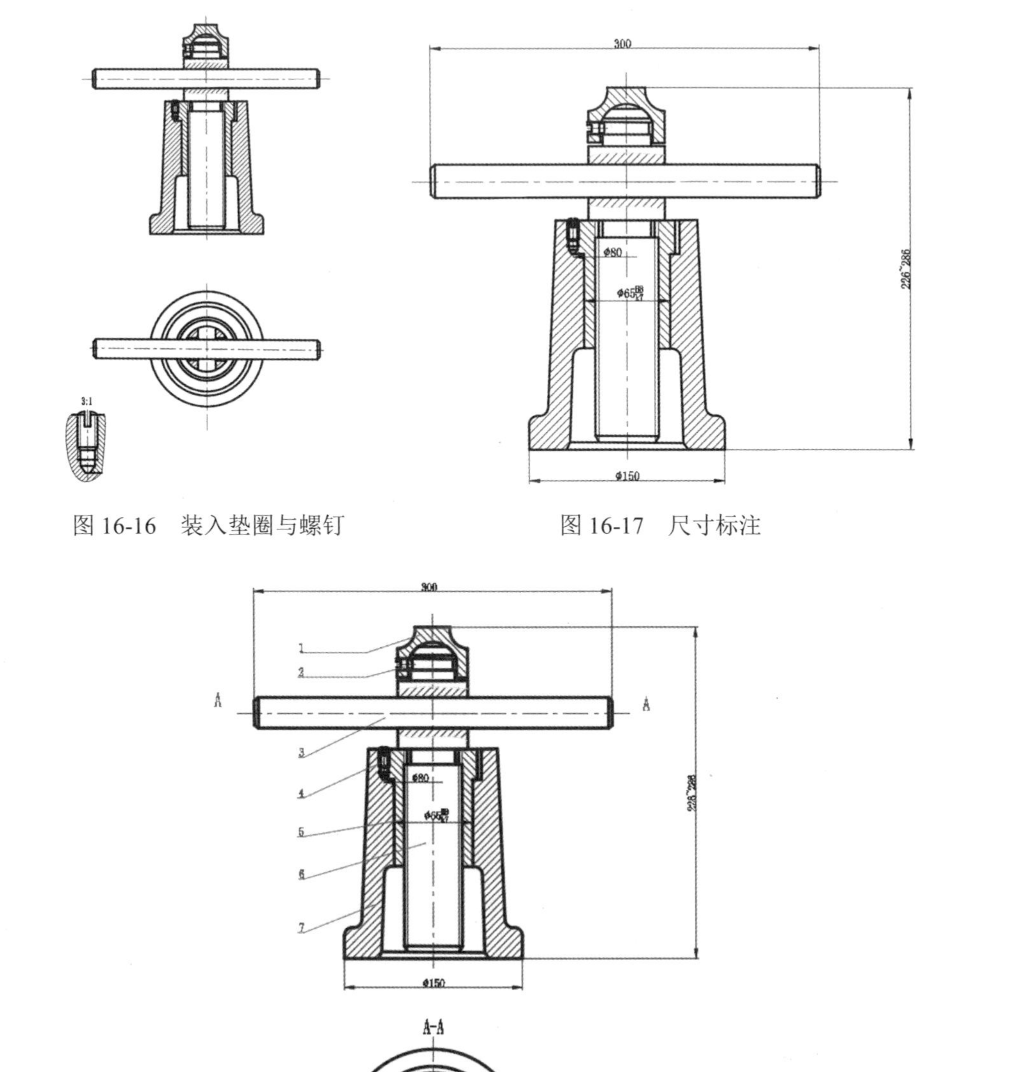

图 16-16　装入垫圈与螺钉

图 16-17　尺寸标注

7	底座	1	HT100	
6	螺旋杆	1	45	
5	螺套	1	45	
4	螺钉M8×16	1	Q235A	GB73-85
3	铰杠	1	35	
2	螺钉M8×12	1	Q235A	GB75-85
1	垫圈	1	35	
序号	名称	数量	材　料	备　注
千斤顶		共 张	第 张	比例 1:1

图 16-18　标注零件编号与填写明细表

（3）填写技术要求与标题栏，完成绘图工作，最终结果如图 16–9 所示。

Note

16.2 建筑图的绘制

建筑图不仅用来表达建筑物的外表形态、内部布置、地理环境以及施工要求，还可以用来反映设计意图与施工依据。建筑图的细节部分比较多，绘制过程也比较复杂，当我们用 AutoCAD 进行建筑图的绘制时，不仅可以保证制图的质量，还可以大大提高制图效率。常用的建筑图包括建筑平面图、建筑立面图和建筑剖面图。

一张完整的建筑图，应包括以下几个部分。

- 建筑图形。根据产品或部件的具体结构，选用适当的表达方法，用平面或者立体图来表达建筑体的长度与宽度尺寸。
- 多线。主要用来绘制墙体。
- 必要的尺寸。必要的尺寸包括墙线尺寸、门窗尺寸、楼梯尺寸等。
- 技术要求。主要用来对图形中各图形元素的名称、使用方法、注意事项等进行说明。
- 块。在建筑制图中，块的使用非常普通，比如建筑图中的门、窗、花草等都可以以块的形式插入到建筑图当中。

16.2.1 多线的使用与编辑

由于建筑图的特点，在绘制时会用到多线，下面加以介绍。

（1）绘制多线。

MLINE 命令用于绘制多线。多线是由多条平行直线组成的对象，最多可包含 16 条平行线。线间的距离、线的数量、线条颜色及线型等都可以调整。该命令常用于绘制墙体、公路或管道等。

（2）多线样式。

多线的外观由多线样式决定，在多线样式中可以设定多线中线条的数量、每条线的颜色和线型以及线间的距离等，还能指定多线两个端头的样式，如弧形端头及平直端头等。多线样式可以在“格式（O）”菜单下的“多线样式（M...）”中进行设置。

（3）编辑多线。

MLEDIT 命令用于编辑多线。

命令启动后，AutoCAD 2018 将弹出“多线编辑工具”对话框（见图 16-19）。该对话框以四列显示样例图象：第一列处理十字交叉的多线；第二列处理 T 形相交的多线；第三列处理角点连接和顶点；第四列处理多线的剪切或接合。

单击任意一个图象样例，再单击“确定”按钮，退出对话框，用户可进一步进行相应的多线编辑。其主要功能如下：

- 改变两条多线的相交形式。例如，使它们相交成“十”字形或“T”字形。
- 在多线中加入控制顶点或删除顶点。
- 将多线中的线条切断或接合。

图 16-19　“多线编辑工具”对话框

16.2.2　建筑图的绘制综合实例

下面以如图 16-20 所示的建筑平面图的绘制过程来说明 AutoCAD 2018 在建筑图绘制中的应用。

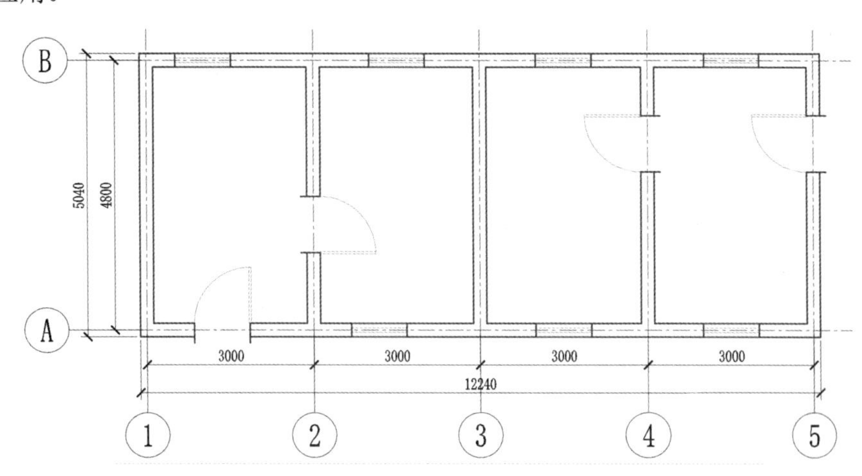

图 16-20　建筑平面图

Step 01　建立新图，设置绘图环境。

①新建图形文件。选择菜单中“文件(F)”→“新建(N)...”命令，在弹出的“选择样板”对话框中，选“acadiso”样板文件，然后单击“打开(O)”按钮。

②创建建筑图层。在功能区“默认”选项卡的“图层”面板中单击“图层特性”按钮。执行图层的建立，建立的图层如图 16–21 所示。

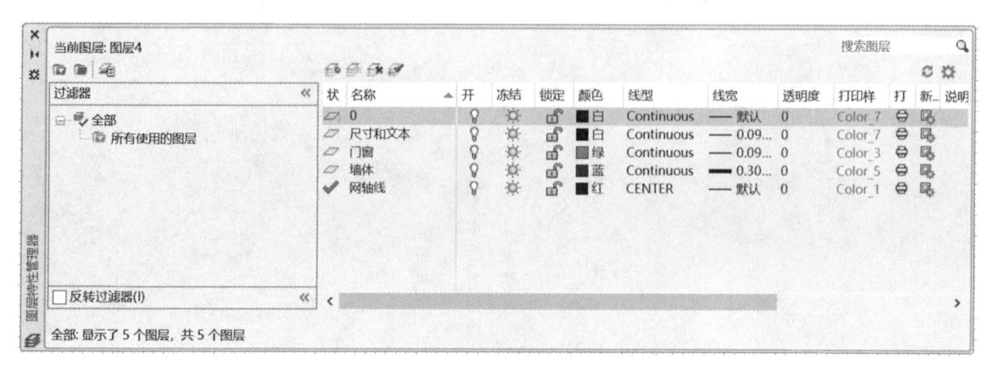

图 16-21　创建图层

③创建文字样式和尺寸标注样式。

A. 创建新的文字样式。在功能区“注释”选项卡下的“文字”面板中单击“文字样式”按钮进行文字样式的设定，如图 16–22 所示。

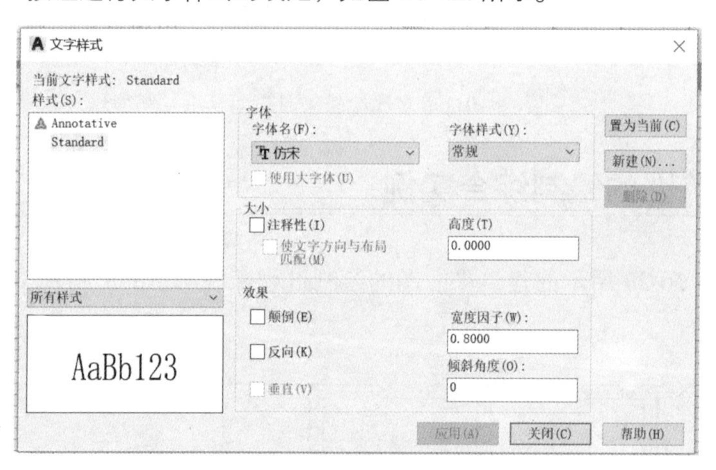

图 16-22　文字样式设定

B. 创建新的尺寸样式。在功能区“注释”选项卡下的“标注”面板中单击“标注样式”按钮进行标注样式的设定，如图 16–23 所示。

a. 在“符号和箭头”选项卡的箭头选项区域中，将箭头样式设置为建筑标记，将“箭头大小（I）”设置为 1.5，将“圆心标记”设置为“标记（M）”，在“标记（M）”文本框中输入值 1，其他的参数接受系统的默认值。

b. 在“文字”选项卡中，将“文字高度（T）”设置为 2，其他的参数接受系统的默认值。

c. 在“主单位”选项卡中，将“精度（P）”设置为 0，将“小数分隔符（C）”设置为“.”，将“比例因子（E）”设置为 100（则在后面的绘图过程中，各个尺寸比实际缩小 100 倍），其他的参数接受系统的默认值。

d. 将新创建的“建筑样式 1”设置为当前标注样式。

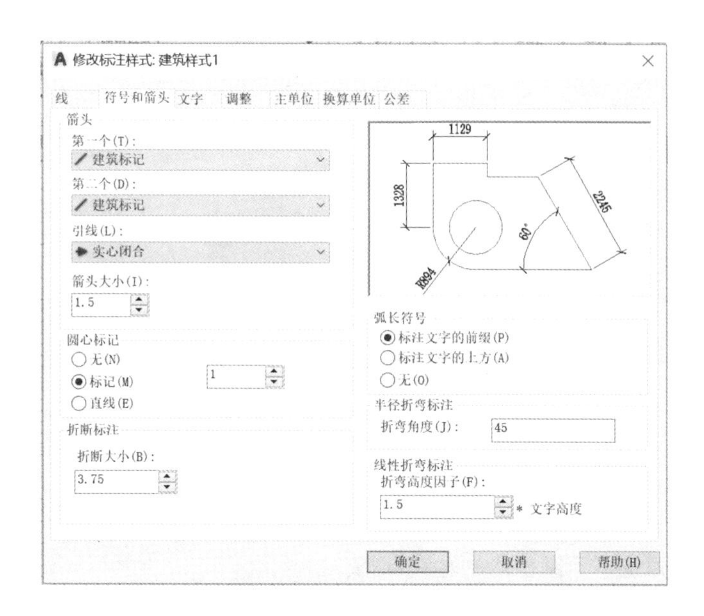

图 16-23　标注样式设定

C. 创建新的多线样式。单击菜单“格式（O）”下的“多线样式（M…）”选项进行多线样式的设定，新建名为“墙体”的多线样式，偏移距离为 ± 1.2，并设置为当前样式，如图 16–24 所示。

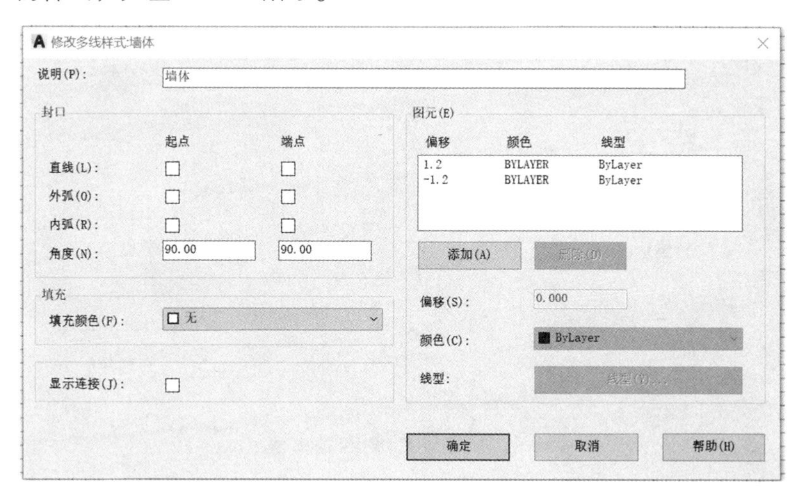

图 16-24　多线样式设定

Step 02 绘制建筑平面图。

①绘制轴线和柱网。

A. 切换图层。将当前层设置为“网轴线”图层。

B. 选择菜单中“绘图（D）”→“直线（L）”命令，绘制如图 16–25 所示的水平和垂直方向的“轴线 A”和“轴线 1”，其长度应略大于建筑的总体长度和宽度，两条线在起点位置部分交叉（水平方向的轴线长度大约为 130，垂直方向的轴线长度大约为 70）。

Note

图 16-25　绘制轴线

C. 绘制建筑平面图基本的轴线网格。

a. 绘制四条垂直方向的轴线。用“偏移”的方法绘制垂直方向的轴线，偏移距离值 30，选择图 16-25 中的“轴线 1”为偏移的对象，然后在“轴线 1”的右侧单击一点。用同样的方法绘制其余三条垂直方向的轴线，偏移距离分别为 60、90 和 120。

b. 绘制第二条水平方向的轴线。用同样的方法选择“轴线 A”为偏移对象，偏移距离为 48，结果如图 16-26 所示。

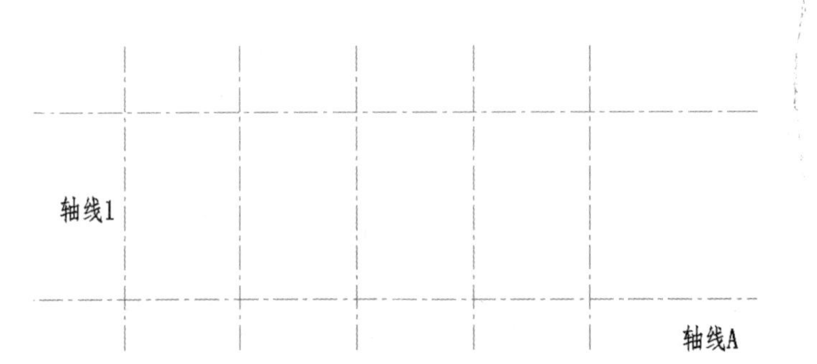

图 16-26　绘制轴线网格

②创建如图 16-27 所示的轴线注标记符号，并标注。

A. 将图层切换至“尺寸和文本”图层，运用绘制“直线”和“圆”的命令完成轴线注标记符号的创建，圆的直径为 8，直线长度为 8。

B. 创建带属性的块，将块的名字设置为“注记符号”。首先用“定义属性”命令定义块属性，如图 16-27（a）所示。定义的块如图 16-27（b）所示。

用同样的方法，可以定义“注记符号 1”块，如图 16-28 所示。

C. 利用块插入命令将轴线注记符号设置到相关轴线端部，并将属性值修改为纵向为 1、2、3、4、5，横向为 A、B，完成后的结果如图 16-29 所示。

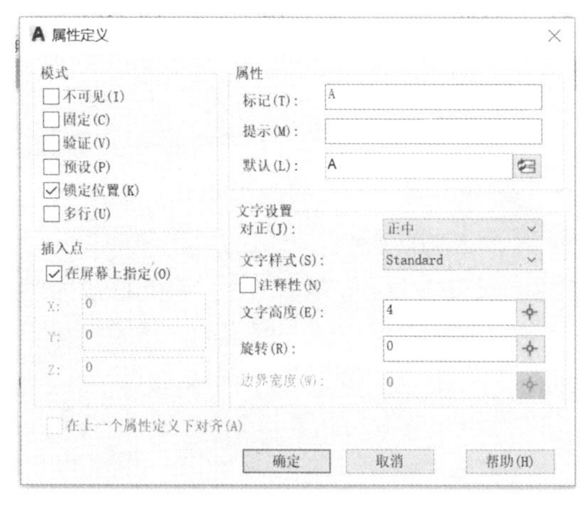

（a）属性的定义　　　　（b）定义的块

图 16-27　“注记符号”块的定义

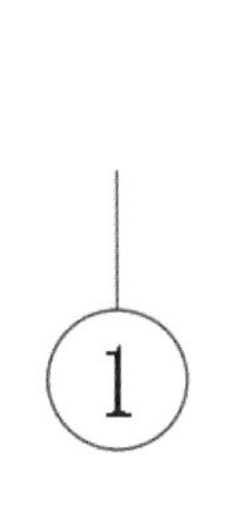

图 16-28　“注记符号 1”块

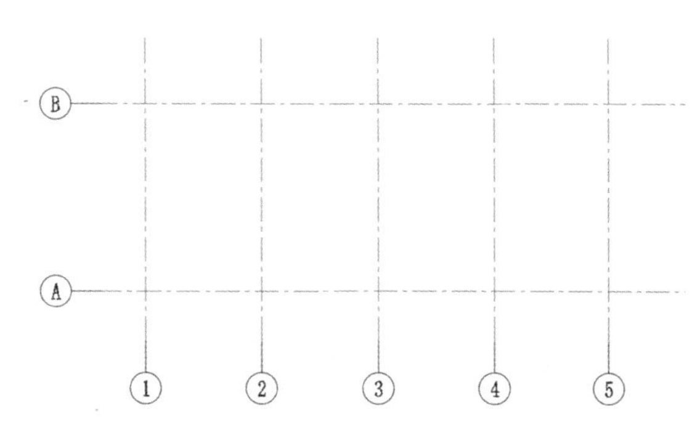

图 16-29　标注轴线注记符号的轴线网格

③绘制墙体。

A. 执行多线绘制命令，在系统“指定起点或[对正（J）/比例（S）/样式（ST）]”的提示下输入“S”按 Enter 键，输入数值 1 回车。再输入“J”按 Enter 键，选择对正类型为“无（Z）”选项，用交点捕捉的方法，开始沿轴线绘制多线。

B. 执行多线编辑命令，在系统弹出的“多线编辑工具”对话框中，选择适当的多线相交编辑方式对墙体进行修整，完成后的图形如图 16-30 所示。

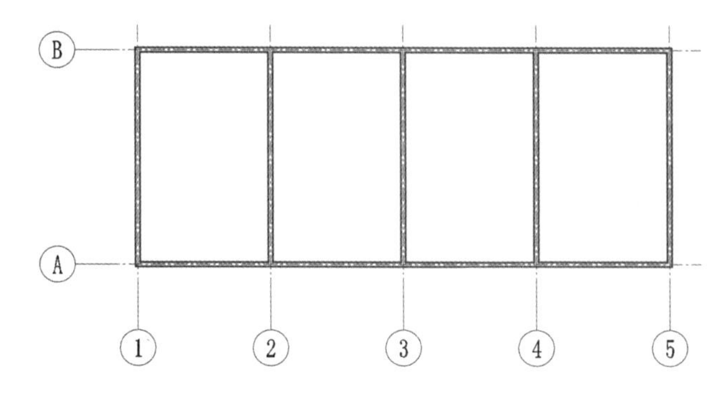

图 16-30　绘制墙体轮廓

Note

④绘制门窗。

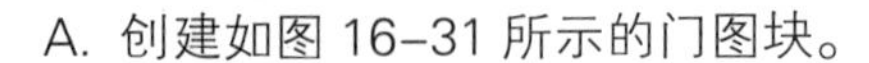

A. 创建如图 16–31 所示的门图块。

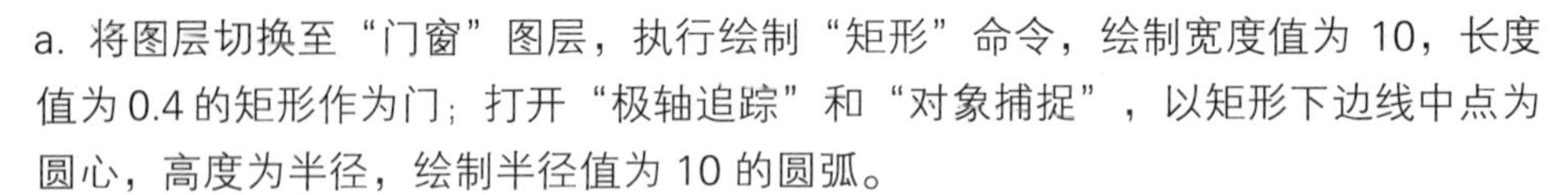

a. 将图层切换至“门窗”图层，执行绘制“矩形”命令，绘制宽度值为 10，长度值为 0.4 的矩形作为门；打开“极轴追踪”和“对象捕捉”，以矩形下边线中点为圆心，高度为半径，绘制半径值为 10 的圆弧。

b. 以矩形下边线中点为端点绘制长度值为 3.5 的竖直线，将此线改为“墙体”图层。用复制的方法得到另一条竖直线，其中目标点位于圆弧的下端点上。

c. 以 A 点为插入基点（见图 16–31），建立名为“门”的图块。

B. 创建如图 16–32 所示的窗图块。

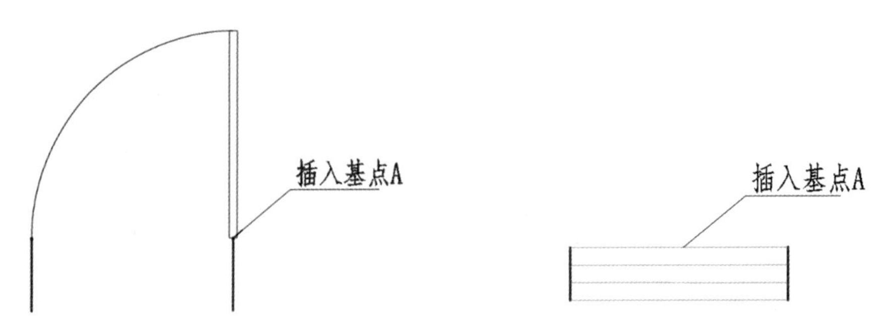

图 16-31　创建门图块　　　　图 16-32　创建窗图块

a. 将图层切换至“门窗”图层，绘制长度值为 10 的水平直线。

b. 偏移直线，偏移距离值为 0.8。然后用相同的方法偏移其余的两条直线。

c. 用直线命令绘制两条垂直短线将两端封闭，将短线改为“墙体”图层。

d. 创建图块，以窗上面边中点为插入基点（见图 16–32），建立名为“窗”的图块。

C. 插入门、窗图块。

a. 用插入块命令将各个门、窗插入到合适的位置。

b. 用 EXPLODE 命令打散所有图块，将所有多余的墙线和网轴线修剪掉，修剪完成的结果如图 16–33 所示。

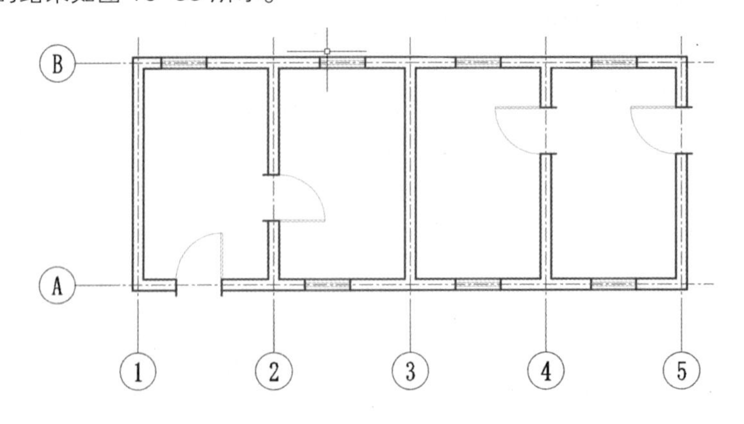

图 16-33　完成门窗设置的平面图

⑤尺寸标注。

A. 将图层切换至“尺寸和文本”层，确认“样式”工具栏中文字样式为“样式 1”，尺寸样式为“建筑样式 1”。

B. 用线性尺寸标注命令完成如图 16-34 所示的线性标注。

Step 03 保存文件。将此图形命名为“建筑平面图.dwg”，保存。

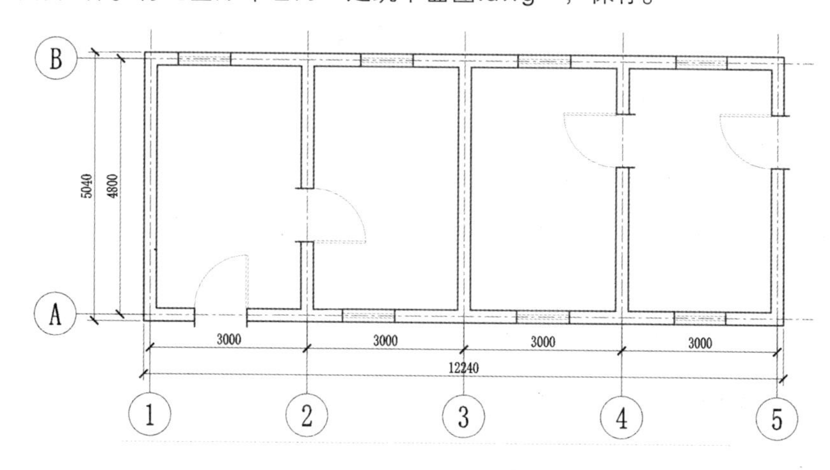

图 16-34　标注尺寸的建筑平面图

16.3 电气图的绘制

用 AutoCAD 软件绘制电气图非常便捷、高效。绘制电气图的基本依据是电气制图与电气简图用图形符号的国家标准。

16.3.1 电气图概述

电气图就是用各种电气符号、带注释的围框、简化的外形来表示系统、设备、装置和元件等之间的相互关系和连接关系的一种简图。电气图一般由电路图、技术资料和标题栏三部分组成。

- 电路图：用导线将电源和负载以及相关的控制元件按一定要求连接起来构成闭合回路，以实现电气设备的预定功能，这种电气回路称为电路。用图形符号并按工作顺序排列，详细表示系统、分系统、电路、设备或成套装置的全部基本组成和连接关系，而不考虑其组成项目的实体尺寸、形状或实际位置的一种简图，称为电路图。
- 技术资料：电气图中的文字说明和元件明细表等总称为技术资料。
- 标题栏：标题栏一般出现在电路图的右下角，其中注明工程名称、图名、图号、设计人、制图人、审核人的签名和日期等。

通过电路图能详细理解电路、设备或成套装置及其组成部分的工作原理，了解电路所起的作用。电路图作为编制接线图的依据，为测试和寻找故障提供信息，为系统、分

Note

系统、电器、部件、设备、软件等安装和维修提供依据。

电路图绘制的基本原则如下。

① 电路图中的符号和电路应按功能关系布局。电路垂直布置时，类似项目宜横向对齐。电路水平布置时，类似项目宜纵向对齐。功能上相关的项目应靠近绘制，同等重要的并联通路应依主电路对称地布置。

② 信号流的主要方向应由左至右或由上至下。如不能明确表示某个信号流动方向时，可在连接线上加箭头表示。

③ 电路图中回路的连接点可用小圆点表示，也可不用小圆点表示。但在同一张图样中宜采用一种表示形式。

④ 图中由多个元器件组成的功能单元或功能组件，必要时可用点画线框出。

⑤ 图中不属于该图共用高层代号范围内的设备，可用点画线或双点画线框出，并加以说明。

⑥ 图中设备的未使用部分，可绘出或注明。

16.3.2　三相异步电动机控制电路图的绘制

绘制如图 16-35 所示三相异步电动机的控制电路图。

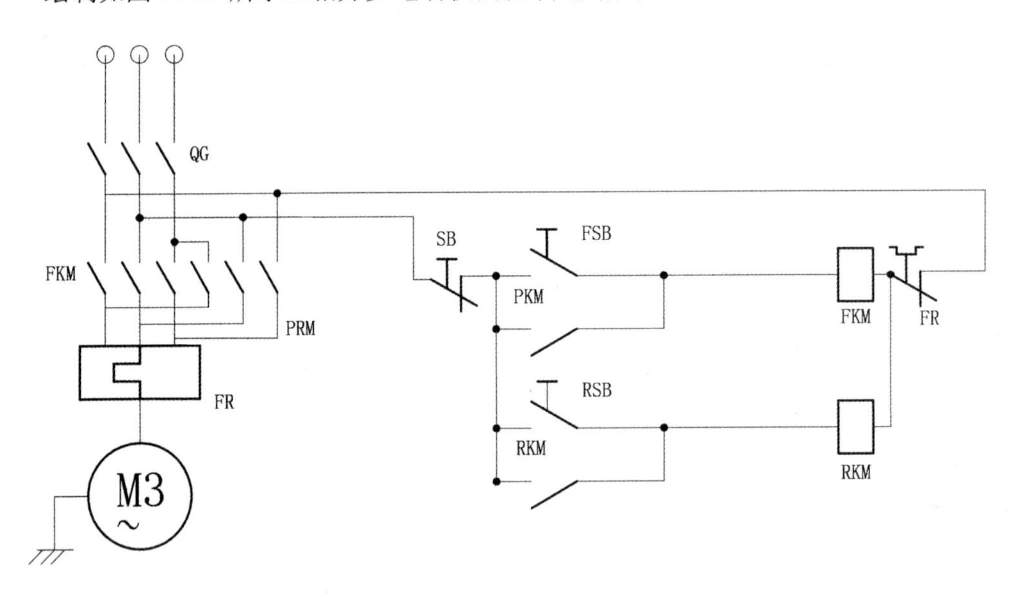

图 16-35　三相异步电动机控制电路

Step 01 创建新的图形文件，设置绘图环境。设置粗线、细线、标注三个图层。粗线层的线宽定义为 0.3。

Step 02 绘制圆和方框，如图 16-36 所示。绘制半径为 30 的圆。打开正交方式和对象捕捉方式。执行绘直线命令，起点捕捉刚画圆的上象限点 Q，然后正交向上绘出长度为 25 的竖直线 QP1，正交向左绘出长度为 35 的水平线 P1P2，向上绘出长度为 30

的竖直线 P2P3，向右绘出长度为 70 的水平线 P3P4，向下绘出长度为 30 的竖直线 P4P5，然后回到 P1 点。

Step 03 绘制右边矩形。执行绘矩形命令，在绘图区用鼠标单击一点，在指定另一个角点时输入坐标“@20,30”，回车完成矩形绘制。然后复制该矩形到合适位置。最后将两个矩形移动到图上合适的位置，如图 16-37 所示。

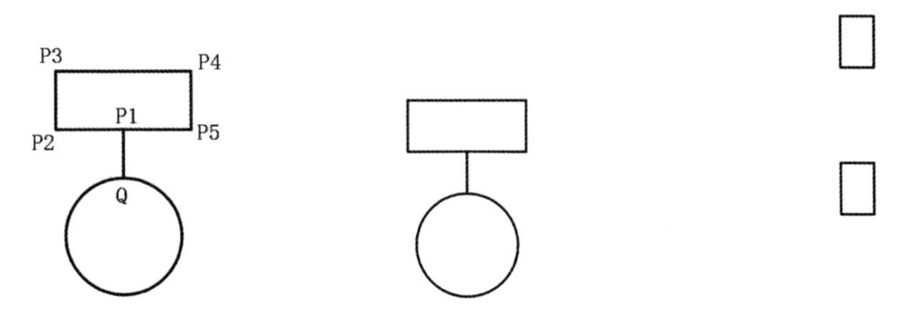

图 16-36　绘制圆和方框　　　　图 16-37　绘制右侧两方框

Step 04 绘制大方框以上开关。执行绘直线命令，绘制竖直的长度为 30 的直线及与水平方向成 120° 角、长度 20 的直线，如图 16-38（a）所示。执行绘直线命令，追踪端点，绘制竖直向上长度 50 的直线及与水平成 120° 角、长度 20 的直线，如图 16-38（b）所示。执行绘直线命令，追踪端点，绘制竖直向上长度 50 的直线，然后在端点绘制半径为 5 的圆，如图 16-38（c）所示。

启用复制命令，选择刚刚绘制的图形向左右距离各 20 复制，结果如图 16-38（d）所示。

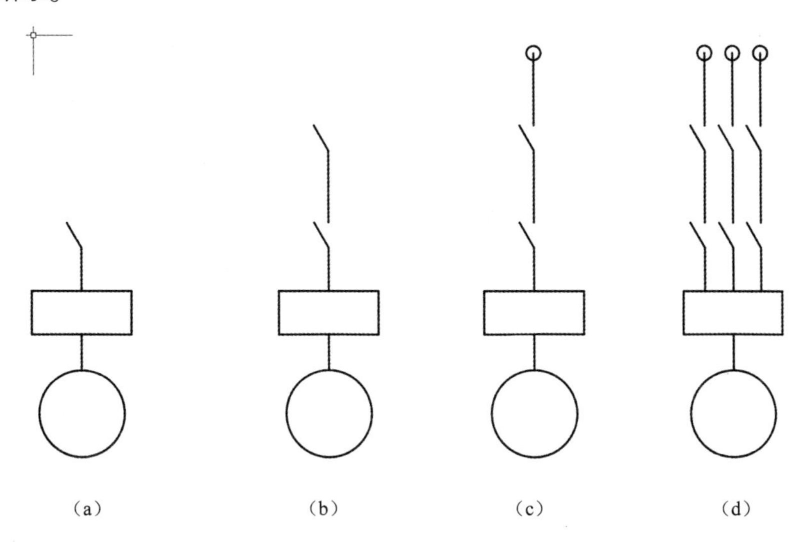

（a）　（b）　（c）　（d）

图 16-38　绘制开关步骤 1

同样地，运用复制、直线和修剪命令绘制开关，如图 16-39 所示。选择矩形上的折线图形向右复制，距离 20，绘制水平直线连接，如图 16-39（a）所示。修剪，得到结果如图 16-39（b）所示。选择之前选择的图形复制，距离向右 40，绘水平线并修剪，得到结果如图 16–39（c）所示。最终绘制结果如图 16–39（d）所示。

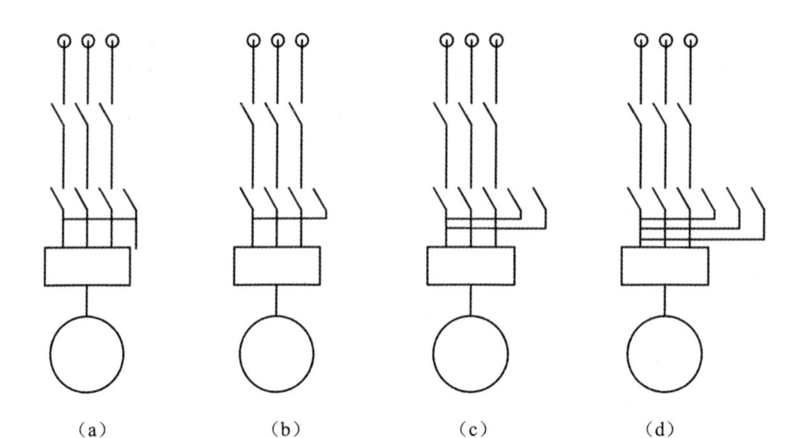

图 16-39　绘制开关步骤 2

Step 05 绘制右侧开关。

①绘制直线。利用直线绘制命令，端点捕捉矩形左边线中点[见图 16–40（a）]，绘制水平向左长度 100 的直线；绘制竖直向下长度 30 的直线；绘制水平向左长度 50 的直线；绘制与水平成 210° 角、长度 30 的斜线，完成绘制，如图 16–40（a）所示。再用端点捕捉 K 点，绘制水平向左长度 50 的直线，然后绘制与水平成 150 度角、长度 30 的斜线及按钮图形，结果如图 16–40（b）所示。选择前面绘制的部分复制，基点选择为矩形左边线的中点，目标点为下面矩形左边线的中点，结果如图 16–40（c）所示。

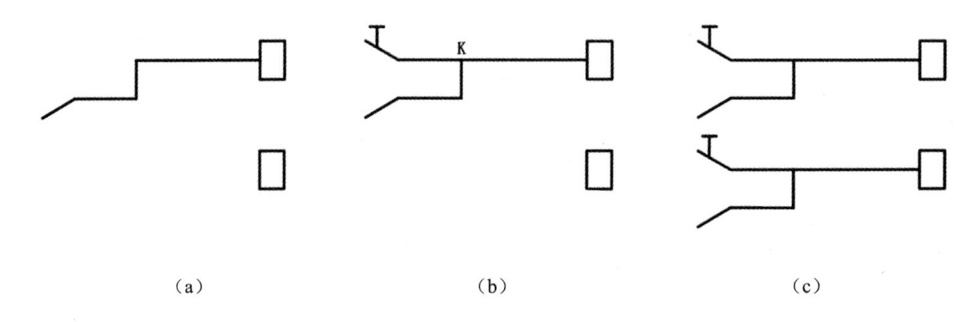

图 16-40　绘制右侧开关步骤 1

②绘制开关左侧直线。执行绘直线命令，以对象追踪的方式找点 N，绘制水平向左长度 20、向下长度 30、再向右长度 20 的直线，如图 16–41（a）所示。用同样的方法，继续通过直线命令绘制，结果如图 16–41（b）所示。

③绘制其他开关，绘制左边开关如图 16–42（a）所示，绘制右边开关如图 16–42（b）所示。

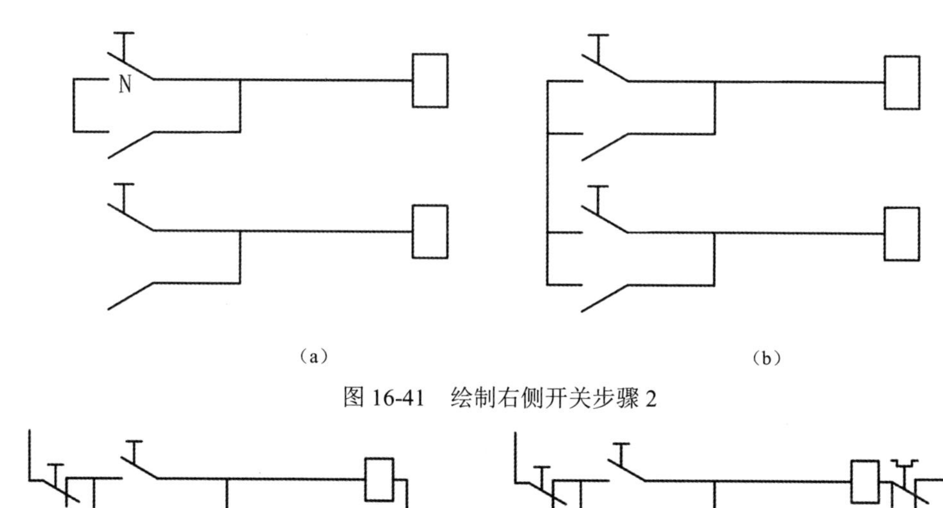

（a）　　　　　　（b）

图 16-41　绘制右侧开关步骤 2

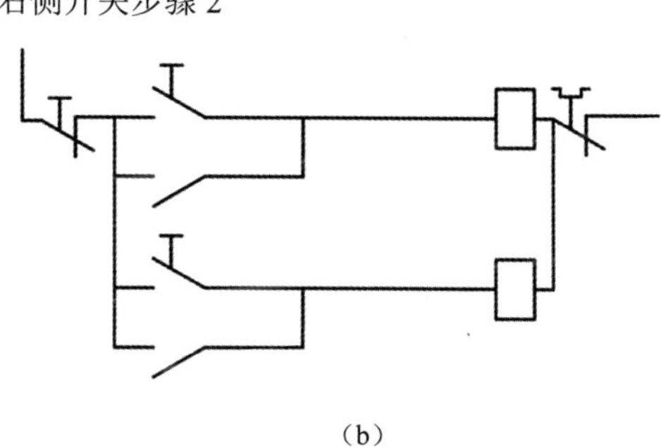

（a）　　　　　　（b）

图 16-42　绘制其他开关

Step 06 将左右两部分对接，检查遗漏的线，用直线命令相连接，并输入电机符号，结果如图 16-43 所示。

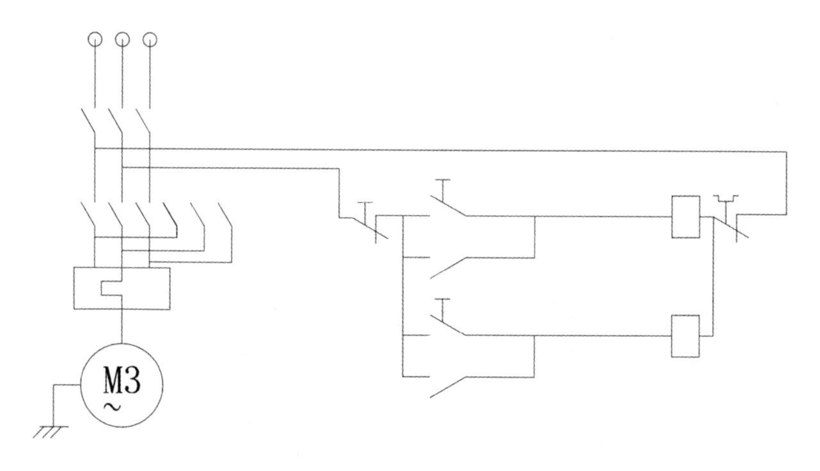

图 16-43　左右部分相连接

Step 07 绘制节点圆，半径为 2，并用实线图案填充。加粗相关图线，结果如图 16-44 所示。

Step 08 检查图形，并进行文字注写。

选用多行文字进行文字注写，字体为宋体字，文字高度为 8。根据图中实际需要可调整文字的大小，如图 16-45 所示。

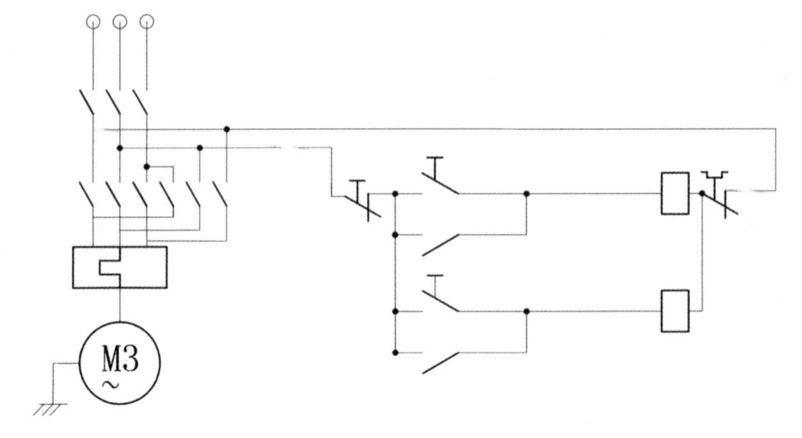

图 16-44　绘制节点和加粗图线

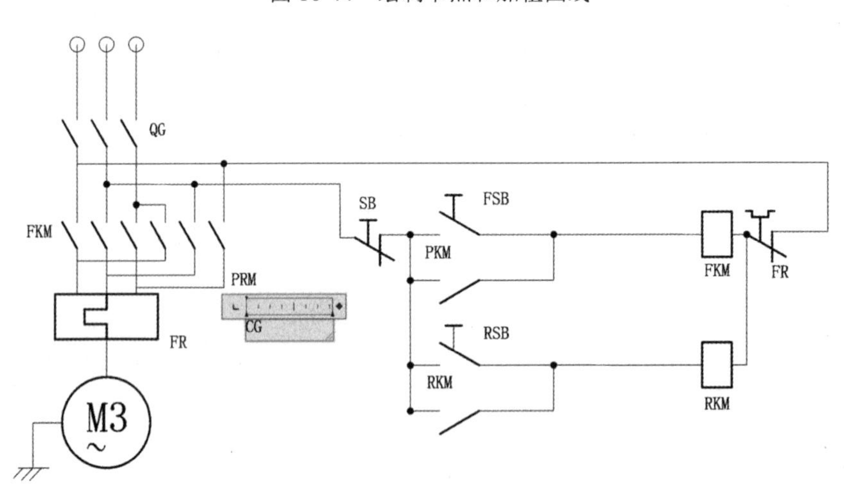

图 16-45　注写文字

Step 09　保存图形，完成绘制。

16.4　化工工艺流程图的绘制

化工工艺流程图是用来表达整个工厂或车间生产流程的图样。它既可用于设计开始时施工方案的讨论，也是进一步设计施工流程图的主要依据。它以形象的图形、符号、代号，表示出工艺过程选用的化工设备、管路、附件和仪表等的排列及连接，借以表达在一个化工生产中物量和能量的变化过程。

流程图包括图形、标注、图例、标题栏等四部分，具体内容分别如下。

- 图形。将全部工艺设备按简单形式展开在同一平面上，再配以连接的主辅管线及管件、阀门、仪表控制点等符号。

- 标注。主要注写设备位号及名称、管段编号、控制点代号、必要的尺寸数据等。
- 图例。为代号、符号及其他标注进行说明。
- 标题栏。注写图名、图号、设计阶段等。

下面以如图 16-46 所示的物料流程图为例，介绍工艺流程图的绘制方法。

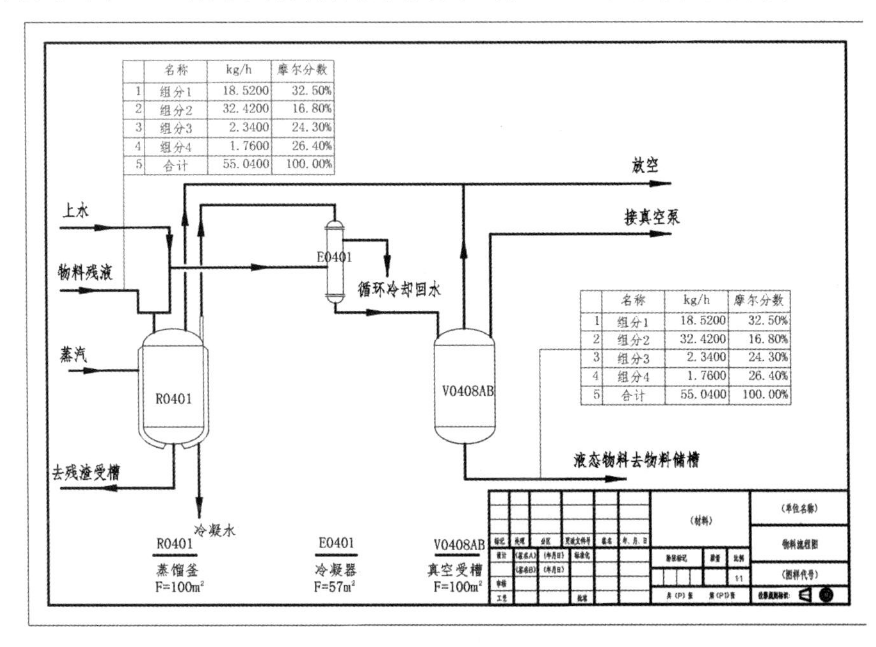

图 16-46　物料流程图

Step 01 建立新图，以“A3 横幅.dwt”为模板，设置图层、范围及图框。

Step 02 布图，画中心线，如图 16–47 所示。

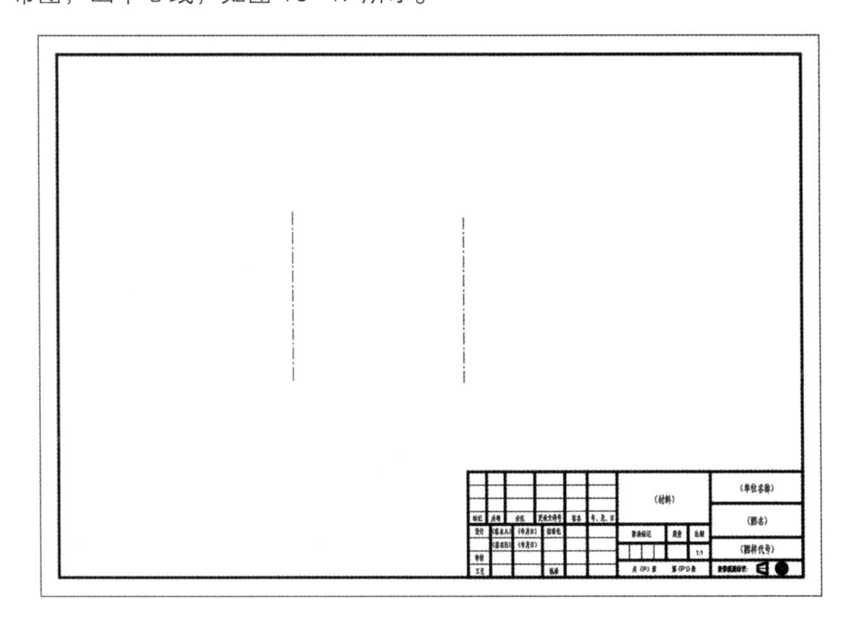

图 16-47　画中心线

Note

Step 03 绘制设备示意图。利用“矩形”“圆弧”命令，绘制蒸馏釜、真空受槽、冷凝器示意图，如图 16-48 所示。

Step 04 绘制物料管道。将当前层切换为粗线层，利用直线命令绘制管道，如图 16-49 所示。

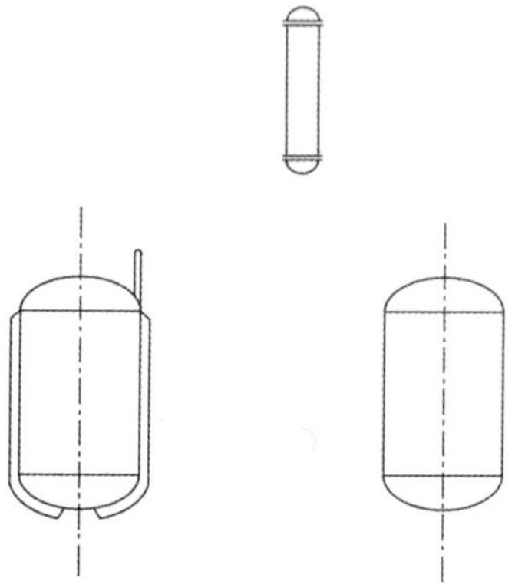

图 16-48　绘制设备示意图

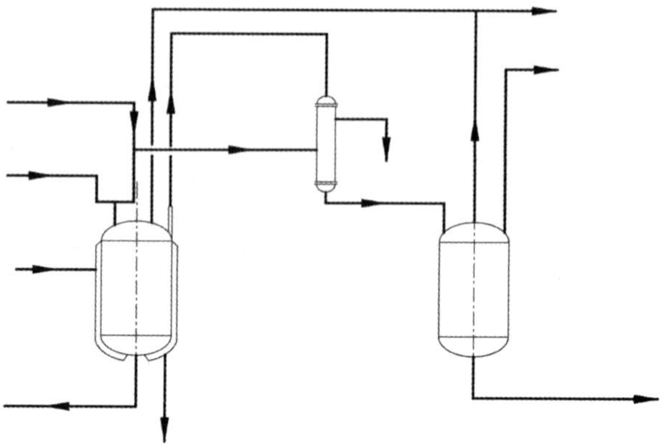

图 16-49　管道绘制

Step 05 标注文字。利用文字标注命令进行标注，结果如图 16-50 所示。

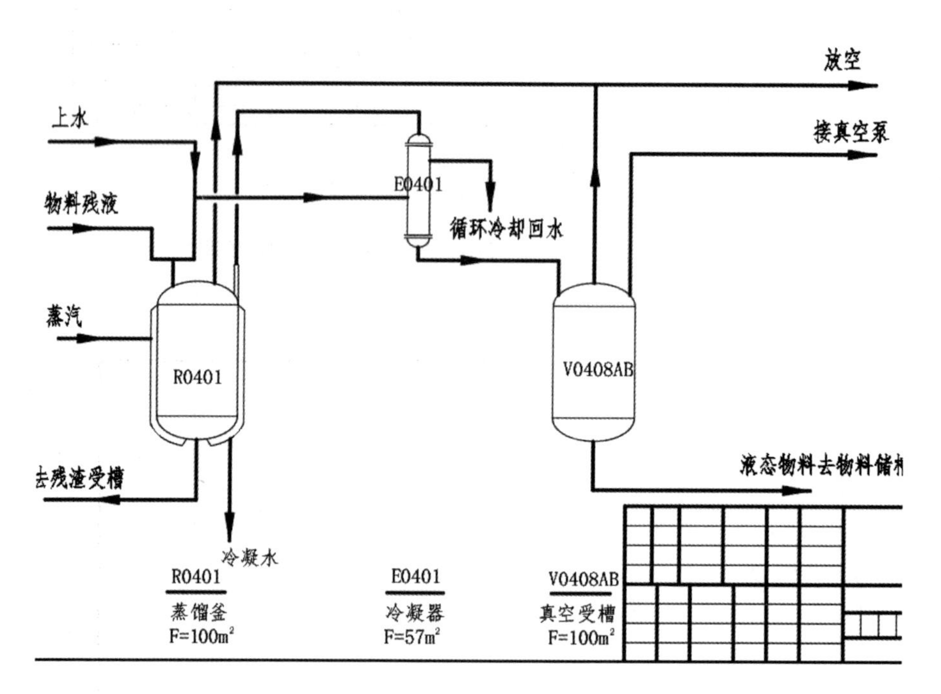

图 16-50　文字标注

Step 06 管道流量及物料组成表标注。利用表格命令完成，结果如图 16-51 所示。

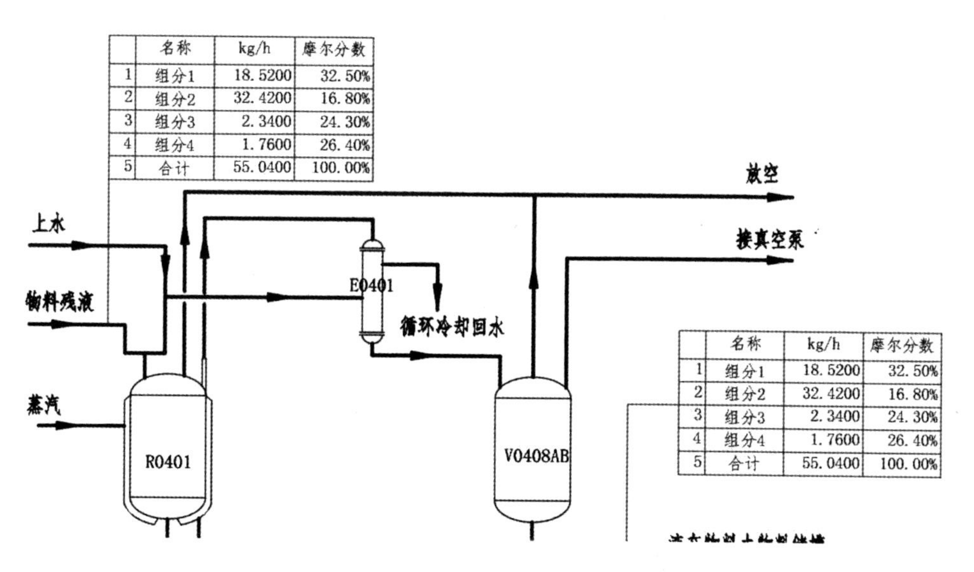

图 16-51　管道流量及物料组成表标注

Step 07 填写标题栏并保存。最终结果如图 16-46 所示。

AutoCAD 2018 新增功能介绍

AutoCAD 2018 相对于以前的版本有功能的升级和更新，下面我们介绍 AutoCAD 2018 的主要新增功能。

1．视图和视口的更新

现在，可以利用自动调整大小和缩放的布局视口，轻松创建、检索模型视图并将其一起放置到当前布局中。选定后，布局视口对象将显示两个附加的夹点，一个用于移动视口，另一个用于从常用比例列表中设置显示比例。

2．三维图形显示性能增强

AutoCAD 2018 继续增强“线框”“真实”和“着色”视觉样式的三维图形显示性能。与 AutoCAD 2017 相比，在 AutoCAD 2018 中使用的六个大型基准测试模型中每秒帧数的中位值增加了 37%。

3．对高分辨率（4K）显视器支持改善

在 AutoCAD 2018 中对高分辨率显示器的支持继续得到改进。200 多个对话框和其他用户界面元素已经更新，以确保在高分辨率（4K）显示器上的高质量视觉体验。示例包括“编辑图层状态”“插入表格”对话框以及 Visual LISP 编辑器。光标、导航栏和 UCS 图标等用户界面元素可正确显示在高分辨率（4K）的显示器上。对大多数对话框、选项板和工具栏进行了适当调整，以适应 Windows 显示比例设置。

4．对触摸屏输入的支持

在功能区增加了对触摸屏输入的支持，如图 17-1 所示。

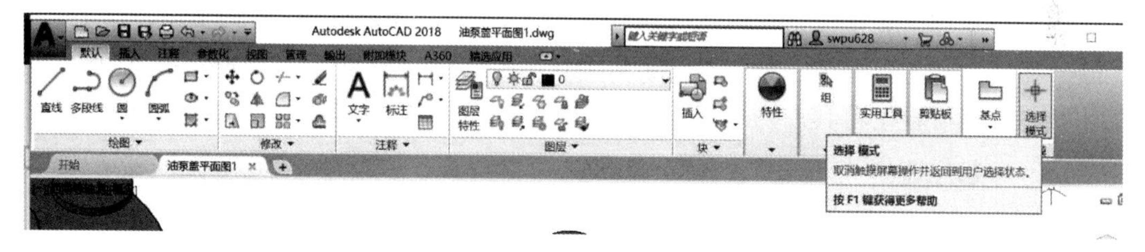

图 17-1　功能区的触摸输入按钮

5．网络安全功能增强

Autodesk 公司不断研究、识别和关闭潜在的安全漏洞。为了应对网络犯罪分子和外国情报部门不断增加的活动，投入了大量的 Autodesk 工程资源。由于持续和不断增加的网络安全威胁，AutoCAD 安全功能团队强烈建议，当 AutoCAD 系列产品更新可用时，请安装所有更新。

6．外部参照图层特性的增强功能

为了提供更大的灵活性来控制外部参照替代，可从“图层特性管理器”访问“图层设置”对话框中用于管理外部参照图层特性的新控件。当使用 VISRETAIN 系统变量启用保留外部参照图层特性替代的选项时，可以指定需要重新加载哪些外部参照图层特性，各种图层特性选项存储在注册表中，使用 VISRETAINMODE 系统变量进行指定。“图层特性管

理器”还包含一个新的状态图标，以当与外部参照关联的图层包含替代时进行指示。

Note

7．PDF 文件导入功能增强

从 AutoCAD 图形生成的 PDF 文件（包含 SHX 文字）将文字存储为几何对象。现在可以使用 PDFSHXTEXT 命令将 SHX 几何图形重新转换为文字，系统包含一个选项来使用最佳匹配SHX字体。在以前版本的AutoCAD中，PDF文件格式无法识别AutoCAD SHX字体，因此，当从图形创建 PDF 文件时，使用 SHX 字体定义的文字将作为几何图形存储在 PDF 中。如果该 PDF 文件之后输入到 DWG 文件中，原始 SHX 文字将作为几何图形输入。AutoCAD 2018 提供 SHX 文本识别工具，用于选择表示 SHX 文字的已输入 PDF 几何图形，并将其转换为文字对象。通过功能区“插入”选项卡上的“识别 SHX 文字”工具可以将 SHX 文字的几何对象转换成文字对象。

8．图案填充显示和性能得到增强

受支持图形卡的反走样和高质量图形设置现在可彼此独立控制。

现在可通过“选项”对话框的“显示”选项卡上的“颜色”按钮，将创建和编辑对象时出现的橙色拖引线设为任意颜色。

9．DWG 文件格式更新

DWG 格式已更新，改善了打开和保存操作的效率，尤其是对于包含多个注释性对象和视口的图形。此外，现在创建三维实体和曲面使用最新的 Geometric Modeler (ASM)，它提供改进了的安全性和稳定性。

10．快速访问工具栏的功能增强

“图层控制”选项现在是“快速访问工具栏”菜单的一部分。尽管该选项默认处于关闭状态，但可轻松将其设为与其他常用工具一同显示在“快速访问工具栏”中。

11．屏幕外选择

在 AutoCAD 2018 中，可在图形的一部分中打开选择窗口，然后平移并缩放到其他部分，同时在任何情况下保留屏幕外的对象选择，移动到屏幕外的选择现可按预期操作。相比以前版本屏幕外对象无法选择是一个很大的进步。

12．合并文字功能增强

“合并文字”工具支持将多个单独的文字对象合并为一个多行文字对象。这对识别从输入的 PDF 文件转换来的 SHX 文字特别有用。命令：TXT2MTXT。TXT2MTXT 命令已通过多项改进得到增强，包括用于强制执行均匀行距的选项。

13．外部参照功能增强

将外部文件附着到 AutoCAD 图形时，默认路径类型现在将设为“相对路径”，而非“完整路径”。在先前版本的 AutoCAD 中，如果宿主图形未命名（未保存），则无法指定参照文件的相对路径。而在 AutoCAD 2018 中，可指定文件的相对路径，即使宿主图形未命名也可以指定。

在无法定位的参照文件上单击鼠标右键时，“外部参照”选项板的上下文菜单将提供两种选项——“选择新路径”和“查找和替换”。“选择新路径”允许用户在修复缺失的外部参考路径时（修复一个文件），为其他缺失的参考文件应用新路径（修复所有文件）。“查找和替换”可从选定的所有参照（多项选择）中找出使用指定路径的参照，并将该路径的所有匹配项替换为指定的新路径。

在“外部参照”选项板中在已卸载的参照上单击鼠标右键，“打开”选项将不再被禁用，从而让用户可以快速打开已卸载的参照文件。

Note

反侵权盗版声明

举报电话：（010）88254396；（010）88258888

传　　真：（010）88254397

E-mail：　dbqq@phei.com.cn

通信地址：北京市万寿路 173 信箱

电子工业出版社总编办公室

邮　　编：100036